工程造价编制疑难问题解答丛书

水利水电工程造价编制 800 问

本书编写组 编

中国建材工业出版社

图书在版编目(CIP)数据

水利水电工程造价编制 800 问/《水利水电工程造价编制 800 问》编写组编. —北京:中国建材工业出版社,2012.5

(工程造价编制疑难问题解答丛书)

ISBN 978-7-5160-0100-4

Ⅰ.①水… Ⅱ.①水… Ⅲ.①水利水电工程－工程造价－问题解答 Ⅳ.①TV512-44

中国版本图书馆 CIP 数据核字(2012)第 008218 号

水利水电工程造价编制 800 问
本书编写组 编

出版发行:	中国建材工业出版社
地　　址:	北京市西城区车公庄大街 6 号
邮　　编:	100044
经　　销:	全国各地新华书店
印　　刷:	北京紫瑞利印刷有限公司
开　　本:	850mm×1168mm　1/32
印　　张:	13.5
字　　数:	415 千字
版　　次:	2012 年 5 月第 1 版
印　　次:	2012 年 5 月第 1 次
定　　价:	30.00 元

本社网址:www.jccbs.com.cn
本书如出现印装质量问题,由我社发行部负责调换。电话:(010)88386906
对本书内容有任何疑问及建议,请与本书责编联系。邮箱:dayi51@sina.com

内 容 提 要

本书依据《水利工程工程量清单计价规范》(GB 50501—2007)和水利水电工程概预算定额进行编写,重点对水利水电工程造价编制时常见的疑难问题进行了详细解释与说明。全书主要内容包括概述,水利水电工程费用构成,水利水电工程定额概述,水利水电工程量清单计价,土石方工程,疏浚与吹填工程,混凝土工程,模板工程,钻孔灌浆及锚固工程,砌筑与锚喷工程,钢筋、钢构件加工及安装工程,原材料开采及加工工程,其他工程,水利水电设备安装工程,水利水电工程招投标,投资估算、施工图预算和施工预算,工程价款结算与竣工决算等。

本书对水利水电工程造价编制疑难问题的讲解通俗易懂,理论与实践紧密结合,既可作为水利水电工程造价人员岗位培训的教材,也可供水利水电工程造价编制与管理人员工作时参考。

水利水电工程造价编制 800 问
编 写 组

主　编：岳翠贞
副主编：范　迪　　马　静
编　委：秦礼光　郭　靖　梁金钊　方　芳
　　　　　伊　飞　杜雪海　黄志安　李良因
　　　　　侯双燕　郭　旭　葛彩霞　汪永涛
　　　　　王　冰　徐梅芳　蒋林君　何晓卫
　　　　　沈志娟

前 言

工程造价涉及到国民经济各部门、各行业,涉及社会再生产中的各个环节,其不仅是项目决策、制定投资计划和控制投资以及筹集建设资金的依据,也是评价投资效果的重要指标以及合理利益分配和调节产业结构的重要手段。编制工程造价是一项技术性、经济性、政策性很强的工作。要编制好工程造价,必须遵循事物的客观经济规律,按客观经济规律办事;坚持实事求是,密切结合行业特点和项目建设的特定条件并适应项目前期工作深度的需要,在调查研究的基础上,实事求是地进行经济论证;坚持形成有利于资源最优配置和效益达到最高的经济运作机制,保证工程造价的严肃性、客观性、真实性、科学性及可靠性。

工程造价编制有一套科学的、完整的计价理论与计算方法,不仅需要工程造价编制人员具有过硬的基本功,充分掌握工程定额的内涵、工作程序、子目包括的内容、工程量计算规则及尺度,同时也需要工程造价编制人员具备良好的职业道德和实事求是的工作作风,并深入工程建设第一线收集资料、积累知识。

为帮助广大工程造价编制人员更好地从事工程造价的编制与管理工作,快速培养一批既懂理论,又懂实际操作的工程造价工作者,我们组织工程造价领域有着丰富工作经验的专家学者,编写这套《工程造价编制疑难问题解答丛书》。本套丛书包括的分册有:《建筑工程造价编制 800 问》、《装饰装修工程造价编制 800 问》、《水暖工程造价编制 800 问》、《通风空调工程造价编制 800 问》、《建筑电气工程造价编制 800 问》、《市政工程造价编制 800 问》、《园林绿化工程造价编制 800 问》、《公路工程造价编制 800 问》、《水利水电工程造价编制 800 问》、《管道工程造价编制 800 问》。

本套丛书的内容是编者多年实践工作经验的积累,丛书从最基础的工程造价理论入手,采用一问一答的编写形式,重点介绍了工程造价的组成及编制方法。作为学习工程造价的快速入门级读物，丛书在阐述工程造价基础理论的同时，尽量辅以必要的实例，并深入浅出、循序渐进地进行讲解说明。丛书中还收集整理了工程造价编制方面的技巧、经验和相关数据资料，使读者在了解工程造价主要知识点的同时，还可快速掌握工程预算编制的方法与技巧，从而达到易学实用的目的。

本套丛书主要包括以下特点：

（1）丛书内容全面、充实、实用，对建设工程造价人员应了解、掌握及应用的专业知识，融会于各分册图书之中，有条理进行介绍、讲解与引导，使读者由浅入深地熟悉、掌握相关专业知识。

（2）丛书以"易学、易懂、易掌握"为编写指导思想，采用一问一答的编写形式。书中文字通俗易懂，图表形式灵活多样，对文字说明起到了直观、易学的辅助作用。

（3）丛书依据《建设工程工程量清单计价规范》(GB 50500—2008)及建设工程各专业概预算定额进行编写，具有一定的科学性、先进性、规范性，对指导各专业造价人员规范、科学地开展本专业造价工作具有很好的帮助。

由于编者水平及能力所限，丛书中错误及疏漏之处在所难免，敬请广大读者及业内专家批评指正。

编　者

目 录

第一章　概述 /1
1. 基本建设的含义是什么？ /1
2. 基本建设的内容有哪些？ /1
3. 我国水利建设存在哪些问题？ /1
4. 基本建设程序是怎样的？ /2
5. 水利水电基本建设程序是怎样的？ /2
6. 基本建设项目如何划分？ /2
7. 水利水电工程项目如何划分？ /3
8. 工程造价的含义是什么？ /4
9. 在不同阶段水利水电工程造价文件有哪些表现形式？ /5
10. 工程造价文件的作用有哪些？ /5
11. 投资估算在工程造价中的作用有哪些？ /5
12. 设计概算在工程造价中的作用有哪些？ /6
13. 什么是修改概算？ /6
14. 业主预算的目的是什么？ /6
15. 标底的作用是什么？ /6
16. 水利水电建筑工程中枢纽工程包括哪些项目？ /6
17. 水利水电建筑工程中引水工程及河道工程包括哪些项目？ /7
18. 机电设备及安装工程中枢纽工程由哪几项组成？ /8
19. 机电设备及安装工程中引水工程及河道工程由哪几项组成？ /8
20. 金属结构设备及安装工程由哪些项目组成？ /8
21. 施工临时工程包括哪些项目？ /9

第二章　水利水电工程费用构成 /10
1. 水利工程费由哪些费用组成？ /10
2. 什么是直接工程费？由哪几部分组成？ /11
3. 什么是人工费？包括哪些内容？ /11
4. 什么是材料费？包括哪些内容？ /11
5. 什么是施工机械使用费？包括哪些内容？ /12
6. 其他直接费包括哪些内容？ /12
7. 什么是冬雨季施工增加费？包括哪些内容？ /13
8. 什么是夜间施工增加费？包括哪些内容？ /13
9. 什么是特殊地区施工增加费？包括哪些内容？ /13
10. 直接费中的其他费用包括哪些费用？ /13
11. 什么是临时设施费？包括哪些内容？ /14
12. 现场管理费包括哪些内容？ /14
13. 如何确定现场经费费率标准？ /14
14. 什么是间接费？由哪几部分构成？ /16
15. 什么是企业管理费？包括哪些内容？ /16
16. 什么是财务费用？包括哪几部分？ /16
17. 其他费用包括哪些内容？ /17
18. 如何确定间接费费率标准？ /17
19. 什么是企业利润？如何计算？ /18
20. 什么是税金？如何计算？ /18
21. 设备费由哪几部分组成？ /18

22. 什么是设备原价？ /18
23. 什么是运杂费？包括哪些内容？ /18
24. 什么是运输保险费？如何计算？ /19
25. 什么是采购及保管费？包括哪些内容？ /19
26. 什么是交通工具购置费？如何计算？ /20
27. 独立费用由哪几部分组成？ /20
28. 什么是建设管理费？ /20
29. 项目建设管理费包括哪些内容？ /21
30. 什么是建设单位开办费？如何计取？ /21
31. 建设单位经常费由哪几部分组成？ /22
32. 什么是建设单位人员经常费？如何计算？ /22
33. 什么是工程管理经常费？如何计取？ /22
34. 什么是工程建设监理费？如何计取？ /23
35. 什么是联合试运转费？如何计取？ /23
36. 什么是生产准备费？包括哪些内容？ /24
37. 什么是生产及管理单位提前进厂费？ /24
38. 什么是生产职工培训费？ /24
39. 什么是管理用具购置费？ /24
40. 什么是备品备件购置费？ /24
41. 什么是工器具及生产家具购置费？ /24
42. 什么是科研勘测设计费？包括哪些内容？ /25
43. 什么是建设及施工场地征用费？ /25
44. 预备费由哪几部分组成？ /25
45. 什么是基本预备费？如何计算？ /25
46. 什么是价差预备费？如何计算？ /25
47. 如何计算建设期融资利息？ /26
48. 独立费用中的其他费用包括哪些内容？ /26
49. 什么是定额编制管理费？ /26
50. 什么是工程质量监督费？如何计取？ /27
51. 什么是工程保险费？如何计算？ /27
52. 什么是其他税费？如何计取？ /27

第三章 水利水电工程定额概述 /28

1. 定额的定义是什么？ /28
2. 什么是工程建设定额？ /28
3. 定额有哪些特性？ /28
4. 定额按制定单位可分为哪几类？ /29
5. 定额按用途可分为哪几类？ /30
6. 定额在工程建设中的作用是什么？ /31
7. 定额有哪几种表现形式？ /32
8. 定额的编制原则是什么？ /32
9. 如何编制企业定额？ /33
10. 水利水电工程定额的组成内容有哪些？ /33
11. 水利水电定额的使用原则是什么？ /34
12. 如何使用水利水电定额？ /35
13. 水利建筑工程定额的使用应注意哪些问题？ /36
14. 水利水电设备安装工程定额的使用应注意哪些问题？ /36
15. 《水利建筑工程概算定额》适用于哪些项目？ /37
16. 定额中的人工如何定义？ /37
17. 定额中的机械如何定义？ /37
18. 定额中的材料包括哪些内容？ /38
19. 定额项目中的土方开挖工程包括哪些内容？ /38
20. 定额项目中的石方开挖工程包括哪些内容？ /39
21. 定额项目中的土石填筑工程包括哪些内容？ /39

22. 定额项目中的混凝土工程包括哪些内容? / 40
23. 定额项目中的模板工程包括哪些内容? / 40
24. 定额项目中的砂石备料工程包括哪些内容? / 40
25. 定额项目中的钻孔灌浆及锚固工程包括哪些内容? / 41
26. 疏浚工程包括哪些内容? / 41
27. 水利水电定额的其他工程包括哪些内容? / 41
28. 《水利水电设备安装工程概算定额》包括哪些项目? / 42
29. 《水利水电设备安装工程概算定额》有哪几种表现形式? / 43
30. 水利水电设备安装工程定额通用的工作内容和费用有哪些? / 44
31. 施工定额在施工企业中起哪些作用? / 44
32. 施工定额的编制依据有哪些? / 44
33. 劳动定额的编制主要包括哪些工作? / 44
34. 什么是时间定额?如何计算? / 45
35. 什么是产量定额?如何计算? / 45
36. 时间定额和产量定额的区别是什么? / 46
37. 如何确定材料净用量? / 46
38. 定额材料消耗指标由哪些组成? / 46
39. 周转性材料消耗与哪些因素有关? / 46
40. 什么是机械台班定额?如何计算? / 47
41. 机械台班使用定额有哪几种形式? / 48
42. 什么是预算定额? / 49
43. 预算定额的作用有哪些? / 49
44. 预算定额的编制依据有哪些? / 49
45. 预算定额中人工消耗指标由哪几方面组成? / 50
46. 预算定额中人工消耗指标如何计算? / 50
47. 预算定额中机械台班消耗指标如何计算? / 51
48. 概算定额有哪些作用? / 52
49. 概算定额的编制原则有哪些? / 52
50. 概算定额的编制依据有哪些? / 53
51. 企业定额的构成及表现形式有哪些? / 53
52. 企业定额在工程建设中有哪些作用? / 53
53. 企业定额的编制步骤是怎样的? / 54

第四章 水利水电工程量清单计价 / 55
1. 什么是工程量清单? / 55
2. 如何编写工程量清单项目编码? / 55
3. 什么是工程单价? / 55
4. 什么是措施项目? / 55
5. 什么是其他项目? / 55
6. 什么是零星工作项目? / 55
7. 什么是预留金? / 55
8. 《水利工程工程量清单计价规范》的适用范围是什么? / 56
9. 水利工程工程量清单由哪几部分组成? / 56
10. 哪些单位可以编制工程量清单? / 56
11. 措施项目清单包括哪些内容? / 56
12. 水利工程工程量清单应由哪些内容组成? / 56
13. 水利工程工程量清单报价表由哪些内容组成? / 57
14. 水利工程工程量清单报价表填写注意事项有哪些? / 57
15. 《合同范本》中的工程量如何定义? / 59

16. 《合同范本》中对完成工程量如何计量? / 59
17. 《合同范本》中对计量方法有何规定? / 60
18. 什么是工程预付款? / 61
19. 工程预付款应符合哪些规定? / 61
20. 工程材料预付款应符合哪些规定? / 62
21. 月进度付款申请单包括哪些内容? / 63
22. 什么是保留金? 如何扣留? / 63
23. 保留金应符合哪些规定? / 63

第五章　土石方工程　/ 65

1. 场地清理的范围包括哪些? / 65
2. 植被清理应注意哪些问题? / 65
3. 表土的清挖应注意哪些问题? / 65
4. 什么是土方? / 66
5. 一般工程土可分为哪几类? / 66
6. 石方开挖工程的岩石级别如何分类? / 66
7. 水工建筑物土方开挖应注意什么? / 69
8. 冻土开挖的方法有哪些? / 70
9. 如何换算土的三相比例指标? / 70
10. 如何区分人工挖土方、挖沟槽和柱坑? / 71
11. 土方开挖时如何放坡? / 71
12. 支挡结构如何分类? / 72
13. 支撑结构的基本要求有哪些? / 72
14. 自卸汽车的适用范围及特点是什么? / 73
15. 什么是修底? / 73
16. 如何计算槽形基坑开挖工程量? / 73
17. 弃土如何堆置? / 73
18. 开挖线的变更如何计量? / 73
19. 土方开挖概算定额适用范围有哪些? / 74
20. 土方开挖预算定额适用范围有哪些? / 75
21. 预算定额对机械开挖与运输有何规定? / 75
22. 如何计算土石方开挖的横截面面积? / 77
23. 怎样计算方格网土石方工程量? / 78
24. 如何运用横截面法计算大型土(石)方工程工程量? / 79
25. 如何运用方格网法计算大型土(石)方工程工程量? / 81
26. 什么是施工机械生产率? / 83
27. 如何计算松土机生产率? / 83
28. 挖掘机挖土应注意哪些问题? / 84
29. 挖掘机有哪些类型? / 84
30. 不同单斗挖土机的适用范围有何不同? / 85
31. 装载机的用途有哪些? 如何分类? / 85
32. 如何计算单斗挖掘机生产率? / 85
33. 带式输送机由哪些部分组成? 如何分类? / 86
34. 汽车运输的适用范围及种类有哪些? / 86
35. 使用机械挖方预算定额应注意哪些问题? / 87
36. 如何计算机械挖方预算工程量? / 87
37. 羊脚碾的适用范围有哪些? / 87
38. 如何套用羊脚碾定额? / 88
39. 如何区分火雷管起爆和导爆索起爆? / 88
40. 什么是电力起爆? / 88
41. 非电起爆有哪几种类型? / 88
42. 什么是起爆网络? / 89
43. 工程爆破基本方法有哪些? / 89
44. 什么是裸露爆破法? 其适用范围有哪些? / 89

45. 什么是浅孔爆破法？其适用范围有哪些？ / 90
46. 什么是深孔爆破法？其适用范围有哪些？ / 90
47. 浅孔爆破炮孔应用如何布置？ / 90
48. 深孔爆破炮孔应如何布置？ / 91
49. 什么是定向爆破？其适用范围有哪些？ / 93
50. 如何计算定向爆破的药量？ / 93
51. 如何确定定向爆破药包的间距？ / 93
52. 如何确定爆破作用指数？ / 93
53. 如何确定最小抵抗线长度？ / 93
54. 怎样利用定向爆破筑坝和挖渠？ / 94
55. 什么是预裂爆破？其适用范围有哪些？ / 94
56. 预裂缝与开挖区炮孔的关系如何？ / 95
57. 预裂爆破的技术参数有哪些？ / 96
58. 预裂爆破质量应符合哪些要求？ / 97
59. 什么是药壶法爆破？其适用范围有哪些？ / 97
60. 什么是洞室法爆破？其适用范围有哪些？ / 98
61. 什么是光面爆破？其适用范围有哪些？ / 98
62. 光面爆破的技术参数有哪些？ / 98
63. 什么是岩塞爆破？ / 99
64. 什么是微差控制爆破？ / 99
65. 如何计算爆破的孔径和孔深？ / 100
66. 如何计算爆破的装药密度？ / 100
67. 如何区分深孔凿岩和浅孔凿岩？ / 101
68. 灌浆钻孔一般分为哪几类？ / 101
69. 什么是喷混凝土支护？ / 101
70. 如何计算岩石开凿及爆破工程量？ / 101
71. 什么是装渣运输？ / 101
72. 装渣运输机械有哪几种类型？ / 101
73. 如何计算岩石沟槽开挖工程量？ / 102
74. 斜井或竖井石方开挖定额适用范围是怎样的？ / 102
75. 竖井提升容器有哪些类型？ / 102
76. 什么是围岩补强？ / 103
77. 什么是自然通风？ / 103
78. 机械通风有哪几种方式？ / 103
79. 什么是撞楔法？ / 103
80. 撞楔法适用于哪些岩层？ / 104
81. 什么是超前锚杆加固掘进法？ / 104
82. 什么是超前导洞锚杆加固地层法？ / 104
83. 导洞有几种类型？ / 104
84. 大、小跳格开挖的区别是什么？ / 104
85. 洞室台阶法开挖与全断面开挖各具有哪些特点？ / 104
86. 什么是爬罐和吊罐？适用于哪些工程？ / 105
87. 水平坑道具有哪些用途？分为哪些类别？ / 105
88. 倾斜坑道包括哪些类别？具有哪些用途？ / 106
89. 什么是斜井？ / 106
90. 什么是上山和下山？ / 106
91. 垂直坑道包括哪些类别？具有哪些特点？ / 106
92. 如何计算钢丝绳的安全荷载？ / 106
93. 吊装作业中的吊具有哪些种类？ / 107
94. 什么是滑车？有哪些种类？ / 107
95. 环链式手拉滑车有哪些特点及作用？ / 108
96. 什么是千斤顶？其使用范围有哪些？ / 108
97. 定额对卷扬机斜井提升出渣有哪些规定？ / 108
98. 岩石隧道、井下掘进定额工日标准是怎样的？ / 108
99. 如何确定工地运输量？ / 108

100. 如何确定钢筋搭接焊焊条用量? / 109
101. 如何确定钢板搭接焊焊条用量? / 109
102. 如何确定钢板对接焊焊条用量? / 109
103. 如何确定平头对接、单斜边对接焊条用量? / 110
104. 如何确定双斜边(X形)坡口对接焊条用量? / 110
105. 如何确定堆角搭接焊焊条用量? / 110
106. 如何确定堆口焊、船心焊焊条用量? / 111
107. 如何取定盾构用油量? / 111
108. 如何确定盾构用电量? / 111
109. 如何确定盾构用水量? / 111
110. 如何计算木支护板用量? / 112
111. 土石方开挖概算定额有何规定? / 112
112. 土石方开挖预算定额有何规定? / 115
113. 如何取定软土开挖部分的机械幅度差? / 116
114. 爆破材料中雷管基本耗量如何计算? / 116
115. 爆破材料中炸药基本耗量如何计算? / 116
116. 爆破材料中导火索基本耗量如何计算? / 116
117. 爆破材料中合金钻头的基本耗量如何计算? / 117
118. 爆破材料中空心钢的基本耗量如何计算? / 117
119. 什么是土方回填?如何计算其工程量? / 117
120. 如何计算推土机的运距? / 117
121. 推土机的适用范围是什么? / 117
122. 推土机能完成哪些工作? / 118
123. 铲运机的适用范围有哪些? / 118
124. 如何选用夯实机械? / 118
125. 如何选择压实机械? / 118
126. 什么是振动碾?具有哪些特点? / 119
127. 如何计算羊足碾碾压遍数? / 119
128. 什么是羊足碾?其适用范围有哪些? / 119
129. 轮胎碾压实具有什么特点?其适用范围有哪些? / 120
130. 凸块振动碾有哪些类别?其适用范围有哪些? / 120
131. 土方开挖项目定额应用注意事项有哪些? / 120
132. 概算定额石方工程包括哪些内容? / 121
133. 预算定额石方工程包括哪些内容? / 121
134. 石方开挖项目概预算定额有何区别? / 121
135. 石方开挖定额应用注意事项有哪些? / 121
136. 土石方填筑工程定额应用注意事项有哪些? / 122
137. 编制土石坝填筑工程概预算单价应注意哪些问题? / 122
138. 如何编制土石坝填筑工程预算单价? / 123
139. 石方工程单位估价表的编制步骤是怎样的? / 124
140. 石方明挖和暗挖在概算定额和预算定额中的区别有哪些? / 124
141. 石方工程中的人工包括哪些内容? / 125
142. 石方工程预算定额调整有何规定? / 126
143. 土方开挖工程工程量清单项目应怎样设置? / 126
144. 土方开挖工程如何进行计量与支付? / 128

145. 石方开挖工程工程量清单项目应怎样设置? / 129
146. 石方开挖工程如何进行计量与支付? / 130
147. 土石方填筑工程工程量清单项目应怎样设置? / 131
148. 土石方填筑工程如何进行计量与支付? / 134

第六章 疏浚与吹填工程 / 136

1. 什么是疏浚工程? / 136
2. 疏浚与吹填工程如何进行计量与支付? / 136
3. 各类型挖泥船概算定额使用时如何进行调整? / 137
4. 绞吸式挖泥船概算定额说明有哪些? / 137
5. 绞吸式挖泥船正常工作受影响时如何对定额进行调整? / 137
6. 链斗式挖泥船概算定额说明有哪些? / 138
7. 绞吸式挖泥船有哪些特点?其适用范围是什么? / 138
8. 绞吸式挖泥船的施工方法有哪些? / 138
9. 疏浚与吹填工程定额说明有哪些? / 139
10. 绞吸式挖泥船预算定额说明有哪些? / 139
11. 链斗、抓斗、铲斗式挖泥船预算定额说明有哪些? / 141
12. 吹泥船预算定额说明有哪些? / 142
13. 铲扬式挖泥船有哪些特点?其适用范围是什么? / 142
14. 挖泥船运卸泥(砂)的运距如何确定? / 142
15. 如何计算排泥管线长度? / 142
16. 定额中水力冲挖机组的人工包括哪些内容? / 143
17. 如何确定疏浚工程量? / 143
18. 什么是旁通法疏浚作业?具有哪些特点? / 143
19. 什么是溢流法疏浚作业?具有哪些特点? / 143
20. 边抛挖泥船疏浚作业有哪些特点?其适用条件是什么? / 144
21. 吹填法疏浚作业的适用条件是什么? / 144
22. 疏浚工程定额应用时应注意哪些问题? / 144
23. 疏浚工程的排泥管架设有哪些要求? / 145
24. 如何选择各类挖泥船的开挖方向? / 145
25. 索铲走行线有哪些要求? / 145
26. 排泥场有哪几种? / 146
27. 吹填工程施工要求有哪些? / 146
28. 疏浚与吹填工程工程量清单项目应怎样设置? / 146

第七章 混凝土工程 / 153

1. 概算定额混凝土工程工作内容包括哪些? / 153
2. 预算定额混凝土工程工作内容包括哪些? / 153
3. 如何计算混凝土材料定额中的混凝土? / 154
4. 如何计算混凝土拌制定额工程量? / 154
5. 如何计算混凝土运输定额工程量? / 155
6. 如何计算混凝土浇筑定额工程量? / 155
7. 如何计算预制混凝土定额模板工程量? / 156
8. 混凝土拌制及浇筑定额应用应注意哪些问题? / 156
9. 平洞衬砌定额适用范围是什么? / 156
10. 混凝土浇筑的流程是怎样的? / 156

11. 混凝土浇筑平仓与振捣有什么关系? / 157
12. 如何处理水工建筑的施工缝? / 157
13. 什么是防渗体? 如何选用? / 157
14. 如何确定碾压线路、速度和遍数? / 158
15. 如何换算水泥混凝土强度等级? / 158
16. 如何确定混凝土配合比换算系数? / 158
17. 混凝土细骨料的划分标准是什么? / 159
18. 如何计算埋块石混凝土材料用量? / 159
19. 如何确定抗渗抗冻混凝土的水胶比? / 159
20. 混凝土强度等级和标号有何区别? / 160
21. 如何计算纯混凝土材料配合比及材料用量? / 160
22. 如何计算掺外加剂混凝土材料配合比及材料用量? / 162
23. 如何计算掺粉煤灰混凝土材料配合比及材料用量? / 164
24. 如何确定碾压混凝土材料配合比? / 165
25. 如何确定泵用混凝土材料配合比? / 167
26. 如何确定水泥砂浆材料配合比? / 168
27. 水泥强度等级换算的系数如何取定? / 169
28. 如何确定沥青混凝土材料配合比? / 169
29. 如何确定水工混凝土水胶比的最大允许值? / 170
30. 如何选定普通混凝土的坍落度? / 171
31. 如何确定混凝土的搅拌时间? / 171
32. 如何选择混凝土的运输方式? / 171
33. 基础面混凝土浇筑的要求有哪些? / 172
34. 如何确定混凝土浇筑的间歇时间? / 172
35. 如何确定混凝土浇筑层厚度? / 172
36. 如何确定混凝土的养护时间? / 172
37. 如何确定水下混凝土浇筑用导管数量? / 173
38. 预制混凝土构件的制作步骤是怎样的? / 173
39. 预制混凝土构件制作的允许偏差是多少? / 174
40. 如何选择碾压混凝土运输工具? / 174
41. 如何选择沥青混凝土运输工具? / 174
42. 如何选择沥青混合料碾压设备? / 174
43. 如何选择沥青混合料摊铺机械? / 175
44. 沥青混合料摊铺与碾压要求有哪些? / 175
45. 混凝土衬砌一般可分为哪几种? 其适用范围是什么? / 175
46. 浆砌石衬适用于哪些隧道工程? / 176
47. 在碾压混凝土坝施工中如何选用模板? / 176
48. 混凝土衬砌的截面形式有哪几种? 各适用于哪些渠道? / 176
49. 渠道设计时如何选择线路? / 176
50. 倒虹吸管适用于哪些工程? / 177
51. 如何计算普通混凝土清单工程量? / 177
52. 如何计算温控混凝土清单工程量? / 178
53. 清单计价时混凝土冬期施工措施费如何计价? / 178
54. 如何计算碾压混凝土清单工程量? / 178
55. 如何计算水下浇筑混凝土工程量? / 178
56. 如何计算预应力混凝土工程量? / 178

57. 如何计算二期混凝土工程量? / 178
58. 如何计算沥青混凝土工程量? / 179
59. 如何计算止水工程工程量? / 179
60. 如何计算伸缩缝工程量? / 179
61. 如何计算混凝土工程中的小型钢构件? / 179
62. 如何计算衬砌工程量? / 179
63. 普通混凝土如何计量与计价? / 179
64. 水下混凝土如何计量与计价? / 181
65. 预制混凝土如何计量与计价? / 181
66. 预应力混凝土如何计量与计价? / 181
67. 碾压混凝土如何计量与计价? / 182
68. 沥青混凝土如何计量与计价? / 182
69. 混凝土工程工程量清单项目应怎样设置? / 183
70. 预制混凝土工程工程量清单项目应怎样设置? / 185

第八章　模板工程　/188

1. 概算定额中模板工程包括哪些内容? / 188
2. 预算定额中模板工程包括哪些内容? / 188
3. 模板的工作内容包括哪几个方面? / 188
4. 普通模板工程定额适用哪些方面? 包括哪些工作内容? / 189
5. 悬臂组合钢模板工程定额适用哪些方面? 包括哪些工作内容? / 189
6. 尾水肘管模板工程定额适用哪些方面? 包括哪些工作内容? / 190
7. 蜗壳模板工程定额适用哪些方面? 包括哪些工作内容? / 190
8. 异形模板工程定额适用哪些方面? 包括哪些工作内容? / 190
9. 渡槽槽身模板工程定额适用哪些方面? 包括哪些工作内容? / 191
10. 圆形隧洞衬砌模板工程定额适用哪些方面? 包括哪些工作内容? / 192
11. 直墙圆拱形隧洞衬砌模板工程定额适用哪些方面? 包括哪些工作内容? / 193
12. 涵洞模板工程定额适用哪些方面? 包括哪些工作内容? / 193
13. 渠道模板工程定额适用哪些方面? 包括哪些工作内容? / 194
14. 竖井滑模工程定额适用哪些方面? 包括哪些工作内容? / 194
15. 溢流面滑模工程定额适用哪些方面? 包括哪些工作内容? / 194
16. 混凝土面板滑模工程定额适用哪些方面? 包括哪些工作内容? / 194
17. 如何计算外购模板预算价格? / 195
18. 如何计算模板定额中材料用量? / 195
19. 如何计算模板定额材料中的铁件? / 195
20. 如何计算滑模定额中材料用量? / 195
21. 如何计算坝体廊道模板用量? / 196
22. 如何计算模板材料用量? / 196
23. 模板工程概、预算定额的区别有哪些? / 196
24. 模板工程定额使用时应注意哪些问题? / 196
25. 模板工程清单工程量计算规则有哪些? / 201
26. 模板安装与拆除应注意哪些事项? / 201
27. 悬臂模板与普通模板有何区别? / 202
28. 钢模板有哪几种类型? / 202
29. 钢模板的规格有哪些? / 203
30. 模板安装包括哪些定额工作内容? / 203
31. 大型模板有哪几种型式? / 203
32. 结合钢模板的连接件有哪些种类? / 203

33. 组合钢模板的支承件有哪些种类? / 204
34. 拉条固定式、半悬臂式、悬臂式和自升式悬臂模板的特点有哪些? / 204
35. 隧洞衬砌时如何选用模板? / 204
36. 截面为圆形的隧洞如何设置衬砌模板? / 204
37. 针梁模板有哪些特点? / 205
38. 滑模有哪些优点? / 205
39. 垂直滑模适用于哪些结构? / 205
40. 堆石坝面施工应选择哪种滑模? / 205
41. 脱模剂有什么作用? / 206
42. 如何选择脱模剂? / 206
43. 预制混凝土模板包括哪些类型? 各适用于哪些工程? / 207
44. 预制混凝土模板安装应注意哪些问题? / 208
45. 模板支撑设置应满足哪些要求? / 208
46. 模板工程工程量清单项目应怎样设置? / 208

第九章 钻孔灌浆及锚固工程 / 210

1. 基础处理工程定额的地层划分为哪些类别? / 210
2. 钻机钻岩石层灌浆孔预算定额工作内容有哪些? / 210
3. 钻机钻岩石层灌浆孔概算定额工作内容有哪些? / 210
4. 钻岩石层固结灌浆概算定额工作内容有哪些? / 210
5. 风钻钻灌浆孔预算定额工作内容有哪些? / 211
6. 坝基岩石帷幕灌浆预算定额工作内容有哪些? / 211
7. 坝基岩石帷幕灌浆概算定额工作内容有哪些? / 211
8. 孔口封闭灌浆预算定额工作内容有哪些? / 211
9. 基础固结灌浆预算定额工作内容有哪些? / 211
10. 基础固结灌浆概算定额工作内容有哪些? / 211
11. 隧道固结灌浆预算定额工作内容有哪些? / 211
12. 隧道固结灌浆概算定额工作内容有哪些? / 212
13. 回填灌浆定额工作内容有哪些? / 212
14. 如何计算灌浆工程定额中的水泥用量? / 212
15. 如何计算钻机钻灌浆孔、坝基岩石帷幕灌浆定额工程量? / 212
16. 如何计算地质钻孔机钻孔定额工程量? / 212
17. 灌浆压力应怎样划分? / 213
18. 水泥强度等级划分标准是什么? / 213
19. 如何计算锚筋桩定额工程量? / 213
20. 如何计算锚杆(索)定额工程量? / 213
21. 如何计算喷浆定额工程量? / 213
22. 钻孔定额使用时应注意哪些问题? / 213
23. 灌浆定额使用时应注意哪些问题? / 214
24. 防渗墙定额使用时应注意哪些问题? / 214
25. 锚杆定额使用时应注意哪些问题? / 214
26. 锚索定额使用应注意哪些问题? / 215
27. 灌浆有哪几种类型? / 215
28. 如何选择灌浆类型? / 215
29. 如何计算帷幕灌浆工程量? / 215
30. 如何计算固结灌浆工程量? / 216
31. 如何计算循环钻灌法的钻孔长度? / 216
32. 如何确定帷幕深度? / 217
33. 如何确定帷幕厚度? / 217
34. 如何确定帷幕的渗透系数? / 217
35. 灌浆设备主要有哪些? / 217

36. 如何选择灌浆材料? / 217
37. 水泥灌浆如何选择水泥品种? / 217
38. 如何选择灌浆用的送、回浆管材? / 218
39. 如何选择灌注桩的成孔方法? / 218
40. 单液注浆与双液注浆的区别有哪些? / 218
41. 如何计算钻孔灌浆工程量? / 218
42. 如何计算隧洞回填浆工程量? / 219
43. 隧洞灌浆包括哪些定额工作内容? / 219
44. 如何计算水泥黏土砂浆的用料? / 219
45. 如何计算冲洗液工程量? / 220
46. 如何估算地下连续墙施工中所需的泥浆量? / 220
47. 如何计算地下连续墙槽段长度? / 221
48. 挤密灌浆适用于哪些工程? / 221
49. 砂砾石地基灌浆的方式有哪几种? / 221
50. 如何计算砂卵石层钻孔灌浆的个数? / 222
51. 如何计算砂卵石层钻孔浆工程量? / 222
52. 如何计算水工隧洞固结灌浆工程量? / 222
53. 如何计算水工隧洞回填灌浆工程量? / 223
54. 灌注桩有哪几种分类? / 223
55. 如何计算打孔灌注桩工程量? / 223
56. 如何计算钻孔灌注桩工程量? / 225
57. 如何计算灰土挤密桩工程量? / 225
58. 如何计算混凝土灌注桩钢筋笼工程量? / 225
59. 凿岩机与钻孔机适用范围是什么? / 226
60. 冲击式钻机适用范围是什么? / 226
61. 如何确定单孔注浆量? / 226
62. 如何计算钻孔和灌浆工程清单工程量? / 226

63. 钻孔项目如何进行计量与支付? / 227
64. 压水试验项目如何进行计量与支付? / 228
65. 灌浆试验项目如何进行计量与支付? / 228
66. 水泥灌浆项目如何进行计量与支付? / 228
67. 化学灌浆项目如何进行计量与支付? / 229
68. 管道项目如何进行计量与支付? / 229
69. 钻孔和灌浆工程工程量清单项目应怎样设置? / 229

第十章 砌筑与锚喷工程 / 233

1. 人工铺砌砂石垫层定额工作内容有哪些? / 233
2. 人工抛石护底护岸定额工作内容有哪些? / 233
3. 浆砌卵石定额工作内容有哪些? / 233
4. 浆砌料条石定额工作内容有哪些? / 233
5. 浆砌石拱圈定额工作内容有哪些? / 233
6. 如何计算土石坝物料压实概算定额工程量? / 233
7. 如何计算土石坝物料运输概算定额工程量? / 234
8. 砌筑工程对砌石的要求有哪些? / 234
9. 砌筑工程对砂砾石的要求有哪些? / 235
10. 砌筑工程对水泥和水的要求有哪些? / 235
11. 砌筑工程对胶凝材料的要求有哪些? / 235
12. 土石坝可分为哪几种类型? / 236
13. 毛石砌体砌的要求有哪些? / 236
14. 料石砌体砌筑要求有哪些? / 236
15. 浆砌石挡土墙砌筑要求有哪些? / 237
16. 如何连接砌石坝砌筑砌体与基岩? / 237
17. 坝体砌筑应符合哪些规定? / 238

18. 水泥砂浆勾缝防渗应符合哪些规定? / 239
19. 干砌石护坡应符合哪些规定? / 240
20. 干砌石挡土墙应符合哪些规定? / 240
21. 如何选择人工抛石护底护岸的运输方式? / 240
22. 砌石坝一般有哪些胶结材料? / 241
23. 衬砌有哪些种类? / 241
24. 石坝灌浆法和挤浆法砌筑有何不同? / 241
25. 基础开挖时如何选择施工机械? / 241
26. 采土时如何选择施工机械? / 241
27. 填方压实作业时如何选择施工机械? / 243
28. 推土机的施工方法有哪几种? / 243
29. 如何计算砌石工程脚手架工程量? / 243
30. 砌石勾缝有哪几种形式? / 243
31. 砖石勾缝应注意哪些问题? / 244
32. 砌石体和砌砖体应如何进行计量与支付? / 244
33. 砖石工程砌体应如何进行计量与支付? / 244
34. 钢筋预埋件应如何进行计量与支付? / 244
35. 砌体基础面清理和施工排水应如何进行计量与支付? / 244
36. 岩石锚杆的材料如何选用? / 244
37. 锚杆孔的钻孔应满足哪些要求? / 245
38. 锚杆的锚固和安装要求有哪些? / 245
39. 锚杆的注浆要求有哪些? / 246
40. 预应力锚束的造孔要求有哪些? / 246
41. 预应力锚束制作与安装要求有哪些? / 247
42. 预应力锚束的锚固段灌浆要求有哪些? / 247
43. 锚束张拉的要求有哪些? / 247
44. 封孔回填灌浆和锚头保护应注意些什么? / 248
45. 高压喷射灌浆的方式有哪几种? / 248
46. 如何确定喷射混凝土配合比? / 248
47. 岩石支护和岩石加固有何不同点? / 249
48. 如何确定锚固深度? / 249
49. 喷射混凝土有哪几种方法? / 249
50. 如何计算锚杆清单工程量? / 249
51. 如何计算锚索清单工程量? / 249
52. 如何计算喷浆清单工程量? / 249
53. 如何计算钢支撑加工安装、钢筋格构架加工安装清单工程量? / 250
54. 如何计算木支撑安装清单工程量? / 250
55. 如何计算钢筋网清单工程量? / 250
56. 岩石锚杆应如何进行计量与支付? / 250
57. 岩石预应力锚束应如何进行计量与支付? / 250
58. 喷射混凝土应如何进行计量与支付? / 251
59. 钢支撑应如何进行计量与支付? / 251
60. 混凝土防渗墙选孔有哪些要求? / 251
61. 如何选用混凝土防渗墙泥浆? / 252
62. 混凝土防渗墙体浇筑有哪些要求? / 253
63. 混凝土防渗墙段连接应符合哪些规定? / 254
64. 高压喷射注浆防渗墙的材料如何选用? / 254
65. 灌注桩泥浆制备和处理有哪些要求? / 254
66. 灌注桩清孔应符合哪些规定? / 255
67. 钢筋笼制作与吊放应符合哪些规定? / 255

68. 砌筑工程工程量清单项目应怎样设置? / 255
69. 锚喷支护工程工程量清单项目应怎样设置? / 257

第十一章 钢筋、钢构件加工及安装工程 / 260

1. 钢筋加工及安装定额的适用范围是什么? / 260
2. 钢构件加工及安装定额的适用范围是什么? / 260
3. 钢模板台车有何特点? / 260
4. 轨道一般采用什么材料? / 260
5. 水下混凝土的预埋铁件有哪些种类? / 260
6. 预埋铁件的埋设应注意哪些问题? / 260
7. 插筋设置有哪些要求? / 261
8. 如何选定插筋的埋设方法? / 261
9. 锚筋的埋设方法有哪些? / 262
10. 如何选择锚筋埋设形式? / 262
11. 如何安装埋设钢支座? / 262
12. 钢筋的加工和安装有哪些要求? / 262
13. 钢筋、钢构件加工安装工程工程量清单项目应怎样设置? / 263
14. 钢筋、钢构件加工及安装应如何进行计量与支付? / 264

第十二章 原材料开采及加工工程 / 265

1. 砂石备料工程定额计量单位有哪些? / 265
2. 什么是砂石料? / 265
3. 什么是砂砾料? / 265
4. 什么是骨料? / 265
5. 什么是砂? / 265
6. 什么是砾石? / 265
7. 什么是碎石? / 265
8. 什么是碎石原料? / 266
9. 什么是超径石? / 266
10. 什么是块石? / 266
11. 什么是片石? / 266
12. 什么是毛条石? / 266
13. 什么是料石? / 266
14. 砂石备料工程定额的适用范围是什么? / 266
15. 如何确定砂石加工厂规模? / 267
16. 砂石料加工定额中胶带输送机用量台时与米时如何折算? / 268
17. 如何计算砂石料定额单价? / 268
18. 砾石和碎石如何分级? / 269
19. 骨料生产包括哪些工序? / 269
20. 如何选择砂石料的破碎机械? / 269
21. 砂的来源分为哪几种? 如何选择? / 269
22. 破碎机一般可分为哪几种? 如何选择? / 270
23. 制砂机械主要有哪几类? / 270
24. 筛分机械按其结构可分为哪几类? / 270
25. 振动筛筛面可分为哪几种? / 271
26. 制砂的立轴式破碎机有哪几种类型? / 271
27. 振动筛有哪几种类别? / 272
28. 原材料开采及加工工程量清单项目应怎样设置? / 272

第十三章 其他工程 / 274

1. 袋装土石围堰定额工作内容有哪些? / 274
2. 钢板桩围堰定额工作内容有哪些? / 274
3. 围堰水下混凝土定额工作内容有哪些? / 274
4. 公路基础定额工作内容有哪些? / 274
5. 公路路面定额工作内容有哪些? / 274
6. 铁道铺设定额工作内容有哪些? / 275
7. 铁道移设定额工作内容有哪些? / 275

8. 铁道拆除定额工作内容有哪些? / 275
9. 管道铺设定额工作内容有哪些? / 275
10. 管道移设定额工作内容有哪些? / 275
11. 卷扬机道铺设定额工作内容有哪些? / 275
12. 卷扬机道拆除定额工作内容有哪些? / 275
13. 照明线路工程定额工作内容有哪些? / 275
14. 通信线路工程定额工作内容有哪些? / 275
15. 临时房屋工程定额工作内容有哪些? / 276
16. 塑料薄膜、土工膜、复合柔毡、土工布铺设定额计量单位是怎样的? / 276
17. 如何计算临时工程定额材料数量? / 276
18. 水利水电工程中其他工程补充定额说明有哪些? / 276
19. 什么是围堰? / 277
20. 围堰如何分类? / 277
21. 围堰的防冲刷措施有哪些? / 277
22. 钢板桩格型围堰的适用范围是什么? / 277
23. 如何确定围堰的高度? / 278
24. 草袋围堰、混凝土围堰及土石围堰分别适用于哪些工程? / 278
25. 如何计算围堰工程量? / 278
26. 如何计算水下混凝土工程量? / 278
27. 如何确定水下混凝土的单价? / 279
28. 如何计算打桩工程工程量? / 279
29. 如何确定路面的坡度? / 279
30. 路基工程工程量计算应注意哪些问题? / 279
31. 板式梁可分为哪几种? 各适用于哪些工程? / 280
32. 箱形梁的适用范围是什么? / 280
33. 桥梁基础可分为哪几种? / 280
34. 不同桥梁基础适用于哪些不同地区? / 280
35. 如何确定桥梁的跨径? / 281
36. 如何确定桥梁的全长? / 281
37. 如何确定桥梁的高度? / 281
38. 桥梁工程工程量计算规则有哪些? / 281
39. 地下管线交叉时如何处理? / 282
40. 如何确定水塔脚手架的高度? / 282
41. 如何计算水塔基础工程量? / 282
42. 如何计算通信工程工程量? / 282
43. 如何计算照明线路中配线工程量? / 283
44. 如何计算照明线路中配管工程量? / 283
45. 水利水电工程临时工程项目主要包括哪些内容? / 283
46. 如何计算复合土工薄膜中织物的厚度? / 284
47. 如何计算草皮铺种工程量? / 284
48. 水利水电工程其他建筑工程工程量清单项目应怎样设置? / 284

第十四章 水利水电设备安装工程 / 285

1. 如何计算水轮机安装概算定额工程量? / 285
2. 如何计算调速系统概算定额工程量? / 285
3. 如何计算水轮发电机概算定额工程量? / 285
4. 如何计算水泵安装概算定额工程量? / 286
5. 如何计算电动机安装概算定额工程量? / 286
6. 如何计算进水阀安装概算定额工程量? / 286

7. 如何计算水力机械辅助设备安装概算定额工程量? / 287
8. 如何计算水力机械辅助设备的管路概算定额工程量? / 287
9. 发电电压设备安装概算定额内容有哪些? / 288
10. 控制保护系统安装概算定额内容有哪些? / 288
11. 计算机监控系统安装概算定额内容有哪些? / 289
12. 直流系统安装概算定额内容有哪些? / 289
13. 厂用电系统概算定额内容有哪些? / 289
14. 电气试验设备概算定额内容有哪些? / 289
15. 电缆概算定额内容有哪些? / 289
16. 母线概算定额内容有哪些? / 290
17. 接地装置概算定额内容有哪些? / 290
18. 保护网概算定额内容有哪些? / 290
19. 铁构件概算定额内容有哪些? / 290
20. 电力变压器概算定额内容有哪些? / 292
21. 断路器概算定额内容有哪些? / 292
22. 高压电气设备概算定额内容有哪些? / 292
23. 一次拉线概算定额内容有哪些? / 293
24. 载波通信设备概算定额内容有哪些? / 294
25. 生产调度通信设备概算定额内容有哪些? / 294
26. 生产管理通信设备概算定额内容有哪些? / 294
27. 微波通信设备概算定额内容有哪些? / 294
28. 卫星通信设备概算定额内容有哪些? / 294
29. 光纤通信设备概算定额内容有哪些? / 294
30. 竖轴混流式水轮机安装预算定额内容有哪些? / 295
31. 轴流式水轮机安装预算定额内容有哪些? / 295
32. 冲击式水轮机安装预算定额内容有哪些? / 295
33. 横轴混流式水轮机安装预算定额内容有哪些? / 295
34. 贯流式(灯泡式)水轮机安装预算定额内容有哪些? / 296
35. 调速系统安装预算定额内容有哪些? / 296
36. 水轮发电机安装预算定额内容有哪些? / 296
37. 大型水泵安装预算定额内容有哪些? / 297
38. 进水阀安装预算定额内容有哪些? / 297
39. 水力机械辅助设备安装预算定额内容有哪些? / 297
40. 发电电压设备安装预算定额内容有哪些? / 297
41. 控制保护系统安装预算定额内容有哪些? / 298
42. 直流系统安装预算定额内容有哪些? / 298
43. 电缆安装预算定额内容有哪些? / 299
44. 母线制作安装预算定额内容有哪些? / 300
45. 接地装置制作安装预算定额内容有哪些? / 300
46. 保护网、铁构件制作安装预算额内容有哪些? / 301
47. 电力变压器安装预算定额内容有哪些? / 301

48. 断路器安装预算定额内容有哪些? / 302
49. 隔离开关安装预算定额内容有哪些? / 302
50. 互感器、避雷器、熔断器安装预算定额内容有哪些? / 303
51. 一次拉线安装预算定额内容有哪些? / 303
52. 其他设备安装预算定额内容包括哪些? / 303
53. 载波通信设备安装预算定额内容有哪些? / 304
54. 生产调度通信设备安装预算定额内容有哪些? / 304
55. 生产管理通信设备安装预算定额内容有哪些? / 304
56. 微波通信设备安装预算定额内容有哪些? / 305
57. 卫星通信设备安装预算定额内容有哪些? / 305
58. 水轮发电机组系统调整预算定额内容有哪些? / 306
59. 电力变压器系统调整预算定额内容有哪些? / 306
60. 门式起重机概算定额内容有哪些? / 306
61. 油压启闭机概算定额内容有哪些? / 307
62. 卷扬式启闭机概算定额内容有哪些? / 307
63. 电梯概算定额内容有哪些? / 307
64. 轨道概算定额内容有哪些? / 308
65. 滑触线概算定额内容有哪些? / 308
66. 平板焊接闸门概算定额内容是什么? / 308
67. 弧形闸门概算定额内容有哪些? / 309
68. 单扇、双扇船闸闸门概算定额内容有哪些? / 309
69. 闸门埋设件概算定额内容有哪些? / 309
70. 拦污栅概算定额内容有哪些? / 310
71. 闸门压重物概算定额内容有哪些? / 310
72. 小型金属结构构件概算定额内容有哪些? / 310
73. 压力钢管制作及安装概算定额内容有哪些? / 310
74. 桥式起重机安装预算定额内容有哪些? / 311
75. 门式起重机安装预算定额内容有哪些? / 312
76. 油压启闭机安装预算定额内容有哪些? / 312
77. 卷扬式启闭机安装预算定额工作内容有哪些? / 313
78. 电梯安装预算定额内容有哪些? / 313
79. 轨道安装预算定额内容有哪些? / 314
80. 滑触线安装预算定额内容有哪些? / 314
81. 平板焊接闸门预算定额内容有哪些? / 314
82. 弧形闸门预算定额内容有哪些? / 315
83. 单、双扇船闸闸门预算定额内容有哪些? / 315
84. 拦污栅安装预算定额内容有哪些? / 316
85. 闸门埋设件工作内容有哪些? / 316
86. 容器安装预算定额内容有哪些? / 316
87. 小型金属构件安装预算定额内容有哪些? / 316
88. 压力钢管制作及安装预算定额内容有哪些? / 317
89. 钢管制作预算定额内容有哪些? / 317
90. 钢管安装预算定额内容有哪些? / 318

91. 钢管运输预算定额内容有哪些? / 318
92. 设备工地运输预算定额内容有哪些? / 318
93. 机电设备安装工程工程量清单项目应怎样设置? / 319
94. 金属结构设备安装工程工程量清单项目应怎样设置? / 323
95. 安全监测设备采购及安装工程量清单项目应怎样设置? / 325

第十五章 水利水电工程招投标 / 327

1. 招标投标管理机构的任务有哪些? / 327
2. 招标的决策性工作有哪些? / 327
3. 招标的日常事务主要有哪些内容? / 327
4. 招标工作机构通常由哪些人员组成? / 328
5. 我国的招标工作机构主要有哪几种形式? / 328
6. 哪些工程必须进行招标? / 328
7. 哪些工程可以不进行招标? / 329
8. 什么是公开招标? / 329
9. 什么是邀请招标? / 330
10. 公开招标和邀请招标在程序上有什么区别? / 330
11. 如何选择工程项目的招标方式? / 330
12. 工程项目招标程序是怎样的? / 331
13. 招标公告包括哪些内容? / 332
14. 什么是招标资格预审? / 332
15. 资格预审有哪些作用? / 333
16. 资格预审有哪几种? / 333
17. 资格预审的程序是怎样的? / 333
18. 什么是资格预审公告? / 333
19. 资格预审文件由哪几部分组成? / 333
20. 如何评审资格预审文件? / 334
21. 资格复审的目的是什么? / 334
22. 项目招标时勘察现场主要包括哪些内容? / 335
23. 什么是标前会议? / 335
24. 标前会议主要议程是怎样的? / 335
25. 什么是开标? 开标程序是怎样的? / 336
26. 评标机构须符合哪些要求? / 336
27. 什么是评标的保密性? / 337
28. 评标的原则是什么? / 337
29. 评标中应注意哪些问题? / 337
30. 评标报告由哪几部分组成? / 338
31. 什么是投标报价? / 338
32. 工程投标报价的依据有哪些? / 339
33. 投标报价的基础准备工作有哪些? / 339
34. 单价在投标报价中的作用是什么? / 340
35. 工程项目投标报价单价分析的步骤和方法有哪些? / 341
36. 如何计算投标报价中直接工程费? / 341
37. 如何计算投标报价中的措施费和间接费? / 341
38. 如何计算投标报价中的利润? / 342
39. 如何计算投标报价中的税金? / 342
40. 投标报价决策的工作内容有哪些? / 342
41. 如何计算基础标价、最低标价和最高标价? / 343
42. 什么是投标? 投标有哪些作用? / 343
43. 在招投标竞争中业主主要从哪几个方面选择承包商? / 344
44. 研究招标文件的重点包括哪几方面? / 344
45. 影响投标决策的主观因素有哪些? / 345
46. 影响投标决策的客观因素有哪些? / 346
47. 什么是风险标? / 346
48. 什么是保险标? / 346
49. 什么是盈利标? / 347
50. 什么是保本标? / 347
51. 什么是亏损标? / 347
52. 投标决策的主要内容包括哪几方面? / 347

53. 投标过程一般需要完成哪些工作？ / 348
54. 申报资格预审时应注意哪些事项？ / 348
55. 承包商现场考察的目的是什么？ / 349
56. 现场考察包括哪几方面内容？ / 349
57. 为什么要对招标文件中的工程量进行复核？ / 350
58. 复核工程量时应注意哪些问题？ / 350
59. 编制施工规划的目的是什么？ / 351
60. 施工规划应包括哪些内容？ / 351
61. 投标文件的内容有哪几项？ / 352
62. 编制投标文件应注意哪些问题？ / 352
63. 什么是投标文件的投递？投递要求有哪些？ / 353
64. 投标提问应注意哪些问题？ / 354

第十六章 投资估算、施工图预算和施工预算 / 355

1. 什么是投资估算？ / 355
2. 投资估算有哪些作用？ / 355
3. 投资估算的内容有哪些？ / 355
4. 投资估算的编制依据有哪些？ / 356
5. 水利水电建筑工程投资估算如何编制？ / 357
6. 水利水电机电安装工程投资估算如何编制？ / 357
7. 水利水电施工临时工程投资估算如何编制？ / 357
8. 什么是施工图预算？ / 358
9. 施工图预算有哪些作用？ / 358
10. 施工图预算编制的内容有哪些？ / 359
11. 施工图预算的编制依据有哪些？ / 359
12. 施工图预算的编制程序是怎样的？ / 360
13. 如何用预算单价法编制施工图预算？ / 360
14. 如何用实物单价法编制施工图预算？ / 361
15. 如何用综合单价法编制施工图预算？ / 361
16. 施工图预算与设计概算有哪些不同？ / 361
17. 什么是施工预算？ / 362
18. 施工预算有哪些作用？ / 362
19. 施工预算的编制依据有哪些？ / 363
20. 施工预算的编制步骤是怎样的？ / 363
21. 施工图预算与施工预算有何区别？ / 364
22. 水利工程概算由哪几部分构成？ / 365
23. 概算文件的编制程序是怎样的？ / 365
24. 水利水电工程设计概算编制有哪几种方法？ / 365
25. 如何编制设备及安装工程概算？ / 365
26. 概算文件正件部分由哪些内容组成？ / 366
27. 概算文件附件部分由哪些内容组成？ / 367
28. 如何编制水利水电主体建筑工程概算？ / 368
29. 如何编制水利水电交通工程概算？ / 369
30. 如何编制水利水电房屋建筑工程概算？ / 369
31. 如何编制水利水电工程供电线路工程概算？ / 369
32. 如何编制水利水电工程其他建筑工程概算？ / 369
33. 如何计算水利水电土石方开挖工程量？ / 370
34. 如何计算水利水电工程土石方填筑工程量？ / 370
35. 如何计算疏浚与吹（填）工程量？ / 370
36. 如何计算土工合成材料工程量？ / 370

37. 如何计算混凝土工程量? / 370
38. 如何计算混凝土立模面积? / 371
39. 如何计算钻孔灌浆工程量? / 371
40. 如何计算混凝土地下连续墙成槽和混凝土浇筑工程量? / 371
41. 如何计算锚固工程量? / 371
42. 如何计算喷射混凝土工程量? / 371
43. 如何计算混凝土灌注桩钻孔和灌筑混凝土工程量? / 371
44. 如何计算枢纽工程对外公路工程量? / 372
45. 如何计算水利水电工程设备及安装工程量? / 372
46. 如何计算水利水电施工临时工程量? / 372
47. 水利水电工程人工预算单价由哪些费用组成? / 373
48. 如何计算人工预算单价中基本工资? / 373
49. 如何计算人工预算单价中辅助工资? / 373
50. 如何计算人工预算单价中工资附加费? / 374
51. 如何计算人工日预算单价? / 374
52. 如何计算人工工时预算单价? / 374
53. 人工预算单价计价标准中的有效工作时间是多少? / 374
54. 如何计算主要材料预算价格? / 375
55. 如何计算其他材料预算价格? / 376
56. 施工机械台班单价由哪些费用组成? / 376
57. 如何计算折旧费? / 376
58. 国产机械出厂价格的收集途径有哪些? / 376
59. 如何计算进口机械预算价格? / 376
60. 如何确定残值率? / 376
61. 如何计算台班折旧费中的贷款利息系数? / 377
62. 如何计算机械耐用总台班? / 377
63. 如何计算台班大修理费? / 378
64. 如何计算经常修理费? / 378
65. 如何计算台班安拆费及场外运输费? / 379
66. 如何计算燃料动力费? / 380
67. 如何计算机械台班费中的人工费? / 381
68. 如何计算养路费及车船使用税? / 381
69. 施工用电、风、水预算价格费用由哪几部分组成? / 381
70. 如何计算施工用电价格? / 382
71. 如何计算施工用水价格? / 382
72. 如何计算施工用风价格? / 383
73. 如何计算水利水电工程砂石料单价? / 383
74. 如何计算水利水电工程混凝土材料单价? / 384

第十七章　工程价款结算与竣工决算 / 385

1. 什么是结算工程量? / 385
2. 已完成工程量如何计量? / 385
3. 钢材如何计量? / 386
4. 结构物面积如何计量? / 386
5. 结构物体积如何计量? / 386
6. 如何确定结构物的长度? / 387
7. 如何确定工程结算的计量单位? / 387
8. 什么是承包项目总价? / 387
9. 什么是工程价款按月结算? / 387
10. 什么是工程价款竣工后一次结算? / 387
11. 什么是工程价款分段结算? / 387
12. 什么是目标结款? / 387
13. 如何编制工程价款结算账单? / 388
14. 什么是工程预付款? / 389

15. 《合同范本》中对工程预付款有哪些规定? / 389
16. 工程材料预付款有哪些规定? / 390
17. 工程进度款由哪几部分组成? 如何计算? / 391
18. 如何确认工程进度款工程量? / 392
19. 工程价格的计价方法有哪些? / 392
20. 可调工料单价法和固定综合单价法有何异同? / 392
21. 工程进度款的计算步骤是怎样的? / 393
22. 工程月进度款申请包括哪些内容? / 393
23. 如何支付工程进度款? / 394
24. 工程价款结算的保留金有哪些规定? / 394
25. 工程价款完工结算有哪些规定? / 395
26. 工程价款最终结清有哪些规定? / 395
27. 什么是工程价款结清单? / 396
28. 最终付款证书说明应包括哪些内容? / 396
29. 什么是工程竣工结算? 其作用是什么? / 396
30. 工程竣工结算资料主要包括哪些内容? / 397
31. 工程竣工结算书编制依据有哪些? / 397
32. 工程竣工结算编制要求有哪些? / 398
33. 竣工结算文件由哪几部分组成? / 398
34. 工程结算编制说明包括哪些内容? / 398
35. 清单计价下工程结算包括哪些内容? / 399
36. 定额计价下工程结算包括哪些内容? / 399
37. 工程结算编制按发承包合同类型不同应采用哪些方法? / 399
38. 工程结算时工程单价调整应遵循哪些原则? / 400
39. 竣工结算时综合单价法和工料单价法如何使用? / 400
40. 工程结算审查文件由哪几部分组成? / 400
41. 工程结算审查依据有哪些? / 401
42. 工程结算审查有哪些要求? / 401
43. 工程结算审查方法有哪些? / 402
44. 什么是工程竣工决算? / 402
45. 工程竣工决算的作用有哪些? / 403
46. 竣工决算编制依据有哪些? / 403
47. 竣工决算的编制要求有哪些? / 404
48. 竣工财务决算由哪几部分组成? / 404
49. 竣工财务决算报告说明书包括哪些内容? / 404

参考文献 / 406

第一章

·概述·

1. 基本建设的含义是什么？

基本建设是形成固定资产的生产活动,固定资产是指在其有效使用期内重复使用而不改变其实物形态的主要劳动资料,它是人们生产和生活的必要物质条件。

固定资产可分为生产性固定资产和非生产性固定资产两大类。前者是指在生产过程中发挥作用的劳动资料,例如工厂、矿山、油田、电站、铁路、水库、海港、码头、路桥工程等。后者是指在较长时间内直接为人民的物质文化生活服务的物质资料,如住宅、学校、医院、体育活动中心和其他生活福利设施等。

2. 基本建设的内容有哪些？

(1)建筑安装工程。建筑安装工程是基本建设工作的重要组成部分,建筑行业通过建筑安装活动生产出建筑产品,形成固定资产。

建筑安装工程包括建筑工程和安装工程。建筑工程包括各种建筑物、房屋、设备基础等的建造工作。安装工程包括生产、动力、起重、运输、输配电等需要安装的各种机电设备和金属结构设备的安装、试车等工作。

(2)设备工(器)具购置。设备工具购置是指由建设单位因建设项目的需要进行采购或自制而达到固定资产标准的机电设备、金属结构设备、工具、器具等的购置工作。

(3)其他基建工作。凡不属于以上两项的基建工作,如勘测、设计、科学试验、淹没及迁移赔偿、水库清理、施工队伍转移、生产准备等项工作。

3. 我国水利建设存在哪些问题？

我国水利水电建设经过多年的努力,尽管已取得了很大成就,但随着社会和经济的发展,水利建设仍存在部分问题。

(1)我国大江大河的防洪问题还没有真正解决,我国对主要江河还只能控制 10~20 年一遇的普通洪水,不能抗御历史上发生过的特大洪水。

一般中小河流防洪标准更低,随着河流两岸经济建设的发展,一旦发生洪灾,造成的损失将越来越大。

(2)我国农业目前仍需要进一步大修水利以提高抗御自然灾害的能力,很难实现逐年增产。

(3)城市供水矛盾较为突出。我国工业、城市用水增加速度很快,不少城市都不同程度地存在着水源不足、供水紧张情况。因此水源紧缺将日益成为限制我国生产和生活水平提高的重大障碍。

(4)水能资源开发利用率不高。我国水电装机容量已居世界第六位,但仅占可开发量的 13% 左右。由于水能资源是一种清洁的可再生的能源,且未开发前又是不可蓄积的能源,故世界各工业化国家都优先开发水电,我国也理当如此。

(5)内河航运量不足。目前,我国内河航道总长达 11 万 km,但内河航运量不足全国货运总量的 9%,与欧美的一些国家相比还有很大的差距。

4. 基本建设程序是怎样的?

基本建设程序是指基本建设项目从决策、设计、施工到竣工验收整个工作过程中各个阶段所必须遵循的先后次序与步骤。

5. 水利水电基本建设程序是怎样的?

水利水电基本建设程序一般分为:项目建议书、可行性研究报告、初步设计、施工准备(包括招标设计)和设备订货、建设实施、生产准备、竣工验收、后评价等八个阶段。

6. 基本建设项目如何划分?

通常,把基本建设工程项目按照其内在结构或实施过程的顺序进行逐层分解,得到不同层次的项目单元,将其划分为建设项目、单项工程、单位工程、分部工程和分项工程等,如图 1-1 所示。

(1)建设项目也称为基本建设项目,是指在一个场地或几个场地上按一个总体设计进行施工的各个工程项目的总和。如一个独立的工厂、水库、水电站等。

(2)单项工程是建设项目的组成部分,单项工程具有独立的设计文件,建成后可以独立发挥生产能力或效益。例如,一个工厂的生产车间,

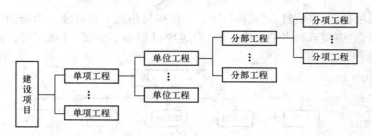

图 1-1 建设项目结构分解示意图

一个水利枢纽的拦河坝、电站厂房、引水渠等都是单项工程。一个建设项目可以是一个单项工程也可以包含几个单项工程。

(3)单位工程是单项工程的组成部分,是指不能独立发挥生产能力,但具有独立施工条件的工程。一般按照建筑物建筑及安装来划分,如灌区工程中进水闸、分水闸、渡槽;水电站引水工程中的进水口、调压井等都是单位工程。

(4)分部工程是单位工程的组成部分,一般按照建筑物的主要部位或工种来划分。例如,房屋建筑工程可划分为基础工程、墙体工程、屋面工程等。也可以按照工种来划分,如土石方工程、钢筋混凝土工程、装饰工程等。

(5)分项工程是分部工程的细分,是建设项目最基本的组成单元,反映最简单的施工过程。例如,砖石工程按工程部位划分为内墙、外墙等分项工程。

7. 水利水电工程项目如何划分?

现行的水利工程项目划分按照水利部 2002 年颁发的水总[2002]116号文有关项目划分的规定执行。该规定对水利水电基本建设项目进行了专门的项目划分。

水利工程按工程性质划分为枢纽工程、引水工程及河道工程两大类。

(1)枢纽工程包括水库、水电站和其他大型独立建筑物。

(2)引水工程及河道工程包括供水工程、灌溉工程、河湖整治工程和堤防工程。

工程部分划分为建筑工程、机电设备及安装工程、金属结构设备及安装工程、施工临时工程、独立费用等 5 个部分。每部分从大到小又划分为一级项目、二级项目、三级项目等。一级项目相当于具有独立功能的单项工程,二级项目相当于单位工程,三级项目相当于分部、分项工程。如图1-2 所示。

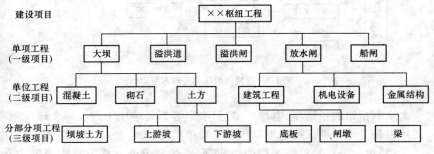

图 1-2　水利水电工程项目划分示意图

8. 工程造价的含义是什么？

工程造价就是指工程的建造价格,是给基本建设项目这种特殊的产品定价,具体来讲有两种含义。

(1)第一种含义,工程造价是指建设项目的建设成本,指建设项目从筹建到竣工验收交付使用全过程所需的全部费用,包括建筑工程费、安装工程费、设备费,以及其他相关的必需费用。对上述几类费用可以分别称为建筑工程造价、安装工程造价、设备造价等。

(2)第二种含义,工程造价是指建设项目的工程承发包价格,就是为建成一项工程,预计或实际在土地市场、设备市场、技术劳务市场以及承包市场等交易活动中所形成的建筑安装工程的价格和建设工程总价格。它是在社会主义市场经济条件下,以工程这种特定的商品形式作为交易对象,通过招投标、承发包或其他交易方式,由需求主体投资者和供给主体建筑商共同认可的价格。工程的范围和内涵既可以是涵盖范围很大的一个建设项目,也可以是一个单项工程,甚至也可以是整个建设工程中的某个阶段,如水库的土石坝工程、溢洪道工程、渠首工程等;或者其中的某个组成部分,如土方工程、混凝土工程、砌石工程等。鉴于建筑安装工程价格在项目固定资产中占有50%～60%的份额,又是工程建设中最活跃的部分,把工程的承发包价格界定为工程价格,有着现实意义。

9. 在不同阶段水利水电工程造价文件有哪些表现形式？

(1)在区域规划和工程规划阶段，工程造价文件的表现形式是投资匡算。

(2)在可行性研究阶段，工程造价文件的表现形式是投资估算。

(3)在初步设计阶段，工程造价文件的表现形式是投资概算(或称设计概算)；个别复杂工程需要进行技术设计，在该阶段工程造价文件的表现形式是修正概算。

(4)在招标设计阶段，工程造价文件的表现形式是执行概算，并应据此编制招标标底(国外称为工程师预算)。施工企业(厂家)要根据项目法人提供的招标文件编制投标报价。

(5)在施工图设计阶段，工程造价文件的表现形式是施工图预算(或称设计预算)。

(6)在竣工验收过程中，工程造价文件的表现形式为竣工决算。

10. 工程造价文件的作用有哪些？

(1)考核设计方案技术上的可行性，经济上的合理性。

(2)确定基本建设项目总投资，编制年度投资计划。

(3)进行工程招标，筹措工程建设资金，办理投资拨款、贷款，核算建设成本。

(4)考核工程造价和投资效果。

11. 投资估算在工程造价中的作用有哪些？

(1)投资估算考核拟建项目所提出的建设方案在技术上的可行性和经济上的合理性。

(2)投资估算是项目建议书及可行性研究阶段对工程造价的预测。

(3)投资估算是控制拟建项目投资的最高限额。

(4)投资估算是根据规划阶段和前期勘测阶段所提出的资料、有关数据对拟建项目所提出的不同建设方案进行多方比较、论证后所提出的投资总额，这个投资额连同可行性研究报告一经上级批准，即作为该拟建项目进行初步设计、编制概算投资总额的控制依据。

(5)投资估算是项目法人为选定近期开发项目作为科学决策和进行初步设计的重要依据。

(6)投资估算是工程造价全过程管理的"龙头",抓好这个"龙头"对工程投资控制具有十分重要意义。

12. 设计概算在工程造价中的作用有哪些?

(1)设计概算是国家确定和控制建设项目投资总额、编制年度基本建设计划,控制基本建设拨款、投资贷款的依据。

(2)设计概算是实行建设项目投资包干,招标项目控制标底的依据。

(3)设计概算是控制施工图预算,考核设计单位设计成果是否经济合理性的依据。

(4)设计概算是建设单位进行成本核算、考核成本是否经济合理的依据。

13. 什么是修改概算?

修改概算是在量(指工程规模或设计标准)和价(指价格水平)都有变化的情况下,对设计概算的修改。

14. 业主预算的目的是什么?

业主预算是对已确定招标的项目在已经批准的设计概算的基础上,按照项目法人的管理要求和分标情况,对工程项目进行合理调整后而编制的,又称执行概算。其主要目的是有针对性地计算建设项目各部分的投资,对临时工程费与其他费用进行摊销,以利于设计概算与承包单位的投标报价作同口径比较,便于对投资进行管理和控制。但业主预算项目间的投资调整不应影响概算投资总额,它应与投资概算总额相一致。

15. 标底的作用是什么?

标底的主要作用是招标单位在一定浮动范围内合理控制工程造价,明确自己在发包工程上应承担的财务义务。标底也是投资单位考核发包工程造价的主要尺度。

16. 水利水电建筑工程中枢纽工程包括哪些项目?

枢纽工程是指水利枢纽建筑物(含引水工程中的水源工程)和其他大型独立建筑物。其包括挡水工程、泄洪工程、引水工程、发电厂工程、升压变电站工程、航运工程、鱼道工程、交通工程、房屋建筑工程和其他建筑工程。其中,前七项为主体建筑工程。

(1)挡水工程是指挡水的各类坝(闸)工程。

(2)泄洪工程是指溢洪道、泄洪洞、冲砂洞(孔)、放空洞等工程。

(3)引水工程是指发电引水明渠、进(取)水口、引水隧洞、调压井、高压管道等工程。

(4)发电厂工程是指地面、地下各类发电厂工程。

(5)升压变电站工程是指升压变电站、开关站等工程。

(6)航运工程是指上下游引航道、船闸、升船机等工程。

(7)鱼道工程需根据枢纽建筑物布置情况,可独立列项。与拦河坝相结合的,也可作为拦河坝工程的组成部分。

(8)交通工程是指上坝、进厂、对外等场内外永久公路、隧道、桥梁、铁路、码头等交通工程。

(9)房屋建筑工程是指为生产运行服务的永久性辅助生产厂房、仓库、办公、生活及文化福利等房屋建筑和室外工程。

(10)其他建筑工程是指内外部观测工程,动力线路(厂坝区)、照明线路,通信线路,厂坝区及生活区供水、供热、排水等公用设施工程,厂坝区环境建设工程,水情自动测报系统工程及其他。

17. 水利水电建筑工程中引水工程及河道工程包括哪些项目?

引水工程及河道工程是指供水、灌溉、河湖整治、堤防修建与加固工程。其包括供水、灌溉渠(管)道、河湖整治与堤防工程,建筑物工程(水源工程除外),交通工程,房屋建筑工程,供电设施工程和其他建筑工程。

(1)供水、灌溉渠(管)道、河湖整治与堤防工程是指渠(管)道工程、清淤疏浚工程、堤防修建与加固工程等。

(2)建筑物工程是指泵站、水闸、隧洞、渡槽、倒虹吸、跌水、小水电站、排水沟(涵)、调蓄水库等工程。

(3)交通工程是指永久性公路、隧道、铁路、桥梁、码头等工程。

(4)房屋建筑工程是指为生产运行服务的永久性辅助生产厂房、仓库、办公、生活及文化福利等房屋建筑和室外工程。

(5)供电设施工程是指为工程生产运行供电需要架设的输电线路及变配电设施工程。

(6)其他建筑工程是指内外部观测工程,照明线路,通信线路,厂坝(闸、泵站)区及生活区供水、供热、排水等公用设施工程,工程沿线或建筑物周围环境建设工程,水情自动测报系统工程及其他。

18. 机电设备及安装工程中枢纽工程由哪几项组成？

枢纽工程是指构成枢纽工程固定资产的全部机电设备及安装工程。本部分由发电设备及安装工程、升压变电设备及安装工程和公用设备及安装工程三项组成。

(1)发电设备及安装工程是指水轮机、发电机、主阀、起重机、水力机械辅助设备、电气设备等设备及安装工程。

(2)升压变电设备及安装工程是指主变压器、高压电气设备、一次拉线等设备及安装工程。

(3)公用设备及安装工程是指通信设备,通风采暖设备,机修设备,计算机监控系统,管理自动化系统,全厂接地及保护网,电梯,坝区馈电设备,厂坝区及生活区供水、排水、供热设备,水文、泥沙监测设备,水情自动测报系统设备,外部观测设备,消防设备,交通设备等设备及安装工程。

19. 机电设备及安装工程中引水工程及河道工程由哪几项组成？

引水工程及河道工程是指构成该工程固定资产的全部机电设备及安装工程。本部分一般由泵站设备及安装工程、小水电站设备及安装工程、供变电工程和公用设备及安装工程四项组成。

(1)泵站设备及安装工程是指水泵、电动机、主阀、起重设备、水力机械辅助设备、电气设备等设备及安装工程。

(2)小水电站设备及安装工程是指其组成内容可参照枢纽工程的发电设备及安装工程与升压变电设备及安装工程。

(3)供变电工程是指供电、变配电设备及安装工程。

(4)公用设备及安装工程是指通信设备,通风采暖设备,机修设备,计算机监控系统,管理自动化系统,全厂接地及保护网,坝(闸、泵站)区馈电设备,厂坝(闸、泵站)区供水、排水、供热设备,水文、泥沙监测设备,水情自动测报系统设备,外部观测设备,消防设备,交通设备等设备及安装工程。

20. 金属结构设备及安装工程由哪些项目组成？

金属结构设备及安装工程是指构成枢纽工程和其他水利工程固定资产的全部金属结构设备及安装工程。包括闸门、启闭机、拦污栅、升船机等设备及安装工程,压力钢管制作及安装工程与其他金属结构设备及安装工程。

金属结构设备及安装工程项目要与建筑工程项目相对应。

21. 施工临时工程包括哪些项目?

施工临时工程是指为辅助主体工程施工所必须修建的生产和生活用临时性工程。包括导流工程、施工交通工程、施工场外供电工程、施工房屋建筑工程及其他施工临时工程。

(1) 导流工程是指导流明渠、导流洞、施工围堰、蓄水期下游断流补偿设施,金属结构设备及安装工程等。

(2) 施工交通工程是指施工现场内外为工程建设服务的临时交通工程,如公路、铁路、桥梁、施工支洞、码头、转运站等。

(3) 施工场外供电工程是指从现有电网向施工现场供电的高压输电线路(枢纽工程:35kV 及以上等级;引水工程及河道工程:10kV 及以上等级)和施工变(配)电设施(场内除外)工程。

(4) 施工房屋建筑工程是指工程在建设过程中建造的临时房屋,包括施工仓库、办公及生活、文化福利建筑与所需的配套设施工程。

(5) 其他施工临时工程是指除施工导流、施工交通、施工场外供电、施工房屋建筑、缆机平台以外的施工临时工程。主要包括施工供水(大型泵房及干管)、砂石料系统、混凝土拌和浇筑系统、大型机械安装拆卸、防汛、防冰、施工排水、施工通信、施工临时支护设施(含隧洞临时钢支撑)等工程。

第二章 水利水电工程费用构成

1. 水利工程费由哪些费用组成？

根据现行的《水利工程设计概(估)算编制规定》(水利部水总[2002]116号)，水利工程费用由工程费、独立费用、预备费、建设期融资利息组成，如图 2-1 所示。

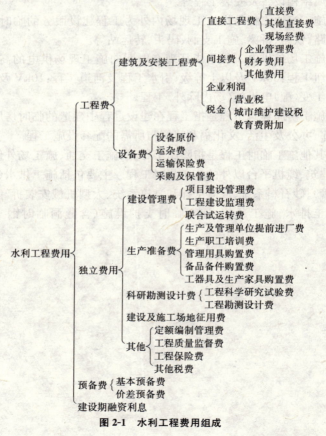

图 2-1 水利工程费用组成

2. 什么是直接工程费？由哪几部分组成？

直接工程费指建筑安装工程施工过程中直接消耗在工程项目上的活劳动和物化劳动。它由直接费、其他直接费、现场经费组成。

（1）直接费包括人工费、材料费、施工机械使用费。

（2）其他直接费包括冬雨季施工增加费、夜间施工增加费、特殊地区施工增加费和其他。

（3）现场经费包括临时设施费和现场管理费。

3. 什么是人工费？包括哪些内容？

人工费指直接从事建筑安装工程施工的生产工人开支的各项费用。其内容包括：

（1）基本工资。由岗位工资和年龄工资以及年应工作天数内非作业天数的工资组成。

1）岗位工资。指按照职工所在岗位各项劳动要素测评结果确定的工资。

2）年龄工资。指按照职工工作年限确定的工资，随工作年限增加而逐年累加。

3）生产工人年应工作天数以内非作业天数的工资，包括职工开会学习、培训期间的工资，调动工作、探亲、休假期间的工资，因气候影响的停工工资，女工哺乳期间的工资，病假在6个月以内的工资及产、婚、丧假期的工资。

（2）辅助工资。指在基本工资之外，以其他形式支付给职工的工资性收入，包括根据国家有关规定属于工资性质的各种津贴，主要包括地区津贴、施工津贴、夜餐津贴、节日加班津贴等。

（3）工资附加费。指按照国家规定提取的职工福利基金、工会经费、养老保险费、医疗保险费、工伤保险费、职工失业保险基金和住房公积金。

4. 什么是材料费？包括哪些内容？

材料费指用于建筑安装工程项目上的消耗性材料、装置性材料和周转性材料摊销费。包括定额工作内容规定应计入的未计价材料和计价材料。

材料预算价格一般包括材料原价、包装费、运杂费、运输保险费和采购及保管费五项。

(1)材料原价。指材料指定交货地点的价格。

(2)包装费。指材料在运输和保管过程中的包装费和包装材料的折旧摊销费。

(3)运杂费。指材料从指定交货地点至工地分仓库或相当于工地分仓库(材料堆放场)所发生的全部费用,包括运输费、装卸费、调车费及其他杂费。

(4)运输保险费。指材料在运输途中的保险费。

(5)材料采购及保管费。指材料在采购、供应和保管过程中所发生的各项费用,主要包括材料的采购、供应和保管部门工作人员的基本工资、辅助工资、工资附加费、教育经费、办公费、差旅交通费及工具用具使用费;仓库、转运站等设施的检修费、固定资产折旧费、技术安全措施费和材料检验费;材料在运输、保管过程中发生的损耗等。

5. 什么是施工机械使用费?包括哪些内容?

施工机械使用费指消耗在建筑安装工程项目上的机械磨损、维修和动力燃料费用等,包括折旧费、修理及替换设备费、安装拆卸费、机上人工费和动力燃料费等。

(1)折旧费。指施工机械在规定使用年限内回收原值的台时折旧摊销费用。

(2)修理及替换设备费。修理费指施工机械在使用过程中,为了使机械保持正常功能而进行修理所需的摊销费用和机械正常运转及日常保养所需的润滑油料、擦拭用品的费用,以及保管机械所需的费用。

替换设备费指施工机械正常运转时所耗用的替换设备及随机使用的工具附具等摊销费用。

(3)安装拆卸费。指施工机械进出工地的安装、拆卸、试运转和场内转移及辅助设施的摊销费用。部分大型施工机械的安装拆卸费不在其施工机械使用费中计列,包含在其他施工临时工程中。

(4)机上人工费。指施工机械使用时机上操作人员的人工费用。

(5)动力燃料费。指施工机械正常运转时所耗用的风、水、电、油和煤等费用。

6. 其他直接费包括哪些内容?

其他直接费包括冬雨季施工增加费、夜间施工增加费、特殊地区施工增加费和其他。

其他直接费的百分率计算。其中建筑工程为1%,安装工程为1.5%。

7. 什么是冬雨季施工增加费？包括哪些内容？

冬雨季施工增加费指在冬雨季施工期间为保证工程质量和安全生产所需增加的费用,包括增加施工工序,增设防雨、保温、排水等设施增耗的动力、燃料、材料以及因人工、机械效率降低而增加的费用。

冬雨季施工增加费根据不同地区,按直接费的百分率计算。

西南、中南、华东区	0.5%~1.0%
华北区	1.0%~2.5%
西北、东北区	2.5%~4.0%

西南、中南、华东区中,按规定不计冬季施工增加费的地区取小值,计算冬季施工增加费的地区可取大值;华北区中,内蒙古等较严寒地区可取大值,其他地区取中值或小值;西北、东北区中,陕西、甘肃等省取小值,其他地区可取中值或大值。

8. 什么是夜间施工增加费？包括哪些内容？

夜间施工增加费指施工场地和公用施工道路的照明费用。

夜间施工增加费按直接费的百分率计算,其中建筑工程为0.5%,安装工程为0.7%。

照明线路工程费用包括在"临时设施费"中;施工附属企业系统、加工厂、车间的照明,列入相应的产品中,均不包括在本项费用之内。

9. 什么是特殊地区施工增加费？包括哪些内容？

特殊地区施工增加费指在高海拔和原始森林等特殊地区施工而增加的费用,其中高海拔地区的高程增加费,按规定直接进入定额;其他特殊增加费(如酷热、风沙),应按工程所在地区规定的标准计算,地方没有规定的不得计算此项费用。

10. 直接费中的其他费用包括哪些费用？

其他包括施工工具用具使用费、检验试验费、工程定位复测、工程点交、竣工场地清理、工程项目及设备仪表移交生产前的维护观察费等。其中,施工工具用具使用费,指施工生产所需,但不属于固定资产的生产工具,检验、试验用具等的购置、摊销和维护费。检验试验费,指对建筑材料、构件和建筑安装物进行一般鉴定、检查所发生的费用,包括自设实验室所耗用的材料和化学药品费用,以及技术革新和研究试验费,不包括新结构、新材料的试验费和建设单位要求对具有出厂合格证明的材料进行试验、对构件进行破坏性试验,以及其他特殊要求检验、试验的费用。

11. 什么是临时设施费?包括哪些内容?

临时设施费指施工企业为进行建筑安装工程施工所必需的但又未被划入施工临时工程的临时建筑物、构筑物和各种临时设施的建设、维修、拆除、摊销等费用。如供风、供水(支线)、供电(场内)、夜间照明、供热系统及通信支线,土石料场,简易砂石料加工系统,小型混凝土拌和浇筑系统,木工、钢筋、机修等辅助加工厂,混凝土预制构件厂,场内施工排水,场地平整、道路养护及其他小型临时设施。

12. 现场管理费包括哪些内容?

(1)现场管理人员的基本工资、辅助工资、工资附加费和劳动保护费。

(2)办公费。指现场办公用具、印刷、邮电、书报、会议、水、电、烧水和集体取暖(包括现场临时宿舍取暖)用燃料等费用。

(3)差旅交通费。指现场职工因公出差期间的差旅费、误餐补助费,职工探亲路费,劳动力招募费,职工离退休、退职一次性路费,工伤人员就医路费,工地转移费以及现场职工使用的交通工具费、运行费及牌照费。

(4)固定资产使用费。指现场管理使用的属于固定资产的设备、仪器等的折旧、大修理、维修费或租赁费等。

(5)工具用具使用费。指现场管理使用的不属于固定资产的工具、器具、家具、交通工具和检验、试验、测绘、消防用具等的购置、维修和摊销费。

(6)保险费。指施工管理用财产、车辆保险费,高空、井下、洞内、水下、水上作业等特殊工种安全保险费等。

(7)其他费用。

13. 如何确定现场经费费率标准?

根据工程性质不同,现场经费标准分为枢纽工程、引水工程及河道工程两部分标准。对于有些施工条件复杂、大型建筑物较多的引水工程可执行枢纽工程的费率标准,见表2-1及表2-2。

第二章 水利水电工程费用构成

表 2-1　　　　　　　　枢纽工程现场经费费率表

序号	工程类别	计算基础	现场经费费率(%) 合计	临时设施费	现场管理费
一	建筑工程				
1	土石方工程	直接费	9	4	5
2	砂石备料工程（自采）	直接费	2	0.5	1.5
3	模板工程	直接费	8	4	4
4	混凝土浇筑工程	直接费	8	4	4
5	钻孔灌浆及锚固工程	直接费	7	3	4
6	其他工程	直接费	7	3	4
二	机电、金属结构设备安装工程	人工费	45	20	25

注：本表工程类别划分：

(1)土石方工程：包括土石方开挖与填筑、砌石、抛石工程等。

(2)砂石备料工程：包括天然砂砾料和人工砂石料开采加工。

(3)模板工程：包括现浇各种混凝土时制作及安装的各类模板工程。

(4)混凝土浇筑工程：包括现浇和预制各种混凝土、钢筋制作安装、伸缩缝、止水、防水层、温控措施等。

(5)钻孔灌浆及锚固工程：包括各种类型的钻孔灌浆、防渗墙及锚杆(索)、喷浆(混凝土)工程等。

(6)其他工程：指除上述工程以外的工程。

表 2-2　　　　　　引水工程及河道工程现场经费费率表

序号	工程类别	计算基础	现场经费费率(%) 合计	临时设施费	现场管理费
一	建筑工程				
1	土方工程	直接费	4	2	2
2	石方工程	直接费	6	2	4
3	模板工程	直接费	6	3	3++
4	混凝土浇筑工程	直接费	6	3	3
5	钻孔灌浆及锚固工程	直接费	7	3	4
6	疏浚工程	直接费	5	2	3
7	其他工程	直接费	5	2	3
二	机电、金属结构设备安装工程	人工费	45	20	25

注：1. 若自采砂石料，则费率标准同枢纽工程。

2. 工程类别划分。

(1)同表 2-1 注。

(2)疏浚工程，指用挖泥船、水力冲挖机组等机械疏浚江河、湖泊的工程。

14. 什么是间接费？由哪几部分构成？

间接费指施工企业为建筑安装工程施工而进行组织与经营管理所发生的各项费用，它构成产品成本，由企业管理费、财务费用和其他费用组成。

15. 什么是企业管理费？包括哪些内容？

企业管理费指施工企业为组织施工生产经营活动所发生的费用。其内容包括：

(1)管理人员基本工资、辅助工资、工资附加费和劳动保护费。

(2)差旅交通费。指施工企业管理人员因公出差、工作调动的差旅费、误餐补助费，职工探亲路费，劳动力招募费，离退休职工一次性路费及交通工具油料、燃料、牌照、养路费等。

(3)办公费。指企业办公用具、印刷、邮电、书报、会议、水电、燃煤(气)等费用。

(4)固定资产折旧、修理费。指企业属于固定资产的房屋、设备、仪器等折旧及维修等费用。

(5)工具用具使用费。指企业管理使用不属于固定资产的工具、用具、家具、交通工具、检验、试验、消防等的摊销及维修费用。

(6)职工教育经费。指企业为职工学习先进技术和提高文化水平按职工工资总额计提的费用。

(7)劳动保护费。指企业按照国家有关部门规定标准发放给职工的劳动保护用品的购置费、修理费、保健费、防暑降温费、高空作业及进洞津贴、技术安全措施费以及洗澡用水、饮用水的燃料费等。

(8)保险费。指企业财产保险、管理用车辆等保险费用。

(9)税金。指企业按规定缴纳的房产税、管理用车辆使用税、印花税等。

(10)其他。包括技术转让费、设计收费标准中未包括的应由施工企业承担的部分施工辅助工程设计费、投标报价费、工程图纸资料费及工程摄影费、技术开发费、业务招待费、绿化费、公证费、法律顾问费、审计费、咨询费等。

16. 什么是财务费用？包括哪几部分？

财务费用指施工企业为筹集资金而发生的各项费用，包括企业经营期间发生的短期融资利息净支出、汇兑净损失、金融机构手续费，企业筹集资金发生的其他财务费用，以及投标和承包工程发生的保函手续费等。

17. 其他费用包括哪些内容？

其他费用包括企业定额测定费及施工企业进退场补贴费。

18. 如何确定间接费费率标准？

根据工程性质不同间接费标准分为枢纽工程、引水工程及河道工程两部分标准。对于有些施工条件复杂、大型建筑物较多的引水工程可执行枢纽工程的费率标准，见表 2-3 及表 2-4。

表 2-3 枢纽工程间接费费率表

序号	工程类别	计算基础	间接费费率(%)
一	建筑工程		
1	土石方工程	直接工程费	9(8)
2	砂石备料工程（自采）	直接工程费	6
3	模板工程	直接工程费	6
4	混凝土浇筑工程	直接工程费	5
5	钻孔灌浆及锚固工程	直接工程费	7
6	其他工程	直接工程费	7
二	机电、金属结构设备安装工程	人工费	50

注：若土石方填筑等工程项目所利用原料为已计取现场经费、间接费、企业利润和税金的砂石料，则其间接费率选取括号中数值。

表 2-4 引水工程及河道工程间接费费率表

序号	工程类别	计算基础	间接费费率(%)
一	建筑工程		
1	土方工程	直接工程费	4
2	石方工程	直接工程费	6
3	模板工程	直接工程费	6
4	混凝土浇筑工程	直接工程费	4
5	钻孔灌浆及锚固工程	直接工程费	7
6	疏浚工程	直接工程费	5
7	其他工程	直接工程费	5
二	机电、金属结构设备安装工程	人工费	50

注：若工程自采砂石料，则费率标准同枢纽工程。

19. 什么是企业利润？如何计算？

企业利润指按规定应计入建筑、安装工程费用中的利润。

企业利润按直接工程费和间接费之和的 7% 计算。

20. 什么是税金？如何计算？

税金指国家对施工企业承担建筑、安装工程作业收入所征收的营业税、城市维护建设税和教育费附加。

为了计算简便，在编制概预算时，可按下列公式和税率进行计算：

$$税金 = (直接工程费 + 间接费 + 企业利润) \times 税率$$

若安装工程中含未计价装置性材料费，则计算税金时应计入未计价装置性材料费。

税率标准：

(1)建设项目在市区的为 3.41%。
(2)建设项目在县城镇的为 3.35%。
(3)建设项目在市区或县城镇以外的为 3.22%。

21. 设备费由哪几部分组成？

设备费包括设备原价、运杂费、运输保险费、采购及保管费。

22. 什么是设备原价？

(1)国产设备，其原价指出厂价。
(2)进口设备，以到岸价和进口征收的税金、手续费、商检费及港口费等各项费用之和为原价。
(3)大型机组分瓣运至工地后的拼装费用，应包括在设备原价内。
(4)设备原价以出厂价格或设计单位分析论证后的询价为设备原价。

23. 什么是运杂费？包括哪些内容？

运杂费指设备由厂家运至工地安装现场所发生的一切运杂费用，包括运输费、调车费、装卸费、包装绑扎费、大型变压器充氮费及可能发生的其他杂费。

运杂费分主要设备运杂费和其他设备运杂费，均按占设备原价的百分率计算。

(1)主要设备运杂费率见表 2-5。

第二章 水利水电工程费用构成

表 2-5　　　　　主要设备运杂费率表　　　　　%

设备分类	铁　路		公　路		公路直达基本费率
	基本运距1000km	每增运500km	基本运距50km	每增运10km	
水轮发电机组	2.21	0.40	1.06	0.10	1.01
主阀、桥机	2.99	0.70	1.85	0.18	1.33
主变压器					
120000kV·A 及以上	3.50	0.56	2.80	0.25	1.20
120000kV·A 以下	2.97	0.56	0.92	0.10	1.20

设备由铁路直达或铁路、公路联运时，分别按里程求得费率后叠加计算；如果设备由公路直达，应按公路里程计算费率后，再加公路直达基本费率。

（2）其他设备运杂费率见表 2-6。

表 2-6　　　　　其他设备运杂费率表

类别	适 用 地 区	费率(%)
Ⅰ	北京、天津、上海、江苏、浙江、江西、安徽、湖北、湖南、河南、广东、山西、山东、河北、陕西、辽宁、吉林、黑龙江等省、直辖市	4～6
Ⅱ	甘肃、云南、贵州、广西、四川、重庆、福建、海南、宁夏、内蒙古、青海等省、自治区、直辖市	6～8

工程地点距铁路线近者费率取小值，远者取大值。新疆、西藏地区的费率在表中未包括，可视具体情况另行确定。

24. 什么是运输保险费？如何计算？

运输保险费指设备在运输过程中的保险费用。运输保险费按有关规定计算。

25. 什么是采购及保管费？包括哪些内容？

采购及保管费指建设单位和施工企业在负责设备的采购、保管过程中发生的各项费用，主要包括：

（1）采购保管部门工作人员的基本工资、辅助工资、工资附加费、劳动保护费、教育经费、办公费、差旅交通费、工具用具使用费等。

(2)仓库、转运站等设施的运行费、维修费、固定资产折旧费、技术安全措施费和设备的检验、试验费等。

26. 什么是交通工具购置费？如何计算？

交通工具购置费是指工程竣工后，为保证建设项目初期生产管理单位正常运行必须配备生产、生活、消防车辆和船只所发生的费用。

交通工具购置费按表2-7中所列设备数量和国产设备出厂价格加车船附加费、运杂费计算。

表 2-7　　　　　　　交通工具购置指标表

工程类别			设备名称及数量(辆、艘)									
			轿车	载重汽车	工具车	面包车	消防车	越野车	大客车	汽船	机动船	驳船
枢纽工程	大(1)型		2	3	1	2	1	2	1	2	2	—
	大(2)型		2	2	1	1	1	1	1	1	1	—
大型引水工程	线路长度	>300km	2	8	6	6	—	3	3			
		100～300km	1	6	4	3		2	2			
		≤100km		4	2	2		1	1			
大型灌区或排涝工程	灌排面积	>150万亩	1	6	5	5		2	2			
		50～150万亩	1	2	2	2		1	1			
堤防工程	管理单位级别	1		6		2		2	1	1	2	2
		2		2		1		1	1		1	1
		3										

注：堤防工程的管理单位级别请参照水科技[1996]414号文《堤防工程管理设计规范》。

27. 独立费用由哪几部分组成？

独立费用由建设管理费、生产准备费、科研勘测设计费、建设及施工场地征用费和其他五项组成。

28. 什么是建设管理费？

建设管理费指建设单位在工程项目筹建和建设期间进行管理工作所

需的费用,包括项目建设管理费、工程建设监理费和联合试运转费。

29. 项目建设管理费包括哪些内容?

项目建设管理费包括建设单位开办费和建设单位经常费。

30. 什么是建设单位开办费? 如何计取?

建设单位开办费是指新组建的工程建设单位,为开展工作所必须购置的办公及生活设施、交通工具等,以及其他用于开办工作的费用。

对于新建工程,其开办费根据建设单位开办费标准和建设单位定员来确定。对于改扩建与加固工程,原则上不计建设单位开办费。

(1)建设单位开办费标准见表2-8。

表 2-8　　　　　　　　　建设单位开办费标准

建设单位人数	20人以下	21~40人	41~70人	71~140人	140人以上
开办费(万元)	120	120~220	220~350	350~700	700~850

注:1. 引水及河道工程按总工程计算,不得分段分别计算。
　　2. 定员人数在两个数之间的,开办费由内插法求得。

(2)建设单位定员标准见表2-9。

表 2-9　　　　　　　　　建设单位定员表

工程类别及规模				定员人数
	特大型工程		如南水北调	140以上
	综合利用的水利枢纽工程	大(1)型	总库容>$10×10^8 m^3$	70~140
		大(2)型	总库容$(1~10)×10^8 m^3$	40~70
枢纽工程	以发电为主的枢纽工程	$200×10^4 kW$ 以上		90~120
		$(150~200)×10^4 kW$		70~90
		$(100~150)×10^4 kW$		55~70
		$(50~100)×10^4 kW$		40~55
		$(30~50)×10^4 kW$		30~40
		$30×10^4 kW$		20~30
	枢纽扩建及加固工程	大型	总库容>$1×10^8 m^3$	21~35
		中型	总库容$(0.1~1)×10^8 m^3$	14~21

(续)

工程类别及规模			定员人数
引水及河道工程	大型引水工程	线路总长 >300km	84～140
		线路总长 100～300km	56～84
		线路总长 ≤100km	28～56
	大型灌溉或排涝工程	灌溉或排涝面积 >150×10⁴ 亩	56～84
		灌溉或排涝面积 (50～150)×10⁴ 亩	28～56
	大江大河整治及堤防加固工程	河道长度 >300km	42～56
		河道长度 100～300km	28～42
		河道长度 ≤100km	14～28

注：1. 当大型引水、灌溉或排涝、大江大河整治及堤防加固工程包含有较多的泵站、水闸、船闸时，定员可适当增加。
2. 本定员只作为计算建设单位开办费和建设单位人员经常费的依据。
3. 工程施工条件复杂者，取大值；反之，取小值。

31. 建设单位经常费由哪几部分组成？

建设单位经常费包括建设单位人员经常费和工程管理经常费。

32. 什么是建设单位人员经常费？如何计算？

建设单位人员经常费是指建设单位从批准组建之日起至完成该工程建设管理任务之日止，需开支的经常费用，主要包括工作人员的基本工资、辅助工资、工资附加费、劳动保护费、教育经费、办公费、差旅交通费、会议费、交通车辆使用费、技术图书资料费、固定资产折旧费、零星固定资产购置费、低值易耗品摊销费、工具用具使用费、修理费、水电费、采暖费等。

建设单位人员经常费根据建设单位定员、费用指标和经常费用计算期进行计算。

计算公式为：

建设单位人员经常费＝费用指标[元/(人·年)]×定员人数×经常费用计算期(年)

33. 什么是工程管理经常费？如何计取？

工程管理经常费是指建设单位从筹建到竣工期间所发生的各种管理费用，包括该工程建设过程中用于资金筹措、召开董事(股东)会议、视察工程建设所发生的会议和差旅等费用;建设单位为解决工程建设涉及的技术、经济、法律等问题需要进行咨询所发生的费用;建设单位进行项目管理所发生的土地使用税、房产税、合同公证费、审计费、招标业务费等;施工期所需的水情、水文、泥沙、气象监测费和报汛费;工程验收费和由主管部门主持对工程设计进行审查、安全鉴定等费用;在工程建设过程中,必须派驻工地的公安、消防部门的补贴费以及其他属于工程管理性质开支的费用。

枢纽工程及引水工程一般按建设单位开办费和建设单位人员经费之和的35%~40%计取,改扩建与加固工程、堤防及疏浚工程按20%计取。

34. 什么是工程建设监理费?如何计取?

工程建设监理费指在工程建设过程中聘任监理单位,对工程的质量、进度、安全和投资进行监理所发生的全部费用,包括监理单位为保证监理工作正常开展而必须购置的交通工具、办公及生活设备、检验试验设备以及监理人员的基本工资、辅助工资、工资附加费、劳动保护费、教育经费、办公费、差旅交通费、会议费、技术图书资料费、固定资产折旧费、零星固定资产购置费、低值易耗品摊销费,工具用具使用费、修理费、水电费、采暖费等。

工程建设监理费按照国家及省、自治区、直辖市计划(物价)部门有关规定计取。

35. 什么是联合试运转费?如何计取?

联合试运转费指水利工程的发电机组、水泵等安装完毕,在竣工验收前,进行整套设备带负荷联合试运转期间所需的各项费用,主要包括联合试运转期间所消耗燃料、动力、材料及机械使用费,工具用具购置费,施工单位参加联合试运转人员的工资等。

联合试运转费用指标见表2-10。

表2-10　　　　　　联合试运转费用指标表

水电站工程	单机容量(万 kW)	≤1	≤2	≤3	≤4	≤5	≤6	≤10	≤20	≤30	≤40	>40
	费用(万元/台)	3	4	5	6	7	8	9	11	12	16	22
泵站工程	电力泵站	每千瓦25~30元											

36. 什么是生产准备费？包括哪些内容？

生产准备费指水利建设项目的生产、管理单位为准备正常的生产运行或管理发生的费用,其包括生产及管理单位提前进厂费、生产职工培训费、管理用具购置费、备品备件购置费和工器具及生产家具购置费。

37. 什么是生产及管理单位提前进厂费？

生产及管理单位提前进厂费是指在工程完工之前,生产、管理单位有一部分工人、技术人员和管理人员提前进厂进行生产筹备工作所需的各项费用,内容包括提前进厂人员的基本工资、辅助工资、工资附加费、劳动保护费、教育经费、办公费、差旅交通费、会议费、技术图书资料费、零星固定资产购置费、低值易耗品摊销费、工具用具使用费、修理费、水电费、采暖费等,以及其他属于生产筹建期间应开支的费用。

38. 什么是生产职工培训费？

生产职工培训费指工程在竣工验收之前,生产及管理单位为保证生产、管理工作能顺利进行,需对工人、技术人员和管理人员进行培训所发生的费用,内容包括基本工资、辅助工资、工资附加费、劳动保护费、差旅交通费、实习费,以及其他属于职工培训应开支的费用。

39. 什么是管理用具购置费？

管理用具购置费指为保证新建项目的正常生产和管理所必须购置的办公和生活用具等费用,内容包括办公室、会议室、资料档案室、阅览室、文娱室、医务室等公用设施需要配置的家具器具。

40. 什么是备品备件购置费？

备品备件购置费指工程在投产运行初期,由于易损件损耗和可能发生的事故,而必须准备的备品备件和专用材料的购置费。不包括设备价格中配备的备品备件。

41. 什么是工器具及生产家具购置费？

工器具及生产家具购置费指按设计规定,为保证初期生产正常运行所必须购置的不属于固定资产标准的生产工具、器具、仪表、生产家具等的购置费。不包括设备价格中已包括的专用工具。

42. 什么是科研勘测设计费？包括哪些内容？

科研勘测设计费指为工程建设所需的科研、勘测和设计等费用，包括工程科学研究试验费和工程勘测设计费。

(1) 工程科学研究试验费指在工程建设过程中，为解决工程技术问题，而进行必要的科学研究试验所需的费用。工程科学研究试验费按工程建安工作量的百分率计算。其中枢纽和引水工程取 0.5%；河道工程取 0.2%。

(2) 工程勘测设计费指工程从项目建议书开始至以后各设计阶段发生的勘测费、设计费。工程勘测设计费按原国家计委、建设部计价格 [2002] 10 号文件规定执行。

43. 什么是建设及施工场地征用费？

建设及施工场地征用费指根据设计确定的永久、临时工程征地和管理单位用地所发生的征地补偿费用及应缴纳的耕地占用税等。主要包括征用场地上的林木、作物的赔偿，建筑物迁建及居民迁移费等。

44. 预备费由哪几部分组成？

预备费包括基本预备费和价差预备费。

45. 什么是基本预备费？如何计算？

基本预备费主要为解决在工程施工过程中，经上级批准的设计变更和国家政策性变动增加的投资及为解决意外事故而采取的措施所增加的工程项目和费用。

基本预备费计算方法：根据工程规模、施工年限和地质条件等不同情况，按工程一至五部分投资合计（依据分年度投资表）的百分率计算。

初步设计阶段为 5.0%～8.0%。

46. 什么是价差预备费？如何计算？

价差预备费主要为解决在工程项目建设过程中，因人工工资、材料和设备价格上涨以及费用标准调整而增加的投资。

价差预备费计算方法：根据施工年限，以资金流量表的静态投资为计算基数。

按照国家发改委根据物价变动趋势，适时调整和发布的年物价指数计算。

计算公式：
$$E = \sum_{n=1}^{N} F_n[(1+p)^n - 1]$$

式中　E——价差预备费；
　　　N——合理建设工期；
　　　n——施工年度；
　　　F_n——建设期间资金流量表内第 n 年的投资；
　　　p——年物价指数。

47. 如何计算建设期融资利息？

根据国家财政金融政策规定，工程在建设期内需偿还并应计入工程总投资的融资利息。

建设期融资利息计算公式如下：
$$S = \sum_{n=1}^{N} \left[\left(\sum_{m=1}^{n} F_m b_m - \frac{1}{2} F_n b_n \right) + \sum_{m=0}^{n-1} S_m \right] i$$

式中　S——建设期融资利息；
　　　N——合理建设工期；
　　　n——施工年度；
　　　m——还息年度；
　　F_n、F_m——在建设期资金流量表内第 n、m 年的投资；
　　b_n、b_m——各施工年份融资额占当年投资比例；
　　　i——建设期融资利率；
　　　S_m——第 m 年的付息额度。

48. 独立费用中的其他费用包括哪些内容？

其他费用包括定额编制管理费、工程质量监督费、工程保险费和其他税费。

49. 什么是定额编制管理费？

定额编制管理费指水利工程定额的测定、编制、管理等所需的费用，该项费用交由定额管理机构安排使用。

50. 什么是工程质量监督费？如何计取？

工程质量监督费指为保证工程质量而进行的检测、监督、检查工作等费用。

工程质量监督费按照国家及省、自治区、直辖市计划（物价）部门有关规定计取。

51. 什么是工程保险费？如何计算？

工程保险费指工程建设期间，为使工程在遭受水灾、火灾等自然灾害和意外事故造成损失后得到经济补偿，而对建设、设备及安装工程保险所发生的保险费用。工程保险费按工程一至四部分投资合计的 4‰～5‰ 计算。

52. 什么是其他税费？如何计取？

其他税费指按国家规定应缴纳的与工程建设有关的税费。其他税费按国家有关规定计取。

第三章
·水利水电工程定额概述·

1. 定额的定义是什么？

定,就是规定；额,就是额度。从广义上来说,定额是以一定标准规定的额度或限度,即标准或尺度。

2. 什么是工程建设定额？

工程建设定额是指在一定的技术组织条件下,预先规定消耗在单位合格建筑产品上的人工、材料、机械、资金和工期的标准额度,是建筑安装工程预算定额、概算定额、概算指标、投资估算指标、施工定额和工期定额等的总称。

3. 定额有哪些特性？

(1)科学性。工程定额的科学性包括两重含义：一重含义是指工程定额和生产力发展水平相适应,反映出工程建设中生产消费的客观规律；另一重含义是指工程建设定额管理在理论、方法和手段上适应现代科学技术和信息社会发展的需要。

(2)系统性。工程定额是相对独立的系统。它是由多种定额结合而成的有机的整体。它的结构复杂,有鲜明的层次,有明确的目标。

工程定额的系统性是由工程建设的特点决定的。按照系统论的观点,工程就是庞大的实体系统。工程定额是为这个实体系统服务的。因而工程本身的多种类、多层次就决定了以它为服务对象的工程定额的多种类、多层次。

(3)统一性。工程建设定额的统一性,主要是由国家对经济发展的有计划的宏观调控职能决定的。为了使国民经济按照既定的目标发展,就需要借助于某些标准、定额、参数等,对工程建设进行规划、组织、调节、控制。而这些标准、定额、参数必须在一定的范围内是一种统一的尺度,才能实现上述职能,才能利用它对项目的决策、设计方案、投标报价、成本控制进行比选和评价。

工程建设定额的统一性按照其影响力和执行范围来看,有全国统一定额,地区统一定额和行业统一定额等;按照定额的制定、颁布和贯彻使用来看,有统一的程序、统一的原则、统一的要求和统一的用途。

(4)权威性。工程定额具有很大权威,这种权威在一些情况下具有经济法规性质。权威性反映统一的意志和统一的要求,也反映信誉和信赖程度以及反映定额的严肃性。

工程定额的权威性的客观基础是定额的科学性。只有科学的定额才具有权威。在社会主义市场经济条件下,对定额的权威性不应该绝对化。定额毕竟是主观对客观的反映,定额的科学性会受到人们认识的局限。与此相关,定额的权威性也就会受到削弱核心的挑战。更为重要的是,随着投资体制的改革和投资主体多元化格局的形式,随着企业经营机制的转换,他们都可以根据市场的变化和自身的情况,自主的调整自己的决策行为。因此在这里,一些与经营决策有关的工程建设定额的权威性特征就弱化了。

(5)稳定性与时效性。工程定额中的任何一种都是一定时期技术发展和管理水平的反映,因而在一段时间内都表现出稳定的状态。稳定的时间有长有短,一般在5~10年之间。保持定额的稳定性是维护定额的权威性所必需的,更是有效的贯彻定额所必要的。如果某种定额处于经常修改变动之中,那么必然造成执行中的困难和混乱,使人们感到没有必要去认真对待它,很容易导致定额权威性的丧失。工程定额的不稳定也会给定额的编制工作带来极大的困难。

但是工程定额的稳定性是相对的。当生产力向前发展了,定额就会与已经发展了的生产力不相适应。这样,它原有的作用就会逐步减弱以至消失,需要重新编制或修订。

4. 定额按制定单位可分为哪几类?

(1)全国统一定额,由国务院有关部门制定和颁发的定额。它不分地区,全国适用。

(2)地方估价表,是由各省、自治区、直辖市在国家统一指导下,结合本地区特点编制的定额,只在本地区范围内执行。

(3)行业定额,是由各行业结合本行业特点,在国家统一指导下编制的具有较强行业或专业特点的定额,一般只在本行业内部使用。

(4)企业定额,是由企业自行编制,只限于本企业内部使用的定额,如施工企业及附属的加工厂、车间编制的用于企业内部管理、成本核算、投标报价的定额,以及对外实行独立经济核算的单位如预制混凝土和金属结构厂、大型机械化施工公司、机械租赁站等编制的不纳入建筑安装工程定额系列之内的定额标准、出厂价格、机械台班租赁价格等。

(5)临时定额,也称一次性定额,它是因上述定额中缺项而又实际发生的新项目而编制的。一般由施工企业提出测定资料,与建设单位或设计单位协商议定,只作为一次使用,并同时报主管部门备查,以后陆续遇到此类项目时,经过总结和分析,往往成为补充或修订正式统一定额的基本资料。

5. 定额按用途可分为哪几类?

按定额的用途分为施工定额、预算定额、概算定额、投资估算指标等,见表 3-1。

表 3-1　　　　　　　定额的名称、性质、特征及作用

工程定额名称	工程定额性质	主　要　特　征	主　要　作　用	编制和使用的顺序
施工定额	企业生产定额	为了适应组织生产和管理的需要,施工定额的项目划分很细,是工程建设定额中分项最细、定额子目最多的一种定额	施工定额是工程建设定额中的基础性定额,是编制预算定额的重要依据	编制 ↓ 使用
预算定额	计价性的定额	预算定额是在编制施工图预算时,计算工程造价和计算工程中劳动、机械台班、材料需要量使用的一种定额	在工程委托承包的情况下,它是确定工程造价的主要依据;在招标承包的情况下,它是计算标底和确定报价的主要依据;预算定额则是概算定额或估算指标的编制基础,可以说预算定额在计价中是基础性定额	

(续)

工程定额名称	工程定额性质	主要特征	主要作用	编制和使用的顺序
概算定额	计价性的定额	概算定额是编制初步设计概算及修正设计概算时,计算和确定工程概算造价、计算劳动、机械台班、材料需要量所使用的定额。它的项目划分粗细,与初步设计的深度相适应。它是在预算定额基础上,对预算定额的综合扩大	概算定额是控制项目投资的重要依据,在工程建设的投资管理中有重要作用	编制 ↓ 使用
投资估算指标	计价性的定额	投资估算指标是在项目建议书和可行性研究报告阶段编制投资估算、计算投资需要量时使用的一种定额。它非常概略,往往以独立的单项工程或完整的工程项目为计算对象。它的概略程度与项目建议书和可行性研究相适应	为项目决策和投资控制提供依据。投资估算指标往往根据历史的预、决算资料和价格变动等资料编制,但其编制基础仍然离不开预算定额、概算定额	

6. 定额在工程建设中的作用是什么?

(1)定额是企业编制计划的基础。企业无论是长期计划、短期计划,综合技术经济或施工进度计划、作业计划的编制,都是直接或间接地用各种定额作为计算人力、机械和材料等各种资源需要量的依据,所以定额是编制各种计划的重要基础。

(2)定额是确定工程成本和报价的依据。施工任何一个工程或一台电气设备,所消耗的劳动力、材料、机械台班的数量是工程施工成本的决定性因素,而它们的消耗量和工程取费又是根据定额计算的。因此,定额也是比较和评价设计方案是否经济合理的尺度。

(3)定额是加强企业经营管理的重要工具。定额要求每一个执行定额的人,必须自觉地遵循定额的要求,监督工程施工中的人工、材料和施工机械使用不超过定额规定的消耗,从而提高劳动生产率,降低工程成本。此外,企业在生产经营管理中要计算和平衡资源需用量、组织材料供应、编制施工进度计划、签发施工任务单、实行承包责任制、考核工料消耗等一系列管理都要以定额作为计算依据,因此,定额是加强企业经营管理的重要工具。

(4)定额是总结推广先进生产方法的手段。用定额标定方法可以对同一产品在同一操作条件下的不同生产方式进行观察、分析和总结,然后在生产过程中推广先进生产方法,使劳动生产率得到提高。

7. 定额有哪几种表现形式?

定额一般有实物量形式、价目表形式、百分率形式和综合形式四种表现形式。

(1)实物量形式是以完成单位工程工作量所消耗的人工、材料、机械台班时的数量表示的定额。如水利部2002年颁发的《水利建筑工程概算定额》、《水利建筑工程预算定额》、《水利水电设备安装工程预算定额》等。这种定额使用时要用工程所在地编制年的价格水平计算工程单价,它不受物价上涨因素的影响,使用时间长。

(2)价目表形式是以编制年的价格水平给出完成单位产品的价格。该定额使用比较简便,但必须进行调整,很难适应工程建设动态发展的需要,已逐步被实物量定额所取代。

(3)百分率形式是以某取费基础的百分率表示的定额。如《水利工程设计概(估)算编制规定》中现场经费费率和间接费费率定额。

(4)如现行的《水利工程施工机械台时费定额》是一种综合形式定额,其一类费用是价目表形式,二类费用是实物量形式。

8. 定额的编制原则是什么?

(1)平均合理的原则。定额的水平应该是反映社会平均水平,体现社会必要劳动的消耗量。在正常施工条件下,大多数工人和企业能够达到和超过的水平,既不能采用少数先进生产者、先进企业所达到的水平,也不能以落后的生产者和企业的水平为依据。

(2)基本准确的原则。定额的"准"是相对的,定额的"不准"是绝对的。我们不能要求定额编得与实际完全一致,只能要求基本准确。

(3)简明适用的原则。在保证具有基本准确的前提下,定额项目不宜过细过繁,对于影响定额的次要参数可采用调整系数等方法简化定额项目,做到粗而准确,细而不繁,便于使用。

(4)统一性和差别性相结合的原则。统一性就是考虑国家的方针政策和经济发展要求,统一制定定额的编制原则和方法,具体组织和颁发全国统一定额,颁发有关的规章制度和条例细则,在全国范围内统一定额分项、定额名称、定额编号,统一人工、材料和机械台时消耗量的名称及计量尺度。

差别性就是在统一性基础上,各部门和地区可在管辖范围内,根据各自的特点,依据国家规定的编制原则,编制各部门和地区性定额,颁发补充性的条例细则,并加强定额的经常性管理。

9. 如何编制企业定额?

工程施工企业在编制企业定额时应依据本企业的技术能力和管理水平,以基础定额为参照和指导,测定计算完成分项工程或工序所必须的人工、材料和机械台班的消耗量,准确反映本企业的施工生产力水平。

为适应国家推行的工程量清单计价办法,企业定额可采用基础定额的形式,按统一的工程量计算规则、统一划分的项目、统一的计量单位进行编制。在确定人工、材料和机械台班消耗量以后,需按选定的市场价格,包括人工价格、材料价格和机械台班价格等编制分项工程基价,并确定工程间接成本、利润、其他费用项目等的计费原则,编制分项工程的综合单价。

10. 水利水电工程定额的组成内容有哪些?

水利工程建设中现行的各种定额一般由总说明、章节说明、定额表和有关附录组成。其中定额表是各种定额的主要组成部分。

(1)《水利建筑工程概算定额》和《水利建筑工程预算定额》的定额表内列出了各定额项目完成不同子目的单位工程量所必须的人工、主要材料和主要机械台时消耗量。《水利建筑工程概算定额》的部分项目和《水利建筑工程预算定额》各定额表上方注明该定额项目的适用范围和工作内容,在定额表内对完成不同子目单位工程量所必需耗用的零星用工、用材料及机具费用,定额内以"零星材料费、其他材料费、其他机械费"表示,并以百分率的形式列出。

(2)现行《水利水电设备安装工程概算定额》和《水利水电设备安装工程预算定额》的定额表以实物量或以设备原价为计算基础的安装费率两种形式表示,其中实物量定额占97.1%。定额包括的内容为设备安装和构成工程实体的主要装置性材料安装的直接费。

以实物量形式表现的定额中,人工工时、材料和机械台时都以实物量表示,其他材料费和其他机械费按占主要材料费和主要机械费的百分率计列,构成工程实体的装置性材料(即被安装的材料,如电缆、管道、母线等)安装费不包括装置性材料本身的价值。

以费率形式表现的定额中,人工费、材料费、机械费及装置性材料费都以占设备原价的百分率计列,除人工费率外,使用时均不予调整。

(3)现行《水利工程施工机械台时费定额》列出了水利工程施工中常见的施工机械每工作一个台时所花的费用。定额内容包括一类费用和二类费用两部分。

1)一类费用包括折旧费、修理及替换设备费和安装拆卸费,按2000年度价格水平计算并用金额表示,使用时根据主管部门规定的系数进行调整。

2)二类费用包括机上人工费、动力燃料费,以实物量给出,其费用按国家规定的人工工资计算办法和工程所在地的物价水平分别计算,其中人工费按中级工计算。

11. 水利水电定额的使用原则是什么?

(1)确保专业对口的原则。水利水电工程除水工建筑物和水利水电设备外,一般还有房屋建筑、公路、铁路、输电线路、通信线路等永久性设施。水工建筑物和水利水电设备安装应采用水利、电力主管部门颁发的定额,其他永久性工程应分别采用所属主管部门颁发的定额,如公路工程采用交通部颁发的公路工程定额。

(2)确保设计阶段对口的原则。可研阶段编制投资估算应采用估算指标;初设阶段编制概算应采用概算定额;施工图设计阶段编制施工图预算应采用预算定额。如因本阶段定额缺项,须采用下一阶段定额时,应按规定乘过渡系数。

(3)确保工程定额与费用定额配套使用的原则。在计算各类永久性设施工程时,采用的工程定额除应执行专业对口的原则外,其费用定额也应遵照专业对口的原则,与工程定额相适应。对于实行招标承包制的工程,编制工程标底时,应按照主管部门批准颁发的综合定额和扩大指标,以及相应的间接费定额的规定执行。施工企业投标、报价可根据条件适当浮动。

12. 如何使用水利水电定额?

定额是编制水利工程造价的重要依据,要熟练准确地使用定额,必须做到以下几点:

(1)首先要认真阅读定额的总说明和章节说明。对说明中指出的编制原则、依据、适用范围、使用方法、已经考虑和没有考虑的因素以及有关问题的说明等,都要通晓和熟悉。

(2)要了解定额项目的工作内容。根据工程部位、施工方法、施工机械和其他施工条件正确地选用定额项目,做到不错项、不漏项、不重项。

(3)要学会使用定额的各种附录。例如,对建筑工程,要掌握土壤与岩石分级、砂浆与混凝土配合比用量确定等。对于安装工程要掌握安装费调整和各种装置性材料用量的确定等。

(4)要注意定额调整的各种换算关系。当施工条件与定额项目条件不符时,应按定额说明与定额表附注中的有关规定进行换算调整。例如,各种运输定额的运距换算,各种调整系数的换算等。除特殊说明外,一般乘系数换算均按连乘计算,使用时还要区分调整系数是全面调整系数,还是对人工工时、材料消耗或机械台时的某一项或几项进行调整。

(5)要注意定额单位与定额中数字的适用范围。工程项目单价的计算单位要和定额项目的计算单位一致。要区分土石方工程的自然方和压实方,砂石备料中的成品方、自然方与堆方码方,砌石工程中的砌体方与石料方,沥青混凝土的拌和方与成品方等。定额中凡数字后用"以上"、"以外"表示的都不包括数字本身。凡数字后用"以下"、"以内"表示的都包括数字本身。凡用数字上下限表示的,如 1000~2000,相当于 1000 以上至 2000 以下,即大于 1000、小于或等于 2000 的范围内。

(6)水利建筑工程概算定额,应根据施工组织设计确定的工程项目的施工方法和施工条件,查定额项目表的相应子目,确定完成该项目单位工程量所需人工、材料与施工机械台时耗用量,供编制工程概算单价使用。

(7)安装工程概预算定额,应根据安装设备种类、规格,查相应定额项目表中子目,确定完成该设备安装所需人工、材料与施工机械台时耗用量,供编制设备安装工程单价使用。

13. 水利建筑工程定额的使用应注意哪些问题?

(1)概、预算的项目及工程量的计算应与定额项目的设置、定额单位相一致。

(2)现行概算定额中,已按现行施工规范和有关规定,计入了不构成建筑工程单价实体的各种施工操作损耗,允许的超挖及超填量,合理的施工附加量及体积变化等所需人工、材料及机械台时消耗量,编制设计概算时,工程量应按设计结构几何轮廓尺寸计算。而现行预算定额中均未计入超挖超填量、合理施工附加量及体积变化等,使用预算定额应按有关规定进行计算。

(3)定额中其他材料费、零星材料费和其他机械费均以百分率(%)形式表示,其计算基数为:其他材料费以主要材料费之和为计算基数;零星材料费以人工费、机械费之和为计算基数;其他机械费以主要机械费之和为计算基数。

14. 水利水电设备安装工程定额的使用应注意哪些问题?

(1)定额中人工工时、材料、机械台时等以实物量表示。其中材料和机械仅列出主要品种的型号、规格及数量,如品种、型号、规格不同,均不作调整。其他材料和一般小型机械及机具分别按占主要材料费和主要机械费的百分率计列。

(2)安装费率定额中以设备原价作为计算基础,安装工程人工费、材料费、机械使用费和装置性材料费均以费率(%)形式表示,除人工费用外,使用时均不作调整。

(3)装置性材料根据设计确定的品种、型号、规格和数量计算,并计入规定的操作损耗量。

(4)使用电站主厂房桥式起重机进行安装工作时,桥式起重机台时费不计基本折旧费和安装拆卸费。

(5)定额中零星材料费,以人工费、机械费之和为计算基数。

15. 《水利建筑工程概算定额》适用于哪些项目?

《水利建筑工程概算定额》适用于海拔高程小于或等于 2000m 地区的工程项目。海拔高程大于 2000m 的地区,根据水利枢纽工程所在地的海拔高程及规定的调整系数计算(表 3-2)。海拔高程应以拦河坝或水闸顶部的海拔高程为准。没有拦河坝或水闸的,以厂房顶部海拔高程为准。一个工程项目只采用一个调整系数。

表 3-2　　　　高原地区人工、机械定额调整系数表

项目	海拔高程 /m					
	2000~2500	2500~3000	3000~3500	3500~4000	4000~4500	4500~5000
人工	1.10	1.15	1.20	1.25	1.30	1.35
机械	1.25	1.35	1.45	1.55	1.65	1.75

16. 定额中的人工如何定义?

定额中的人工是指完成该定额子目工作内容所需的人工耗用量。包括基本用工和辅助用工,并按其所需技术等级,分别列示出工长、高级工、中级工、初级工的工时及其合计数。

17. 定额中的机械如何定义?

定额中的机械是指完成该定额子目工作内容所需的全部机械耗用量,包括主要机械和其他机械。

(1)主要机械以台(组)时数量在定额中列项。

(2)凡机械定额以"组时"表示的,其每组机械配置均按设计资料计算,但定额数量不得调整。

(3)凡一种机械名称之后,同时并列几种不同型号规格的,如土石方、砂石料运输定额中的自卸汽车,表示这种机械只能选用其中一种型号规格的定额进行计价。

(4)凡一种机械分几种型号规格与机械名称同时并列的,则表示这些名称相同而规格不同的机械都应同时计价。

(5)其他机械费是指完成该定额工作内容所需,但未在定额中列量的次要辅助机械的使用费,如疏浚工程中的油驳等辅助生产船舶等。

18. 定额中的材料包括哪些内容?

定额中的材料是指完成该定额子目工作内容所需的全部材料耗用量,包括主要材料及其他材料、零星材料。

(1)主要材料以实物量形式在定额中列项。

(2)定额中未列示品种规格的材料,根据设计选定的品种规格计算,但定额数量不得调整。已列示品种规格的,使用时不得变动。

(3)凡一种材料名称之后,同时并列几种不同型号规格的,如石方开挖工程定额导线中的火线和电线,表示这种材料只能选用其中一种型号规格的定额进行计价。

(4)凡一种材料分几种型号规格与材料名称同时并列的,如石方开挖工程定额中同时并列的导火线和导电线,则表示这些名称相同而型号规格不同的材料都应同时计价。

(5)其他材料费和零星材料费是指完成该定额工作内容所需,但未在定额中列量的全部其他或零星材料费用,如工作面内的脚手架、排架、操作平台等的摊销费,地下工程的照明费,石方开挖工程的钻杆、空心钢,混凝土工程的养护用材料以及其他用量少的材料等。

(6)材料从分仓库或相当于分仓库材料堆放地至工作面的场内运输所需人工、机械及费用,已包括在各相应定额内。

19. 定额项目中的土方开挖工程包括哪些内容?

土方开挖工程内容包括:人工挖一般土方、人工挖冻土方、人工挖渠道土方、人工挖沟槽土方、人工挖柱坑土方、人工挖平洞土方、人工挖斜井土方、人工挖倒沟槽土方、人工挖倒柱坑土方、人工挖倒柱坑土方(修边)、人工挖一般土方人力挑(抬)运输、人工挖渠道土方人力挑(抬)运输、人工挖沟槽土方人力挑(抬)运输、人工挖倒沟槽土方人力挑(抬)运输、人工挖柱坑土方人力挑(抬)运输、人工挖柱坑土方人力挑(抬)运输(修边)、人工挖倒柱坑土方人力挑(抬)运输、人工挖一般土方胶轮车运输、人工挖渠道土方胶轮车运输、人工挖倒沟槽土方胶轮车运输、人工挖倒柱坑土方胶轮车运输、人工挖平洞土方胶轮车运输、人工挖平洞土方斗车运输、人工挖斜井土方卷扬机斗车运输、人工挖竖井土方卷扬机吊斗运输、人工挖土方机动翻斗车运输、人工挖土方拖拉机运输、人工挖土方自卸汽车运输、人工挖土方载重汽车运输、推土机推土、挖掘机挖土方、轮斗挖掘机挖土方、2.75m^3铲运机铲运土、8m^3铲运机铲运土、12m^3自行式铲运机铲运土、1m^3挖掘机挖土自卸汽车运输、2m^3挖掘机挖土自卸汽车运输、3m^3挖掘机挖土自卸汽车运输、4m^3挖掘机挖土自卸汽车运输、6m^3挖掘机挖土自卸汽车运输、1m^3装载机装土自卸汽车运输、1.5m^3装载机装土自卸汽车运输、2m^3装载机装土自卸汽车运输、3m^3装载机装土自卸汽车运输、5m^3装载机装土自卸汽车运输、7m^3装载机装土自卸汽车运输、9.6m^3装载机装土自卸汽车运输、10.7m^3装载机装土自卸汽车运输、0.6m^3液压反铲挖掘机挖渠道土方自卸汽车运输、1m^3液压反铲挖掘机挖渠道土方自卸汽车运输、2m^3液压反铲挖掘机挖渠道土方自卸汽车运输、胶带机运土。

20. 定额项目中的石方开挖工程包括哪些内容？

石方开挖工程内容包括：一般石方开挖、一般坡面石方开挖、沟槽石方开挖、坡面沟槽石方开挖、坑石方开挖、基础石方开挖、坡面基础石方开挖、平洞石方开挖、斜井石方开挖、竖井石方开挖、地下厂房石方开挖、人工装石渣胶轮车运输、人工装石渣机动翻斗车运输、平洞石渣运输、斜井石渣运输、竖井石渣运输、推土机推运石渣、1m^3挖掘机装石渣汽车运输、2m^3挖掘机装石渣汽车运输、3m^3挖掘机装石渣汽车运输、4m^3挖掘机装石渣汽车运输、6m^3挖掘机装石渣汽车运输、1m^3装载机装石渣汽车运输、1.5m^3装载机装石渣汽车运输、2m^3装载机装石渣汽车运输、3m^3装载机装石渣汽车运输、5m^3装载机装石渣汽车运输、7m^3装载机装石渣汽车运输、9.6m^3装载机装石渣汽车运输、10.7m^3装载机装石渣汽车运输。

21. 定额项目中的土石填筑工程包括哪些内容？

土石填筑工程内容包括：人工铺筑砂石垫层、人工抛石护底护岸、石驳抛石护底护岸、干砌卵石、干砌块石、斜坡干砌块石、浆砌卵石、浆砌块石、浆砌条料石、浆砌石拱圈、浆砌预制混凝土块、砌辉绿岩铸石、浆砌石明渠、浆砌石隧洞衬砌、砌石重力坝、砌条石拱坝、砌体砂浆抹面、砌体拆除、土石坝物料压实、斜坡压实。

22. 定额项目中的混凝土工程包括哪些内容？

混凝土工程内容包括：常态混凝土坝(堰)体、碾压混凝土坝(堰)体、厂房、泵站、溢洪道、地下厂房衬砌、平洞衬砌、竖井衬砌、溢流面及面板、底板、渠道、墩、墙、渡槽槽身、拱排架、混凝土管、回填混凝土、其他混凝土、渡槽槽身预制及安装、混凝土拱、排架预制及安装、混凝土板预制及砌筑、混凝土管安装、钢筋制作与安装、止水、沥青砂柱止水、渡槽止水及支座、趾板止水、防水层、伸缩缝、沥青混凝土面板、沥青混凝土心墙铺筑、沥青混凝土涂层、无砂混凝土垫层铺筑、斜墙碎石垫层面涂层、搅拌机拌制混凝土、搅拌楼拌制混凝土、强制式搅拌楼拌制混凝土、胶轮车运混凝土、斗车运混凝土、机动翻斗车运混凝土、内燃机车运混凝土、自卸汽车运混凝土、泻槽运混凝土、胶带机运混凝土、搅拌车运混凝土、塔、胎带机运混凝土、缆索起重机吊运混凝土、门座式起重机吊运混凝土、塔式起重机吊运混凝土、履带机吊运混凝土、斜坡道吊运混凝土、平洞衬砌混凝土运输、斜、竖井衬砌混凝土运输、胶轮车运混凝土预制板、手扶拖拉机运混凝土预制板、简易龙门式起重机运预制混凝土构件、汽车运预制混凝土构件、胶轮车运沥青混凝土、斗车运沥青混凝土、机动翻斗车运沥青混凝土、载重汽车运沥青混凝土。

23. 定额项目中的模板工程包括哪些内容？

模板工程内容包括：普通模板、悬臂组合钢模板、尾水肘管模板、蜗壳模板、异形模板、渡槽槽身模板、圆形隧洞衬砌模板、直墙圆拱形隧洞衬砌模板、涵洞模板、渠道模板、滑模、普通模板制作、悬臂组合钢模板制作、尾水肘管模板制作、蜗壳模板制作、异形模板制作、渡槽槽身模板制作、圆形隧洞衬砌模板制作、直墙圆拱形隧洞衬砌钢模板制作、涵洞模板制作、渠道模板制作、混凝土面板侧模制作。

24. 定额项目中的砂石备料工程包括哪些内容？

砂石备料工程内容包括：人工开采砂砾料、人工筛分砂石料、人工溜洗骨料、人工运砂石料、人工装砂石料胶轮车运输、人工装砂石料斗车运输、索式挖掘机挖砂砾料、反铲挖掘机挖砂砾料、链斗式采砂船挖砂砾料、天然砂砾料筛洗、超径石破碎、碎石原料开采、含泥碎石预洗、制碎石、制砂、制碎石和砂、拖轮运骨料、胶带输送机运砂石料、胶带输送机装砂石料自卸汽车运输、人工装砂石料自卸汽车运输、1m³挖掘机装砂石料自卸汽车运输、2m³挖掘机装砂石料自卸汽车运输、3m³挖掘机装砂石料自卸汽车运输、4m³挖掘机装砂石料自卸汽车运输、6m³挖掘机装砂石料自卸汽车运输、1m³装载机装砂石料自卸汽车运输、1.5m³装载机装砂石料自卸汽车运输、2m³装载机装砂石料自卸汽车运输、3m³装载机装砂石料自卸汽车运输、5m³装载机装砂石料自卸汽车运输、7m³装载机装砂石料自卸汽车运输、9.6m³装载机装砂石料自卸汽车运输、10.7m³装载机装砂石料自卸汽车运输、骨料二次筛分、块片石开采、人工开采条料石、人工捡集块片石、人工装石料胶轮车运输、人工装石料斗车运输、人工装块石自卸汽车运输。

25. 定额项目中的钻孔灌浆及锚固工程包括哪些内容？

钻孔灌浆及锚固工程内容包括：钻机钻岩石层帷幕灌浆孔，钻岩石层固结灌浆孔，钻岩石层排水孔，观测孔，坝基岩石帷幕灌浆，基础固结灌浆，隧洞固结灌浆，回填灌浆，钻机钻土坝（堤）灌浆孔，土坝（堤）劈裂灌浆，钻机钻（高压喷射）灌浆孔，高压摆灌浆，坝基砂砾石帷幕灌浆，灌注孔口管，地下连续墙成槽，混凝土防渗墙浇筑，预裂爆破，振冲碎石桩，振冲水泥碎石桩，冲击钻造灌注桩孔，灌注混凝土桩，坝体接缝灌浆，预埋骨料灌浆，垂线孔钻孔及工作管制作安装，减压井，水位观测孔工程，地面砂浆锚杆，地面长砂浆锚杆，加强长砂浆锚杆束，地下药卷锚杆，地下砂浆锚杆，岩体预应力锚索，混凝土预应力锚索，岩石面喷浆，混凝土面喷浆，喷混凝土，钢筋网制作及安装。

26. 疏浚工程包括哪些内容？

疏浚工程内容包括：绞吸式挖泥船，链斗式挖泥船，抓、铲斗式挖泥船，吹泥船，水力冲挖机组，其他。

27. 水利水电定额的其他工程包括哪些内容？

其他工程内容包括：袋装土石围堰、钢板桩围堰、石笼、围堰水下混凝土、截流体填筑、公路基础、公路路面、铁道铺设、铁道移设、铁道拆除、塑料薄膜铺设、复合柔毡铺设、土工膜铺设、土工布铺设、人工铺草皮。

28.《水利水电设备安装工程概算定额》包括哪些项目?

《水利水电设备安装工程概算定额》是编制设计概算的依据,主要包括水轮机安装、水轮发电机安装、大型水泵安装、进水阀安装、水力机械辅助设备安装、电气设备安装、变电站设备安装、通信设备安装、起重设备安装、闸门安装、压力钢管制作及安装。共十一章以及附录,适用于新建、扩建的大中型水利设备安装工程。其定额项目内容见表 3-3。

表 3-3 定额项目内容

序号	项目名称	项目内容
1	水轮机安装	水轮机安装内容包括:混流式水轮机、轴流式水轮机、横轴混流式水轮机、冲击式水轮机、贯流式(灯泡式)水轮机、水轮机/水泵、调速系统
2	水轮发电机安装	水轮发电机安装内容包括:竖轴水轮发电机、横轴水轮发电机、贯流式水轮发电机、发电机/电动机
3	大型水泵安装	大型水泵安装内容包括:水泵及电动机
4	进水阀安装	进水阀安装内容包括:蝴蝶阀及其他进水阀
5	水力机械辅助设备安装	水力机械辅助设备安装内容包括:水力机械辅助设备及管路
6	电气设备安装	电气设备安装内容包括:发电电压设备,控制保护系统,计算机监控系统,直流系统,厂用电系统,电气试验设备,电缆,母线,接地装置,保护网,铁构件
7	变电站设备安装	变电站设备安装内容包括:电力变压器、断路器、高压电气设备、一次拉线
8	通信设备安装	通信设备安装内容包括:载波通信设备、生产调度通信设备、生产管理通信设备、微波通信设备、卫星通信设备、光纤通信设备
9	起重设备安装	起重设备安装内容包括:桥式起重机、门式起重机、油压启闭机、卷扬式启闭机、电梯、轨道、滑触线、轨道阻进器

(续)

序号	项目名称	项目内容
10	闸门安装	闸门安装内容包括:平板焊接闸门、弧形闸门、单扇船闸闸门、双扇船闸闸门、闸门埋设件、拦污栅、闸门压重物、小型金属结构构件
11	压力钢管制作及安装	压力钢管制作及安装内容包括:一般钢管及叉管

29.《水利水电设备安装工程概算定额》有哪几种表现形式?

《水利水电设备安装工程概算定额》采用实物量和安装费率两种定额表现形式。定额包括的内容为设备安装和构成工程实体的主要装置性材料安装的直接费。安装工程单价中的其他直接费、现场经费、间接费、企业利润和营业税等三税税金,应另按有关规定进行计算。

(1)实物量定额。

1)《水利水电设备安装工程概算定额》中人工工时、材料、机械台时等均以实物量表示。其中,材料和机械仅列出主要品种的型号、规格及数量,如品种、型号、规格不同,均不做调整。其他材料和一般小型机械及机具分别按占主要材料费和主要机械费的百分率计列。

2)装置性材料根据设计确定品种、型号、规格及数量,并计入规定的操作损耗量。

3)使用电站主厂房桥式起重机进行安装工作时,桥式起重机台时费不计基本折旧费和安装拆卸费。

(2)安装费率定额。

1)以设备原价作为计算基础,安装工程人工费、材料费、机械使用费和装置性材料费均以费率(%)形式表示,除人工费率外,使用时均不做调整。

$$安装工程直接费 = 设备原价 \times 费率(\%)$$

2)人工费率的调整,应根据定额主管部门当年发布的北京地区人工预算单价,与该工程设计概算采用的人工预算单价进行对比,测算其比例系数,据以调整人工费率指标。

3)进口设备安装应按定额的费率,乘相应国产设备原价水平对进口设备原价的比例系数,换算为进口设备安装费率。

举例:某项进口设备原价为同类国产设备原价的 1.6 倍,该国产设备的安装费率为 8%,则

$$该进口设备安装费率 = 国产设备安装费率\ 8\% \times \frac{1}{1.6} = 5\%$$

30. 水利水电设备安装工程定额通用的工作内容和费用有哪些?

(1)设备安装前后的开箱、检查、清扫、滤油、注油、刷漆和喷漆工作。
(2)安装现场内的设备运输。
(3)随设备成套供应的管路及部件的安装。
(4)设备的单体试运转、管和罐的水压试验、焊接及安装的质量检查。
(5)现场施工临时设施的搭拆及其材料、专用特殊工器具的摊销。
(6)施工准备及完工后的现场清理工作。
(7)竣工验收移交生产前对设备的维护、检修和调整。

31. 施工定额在施工企业中起哪些作用?

施工定额为施工企业编制施工作业计划、施工组织设计和施工预算提供了必要技术依据,具体来说,它在施工企业中的作用如下:

(1)施工定额是编制施工预算的依据。
(2)施工定额是编制施工组织设计的主要依据之一。
(3)施工定额是编制施工作业计划的依据。
(4)施工定额是编制预算定额和补充单位估价表的基础。
(5)施工定额是签发工程施工任务书的依据。
(6)施工定额是加强企业基层单位成本管理和经济核算的基础。
(7)施工定额是计算劳动报酬、实行按劳分配的依据。

32. 施工定额的编制依据有哪些?

(1)水利部颁发的各项水利水电工程施工及验收技术规范。
(2)施工操作规程和安全操作规程。
(3)施工工人技术等级标准。
(4)技术测定资料,经验统计资料,有关半成品配合比资料等。

33. 劳动定额的编制主要包括哪些工作?

编制劳动定额主要包括需拟定正常的施工条件以及拟定定额时间两

项工作。

(1)拟定正常的施工作业条件。拟定施工的正常条件,就是要规定执行定额时应该具备的条件,正常条件若不能满足,则就可能达不到定额中的劳动消耗量标准,因此,正确拟定施工的正常条件有利于定额的实施。拟定施工的正常条件包括:拟定施工作业的内容;拟定施工作业的方法;拟定施工作业地点的组织;拟定施工作业人员的组织等。

(2)拟定施工作业的定额时间。施工作业的定额时间,是在拟定基本工作时间、辅助工作时间、准备与结束时间、不可避免的中断时间以及休息时间的基础上编制的。

上述各项时间是以时间研究为基础,通过时间测定方法,得出相应的观测数据,经加工整理计算后得到的。

计时测定的方法有许多种,如测时法、写时记录法、工作日写实法等。

34. 什么是时间定额?如何计算?

时间定额,就是某种专业、某种技术等级工人班组或个人,在合理的劳动组织和合理使用材料的条件下,完成单位合格产品所必需的工作时间,包括准备与结束时间、基本生产时间、辅助生产时间、不可避免的中断时间及工人必需的休息时间。时间定额以工日为单位,每一工日按八小时计算,其计算方法如下:

$$单位产品时间定额(工日) = \frac{1}{每工产量}$$

$$或单位产品时间定额(工日) = \frac{小组成员工日数总和}{机械台班产量}$$

35. 什么是产量定额?如何计算?

产量定额,就是在合理的劳动组织和合理使用材料的条件下,某种专业、某种技术等级的工人班组或个人在单位工日中所应完成的合格产品的数量,其计算方法如下:

$$每工产量 = \frac{1}{单位产品时间定额(工日)}$$

产量定额的计量单位有米(m)、平方米(m^2)、立方米(m^3)、吨(t)、块、根、件、扇等。

时间定额与产量定额互为倒数,即

$$时间定额 \times 产量定额 = 1$$

$$时间定额 = \frac{1}{产量定额}$$

$$产量定额 = \frac{1}{时间定额}$$

36. 时间定额和产量定额的区别是什么？

时间定额和产量定额都表示同一劳动定额项目，它们是同一劳动定额项目的两种不同的表现形式。时间定额以工日为单位，综合计算方便，时间概念明确。产量定额则以产品数量为单位表示，具体、形象，劳动者的奋斗目标一目了然，便于分配任务。劳动定额用复式表同时列出时间定额和产量定额，以便于各部门、企业根据各自的生产条件和要求选择使用。

37. 如何确定材料净用量？

（1）理论计算法。理论计算法是根据设计、施工验收规范和材料规格等，从理论上计算材料的净用量。

（2）测定法。即根据试验情况和现场测定的资料数据确定材料的净用量。

（3）图纸计算法。根据选定的图纸，计算各种材料的体积、面积、延长米或质量。

（4）经验法。根据历史上同类的经验进行估算。

38. 定额材料消耗指标由哪些组成？

定额材料消耗指标按其使用性质、用途和用量大小划分为四类，即

（1）主要材料：是指直接构成工程实体的材料。

（2）辅助材料：也是指直接构成工程实体但比重较小的材料。

（3）周转性材料：又称工具性材料，是指施工中多次使用但并不构成工程实体的材料。如模板、脚手架等。

（4）次要材料：是指用量小，价值不大，不便计算的零星用材料，可用估算法计算。

39. 周转性材料消耗与哪些因素有关？

周转性材料消耗一般与下列四个因素有关：

(1) 第一次制造时的材料消耗(一次使用量)。
(2) 每周转使用一次材料的损耗(第二次使用时需要补充)。
(3) 周转使用次数。
(4) 周转材料的最终回收及其回收折价。

40. 什么是机械台班定额？如何计算？

机械台班定额,也称机械台班使用定额。它反映了施工机械在正常的施工条件下,合理地、均衡地组织劳动和使用机械时该机械在单位时间内的生产效率。制定程序如下:

(1) 拟定机械工作的正常施工条件。包括工作地点的合理组织,施工机械作业方法的拟定;确定配合机械作业的施工小组的组织以及机械工作班制度等。

(2) 确定机械净工作率。即确定出机械纯工作 1h 的正常劳动生产率。

机械纯工作时间,就是指机械的必需消耗时间。机械 1h 纯工作正常生产率,就是在正常施工组织条件下,具有必需的知识和技能的技术工人操纵机械 1h 的生产率。

根据机械工作特点的不同,机械 1h 纯工作正常生产率的确定方法,也有所不同。对于循环动作机械,确定机械纯工作 1h 正常生产率的计算公式如下:

机械一次循环的正常延续时间 = ∑(循环各组成部分正常延续时间) − 交叠时间

$$机械纯工作 1h 循环次数 = \frac{60 \times 60(s)}{一次循环的正常延续时间}$$

机械纯工作 1h 正常生产数 = 机械纯工作 1h 正常循环次数 × 一次循环生产的产品数量

从以上公式中可以看到,计算循环机械纯工作 1h 正常生产率的步骤是:根据现场观察资料和机械说明书确定各循环组成部分的延续时间;将各循环组成部分的延续时间相加,减去各组成部分之间的交叠时间,求出循环过程的正常延续时间;计算机械纯工作 1h 的正常循环次数;计算循环机械纯工作 1h 的正常生产率。

对于连续运作机械,确定机械纯工作 1h 正常生产率要根据机械的类

型和结构特征,以及工作过程的特点来进行,计算公式如下:

$$连续动作机械纯工作1h正常生产率=\frac{工作时间内生产的产品数量}{工作时间(h)}$$

工作时间内的产品数量和工作时间的消耗,要通过多次现场观察和机械说明书来取得数据。

对于同一机械进行作业属于不同的工作过程,如挖掘机所挖土壤的类别不同,碎石机所破碎的石块硬度和粒径不同,均需分别确定其纯工作1h的正常生产率。

(3)确定施工机械的正常利用系数。确定施工机械的正常利用系数,是指机械在工作班内对工作时间的利用率。机械的利用系数和机械在工作班内的工作状况有着密切的关系。因此,要确定机械的正常利用系数,首先要拟定机械工作班的正常工作状况,保证合理利用工时。

确定机械正常利用系数,要计算工作班正常状况下准备与结束工作、机械启动、机械维护等工作所必须消耗的时间,以及机械有效工作的开始与结束时间,从而进一步计算出机械在工作班内的纯工作时间和机械正常利用系数。机械正常利用系数的计算公式如下:

$$机械正常利用系数=\frac{机械在一个工作班内纯工作时间}{一个工作班延续时间(8h)}$$

(4)计算施工机械定额台班。

$$施工机械台班产量定额=机械生产率×工作班延续时间×机械利用系数$$

$$施工机械时间定额=\frac{1}{施工机械台班产量定额}$$

(5)拟定工人小组的定额时间。工人小组的定额时间是指配合施工机械作业的工人小组的工作时间总和:

$$工人小组定额时间=施工机械时间定额×工人小组的人数$$

41. 机械台班使用定额有哪几种形式?

机械台班使用定额的形式按其表现形式不同,可分为时间定额和产量定额。

(1)机械时间定额。机械时间定额是指在合理劳动组织与合理使用机械条件下,完成单位合格产品所必需的工作时间,包括有效工作时间(正常负荷下的工作时间和降低负荷下的工作时间)、不可避免的中断时间、不可避免的无负荷工作时间。机械时间定额以"台班"表示,即一台机械工作一个作业班时间。一个作业班时间为 8h。

$$单位产品机械时间定额(台班) = \frac{1}{台班产量}$$

由于机械必须由工人小组配合,所以完成单位合格产品的时间定额,同时列出人工时间定额,即

$$单位产品人工时间定额(工日) = \frac{小组成员总人数}{台班产量}$$

(2)机械产量定额。机械产量定额是指在合理劳动组织与合理使用机械条件下,机械在每个台班时间内应完成合格产品的数量:

$$机械台班产量定额 = \frac{1}{机械时间定额(台班)}$$

机械时间定额和机械产量定额互为倒数关系。

复式表示法有如下形式

$$\frac{时间定额(工日)}{每工产量} \quad 或 \quad \frac{时间定额(台班)}{台班产量}$$

42. 什么是预算定额?

预算定额是确定一定计量单位分项工程或结构构件的人工、材料、施工机械台班消耗的数量标准。

43. 预算定额的作用有哪些?

预算定额的主要用途是作为编制施工图预算的主要依据,是编制施工图预算的基础,也是确定工程造价、控制工程造价的基础。在现阶段,预算定额是决定建设单位的工程费用支出和决定施工单位企业收入的重要因素。

预算定额是在施工定额的基础上进行综合扩大编制而成的。预算定额中的人工、材料和施工机械台班的消耗水平根据施工定额综合取定,定额子目的综合程度大于施工定额,从而可以简化施工图预算的编制工作。

44. 预算定额的编制依据有哪些?

(1)现行劳动定额和施工定额。
(2)现行设计规范、施工及验收规范、质量评定标准和安全操作规程。
(3)具有代表性的典型工程。
(4)施工图及有关标准图。

(5)新技术、新结构、新材料和先进的施工方法。
(6)有关科学实验、技术测定的统计、经验资料。
(7)现行的预算定额、材料预算价格及有关文件规定等。

45. 预算定额中人工消耗指标由哪几方面组成?

预算定额中人工消耗量指标包括完成该分项工程必需的各种用工量。

(1)基本用工。指完成分项工程的主要用工量。例如砌筑各种墙体工程的砌砖、调制砂浆以及运输砖和砂浆的用工量。

(2)其他用工。指辅助基本用工消耗的工日。按其工作内容不同又分为以下三类:

1)超运距用工。指超过劳动定额规定的材料、半成品运距的用工。

2)辅助用工。指材料须在现场加工的用工。如筛砂子、淋石灰膏等增加的用工量。

3)人工幅度差用工。指劳动定额中未包括的、而在一般正常施工情况下又不可避免的一些零星用工,其内容如下:

①为各种专业工种之间的工序搭接及交叉、配合施工中不可避免的停歇时间。

②为施工机械在场内单位工程之间变换位置及在施工过程中移动临时水电线路引起的临时停水、停电所发生的不可避免的间歇时间。

③为施工过程中水电维修用工。

④为隐蔽工程验收等工程质量检查影响的操作时间。

⑤为现场内单位工程之间操作地点转移影响的操作时间。

⑥为施工过程中工种之间交叉作业造成的不可避免的剔凿、修复、清理等用工。

⑦为施工过程中不可避免的直接少量零星用工。

46. 预算定额中人工消耗指标如何计算?

人工消耗量的计算,按照综合取定的工程量或单位工程量和劳动定额中的时间定额,计算出各种用工的工日数量。

(1)基本用工的计算:

$$基本用工日数量 = \sum(工序工程量 \times 时间定额)$$

(2) 超运距用工的计算:
$$超运距用工数量 = \Sigma(超运距材料数量 \times 时间定额)$$
其中　超运距＝预算定额规定的运距－劳动定额规定的运距
(3) 辅助用工的计算:
$$辅助用工数量 = \Sigma(加工材料数量 \times 时间定额)$$
(4) 人工幅度差用工的计算
$$人工幅度差用工数量 = \Sigma(基本用工 + 超运距用工 + 辅助用工) \times 人工幅度差系数$$

在确定预算定额项目的平均工资等级时,应首先计算出各种用工的工资等级系数和工资等级总系数,然后计算出定额项目各种用工的平均工资等级系数,再查对"工资等级系数表",最后求出预算定额用工的平均工资等级,其计算式如下:

$$\frac{劳动小组成员平均}{工资等级系数} = \frac{\Sigma(某一等级的工人数量 \times 相应等级工资系数)}{小组工人总数}$$

某种用工的工资等级总系数＝某种用工的总工日×相应小组成员平均工资等级系数

$$\frac{幅度差平均}{工资等级系数} = \frac{幅度差所含各种用工工资等级总系数之和}{幅度差总工日}$$

幅度差工资等级总系数可根据某种用工的工资等级总系数计算式计算:

$$\frac{定额项目用工的}{平均工资等级系数} = \frac{基本用工工资等级总系数 + 其他用工工资等级总系数}{基本用工总工日数 + 其他用工总工日数}$$

47. 预算定额中机械台班消耗指标如何计算?

(1) 小组产量计算法。按小组日产量大小来计算耗用机械台班多少,计算公式如下:

$$分项定额机械台班使用量 = \frac{分项定额计量单位值}{小组产量}$$

(2) 台班产量计算法。按台班产量大小来计算定额内机械消耗量大小,计算公式如下:

$$定额台班用量 = \frac{定额单位}{台班产量} \times 机械幅度差系数$$

48. 概算定额有哪些作用？

概算定额是以预算定额为基础，根据通用设计和标准图等，经过适当综合扩大而编制的，它是确定一定计量单位扩大分项工程的工、料和机械台班消耗量的标准。其作用如下：

(1)概算定额是在扩大初步设计阶段编制概算，技术设计阶段编制修正概算的主要依据。

(2)概算定额是编制工程主要材料申请计划的基础。

(3)概算定额是进行设计方案技术经济比较和选择的依据。

(4)概算定额是确定基本建设项目投资额、编制基本建设计划、实行基本建设大包干、控制基本建设投资和施工图预算造价的依据。

因此，正确合理地编制概算定额对提高设计概算的质量，加强基本建设经济管理，合理使用建设资金、降低建设成本，充分发挥投资效果等方面，都具有重要的作用。

49. 概算定额的编制原则有哪些？

为了提高设计概算质量，加强基本建设经济管理，合理使用国家建设资金，降低建设成本，充分发挥投资效果，在编制概算定额时必须遵循以下原则：

(1)使概算定额适应设计、计划、统计和拨款的要求，更好地为基本建设服务。

(2)概算定额水平的确定，应与预算定额的水平基本一致。必须是反映正常条件下大多数企业的设计、生产施工管理水平。

(3)概算定额的编制深度要适应设计深度的要求，项目划分应坚持简化、准确和适用的原则。概算定额项目计量单位的确定，与预算定额要尽量一致；应考虑统筹法及应用电子计算机编制的要求，以简化工程量和概算的计算编制。

(4)为了稳定概算定额水平，统一考核尺度和简化计算工程量，编制概算定额时，原则上不留活口，对于设计和施工变化多而影响工程量多、价差大的，应根据有关资料进行测算，综合取定常用数值，对于其中还包括不了的个性数值，可适当留些活口。

50. 概算定额的编制依据有哪些？

(1)现行的全国通用的设计标准、规范和施工验收规范。
(2)现行的预算定额。
(3)标准设计和有代表性的设计图纸。
(4)过去颁发的概算定额。
(5)现行的人工工资标准、材料预算价格和施工机械台班单价。
(6)有关施工图预算和结算资料。

51. 企业定额的构成及表现形式有哪些？

企业定额的编制应根据自身的特点，遵循简单、明了、准确、适用的原则。企业定额的构成及表现形式因企业的性质不同、取得资料的详细程度不同、编制的目的不同、编制的方法不同而不同。其构成及表现形式主要有以下几种：
(1)企业劳动定额。
(2)企业材料消耗定额。
(3)企业机械台班使用定额。
(4)企业施工定额。
(5)企业定额估价表。
(6)企业定额标准。
(7)企业产品出厂价格。
(8)企业机械台班租赁价格。

52. 企业定额在工程建设中有哪些作用？

企业定额是企业直接生产工人在合理的施工组织和正常条件下，为完成单位合格产品或完成一定量的工作所耗用的人工、材料和机械台班作用量的标准数量。

企业定额不仅能反映企业的劳动生产率和技术装备水平，同时也是衡量企业管理水平的标尺，是企业加强集约经营、精细管理的前提和主要手段，其主要作用有：
(1)是编制施工组织设计和施工作业计划的依据。
(2)是企业内部编制施工预算的统一标准，也是加强项目成本管理和主要经济指标考核的基础。

(3)是施工队和施工班组下达施工任务书和限额领料、计算施工工时和工人劳动报酬的依据。

(4)是企业走向市场参与竞争,加强工程成本管理,进行投标报价的主要依据。

53. 企业定额的编制步骤是怎样的?

(1)制定《企业定额编制计划书》。

(2)搜集资料、调查、分析、测算和研究。

(3)拟定编制企业定额的工作方案与计划。

(4)企业定额初稿的编制。

(5)评审及修改。

(6)定稿、刊发及组织实施。

第四章
水利水电工程量清单计价

1. 什么是工程量清单？

工程量清单是表现招标工程的分类分项工程项目、措施项目、其他项目的名称和相应数量的明细清单。

2. 如何编写工程量清单项目编码？

项目编码采用 12 位阿拉伯数字表示（从左至右计位）。1～9 位为统一编码，其中，1、2 位为水利工程顺序码，3、4 位为专业工程顺序码，5、6 位为分类工程顺序码，7、8、9 位为分项工程顺序码，10～12 位为清单项目名称顺序码。

3. 什么是工程单价？

工程单价是指完成工程量清单中一个质量合格的规定计量单位项目所需的直接费（包括人工费、材料费、机械使用费和季节、夜间、高原、风沙等原因增加的直接费）、施工管理费、企业利润和税金，并考虑风险因素。

4. 什么是措施项目？

措施项目是指为完成工程项目施工，发生于该工程施工前和施工过程中招标人不要求列示工程量的施工措施项目。

5. 什么是其他项目？

其他项目是指为完成工程项目施工，发生于该工程施工过程中招标人要求计列的费用项目。

6. 什么是零星工作项目？

零星工作项目是指完成招标人提出的零星工作项目所需的人工、材料、机械单价。

7. 什么是预留金？

预留金是指招标人为暂定项目和可能发生的合同变更而预留的金额。

8.《水利工程工程量清单计价规范》的适用范围是什么？

《水利工程工程量清单计价规范》适用于水利枢纽、水力发电、引（调）水、供水、灌溉、河湖整治、堤防等新建、扩建、改建、加固工程的招标投标工程量清单编制和计价活动。

9. 水利工程工程量清单由哪几部分组成？

水利工程工程量清单由分类分项工程量清单、措施项目清单、其他项目清单和零星工作项目清单组成。

10. 哪些单位可以编制工程量清单？

工程量清单应由具有编制招标文件能力的招标人，或受其委托具有相应资质的中介机构进行编制。

11. 措施项目清单包括哪些内容？

(1)环境保护措施。
(2)文明施工措施。
(3)安全防护措施。
(4)小型临时工程。
(5)施工企业进退场费。
(6)大型施工设备安拆费等。

12. 水利工程工程量清单应由哪些内容组成？

(1)封面。
(2)填表须知。
(3)总说明。
(4)分类分项工程量清单。
(5)措施项目清单。
(6)其他项目清单。
(7)零星工作项目清单。
(8)其他辅助表格。
1)招标人供应材料价格表。
2)招标人提供施工设备表。
3)招标人提供施工设施表。

13. 水利工程工程量清单报价表由哪些内容组成？

(1) 封面。
(2) 投标总价。
(3) 工程项目总价表。
(4) 分类分项工程量清单计价表。
(5) 措施项目清单计价表。
(6) 其他项目清单计价表。
(7) 零星工作项目计价表。
(8) 工程单价汇总表。
(9) 工程单价费(税)率汇总表。
(10) 投标人生产电、风、水、砂石基础单价汇总表。
(11) 投标人生产混凝土配合比材料费表。
(12) 招标人供应材料价格汇总表。
(13) 投标人自行采购主要材料预算价格汇总表。
(14) 招标人提供施工机械台时(班)费汇总表。
(15) 投标人自备施工机械台时(班)费汇总表。
(16) 总价项目分类分项工程分解表。
(17) 工程单价计算表。

14. 水利工程工程量清单报价表填写注意事项有哪些？

(1) 工程量清单报价表的内容应由投标人填写。
(2) 投标人不得随意增加、删除或涂改招标人提供的工程量清单中的任何内容。
(3) 工程量清单报价表中所有要求盖章、签字的地方必须由规定的单位和人员盖章、签字(其中法定代表人也可由其授权委托的代理人签字、盖章)。
(4) 投标总价应按工程项目总价表合计金额填写。
(5) 工程项目总价表中一级项目名称按招标人提供的招标项目工程量清单中的相应名称填写，并按分类分项工程量清单计价表中相应项目合计金额填写。
(6) 分类分项工程量清单计价表填写。

1)表中的序号、项目编码、项目名称、计量单位、工程数量、主要技术条款编码等,按招标人提供的分类分项工程量清单中相应内容填写。

2)表中列明的所有需要填写的单价和合价,投标人均应填写;未填写的单价和合价,视为此项费用已包含在工程量清单的其他单价和合价中。

(7)措施项目清单计价表中的序号、项目名称,按招标人提供的措施项目清单中的相应内容填写,并填写相应措施项目的金额和合计金额。

(8)其他项目清单计价表中的序号、项目名称、金额,按招标人提供的其他项目清单中的相应内容填写。

(9)零星工作项目计价表中的序号、人工、材料、机械的名称、型号规格以及计量单位,按招标人提供的零星工作项目清单中的相应内容填写,并填写相应项目单价。

(10)辅助表格填写。

1)工程单价汇总表,按工程单价计算表中的相应内容、价格(费率)填写。

2)工程单价费(税)率汇总表,按工程单价计算表中的相应费(税)率填写。

3)投标人生产电、风、水、砂石基础单价汇总表,按基础单价分析计算成果的相应内容、价格填写,并附相应基础单价的分析计算书。

4)投标人生产混凝土配合比材料费表,按表中工程部位、混凝土和水泥强度等级、级配、水灰比、相应材料用量和单价填写,填写的单价必须与工程单价计算表中采用的相应材料单价一致。

5)招标人供应材料价格汇总表,按招标人供应的材料名称、型号规格、计量单位和供应价填写,并填写经分析计算后的相应材料预算价格,填写的预算价格必须与工程单价计算表中采用的相应材料预算价格一致。

6)投标人自行采购主要材料预算价格汇总表,按表中的序号、材料名称、型号规格、计量单位和预算价填写,填写的预算价必须与工程单价计算表中采用的相应材料预算价格一致。

7)投标人提供施工机械台时(班)费汇总表,按招标人提供的机械名称、型号规格和招标人收取的台时(班)折旧费填写;投标人填写的台时(班)费用合计金额必须与工程单价计算表中相应的施工机械台时(班)费单价一致。

8)投标人自备施工机械台时(班)费汇总表,按表中的序号、机械名称、型号规格、一类费用和二类费用填写,填写的台时(班)费合计金额必须与工程单价计算表中相应的施工机械台时(班)费单价一致。

9)工程单价计算表,按表中的施工方法、序号、名称、型号规格、计量单位、数量、单价、合价填写,填写的人工、材料和机械等基础价格,必须与基础材料单价汇总表、主要材料预算价格汇总表及施工机械台时(班)费汇总表中的单价相一致;填写的施工管理费、企业利润和税金等费(税)率必须与工程单价费(税)率汇总表中的费(税)率相一致。凡投标金额小于投标总报价万分之五及以下的工程项目,投标人可不编报工程单价计算表。

15.《合同范本》*中的工程量如何定义?

《合同范本》中《工程量清单》开列的工程量是合同的估算工程量,不是承包人为履行合同应当完成的和用于结算的工程量。结算的工程量应是承包人实际完成的并按合同有关计量规定计量的工程量。

《合同范本》中《工程量清单》的工程量是招标时按设计图纸和有关计量规定估算的工程量,不需要很精确,编制清单时可按计算数量取整。用于工程价款支付的工程量应为承包人实际完成后进行量测计算并按合同规定进行计量的工程量。

16.《合同范本》中对完成工程量如何计量?

(1)承包人应按合同规定的计量办法,按月对已完成的质量合格的工程进行准确计量,并在每月末随同月付款申请单,按《合同范本》中《工程量清单》的项目分项向监理人提交完成工程量月报表和有关计量资料。

每月月末承包人向监理人提交月付款申请单时,应同时提交完成工程量月报表,其计量周期可视具体工程和财务报表制度由监理人与承包人商定,一般可定在上月 26 日至本月 25 日。若工程项目较多,监理人与

---

* 《合同范本》指《水利水电工程施工合同和招标文件示范文本》,下同。

承包人协商后亦可先由承包人向监理人提交完成工程量月报表,经监理人核实同意后,返回给承包人,再由承包人据此提交月付款申请单。

(2)监理人对承包人提交的工程量月报表进行复核,以确定当月完成的工程量,有疑问时,可以要求承包人派员与监理人共同复核,并可要求承包人按规定进行抽样复测,此时,承包人应指派代表协助监理人进行复核并按监理人的要求提供补充的计量资料。

(3)若承包人未按监理人的要求派代表参加复核,则监理人复核修正的工程量应被视为承包人实际完成的准确工程量。

(4)监理人认为有必要时,可要求与承包人联合进行测量计量,承包人应遵照执行。

(5)承包人完成了《合同范本》中《工程量清单》每个项目的全部工程量后,监理人应要求承包人派员共同对每个项目的历次计量报表进行汇总和通过测量核实该项目的最终结算工程量,并可要求承包人提供补充计量资料,以确定该项目最后一次进度付款的准确工程量。如承包人未按监理人的要求派员参加,则监理人最终核实的工程量应被视为该项目完成的准确工程量。

17.《合同范本》中对计量方法有何规定?

(1)重量计量的计算。

1)凡以重量计量的材料,应由承包人合格的称量人员使用经国家计量监督部门检验合格的称量器,在规定的地点进行称量。

2)钢材的计量应按施工图纸所示的净值计量。钢筋应按监理人批准的钢筋下料表,以直径和长度计算,不计入钢筋损耗和架设定位的附加钢筋量;预应力钢绞线、预应力钢筋和预应力钢丝的工程量,按锚固长度与工作长度之和计算重量;钢板和型钢钢材按制成件的成型净尺寸和使用钢材规格的标准单位重量计算其工程量,不计其下料损耗量和施工安装等所需的附加钢材用量。施工附加量均不单独计量,而应包括在有关钢筋、钢材和预应力钢材等各自的单价中。

(2)面积计量的计算。结构面积的计量,应按施工图纸所示结构物尺寸线或监理人指示在现场实际量测的结构物净尺寸线进行计算。

(3)体积计量的计算。

1)结构物体积计量的计算,应按施工图纸所示轮廓线内的实际工程量或按监理人指示在现场量测的净尺寸线进行计算。经监理人批准,大体积混凝土中所设体积小于 $0.1m^3$ 的孔洞、排水管、预埋管和凹槽等工程量不予扣除,按施工图纸和指示要求对临时孔洞进行回填的工程量不重复计量。

2)混凝土工程量的计算,应按监理人签认的已完工程的净尺寸计算;土石方填筑工程量的计量,应按完工验收时实测的工程量进行最终计量。

(4)长度计量的计算。所有以延米计量的结构物,除施工图纸另有规定,应按平行于结构物位置的纵向轴线或基础方向的长度计算。

18. 什么是工程预付款?

工程预付款是发包人为了帮助承包人解决资金周转困难的一种无息贷款,主要供承包人为添置本合同工程施工设备以及承包人需要预先垫支的部分费用。按合同规定,工程预付款需在以后的进度付款中扣还。

19. 工程预付款应符合哪些规定?

(1)工程预付款的总金额应不低于合同价格的10%,分两次支付给承包人。第一次预付款的金额应不低于工程预付款总金额的40%。工程预付款总金额的额度和分次付款比例在专用合同条款中规定。工程预付款专用于《合同范本》工程。

(2)第一次预付款应在协议书签订后21天内,由承包人向发包人提交了经发包人认可的工程预付款保函,并经监理人出具付款证书报送发包人批准后予以支付。工程预付款保函在预付款被发包人扣回前一直有效,担保金额为本次预付款金额,但可根据以后预付款扣回的金额相应递减。

(3)第二次预付款需待承包人主要设备进入工地后,其估算价值已达到本次预付款金额时,由承包人提出书面申请,经监理人核实后出具付款证书报送发包人,发包人收到监理人出具的付款证书后14天内支付给承包人。

(4)工程预付款由发包人从月进度付款中扣回。在合同累计完成金额达到专用合同条款规定的数额时开始扣款,直至合同累计完成金额达到专用合同条款规定的数额时全部扣清。在每次进度付款时,累计扣回的金额按下列公式计算:

$$R = \frac{A}{(F_2 - F_1)S}(C - F_1 S)$$

式中　R——每次进度付款中累计扣回的金额；
　　　A——工程预付款总金额；
　　　S——合同价格；
　　　C——合同累计完成金额；
　　　F_1——按专用合同条款规定开始扣款时合同累计完成金额达到合同价格的比例；
　　　F_2——按专用合同条款规定全部扣清时合同累计完成金额达到合同价格的比例。

上述合同累计完成金额均指价格调整前未扣保留金的金额。

20. 工程材料预付款应符合哪些规定？

(1)专用合同条款中规定的工程主要材料到达工地并满足以下条件后，承包人可向监理人提交材料预付款支付申请单，要求给予材料预付款。

1)材料的质量和储存条件符合《合同范本》中《技术条款》的要求；
2)材料已到达工地，并经承包人和监理人共同验点入库；
3)承包人应按监理人的要求提交了材料的订货单、收据或价格证明文件。

(2)预付款金额为经监理人审核后的实际材料价的90%，在月进度付款中支付。

(3)预付款从付款月后的6个月内在月进度付款中每月按该预付款金额的1/6平均扣还。

上述材料不宜大宗采购后在工地仓库存放过久，应尽快用于工程，以免材料变质和锈蚀。由于形成工程后，承包人即可从发包人处得到工程付款，故本款按材料使用的大致周期规定该预付款从付款月后6个月内扣清。

若工程施工合同中包含有价值较高的、由承包人负责采购的工程设备时，发包人还应支付工程设备预付款，此时，应在专用合同条款中另做补充规定。

21. 月进度付款申请单包括哪些内容？

承包人应在每月末按监理人规定的格式提交月进度付款申请单(一式四份)，并附有规定的完成工程量月报表。该申请单应包括以下内容：

(1)已完成的《工程量清单》中的工程项目及其他项目的应付金额。

(2)经监理人签认的当月计日工支付凭证标明的应付金额。

(3)按规定的工程材料预付款金额。

(4)根据规定的价格调整金额。

(5)根据合同规定承包人应有权得到的其他金额。

(6)扣除按规定应由发包人扣还的工程预付款和工程材料预付款金额。

(7)扣除按规定应由发包人扣留的保留金金额。

(8)扣除按合同规定应由承包人付给发包人的其他金额。

大中型水利水电工程的主体工程施工工期较长，为了使承包人能及时得到工程价款，解决其奖金周转的困难，一般均采用按月结算支付工程价款的办法。结合月进度付款对工程进度和质量进行定期检查和控制是监理人监理工程实施的一项有效措施。

上述第(5)和(8)项所指的其他金额系包括变更及以往付款中的差错和质量复查不合格等原因引起的工程价款调整。

22. 什么是保留金？如何扣留？

保留金主要用于承包人履行属于其自身责任的工程缺陷修补，为监理人有效监督承包人圆满完成缺陷修补工作提供资金保证。保留金总额一般可为合同价格的 $2.5\%\sim5\%$，从第一个月开始在给承包人的月进度付款中(不包括预付款和价格调整金额)扣留 $5\%\sim10\%$，直至扣款总金额达到规定的保留金总额为止。

23. 保留金应符合哪些规定？

(1)监理人应从第一个月开始，在给承包人的月进度付款中扣留按专用合同条款规定百分比的金额作为保留金(其计算额度不包括预付款和价格调整金额)，直至扣留的保留金总额达到专用合同条款规定的数额为止。

(2)在签发本合同工程移交证书后 14 天内，由监理人出具保留金付款证书,发包人将保留金总额的一半支付给承包人。

(3)在单位工程验收并签发移交证书后,将其相应的保留金总额的一半在月进度付款中支付给承包人。

(4)监理人在本合同全部工程的保修期满时,出具为支付剩余保留金的付款证书。发包人应在收到上述付款证书后 14 天内将剩余的保留金支付给承包人。若保修期满时尚需承包人完成剩余工作,则监理人有权在付款证书中扣留与剩余工作所需金额相应的保留金余额。

第五章

· 土石方工程 ·

1. 场地清理的范围包括哪些?

场地清理包括植被清理和表土清挖。其范围包括永久和临时工程、料场、存弃渣场等施工用地需要清理的全部区域的地表。

2. 植被清理应注意哪些问题?

(1)承包人应负责清理开挖工程区域内的树根、杂草、垃圾、废渣及监理人指明的其他有碍物。

(2)除监理人另有指示外,主体工程施工场地地表的植被清理,必须延伸至离施工图所示最大开挖边线或建筑物基础边线(或填筑坡脚线)外侧至少 5m 的距离。

(3)主体工程的植被清理,须挖除树根的范围应延伸到离施工图所示最大开挖边线、填筑线或建筑物基础外侧 3m 的距离。

(4)承包人应注意保护清理区域附近的天然植被,因施工不当造成清理区域附近林业资源的毁坏,以及对环境保护造成不良影响,承包人应负责赔偿。

(5)场地清理范围内,承包砍伐的成材或清理获得具有商业价值的材料应归发包人所有,承包人应按监理人指示,将其运到指定地点堆放。

(6)凡属无价值可燃物,承包人应尽快将其焚毁。在焚毁期间,承包人应采取必要的防火措施,并对燃烧后果负责。

(7)凡属无法烧尽或严重影响环境的清除物,承包人必须按监理人指定的地区进行掩埋。掩埋物不得妨碍自然排水或污染河川。

(8)场地清理中发现的文物古迹,承包人应按《合同范本》中《通用合同条款》第五十七条的规定办理。

3. 表土的清挖应注意哪些问题?

(1)表土系指含细根须、草本植物及覆盖草等植物的表层有机土壤,承包人应按监理人指示的表土开挖深度进行开挖,并将开挖的有机土壤运到指定地区堆放,防止土壤被冲刷流失。

(2)堆存的有机土壤应利用于工程的环境保护。承包人应按合同要求或发包人的环境整体规划,合理使用有机土壤。

4. 什么是土方?

土方系指人工填土、表土、黄土、砂土、淤泥、黏土、砾质土、砂砾石、松散坍塌体及软弱的全风化岩石,以及小于或等于 $0.7m^3$ 的孤石或岩块等,无需采用爆破技术而可直接使用手工工具或土方机械开挖的全部材料。

5. 一般工程土可分为哪几类?

一般工程土的分类见表 5-1。

表 5-1　　　　　　　　一般工程土类分级表

土质级别	土质名称	坚固系数 f	自然湿表观密度 /(kN/m^3)	外形特征	鉴别方法
Ⅰ	1. 砂土 2. 种植土	0.5~0.6	16.19~17.17	疏松,黏着力差或易透水,略有黏性	用锹或略加脚踩开挖
Ⅱ	1. 壤土 2. 淤泥 3. 含壤种植土	0.6~0.8	17.17~18.15	开挖时能成块,并易打碎	用锹需用脚踩开挖
Ⅲ	1. 黏土 2. 干燥黄土 3. 干淤泥 4. 含少量砾石黏土	0.8~1.0	17.66~19.13	黏手,看不见砂粒或干硬	用锹需用力加脚踩开挖
Ⅳ	1. 坚硬黏土 2. 砾质黏土 3. 含卵石黏土	1.0~1.5	18.64~20.60	土壤结构坚硬,将土分裂后成块状或含黏粒砾石较多	用镐、三齿耙撬挖

6. 石方开挖工程的岩石级别如何分类?

石方开挖工程的岩石级别见表 5-2。

表 5-2　　　　　　　　　　　　　岩石分级表

岩石级别	岩石名称	实体岩石自然湿度时的平均表观密度 /(kN/m³)	净钻时间/(min/m) 用直径30mm合金钻头,凿岩机打眼(工作气压为0.46MPa)	极限抗压强度 /MPa	坚固系数 f
V	1. 砂藻土及软的白垩岩 2. 硬的石炭纪黏土 3. 胶结不紧的砾岩 4. 各种不坚实的页岩	14.72 19.13 18.64~21.58 19.62	≤3.5 (淬火钻头)	≤19.61	1.5~2
VI	1. 软的有孔隙的节理多的石灰岩及贝壳石灰岩 2. 密实的白垩岩 3. 中等坚实的页岩 4. 中等坚实的泥灰岩	21.58 25.51 26.49 22.56	4 (3.5~4.5) (淬火钻头)	19.61~39.23	2~4
VII	1. 水成岩卵石经石灰质胶结而成的砾岩 2. 风化的节理多的黏土质砂岩 3. 坚硬的泥质页岩 4. 坚实的泥灰岩	21.58 21.58 27.47 24.53	6 (4.5~7) (淬火钻头)	39.23~58.84	4~6
VIII	1. 角砾状花岗岩 2. 泥灰质石灰岩 3. 黏土质砂岩 4. 云母页岩及砂质页岩 5. 硬石膏	22.56 22.56 21.58 22.56 28.45	6.8 (5.7~7.7)	58.84~78.46	6~8
IX	1. 软的风化较甚的花岗岩、片麻岩及正长岩 2. 滑石质的蛇纹岩 3. 密实的石灰岩 4. 水成岩卵石经硅质胶结的砾岩 5. 砂岩 6. 砂质石灰质的页岩	24.53 23.54 24.53 24.53 24.53 24.53	8.5 (7.8~9.2)	78.46~98.07	8~10

(续一)

岩石级别	岩石名称	实体岩石自然湿度时的平均表观密度 /(kN/m³)	净钻时间/(min/m) 用直径 30mm 合金钻头,凿岩机打眼(工作气压为 0.46MPa)	极限抗压强度 /MPa	坚固系数 f
X	1. 白云岩 2. 坚实的石灰岩 3. 大理石 4. 石灰质胶结的质密的砂岩 5. 坚硬的砂质页岩	26.49 26.49 26.49 25.51 25.51	10 (9.3～10.8)	98.07～117.68	10～12
XI	1. 粗粒花岗岩 2. 特别坚实的白云岩 3. 蛇纹岩 4. 火成岩卵石经石灰质胶结的砾岩 5. 石灰质胶结的坚实的砂岩 6. 粗粒正长岩	27.47 28.45 25.51 27.47 26.49 26.49	11.2 (10.9～11.5)	117.68～137.30	12～14
XII	1. 有风化痕迹的安山岩及玄武岩 2. 片麻岩、粗面岩 3. 特别坚实的石灰岩 4. 火成岩卵石经硅质胶结的砾岩	26.49 25.51 28.45 25.51	12.2 (11.6～13.3)	137.30～156.91	14～16
XIII	1. 中粒花岗岩 2. 坚实的片麻岩 3. 辉绿岩 4. 玢岩 5. 坚实的粗面岩 6. 中粒正长岩	30.41 27.47 26.49 24.53 27.47 27.47	14.1 (13.1～14.8)	156.91～176.53	16～18

(续二)

岩石级别	岩石名称	实体岩石自然湿度时的平均表观密度/(kN/m³)	净钻时间/(min/m) 用直径30mm合金钻头,凿岩机打眼(工作气压为0.46MPa)	极限抗压强度/MPa	坚固系数 f
XIV	1. 特别坚实的细粒花岗岩 2. 花岗片麻岩 3. 闪长岩 4. 最坚实的石灰岩 5. 坚实的玢岩	32.37 28.45 28.45 30.41 26.49	15.5 (14.9~18.2)	176.53~196.14	18~20
XV	1. 安山岩、玄武岩、坚实的角闪岩 2. 最坚实的辉绿岩及闪长岩 3. 坚实的辉长岩及石英岩	30.41 28.45 27.47	20 (18.3~24)	196.14~245.18	20~25
XVI	1. 钙钠长石质橄榄石质玄武岩 2. 特别坚实的辉长岩、辉绿岩、石英岩及玢岩	32.37 29.43	>24	>245.18	>25

7. 水工建筑物土方开挖应注意什么?

水工建筑物多处于河床或地下水位以下,这类建筑物基础开挖时,做好排水工作是非常重要的。施工时,首先挖排水沟,然后再分层开挖。开挖到距离设计高程 0.2~0.3m 时,应停止开挖,等上部结构施工时,再予以挖除。

对于溢洪道、渠道等呈线状的工程,一般采用分段施工,流水作业。当开挖较坚硬的黏性土或冻土时,为提高开挖效率,一般采用爆破松土与人工、推土机、装载机等开挖方式配合进行。

8. 冻土开挖的方法有哪些？

冻土开挖包括人工法挖冻土和人工爆破挖冻土。

人工法挖冻土常用工具有镐、铁楔子。施工时，一人掌楔子，一人或两人掌大锤，一个小组常用几个铁楔子，当一个铁楔子打下去而冻土尚未脱离时，再把第二个铁楔子在旁边的裂缝上加进去，直至冻土剥离而止。

人工爆破挖冻土包括：打眼、装药、填充填充物、爆破清理、弃土于槽坑边 1m 以外。

9. 如何换算土的三相比例指标？

土的三相是水、气、土粒，其三相比例指标换算公式见表 5-3。

表 5-3　　　　　　　　土的三相比例指标换算公式

名称	符号	三相比例表达式	常用换算公式	单位	常见的数值范围
颗粒相对密度	G	$G=\dfrac{W_s}{V_s\gamma_{w1}}$	$G=\dfrac{S_r e}{e}$		一般黏性土：2.72~2.76 粉土、砂土：2.65~2.71
含水量	w	$w=\dfrac{W_w}{W_s}\times 100\%$	$w=\dfrac{S_r e}{G}$ $w=\left(\dfrac{\gamma}{\gamma_d}-1\right)$	%	一般黏性土：20~40 粉土、砂土：10~35
重度	γ	$\gamma=\dfrac{W}{V}$	$\gamma=\gamma_d(1+w)$； $\gamma=\dfrac{G+S_r e}{1+e}$	kN/m³	18~20
干重度	γ_d	$\gamma_d=\dfrac{W_a}{V}$	$\gamma_d=\dfrac{\gamma}{1+w}$； $\gamma_d=\dfrac{G}{1+e}$	kN/m³	14~17
饱和重度	γ_{sat}	$\gamma_{sat}=\dfrac{W_s+V_v\gamma_w}{V}$	$\gamma_{sat}=\dfrac{G+e}{1+e}$	kN/m³	18~23
浮重度	γ'	$\gamma'=\dfrac{W_s-V_v\gamma_w}{V}$	$\gamma'=\gamma_{sat}-1$ $\gamma'=\dfrac{G-1}{1+e}$	kN/m³	8~13

(续)

名称	符号	三相比例表达式	常用换算公式	单位	常见的数值范围
孔隙比	e	$e=\dfrac{V_v}{V_s}$	$e=\dfrac{G}{\gamma_d}-1$; $e=\dfrac{\omega G}{S_r}$; $e=\dfrac{G(1+w)}{\gamma}-1$		一般黏性土:0.60~1.20 粉土、砂土:0.5~0.90
孔隙率	n	$n=\dfrac{V_v}{V}\times 100\%$	$n=\dfrac{e}{1+e}$; $n=\left(1-\dfrac{\gamma_d}{G}\right)$	%	一般黏性土:40~55 粉土、砂土:30~45
饱和度	S_r	$S_r=\dfrac{V_w}{V_v}\times 100\%$	$S_r=\dfrac{\omega G}{e}$ $S_r=\dfrac{w\gamma_d}{n}$	%	8~95

10. 如何区分人工挖土方、挖沟槽和柱坑?

人工挖沟槽是指沟槽底宽在3m以内,并且沟槽长度大于沟槽宽度的3倍以上的挖土,称为沟槽挖土。

挖柱坑是指基坑底面积(长×宽)小于20m²,并且长宽倍数小于3倍(即长度小于宽度的3倍)的挖土,称为基坑挖土。

凡具有下列情况之一者,应按挖土方套用定额:

(1)沟槽长度大于宽度3倍以上,且沟槽宽度在3m以上的挖土工程,按人工挖土方计算工程量。

(2)凡图示挖土长度不超过宽度3倍,且底面积大于20m²的挖土,按挖土方计算工程量。

(3)平整场地挖填土厚度超过30cm时,按挖土方计算。

11. 土方开挖时如何放坡?

在土方工程施工过程中,当普通土(即Ⅰ、Ⅱ类土)挖深超过1m,坚土(即Ⅲ类土)和砂砾坚土(即Ⅳ类土)挖深超过1.5m,为了防止土壁崩塌,保持边壁稳定,这时需要加大挖土上口宽度,使挖土面保持一定坡度,此为放坡。

放坡的坡度大小,一般由施工组织设计规定。当无规定时,普通土按

1∶0.5,有些省市按1∶0.75,坚土按1∶0.33,砂砾按1∶0.25进行放坡。一般称0.5、0.33、0.25等为坡度系数。

12. 支挡结构如何分类?

为保护结构物两侧的土体有一定高差的结构称为支挡结构。

支挡结构一般由挡土(挡水)和支撑拉锚两部分组成,支挡结构的支挡形式有内外支撑之分。内支撑方式又分为水平撑、斜撑及其结合形式,如图5-1所示。外支撑方式中常见的有锚杆式、锚定板式和土钉式,如图5-2所示。

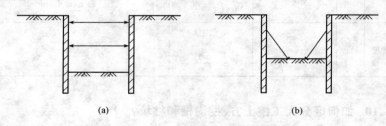

图 5-1　常见内支撑形式
(a)水平撑;(b)斜撑

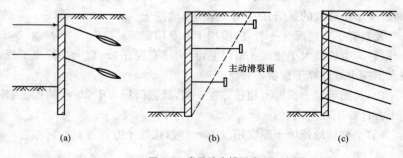

图 5-2　常见外支撑形式
(a)锚杆式;(b)锚定板式;(c)土钉式

13. 支撑结构的基本要求有哪些?

(1)牢固可靠。支撑应做强度和稳定校核,所用的材料的质地和规格尺寸应符合要求。

(2) 在保证施工安全的前提下,尽可能节约材料。

(3) 支撑形式应便于支设和拆除,并便于后续工序的操作等。

14. 自卸汽车的适用范围及特点是什么?

自卸汽车主要用于配合挖土机、装卸机进行土方运输。运距在 2km 以上,道路平坦坚实,更能体现自卸汽车的优越性。其特点如下:

(1) 自卸汽车有单面倾卸、两面倾卸、三面倾卸形式。

(2) 常用载重量为 1.5~3.4t。其特点是机动性好,越野性强,行驶速度快。

(3) 采用自卸可消除繁重体力劳动的装车、卸土工作,从而提高劳动生产效率,实现土方工程施工全面机械化。

15. 什么是修底?

修底是指开挖工程中,为采用半填半挖的形式,要求彻底清除风化的松散表层,而做的山坡填方部位的基础处理。

16. 如何计算槽形基坑开挖工程量?

槽形基坑开挖工程量应按设计断面并应按照土方施工规定的加宽和增放坡度计算。

17. 弃土如何堆置?

弃土不允许在开挖范围的上侧堆置,必须在边坡上部堆置,弃土时应确保开挖边坡的稳定,并经监理人批准。在冲沟内或沿河岸岸边弃土时,应防止山洪造成泥石流或引起河道堵塞。

18. 开挖线的变更如何计量?

在工程实施过程中,根据土方明挖及基础准备所揭示的地质特性,需要对施工图纸所示的开挖线作必要修改时,承包人应按监理人签发的设计修改图执行,修改的内容涉及变更的应按规定办理。

承包人因施工需要变更施工图纸所示的开挖线,应报送监理人批准后,方可实施,其增加的开挖费用应由承包人计入报价,发包人不为此另行支付费用。

19. 土方开挖概算定额适用范围有哪些？

(1)一般土方开挖定额,适用于一般明挖土方工程和上口宽超过 16m 的渠道及上口面积大于 80m² 柱坑的土方工程。

(2)渠道土方开挖定额,适用于上口宽小于或等于 16m 的梯形断面、长条形、底边需要修整的渠道土方工程。

(3)沟槽土方开挖定额,适用于上口宽小于或等于 8m 的矩形断面或边坡陡于 1∶0.5 的梯形断面、长度大于宽度 3 倍的长条形、只修底不修边坡的土方工程,如截水墙、齿墙等各类墙基和电缆沟等。

(4)柱坑土方开挖定额,适用于上口面积小于或等于 80m²、长度小于宽度 3 倍、深度小于上口短边长度或直径、四侧垂直或边坡陡于 1∶0.5、不修边坡只修底的坑挖工程,如集水坑、柱坑、机座等工程。

(5)平洞土方开挖定额,适用于水平夹角小于或等于 6°、断面积大于 2.5m² 的洞挖工程。

(6)斜井土方开挖定额,适用于水平夹角为 6°至 75°、断面积大于 2.5m² 的洞挖工程。

(7)竖井土方开挖定额,适用于水平夹角大于 75°、断面积大于 2.5m²、深度大于上口短边长度或直径的洞挖工程,如抽水井、闸门井、交通井、通风井等。

(8)砂砾(卵)石开挖和运输,按Ⅳ类土定额计算(表 5-2)。

(9)管道沟土方开挖,若采用液压反铲挖掘机挖渠道土方自卸汽车运输定额,每 100m³ 减少工时:Ⅰ～Ⅱ类土,13.1 工时;Ⅲ类土,14.4 工时;Ⅳ类土,15.7 工时。

(10)推土机的推土距离和铲运机的铲运距离,是指取土中心至卸土中心的平均距离。推土机推松土时,定额乘以 0.8 的系数。

(11)挖掘机、轮斗挖掘机或装载机挖土(含渠道土方)汽车运输各节已包括卸料场配备的推土机定额在内。

(12)挖掘机、装载机挖装土料自卸汽车运输定额,系按挖装自然方拟定,如挖装松土时,其中人工及挖装机械乘 0.85 系数。

(13)土方开挖定额中计算轴流通风机台时数量,按一个工作面长 200m 拟定,如超过 200m,按定额乘表 5-4 系数。

表 5-4　　　　　　　　　　　定额系数

工作面长度/m	调整系数	工作面长度/m	调整系数
200	1.00	700	2.28
300	1.33	800	2.50
400	1.50	900	2.78
500	1.80	1000	3.00
600	2.00		

20. 土方开挖预算定额适用范围有哪些?

(1)一般土方开挖定额,适用于一般明挖土方工程和上口宽超过16m的渠道及上口面积大于$80m^2$柱坑土方工程。

(2)沟槽土方开挖定额,适用于上口宽小于或等于16m的梯形断面、长条形、底边需要修整的渠道土方工程。

(3)渠道土方开挖定额,适用于上口宽小于或等于4m的矩形断面或边坡陡于1:0.5的梯形断面、长度大于宽度3倍的长条形、只修底不修边坡的土方工程,如截水墙、齿墙等各类墙基和电缆沟等。

(4)柱坑土方开挖定额,适用于上口面积小于或等于$80m^2$、长度小于宽度3倍、深度小于上口短边长度或直径、四侧垂直或边坡陡于1:0.5、不修边坡只修底的坑挖工程,如集水坑、柱坑、机座等工程。

(5)平洞土方开挖定额,适用于水平夹角小于或等于6°、断面积大于$2.5m^2$的各型隧洞洞挖工程。

(6)斜井土方开挖定额,适用于水平夹角为6°至75°、断面积大于$2.5m^2$的洞挖工程。

(7)竖井土方开挖定额,适用于水平夹角大于75°、断面积大于$2.5m^2$、深度大于上口短边长度或直径的洞挖工程,如抽水井、闸门井、交通井、通风井等。

(8)砂砾(卵)石开挖和运输,按Ⅳ类土定额计算。

(9)采液压反铲挖掘机挖渠道土方自卸汽车运输定额,不需要修边修底时,每$100m^3$减少人工14工时。

21. 预算定额对机械开挖与运输有何规定?

(1)推土机的推土距离和铲运机的铲运距离是指取土中心至卸土中

心的平均距离。推土机推松土时,定额乘以 0.8 的系数。

(2)挖掘机、轮斗挖掘机或装载机挖装土(含渠道土方)自卸汽车运输各节,适用于Ⅲ类土。Ⅰ、Ⅱ类土和Ⅳ类土按表 5-5 所列系数进行调整。

表 5-5 系 数

项 目	人 工	机 械
Ⅰ、Ⅱ类土	0.91	0.91
Ⅲ类土	1	1
Ⅳ类土	1.09	1.09

(3)人工装土,机动翻斗车、手扶拖拉机、中型拖拉机、自卸汽车、载重汽车运输各节若要考虑挖土,挖土按表 5-6 计算。

表 5-6 人工挖一般土方($100m^3$)

适用范围:一般土方开挖
工作内容:挖松、就近堆放

项 目	单 位	土 类 级 别		
		Ⅰ~Ⅱ	Ⅲ	Ⅳ
工 长	工时	0.8	1.6	2.7
高级工	工时			
中级工	工时			
初级工	工时	41.2	80.3	134.5
合 计	工时	42.0	81.9	137.2
零星材料费	%	5	5	5
编 号		10001	10002	10003

(4)挖掘机或装载机挖土(含渠道土方)汽车运输各节已包括卸料场配备的推土机定额在内。

(5)挖掘机、装载机挖装土料自卸汽车运输定额,系按挖装自然方拟定。如挖装松土时,其中人工及挖装机械乘 0.85 系数。

(6)土方洞挖定额中轴流通风机台时数量,是按一个工作面长 200m 拟定的,如超过 200m,定额乘表 5-7 系数。

表 5-7　　隧洞工作面长调整系数

隧洞工作面长/m	调整系数	隧洞工作面长/m	调整系数
200	1.00	700	2.28
300	1.33	800	2.50
400	1.50	900	2.78
500	1.80	1000	3.00
600	2.00		

22. 如何计算土石方开挖的横截面面积？

常用的横截面积计算公式见表 5-8。

表 5-8　　常用横截面计算公式

图　示	面积计算公式
（梯形，高 h，底 b，边坡 1:n）	$F=h(b+nh)$
（梯形，高 h，底 b，边坡 1:m，1:n）	$F=h\left[b+\dfrac{h(m+n)}{2}\right]$
（不规则梯形，高 h_1、h、h_2，底 b，边坡 1:n）	$F=b\dfrac{h_1+h_2}{2}+nh_1h_2$
（分段断面，高 h_1,h_2,h_3,h_4，宽 a_1,a_2,a_3,a_4,a_5）	$F=h_1\dfrac{a_1+a_2}{2}+h_2\dfrac{a_2+a_3}{2}+h_3\dfrac{a_3+a_4}{2}+h_4\dfrac{a_4+a_5}{2}$
（等分断面，高 $h_0,h_1,\cdots,h_n$，等间距 a）	$F=\dfrac{1}{2}a(h_0+2h+h_n)$ $h=h_1+h_2+h_3+\cdots+h_n$

23. 怎样计算方格网土石方工程量？

常用土石方工程量计算公式见表 5-9。

表 5-9　　　　方格网土石方工程量常用计算公式

序号	图　示	计　算　方　式
1		方格内四角全为挖方或填方： $V=\dfrac{a^2}{4}(h_1+h_2+h_3+h_4)$
2		三角锥体，当三角锥体全为挖方或填方： $F=\dfrac{a^2}{2}$　$V=\dfrac{a^2}{6}(h_1+h_2+h_3)$
3		方格网内，一对角线为零线，另两角点一为挖方一为填方： $F_{挖}=F_{填}=\dfrac{a^2}{2}$ $V_{挖}=\dfrac{a^2}{6}h_1$　$V_{填}=\dfrac{a^2}{6}h_2$
4		方格网内，三角为挖（填）方，一角为填（挖）方： $b=\dfrac{ah_4}{h_1+h_4}$；$c=\dfrac{ah_4}{h_3+h_4}$ $F_{填}=\dfrac{1}{2}bc$；$F_{挖}=a^2-\dfrac{1}{2}bc$ $V_{填}=\dfrac{h_4}{6}bc=\dfrac{a^2 h_4^3}{6(h_1+h_4)(h_3+h_4)}$ $V_{挖}=\dfrac{a^2}{6}-(2h_1+h_2+2h_3-h_4)+V_{填}$

(续)

序号	图示	计算方式
5	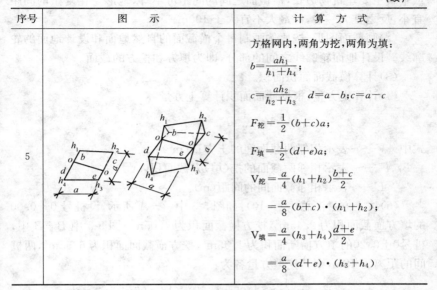	方格网内,两角为挖,两角为填: $b=\dfrac{ah_1}{h_1+h_4}$; $c=\dfrac{ah_2}{h_2+h_3}$ $d=a-b; e=a-c$ $F_{挖}=\dfrac{1}{2}(b+c)a$; $F_{填}=\dfrac{1}{2}(d+e)a$; $V_{挖}=\dfrac{a}{4}(h_1+h_2)\dfrac{b+c}{2}$ $=\dfrac{a}{8}(b+c)\cdot(h_1+h_2)$; $V_{填}=\dfrac{a}{4}(h_3+h_4)\dfrac{d+e}{2}$ $=\dfrac{a}{8}(d+e)\cdot(h_3+h_4)$

24. 如何运用横截面法计算大型土(石)方工程工程量?

大型土(石)方工程工程量横截面计算法适用于地形起伏变化较大或形状狭长地带,其方法是:

首先,根据地形图及总平面图,将要计算的场地划分成若干个横截面,相邻两个横截面距离视地形变化而定。在起伏变化大的地段,布置密一些(即距离短一些),反之则可适当长一些。如线路横断面在平坦地区,可取 50m 一个,山坡地区可取 20m 一个,遇到变化大的地段再加测断面,然后,实测每个横截面特征点的标高,量出各点之间距离(如果测区已有比较精确的大比例尺地形图,也可在图上设置横截面,用比例尺直接量取距离,按等高线求算高程,方法简捷,就其精度来说,没有实测的高),按比例尺把每个横截面绘制到厘米方格纸上,并套上相应的设计断面,则自然地面和设计地面两轮廓线之间的部分,即是需要计算的施工部分。

具体计算步骤:

(1)划分横截面:根据地形图(或直接测量)及竖向布置图,将要计算的场地划分横截面 $A-A', B-B', C-C', \cdots\cdots$ 划分原则为垂直等高线,或垂直主要建筑物边长,横截面之间的间距可不等,地形变化复杂的间距宜小,反之宜大一些,但最大不宜大于 100m。

(2)画截面图形:按比例画制每个横截面的自然地面和设计地面的轮廓线。设计地面轮廓线之间的部分,即为填方和挖方的截面。

(3)计算横截面面积面积。

(4)计算土方量:根据截面面积计算土方量:

$$V=\frac{1}{2}(F_1+F_2)\times L$$

式中　V——表示相邻两截面间的土方量(m^3);
F_1、F_2——表示相邻两截面的挖(填)方截面积(m^2);
L——表示相邻截面间的间距(m)。

(5)按土方量汇总(表 5-10):如图 5-3 中 $A-A'$ 所示,设桩号 0+0.00 的填方横截面积为 $2.45m^2$,挖方横截面积为 $4.05m^2$;图 5-3 中 $B-B'$ 中,桩号 0+0.20 的填方横断面积为 $1.95m^2$,挖方横截面积为 $6.55m^2$,两桩间的距离为 18m,则其挖填方量各为:

$$V_{挖方}=\frac{1}{2}\times(4.05+6.55)\times 18=95.4m^3$$

$$V_{填方}=\frac{1}{2}\times(2.45+1.95)\times 18=24.5m^3$$

表 5-10　　　　　　　　　　土方量汇总

断面	填方面积/m^2	挖方面积/m^2	截面间距/m	填方体积/m^3	挖方体积/m^3
$A-A'$	2.45	4.05	18	22.05	36.45
$B-B'$	1.95	6.55	18	17.55	58.95
合　计				70.9	106.5

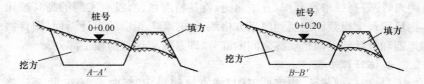

图 5-3　土方量汇总

25. 如何运用方格网法计算大型土(石)方工程工程量?

(1)根据需要平整区域的地形图(或直接测量地形)划分方格网。方格的大小视地形变化的复杂程度及计算要求的精度不同而不同,一般方格的大小为 20m×20m(也可 10m×10m)。然后按设计(总图或竖向布置图),在方格网上套划出方格角点的设计标高(即施工后需达到的高度)和自然标高(原地形高度)。设计标高与自然标高之差即为施工高度,"—"表示挖方,"+"表示填方。

(2)当方格内相邻两角一为填方、一为挖方时,则应比例分配计算出两角之间不挖不填的"零"点位置,并标于方格边上。再将各"零"点用直线连起来,就可将建筑场地划分为填、挖方区。

(3)土石方工程量的计算公式可参照表 5-9 进行。如遇陡坡等突然变化起伏地段,由于高低悬殊,采用本方法也难准确时,就视具体情况另行补充计算。

【例 5-1】 某水利工程施工的大型土方方格网图见图 5-4,图中方格边长为 30m,括号内为设计标高,无括号为地面实测标高,单位为 m。试求施工标高、零线和土方工程量。

	(43.24)		(43.44)		(43.64)		(43.84)		(44.04)
1	43.24	2	43.72	3	43.93	4	44.09	5	44.56
	I		II		III		IV		
	(43.14)		(43.34)		(43.54)		(43.74)		(43.94)
6	42.79	7	43.34	8	43.70	9	44.00	10	44.25
	V		VI		VII		VII		
	(43.04)		(43.24)		(43.44)		(43.64)		(43.84)
11	42.35	12	42.36	13	43.18	14	43.43	15	43.89

图 5-4 某场地的土方方格网

【解】 (1)求施工标高。施工标高=地面实测标高-设计标高(图 5-4)。

(2)求零线。先求零点,从图 5-5 中可知 1 和 7 为零点,尚需求 8~13,9~14,14~15 线上的零点,如 8~13 线上的零点为:

$$x = \frac{ah_1}{h_1+h_2} = \frac{30 \times 0.16}{0.26+0.16} = 11.4 \text{m}$$

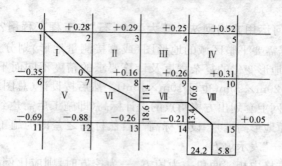

图 5-5 某场地做施工标高示意图

另一段为 $a-x=30-11.4=18.6$m

其他线上的零点用同样的方法求得,求出零点后,连接各零点即为零线,图上折线为零线,以上为挖方区,以下为填方区。

(3)求土方量:

1)方格网Ⅰ:

$$挖方=\frac{1}{2}\times30\times30\times\frac{0.28}{3}=42\text{m}^3$$

$$填方=\frac{1}{2}\times30\times30\times\frac{0.35}{3}=52.5\text{m}^3$$

2)方格网Ⅱ:

$$挖方=30\times30\times\frac{0.29+0.16+0.28}{4}=164.25\text{m}^3$$

3)方格网Ⅲ:

$$挖方=30\times30\times\frac{0.25+0.26+0.16+0.29}{4}=216\text{m}^3$$

4)方格网Ⅳ:

$$挖方=30\times30\times\frac{0.52+0.31+0.26+0.25}{4}=301.5\text{m}^3$$

5)方格网Ⅴ:

$$填方=30\times30\times\frac{0.88+0.69+0.35}{4}=432\text{m}^3$$

6)方格Ⅵ:

$$挖方=\frac{1}{2}\times30\times11.4\times\frac{0.16}{3}=9.12\text{m}^3$$

填方 $= \frac{1}{2} \times (30+18.6) \times 30 \times \frac{0.88+0.26}{4} = 207.77 \text{m}^3$

7) 方格网Ⅶ：

挖方 $= \frac{1}{2} \times (11.4+16.6) \times 30 \times \frac{0.16 \times 0.26}{4} = 44.10 \text{m}^3$

填方 $= \frac{1}{2} \times (13.4+18.6) \times 30 \times \frac{0.21+0.26}{4} = 56.40 \text{m}^3$

8) 方格网Ⅷ：

挖方 $= \left[30 \times 30 - \frac{(30-5.8) \times (30-16.5)}{2} \right] \times \frac{0.26+0.31+0.05}{5}$
$= 91.49 \text{m}^3$

填方 $= \frac{1}{2} \times 13.4 \times 24.2 \times \frac{0.21}{7} = 11.35 \text{m}^3$

挖方总量 $= 868.46 \text{m}^3$

填方总量 $= 760.02 \text{m}^3$

26. 什么是施工机械生产率？

施工机械生产率是指施工机械在一定时间内和一定条件下，能够完成的工作量。

27. 如何计算松土机生产率？

松土机生产率 P 可用下式计算：

$$P = \frac{60DWL}{T} K_{时}$$

式中 P——松土机生产率(m^3/h,自然方)；

D——平均松土深度，一般取犁齿松土深的 $1/2$(m)；

L——一次行程凿裂的距离，根据现场条件确定，一般取为100m；

W——凿裂带宽度(m)；

$K_{时}$——时间利用系数；

T——一次行程所需时间，包括直线段凿裂所需时间、推土松土机掉头转向和提放松土器时间，可由下式计算(min)；

$$T = \frac{L}{v} + 0.5$$

v——松土速度(m/min)，对于易凿裂和可凿裂的岩土，$v=$

1.61km/h＝26.8m/min；对于难凿裂和很难凿裂的岩石，v＝1.2km/h＝20.0m/min。

28. 挖掘机挖土应注意哪些问题？

挖掘机一般都采用立面开采，对于开采黏性土时宜使汽车行驶路面与挖掘机开挖底面约在同一高程上，并使底面向外倾斜约 1‰～2‰ 的坡度，以便排除雨水，雨后尽快复工。对于沙砾料则不必设此措施。

当开挖土层的高度不和挖掘要求的最佳掌子面高度相吻合时。可采取一些措施使掌子面高度大于最佳高度。

在黏土层由于黏结力的关系，最佳掌子面的上部可超挖一定高度，往往形成一个反坡额头，因黏结力的作用，可使土体有一定的自立时间，应及时处理，以免造成塌方，危及安全。

对于沙砾料，若临时边坡较陡，可采用放炮配开挖形式。一般是在掌子面的下部用人工掏炮眼，利用交接班时放炮。沙砾料爆松，可提高挖掘机效率。采用此法开挖可减少汽车的爬坡，减少料场临时道路。但这种方法缺点是仅适合于无轨运输。

29. 挖掘机有哪些类型？

挖掘工程常用的机械主要是单斗挖掘机，单斗挖掘机分为正铲、反铲、拉铲和抓铲 4 种类型。

(1) 正铲挖掘机。适用于挖掘停机面以上的天地下水 Ⅰ—Ⅳ 类土，并与运输机具配合才能完成挖运任务。其挖掘力大、生产率高。

(2) 反铲挖掘机。适用于挖掘机面以下的土方，挖掘力较正铲小，适宜于开挖 Ⅰ—Ⅱ 类土，深 4m 以内的基坑（槽）、管沟等，尤宜于挖独立柱基坑以及泥泞或地下水位较高的土方。反铲机挖土，可与汽车配合，亦可弃土于坑槽附近。

(3) 拉铲挖掘机。拉铲为土斗悬挂在起重机钢丝绳上，挖土时土斗在自重作用下落到地面切入土中，故挖土深度和半径都较大，适于挖大型基坑及水下挖土，但不宜挖硬土。

(4) 抓铲挖掘机。是在挖土机臂端装一个抓斗。适于挖大型基坑及深井，最适宜于水下挖土。

30. 不同单斗挖土机的适用范围有何不同？

正铲挖土机适用于开挖停机面以上的土，适宜于在土质较好，无地下水（或已降水至基坑面以下），开坑方量较大的场合下工作。

反铲挖土机开挖停机面以下的土，无需设置进出口通道，适用于开挖小型基坑（槽）和管沟，特别是在地下水位较高，土质松软，可能造成陷车的挖方情况下更具优点。因此，反铲挖土机是土方机械中最常用的挖土机械。

拉铲挖土机适用于Ⅰ～Ⅲ级土开挖，尤其适合于深基坑水下砂及含水量大的土方开挖，在大型渠道、基坑及水下土砂卵石开挖中应用广泛。

抓铲挖土机适用于挖开土质比较松软（Ⅰ～Ⅱ级土），施工面狭窄而深的基坑、深槽以及河床清淤等工程，最适宜于水下挖土或用于装卸碎石、矿渣等松软材料，在桥墩等柱坑开挖中应用较多。

31. 装载机的用途有哪些？如何分类？

装载机的主要用途是铲取散粒材料并装上车辆或料斗，还可用于装运、挖掘、平整地面和牵引车辆。如果换工作装置，尚可用于抓举和起重等作业。在水利水电工程施工中，装载机常用于装车和搬运材料；在基坑和采石场上用装载机配合自卸汽车出碴比较普遍。

装载机按行走方式分履带式和轮胎式两种；按工作方式有周期工作的单独式装载机和连续工作的链式与轮斗式装载机。有的单斗装载机背端还带有反铲。

32. 如何计算单斗挖掘机生产率？

单斗挖掘机生产率计算公式：

$$P = q \frac{8 \times 3600}{T} \cdot K_{ch} \cdot K_e \cdot K_t \cdot K_z$$

式中　P——挖掘机生产率（自然方，m^3/台班）；

　　　q——铲斗容量（松方）(m^3)；

　　　K_{ch}——铲斗充盈系数；

　　　K_e——土壤可松性系数；

　　　K_t——施工机械时间利用系数；

　　　T——挖掘机铲装一次工作循环时间(s)；

　　　K_z——掌子高度和挖装旋转角度校正系数。

33. 带式输送机由哪些部分组成？如何分类？

带式输送机是由带条（或称输送带）、托辊、驱动滚筒、导向滚筒、安全装置（制动器和止动器）、张紧装置、清扫装置、装料和卸料装置以及机架所组成。

带式输送机按其结构和用途可分为以下 3 类：

(1) 固定式带式输送机。固定式带式输送机的机架固定在地面或栈桥之上，不能任意搬动，一般在运输量大、使用期很长的输送机系统中作为主干输送带。

(2) 移动式带式输送机。移动式带式输送机的机架较短而轻，且装有车轮、轮胎或履带台车，可任意移动，常用于堆垛、散料、转运和装车等作业。

(3) 节段式带式输送机。节段式带式输送机短而轻，人力可以搬动，使用时平放在支架上，并由多台输送机首尾相连组成一输送系统。随着卸料点的改变，能迅速搬动就位，延长或缩短线路距离。

水利水电工程施工中，还经常采用一些特种带式输送机，例如：钢索牵引带式输送机、钢绳芯带式输送机、带式装载机、堆取料机。

34. 汽车运输的适用范围及种类有哪些？

汽车具有高度的机动性和灵活性，可用于地点复杂多变的工程。汽车运输，运距不宜小于 300m，重载上坡坡度不宜大于 0.08～0.10，转弯半径一般不小于 20m。

汽车用途广泛，种类繁多。水利工程所用汽车主要是载重汽车和自卸汽车。

(1) 载重汽车主要用于运输货物，我国载重汽车的载重量在 0.6～15t 之间。如北京 130 型载重量为 2t，黄河 JN—150 型载重汽车载重量为 8t。

(2) 自卸汽车是一种能在矿山和大型土木工程工地上自动卸载的专用运输汽车。由于其卸料迅速、生产率高，水利工程的土石方运输多用自卸汽车。目前国内外自卸汽车普遍向大型化发展，我国最大载重量有 42t 的东方红—20 型电动轮式自卸汽车，国外最大的已超过 100t。

35. 使用机械挖方预算定额应注意哪些问题？

(1) 机械土方土壤含水量大于 25% 时，定额中人工、机械乘以系数 1.15，若土壤含水率达到饱和时，另行计算。

(2) 推土机推土或铲运机运土土层平均厚度小于 300mm 时，推土机台班用量乘以系数 1.25，铲运机台班用量乘以系数 1.17。

(3) 推土机、铲运机推、铲未经压实的堆积土时，按定额项目乘以系数 0.73。

(4) 挖掘机在垫板上进行作业时，人工、机械乘以系数 1.25。定额中不包括垫板铺设所需的工料，机械消耗，发生时另列项目计算。

36. 如何计算机械挖方预算工程量？

(1) 机械挖土、运土均以挖掘前的天然密实体积计算。

(2) 机械挖土方，如在坑下挖土时，计算机械上下坡道土方，可按土方工程量的 8% 计算，也可根据工程量计算规则计算，并人土方工程量。

(3) 因场地狭小，无堆土地点，挖出的土方运输，应根据施工组织设计确定的数量和运距计算。

(4) 余土（或取土）外运体积＝挖土总体积－回填土体积。计算为正值时为余土外运体积，负值时为取土回运体积。土、石方运输工程量，按整个单位工程中外运和内运的土方量一并考虑。挖出的土如部分用于灰土垫层时，这部分土的体积在余土外运工程量中不予扣除。大孔性土壤应根据实验室的资料，确定余土和取土工程量。如需以天然密实体积与夯实后体积或松填体积之间进行折算时，可按表 5-11 计算。

表 5-11　　　　　　　　　　　　体积折算表

虚方体积	天然密实体积	夯实后体积	松填体积
1.30	1.00	0.87	1.08
1.50	1.15	1.00	1.25
1.20	0.92	0.80	1.00

37. 羊脚碾的适用范围有哪些？

羊脚碾是一种用滚轮上有突出部分，与土料接触时，单位压力较大，具有很大的剪切力,能不断翻松表层土,使黏土内的气泡和水泡受到破坏,增大土体的密度,从而完成土壤压实。多适用于黏性土和碎石、砾石土的压实。

38. 如何套用羊脚碾定额?

工程量计算,按填土碾压后的实体积以立方米计算,定额计量单位1000m³,按定额规定的碾压遍数和使用碾压的机种不同,分别套用相应定额。

39. 如何区分火雷管起爆和导爆索起爆?

火雷管起爆法是利用导火索传递火焰引爆火雷管进行起爆炸药的起爆方法,而导爆索起爆法是用导爆索爆炸产生的能量去引起爆炸药包的起爆方法。

40. 什么是电力起爆?

电力起爆法就是利用电能引爆电雷管进而起爆炸药的起爆方法,它所需的起爆器材有电雷管、导线和起爆源等。电力起爆的电源,可用普通照明电源或动力电源;当缺乏电源而爆破规模又较小和起爆的雷管数量不多时,也可用干电池或蓄电池组合使用。另外,还可以使用电容式起爆电源,即发爆器起爆。

导线一般采用绝缘良好的铜线和铝线。在大型电爆网络中的常用导线按其位置和作用划分为端线、连接线、区域线和主线。端线用来加长电雷管脚线,使之能引出孔口或洞室之外。端线通常采用断面 $0.2\sim 0.4mm^2$ 的铜芯塑料皮软线。连接线是用来连接相邻炮孔或药室的导线,通常采用断面为 $1\sim 4mm^2$ 的铜芯或铝芯线。主线是连接区域线与电源的导线,常用断面为 $16\sim 150mm^2$ 的铜芯或铝芯线。

41. 非电起爆有哪几种类型?

(1)火花起爆。火花起爆法为最早使用的起爆方法,它是将剪裁好的导火索插入火雷管插索腔内,制成起爆雷管,再将其插入药卷内成为起爆药卷,而后将起爆药卷放入药包内,通过导火索和火雷管来引爆炸药。导火索的长度应保证点火人员安全撤离,且不短于1.2m,一般可用点火线、点火棒或自制导火索点火。

由于采用火花起爆要受到安全性、爆破规模及爆破延迟时间等方面的限制,目前仅用于起爆非电起爆网路、大块石解炮或小规模的边坡修整爆破等。

(2)导爆索起爆。导爆索起爆法是用导爆索爆炸时产生的能量直接引爆药包的起爆方法,该起爆方法所用的起爆器材有雷管、导爆索、继爆管等。其优点是导爆速度高,可同时起爆多个药包,准爆性好,连接形式简单,无复杂的操作技术;缺点是成本较高,不能用仪表来检查爆破线路的好坏,多适用于瞬时起爆多个药包的炮孔、深孔或洞室爆破。

在导爆索起爆网路中,导爆索既传递爆轰波,又直接起爆炸药;首先用雷管侧向起爆导爆索,而后导爆索再侧向起爆药卷。

(3)导爆管起爆。导爆管起爆法是20世纪70年代发展起来的一种新型非电起爆方法,它是利用塑料导爆管来传递冲击波引爆雷管,然后使药包发生爆炸。导爆管起爆网路通常由激发元件、传爆元件、起爆元件和连接元件组成,该起爆方法导爆速度高,可同时起爆多个药包,作业较简单、安全,可适用于露天、井下、深水、杂散电流大和一次起爆多个药包的微差爆破作业。

42. 什么是起爆网络?

起爆网络又称爆破网络,是指在采用群药包进行爆破时,为了达到增强爆破效果、控制爆破震动等目的,用起爆材料将各药包连接成既可统一赋能起爆、又能控制各药包起爆延迟时间的网路。

在工程爆破中,采用的起爆网路按起爆方法可分为电力起爆网路、导爆管起爆网路、导爆索起爆网路及混合起爆网路等。

43. 工程爆破基本方法有哪些?

工程爆破的基本方法有裸露爆破、孔眼爆破、定向爆破、洞室爆破和药壶爆破等。孔眼爆破又分为浅孔爆破和深孔爆破。工程爆破方法取决于工程规模、开挖强度和施工条件。

44. 什么是裸露爆破法? 其适用范围有哪些?

裸露爆破法又称表面爆破法,是将药包直接放置于岩石的表面进行爆破。该爆破方法不需钻孔设备,操作简单迅速,但炸药消耗量大(比炮孔法多3~5倍),破碎岩石飞散较远,适于地面上大块岩石、大孤石的二次破碎及树根、水下岩石与改建工程的爆破。

爆破时,可将药包放在块石或孤石的中部凹槽或裂隙部位,体积大于 $1m^3$ 的块石,药包可分数处放置,或在块石上打浅孔或浅穴破碎。为提高爆破效果,表面药包底部可做成集中爆力穴,药包上护以草皮或是泥土沙子,其厚度应大于药包高度或以粉状炸药敷 300mm 厚。用电雷管或导爆索起爆。

45. 什么是浅孔爆破法？其适用范围有哪些？

浅孔爆破法系在岩石上钻直径 25～50mm、深 0.5～5m 的圆柱形炮孔,装延长药包进行爆破。它适用于各种地形条件和工作面情况,有利于控制开挖面的形状和规格,使用的钻孔机具较简单,操作方便,但劳动强度大,生产效率低,孔耗大,不适合大规模的爆破工程。

46. 什么是深孔爆破法？其适用范围有哪些？

深孔爆破法是将药包放在直径大于 75mm,深度大于 5m 的圆柱形深孔中爆破。爆前宜先将地面爆成倾角大于 55°的梯形,然后采用轻、中型露天潜孔钻进行钻孔。由于深孔爆破具有爆破单位体积岩体所耗的钻孔工作量和炸药量少、爆破控制性差,对保留岩体影响大等特点,适用于料场、深基坑的松爆,场地整平以及高阶梯中型爆破各种岩石。

47. 浅孔爆破炮孔应用如何布置？

炮孔布置合理与否,直接关系到爆破效果,设计时要充分利用天然临空面或积极创造更多的临空面。为使有较多临空面,常按阶梯型爆破使炮孔方向尽量与临空面成 30°～45°角。炮孔位置是交错梅花状分布,依次逐排起爆;同时起爆多个炮孔应采用电力起爆或导爆索起爆。浅孔法阶梯开挖布置,如图 5-6 所示。

技术参数计算如下：

(1) 抵抗线长度 $W_p(m)$: $W_p = K_w d$

(2) 阶梯高度 $H(m)$: $H = K_h W_p$

(3) 炮孔深度 $L(m)$: $L = K_L H$

(4) 炮孔间距 $a(m)$: $a = K_a W_p$

(5) 炮孔排距 $b(m)$: $b = (0.8 \sim 1.2) W_p$

(6) 装药长度 $L_{药}(m)$: $L_{药} = (1/3 \sim 1/2) L$

第五章 土石方工程

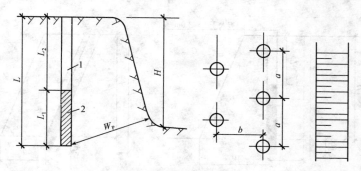

图 5-6　浅孔法阶梯开挖布置
L_1—装药深度；L_2—堵塞深度；L—炮孔深度
1—堵塞物；2—药包

式中　K_w——岩石性质对抵抗线的影响系数，常采用 15~30；

　　　K_h——防止爆破顶面逸出的系数，常采用 1.2~2.0；

　　　K_L——岩性对孔深的影响系数，坚硬岩石取 1.1~1.15，中等坚硬岩石取 1.0，松软岩石取 0.85~0.95；

　　　K_a——起爆方式对孔距的影响系数，火花起爆取 1.0~1.5，电气起爆取 1.2~2.0；

　　　d——炮孔直径(m)。

48. 深孔爆破炮孔应如何布置？

采用深孔爆破时，炮孔在平面上多采用梅花状布置，其垂直方向上主要有垂直孔和倾斜孔两种，如图 5-7 所示。倾斜孔由于 W_d 全等均匀，所以具有堆渣高和宽度容易控制、爆后坡面平整等优点，但倾斜孔技术复杂，装药也相对较难。装药宜分段或连续。爆破时，边排先爆，后排依次起爆。为避免爆后残埂和简化计算，在深孔爆破中，一般不用最小抵抗线，而采用底盘抵抗线。底盘抵抗线(W_d)是指炮孔中心线至台阶坡脚的水平距离。

(1) 炮孔深度 $L(m)$。

$$L = H + \Delta H$$

式中　H——阶梯高度(m)，一般取 10~12m；

　　　ΔH——超钻深度(m)，$\Delta H = (0.15~0.35)W_d$。

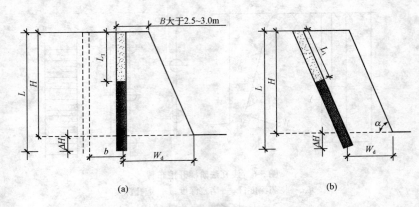

图 5-7　露天深孔布置图
(a)垂直孔布置；(b)倾斜孔布置

(2)底盘抵抗线 W_d(m)。
$$W_d = HD\eta d/150$$
式中　D——岩石硬度影响系数,一般取 0.46～0.56；
　　　η——阶梯高度系数,见表 5-12；
　　　d——炮孔直径(mm)。

表 5-12　　　　　　　　阶梯高度系数 η 值

H/m	10	12	15	17	20	22	25	27	30
η	1.0	0.85	0.74	0.67	0.6	0.56	0.52	0.47	0.42

(3)炮孔间距 a(m)。$a=(0.8\sim2.0)W_d$。
(4)炮孔排距 b(m)。一般双排布孔呈等边三角形,多排呈梅花形。
$$b = a\sin60° = 0.87a$$
(5)药包重量 Q(kg)。工程中多采用群孔松动爆破,考虑孔间联合作用,单孔装药量可用下式计算：
$$Q = 0.33KHW_p a$$
式中　K——系数：坚硬岩 0.54～0.6,中坚岩 0.3～0.45,松软岩 0.15～0.3。

(6)炮孔最小堵塞长度 L_{min}。$L_{min} \geqslant W_p$。

49. 什么是定向爆破？其适用范围有哪些？

定向爆破是一种加强抛掷爆破技术，它是利用炸药爆炸能量的作用，在一定的条件下，可将一定数量的土岩经破碎后，按预定的方向，抛掷到预定地点，形成具有一定质量和形状的建筑物或开挖成一定断面的渠道的目的。

在水利水电建设中，可以用定向爆破技术修筑土石坝、围堰、截流戗堤以及开挖渠道、溢洪道等。在一定条件下，采用定向爆破方法修建上述建筑物，较之用常规方法可缩短施工工期、节约劳力和资金。

50. 如何计算定向爆破的药量？

定向爆破多采用加强松动爆破及抛掷爆破。对于单个集中药包药量，常用如下公式计算：

$$Q = Kw^3(0.4+0.6n^3)\sqrt{\frac{W}{25}}$$

对于条形药包以单位长度装药量，即线装药密度的公式计算：

$$Q = \frac{Kw^3(0.4+0.6n^3)\sqrt{\frac{W}{25}}}{0.55(n+1)}$$

51. 如何确定定向爆破药包的间距？

药包的水平间距 a 和垂直间距（层距）b，应分别满足如下关系：

$$0.5W(n+1) \leqslant a \leqslant nW$$
$$nW \leqslant b \leqslant W\sqrt{1+n^2}$$

式中　W——相邻药包最小抵抗线的平均值（m）；
　　　n——爆破作用指数的最大值。

52. 如何确定爆破作用指数？

一般爆破作用指数 n 采用 1～1.75，岸坡陡、河谷窄时取小值。若采用双排或双层布药，后排和下层的 n 值应比前排和上层的 n 值大 0.25～0.5。

53. 如何确定最小抵抗线长度？

最小抵抗线长度 W 主要取决于抛掷方向和抛距的要求，同时应满足爆落和抛掷方量。若爆落抛掷方量已满足设计要求,只是抛距不够,则 W 值可不变,只需加大 n 值,通常 n 值不应大于 2,否则抛掷堆积过分分散。当采用双排药包时,前排药包的最小抵抗线应为后排最小抵抗线的 $0.5\sim0.8$ 倍。W 与药包埋深之比 W/H 应在 $0.6\sim0.8$ 间选取。

54. 怎样利用定向爆破筑坝和挖渠?

采用定向爆破堆筑堆石坝时,药包应设在坝顶高程以上的岸坡上,根据地形情况,可从一岸爆破或两岸爆破,如图 5-8(a)所示。

采用定向爆破开挖渠道时,可在渠底埋设边行药包和主药包。边行药包应先起爆,主药包的最小抵抗线应指向两边;在两边岩石尚未下落时,起爆主药包,中间岩体就连同原两边爆起的岩石一起抛向两岸,如图 5-8(b)所示。

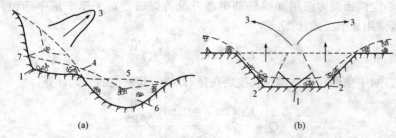

图 5-8 定向爆破筑坝挖渠示意图
(a)筑坝;(b)挖渠
1—主药包;2—边行药包;3—抛掷方向;4—堆积体;
5—筑坝;6—河床;7—辅助药包

55. 什么是预裂爆破?其适用范围有哪些?

在水利水电工程施工中,开挖往往有一定的范围,习惯上将这一范围称为开挖区,开挖区以外的部分则称为保留区。爆破施工时,除了能崩落和破碎开挖区的岩石外,还会对保留区造成一定程度的破坏,同时由于岩体的不均匀性,爆后开挖线很难与人们的期望一致,不可避免地出现超挖和欠挖。

为此,在开挖区主体爆破之前,先沿设计轮廓线先爆出一条具有一定宽度的贯穿裂缝,以缓冲、反射开挖爆破的振动波,控制其对保留岩体的破坏影响,使之获得较平整的开挖轮廓,此种爆破技术为预裂爆破,如图5-9所示。

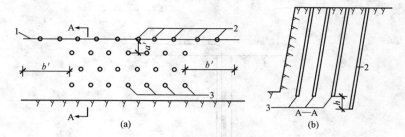

图 5-9 预裂爆破布孔
(a)平面图;(b)剖面图
1—预裂线(设计开挖线);2—预裂孔;3—开挖区炮孔

这样,在预裂缝的"屏蔽"下,在进行主体爆破时,冲击波的能量通常可被预裂缝削减70%,保留区的震动破坏得到控制,设计边坡稳定平整,同时避免了不必要的超挖和欠挖。预裂爆破常用于大劈坡、基础开挖、深槽开挖等爆破施工中。

56. 预裂缝与开挖区炮孔的关系如何?

为阻隔主爆区传来的冲击波,应使预裂孔的深度超过开挖区炮孔深度 Δh,预裂缝的长度应比开挖区里排炮孔连线两端各长 ΔL,同时应与内排炮孔保持 Δa 的距离,表 5-13 为葛洲坝工程预裂爆破开挖区与预裂缝的关系。

表 5-13　　　　　　　预裂缝与开挖区炮孔的关系

药包直径 d /mm	Δa /m	ΔL /m	Δh /m
55	0.8~1.0	6	0.8
90	1.5~2.0	9	1.3
100~150	2.5~6.0	10~15	1.3

开挖区里排炮孔宜用小直径药包,远离预缝的炮孔可采用大直径药包,前者为了减震,后者可以改善爆破效果。所用药包的结构形式为一种

不耦合装药结构,药卷直径小于炮孔直径,可将药卷分散绑扎在传爆线上(图 5-10)。分散药卷的相邻间距不宜大于 500mm 和不大于药卷的殉爆距离。

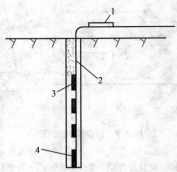

图 5-10 预裂爆破装药结构图
1—雷管；2—导爆索；3—药包；4—底部加强药包

57. 预裂爆破的技术参数有哪些?

(1)炮孔直径。预裂爆破孔径通常为 50～200mm,浅孔爆破用小值,深孔爆破用大值。

(2)不耦合系数。为避免孔壁破坏,采用不耦合装药,不耦合系数一般取 $\eta = 2 \sim 4$。

(3)炮孔间距。与岩石特性、炸药性质、装药情况、缝壁平整度要求、孔径等有关,通常为 $a = (8 \sim 12)D$,小孔径取大值,大孔径取小值,岩石均匀完整取大值,反之取小值。

(4)线装药密度。预裂炮孔内采用线状分散间隔装药,单位长度的装药量称为线装药密度,根据不同岩性,一般 $Q_{线} = 200 \sim 400 \text{g/m}$。为克服岩石对孔底的夹制作用,孔底药包采用线装药密度的 2～5 倍。

(5)钻孔质量。钻孔质量是保证预裂面平整度的关键。钻孔轴线与设计开挖线的偏离值应控制在 150mm 之内。

(6)堵塞与起爆。装药时距孔口 1m 左右的深度内不要装药,可用粗砂填塞,不必捣实。填塞段过短,容易形成漏斗,过长则不能出现裂缝。起爆时差控制在 10ms 以内,以利用微差爆破提高爆破效果。

58. 预裂爆破质量应符合哪些要求?

(1)预裂缝要贯通且在地表有一定开裂宽度。对于中等坚硬岩石,缝宽不宜小于 10mm;坚硬岩石缝宽应达到 5mm 左右;但在松软岩石上缝宽达到 10mm 以上时,减振作用并未显著提高,应多做些现场试验,以利总结经验。

(2)预裂面开挖后的不平整度不宜大于 150mm,钻孔偏斜度小于 1°。预裂面不平整度通常是指预裂孔所形成之预裂面的凹凸程度,它是衡量钻孔和爆破参数合理性的重要指标,可依此验证、调整设计数据。

(3)预裂面上的炮孔痕迹保留率,对于坚硬岩石应不小于 85%;中等坚硬岩石不小于 70%;软弱岩石不小于 50%。

59. 什么是药壶法爆破?其适用范围有哪些?

药壶法爆破又称葫芦炮、坛子炮,是在炮孔底先放入少量的炸药,经过一次至数次爆破,扩大成近似圆球形的药壶,如图 5-11 所示,然后装入一定数量的炸药进行爆破。采用药壶法爆破一般宜用电力起爆,并应敷设两套爆破路线;如用火花起爆,当药壶深为 3~6m 时,应设两个火雷管同时点爆。

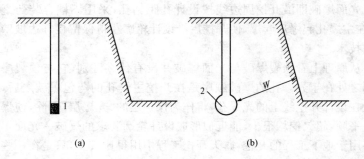

图 5-11 药壶法爆破
(a)装少量炸药炸药壶;(b)构成的药壶
1—药包;2—药壶

爆破前,地形宜先造成较多的临空面,最好是立崖和台阶。一般取 $W = (0.5~0.8)H$;$a = (0.8~1.2)W$;$b = (0.8~2.0)W$;堵塞长度为炮孔深的

0.5~0.9 倍。

每次爆扩药壶后,须间隔 20~30min。扩大药壶用小木柄铁勺掏渣或用风管通入压缩空气吹出。当土质为黏土时,可以压缩,不需出渣。药壶法一般宜与炮孔法配合使用,以提高爆破效果。

采用药壶法爆破可减少钻孔工作量,多装炸药;当炮孔较深时,将延长药包变为集中药包,可大大提高爆破效果。适用于露天爆破阶梯高度 3~8m 的软岩石和中等坚硬岩层;坚硬或节理发育的岩层不宜采用。

60. 什么是洞室法爆破?其适用范围有哪些?

洞室法爆破又称竖井法、蛇穴法爆破,是指在岩石内部开挖导洞(横洞或竖井)和药室进行爆破的施工方法。根据地形条件,一般洞室爆破的药室常用平洞或竖井相连,装药后须按要求将平洞或竖井堵塞,以确保爆破施工质量和效果。

洞室爆破法适于六类以上的较大量的坚硬石方爆破;竖井适于场地整平、基坑开挖松动爆破;蛇穴适于阶梯高不超过 6m 的软质岩石或有夹层的岩石松爆。

61. 什么是光面爆破?其适用范围有哪些?

光面爆破即沿开挖周边线按设计孔距钻孔,采用不耦合装药毫秒爆破,在主爆孔起爆后起爆,使开挖后沿设计轮廓获得保留良好边坡壁面的爆破技术。

从原理上看预裂爆破与光面爆破并没有什么区别,它与预裂爆破的不同之处在于光爆孔的爆破顺序是在开挖主爆孔的药包爆破之后,利用布置在设计开挖线上的光爆孔,将作为保护层的"光爆层"爆除,使爆裂面光滑平顺,超欠挖均很少,能近似形成设计轮廓要求的爆破。光面爆破一般多用于地下工程的开挖,露天开挖工程中用得比较少,只是在一些有特殊要求或者条件有利的地方使用。

62. 光面爆破的技术参数有哪些?

(1)炮孔直径。对于隧洞,常用的孔径为 $D=35~45$mm,光面爆破的周边孔与掘进作业的其他炮孔直径一致。

(2)不耦合系数。一般 $D=62~200$mm 时,$\eta=2~4$;$D=35~45$mm,$\eta=1.5~2.0$。

(3) 周边炮孔间距。a 值过大,W 值大则须加大装药量,从而增大围岩的损坏和震裂,W 值小则周边会凹凸不平;a 值过小而 W 值取大,则爆后难以成缝。通常 $a=(12\sim16)D$,具体视岩石硬度而定。如果在两炮孔间加一不装药的导向孔效果更好。

(4) 线装药密度。一般当露天光面爆破 $D\geqslant 50\mathrm{mm}$,$W>1\mathrm{m}$ 时,$Q_{线}=100\sim300\mathrm{g/m}$,完整坚硬的取大值,反之取小值。全断面一次起爆时适当增加药量。

(5) 光爆层厚度 W 与周边孔密集系数 m。光爆层是周边炮孔与主爆区最边一排炮孔之间的那层岩石,其厚度就是周边炮孔的最小抵抗线 W,一般等于或略大于炮孔间距 a,在隧洞爆破中取 $W=700\sim800\mathrm{mm}$ 较好。a 与 W 的比值称为炮孔密集系数 m,它随岩石性质、地质构造和开挖条件的不同而变化,一般 $m=a/W=0.8\sim1.0$。

(6) 周边孔的深度和角度。对于隧洞开挖,从光爆效果来说周边孔越深越好,但受岩壁的阻碍,一般深度为 $1.5\sim2.0\mathrm{m}$,采用钻孔台车作业时为 $3\sim5\mathrm{m}$,以一个工作班能进行一个掘进循环为原则。钻孔要求"准、平、直、齐",但受岩壁的阻碍,凿岩机钻孔时不得不甩出一个小角度,一般要求将此角度控制在 $4°$ 以内。

(7) 装药结构。常用的装药结构有三种:一是普通标准药卷($\phi32$)空气间隔装药,二是小直径药卷径向空气间隙连续装药,三是小直径药卷($\phi20\sim\phi25$)间隔装药。

63. 什么是岩塞爆破?

岩塞爆破是一种水下控制爆破。通常,从隧洞出口沿逆水流方向正常开挖,待掌子面接近进水口位置时,预留一定厚度的岩石,称为岩塞。待隧洞和进口控制闸门全部完建后,采用爆破将岩塞一次炸除,形成进水口,使隧洞和水库连通。

64. 什么是微差控制爆破?

微差控制爆破是指在大规模的深孔爆破中,用一种特制的毫秒延期雷管,以毫秒级时差顺序起爆各个(组)药包的爆破技术。在深孔爆破中,微差控制爆破具有增加自由面、应力波叠加、岩块相互碰撞和挤压、地震效应减弱等优点,故而在水利水电工程基坑开挖中被广泛采用。

65. 如何计算爆破的孔径和孔深？

孔径也就是指炮眼的直径；孔深所指的是炮眼口端一直到炮眼底部的长度。

露天深孔爆破的孔径主要取决于钻机类型、台阶高度和岩石性质。当使用潜孔钻时，孔径通常为 100～200mm，牙轮钻机或钢绳冲击式钻机，孔径为 250～310mm，也有达到 500mm 的大直径钻机。国内采用的深孔孔径有 80mm、100mm、150mm、170mm、200mm、250mm、310mm 几种。水利工程基础开挖钻孔直径不宜过大，一般不应大于 150～170mm。

孔深由台阶高度和超深确定。孔深 L 与台阶高度 H、超标深度 h 的关系由下式表示：

$$L=\frac{H+h}{\sin\theta}$$

式中　θ——为炮孔倾角。

由于炮孔倾角一般在 60°以上，而且超标深度 h 值不大，因此，上式可近似用下式表示：

$$L=\frac{H}{\sin\theta}+h$$

66. 如何计算爆破的装药密度？

(1) 经验公式。根据试验成果和有关资料，长江水利科学院等单位建立了如下经验公式：

$$\Delta_{线}=0.36[R_{压}]^{0.63}\cdot\alpha^{0.67}$$

式中　$\Delta_{线}$——线装药密度（g/m），系全孔装药量（扣除底部增加药量），除以装药长度；

　　　α——钻孔间距（cm）；

　　　$[R_{压}]$——岩石极限抗压强度（kgf/cm²）。

(2)《水工建筑物岩石基础开挖工程施工技术规范》(SL 47—1994) 介绍的公式：

$$\Delta_{线}=0.188\cdot a[R_{压}]^{0.5}$$

式中　$\Delta_{线}$——线装药密度，g/m，以全孔长度计。

上述装药密度经验公式采用 40％的硝酸甘油耐冻胶质炸药所得出

的,若用其他炸药时,需进行换算。

67. 如何区分深孔凿岩和浅孔凿岩?

深孔凿岩是与浅孔凿岩相对而言的,是指凿孔直径大于 50mm,孔深 5m 以上的钻孔。

浅孔凿岩是指凿岩深度不超过 5m,炮孔直径小于 50mm 的凿岩钻孔。

68. 灌浆钻孔一般分为哪几类?

灌浆孔分为直孔和斜孔,为使灌浆孔尽可能多的与岩石裂缝、层理交叉,对倾角较大的裂缝一般打斜孔,倾角小于 40°的可打直孔。打直孔较打斜孔可提高工效 30%～50%,因此,尽量打直孔。钻孔结束后,孔口用木塞塞紧,以防污物进入。同时要记载该孔的地质剖面图及必要的说明。

69. 什么是喷混凝土支护?

将一定比例的水泥、砂子、石子混合搅拌均匀后,用运送机械装入喷射机,再以压缩空气为动力,使拌和料沿管路压送到喷嘴处与水混合,并以较高速度喷在岩石表面上的过程叫喷混凝土。凝结硬化而成的高强度与岩石面粘结的混凝土层,而成为混凝土支护。

70. 如何计算岩石开凿及爆破工程量?

岩石开凿及爆破工程量区别石质,按下列规定计算:
(1)人工凿岩石,按图示尺寸以"m^3"计算。
(2)爆破岩石按图示尺寸以"m^3"计算,其沟槽或基坑深度,宽度允许超挖量:一次坚石 200mm;二次坚石 150mm。超挖部分岩石并入岩石挖方量之内计算。

71. 什么是装渣运输?

装渣运输是把开挖的土石在一定时间内装车,运到洞外,并弃石渣于指定地点。迅速装运石渣,可使钻爆作业加快进行,加速整个循环作业,提高施工进度。

72. 装渣运输机械有哪几种类型?

机械装渣不仅减轻劳动强度,而且装渣速度快,大大缩短了作业时间。装渣机械有许多类型,如翻斗式装渣机、带有转载机的装渣机(装渣机带有带式运输机,铲斗装渣后,先落入带式运输机,然后由带式运输机装入后方运输车辆)、连续装载机、轮式装载机或履带式装载机等。有的是风动的,有的是内燃的,施工时根据施工条件、出渣量大小、坑道空间等选用。

73. 如何计算岩石沟槽开挖工程量?

石方沟槽开挖工程量按图 5-12 所示尺寸另加允许超挖量以立方米计算。允许超挖厚度:普通岩石为 20cm,坚硬岩石为 15cm。其工程量计算公式为

$$V = H(b + 2d)L$$

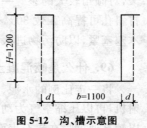

图 5-12 沟、槽示意图

式中　V——石方沟槽开挖工程量;
　　　H——沟槽开挖深度;
　　　d——允许超挖厚度;
　　　b——沟槽设计宽度,不包括工作面的宽度;
　　　L——沟槽开挖长度。

74. 斜井或竖井石方开挖定额适用范围是怎样的?

斜井石方开挖定额,适用于水平夹角为 45°~75°的井挖工程。水平夹角 6°~45°的斜井,按斜井石方开挖定额乘 0.90 系数计算。

竖井石方开挖定额,适用于水平夹角大于 75°、上口面积大于 5m²、深度大于上口短边长度或直径的石方开挖工程,如调压井、闸门井等。

75. 竖井提升容器有哪些类型?

提升容器用来在井筒内提升矿石或废石,升降人员及材料设备。提升容器的类型很多,常见有:罐笼、箕斗等。

(1)罐笼。罐笼不仅用于提升矿石,还用于升降人员及材料。按层数分为单层及多层罐笼;按内部容纳砂车数分单车、双车等。罐笼靠顶部连接装置与提升钢丝绳相连。罐笼在井筒内沿罐道运动,为防止断绳而发生罐笼坠井事故,在罐笼上装设断绳保险器,当钢丝绳或连接装置万一断裂,罐笼可停止在罐道上,以确保安全。

(2)箕斗。箕斗用于竖井或斜井提升矿石和废石,它有底卸式、侧卸式和翻转式三种。斜井箕斗有前翻式、后卸式和底卸式等,与罐笼相比,箕斗具有容器质量小,提升能力大。便于实现自动化的优点;缺点是不能升降人员、材料及设备,并且井上、井下均需设置转载轮。

76. 什么是围岩补强?

巷道围岩深部的岩石处于三向受压状态。靠近巷道周边的岩石则处于二向受力状态,故易于破坏而丧失稳定性。坑道周围设锚杆后,有些岩石又部分地恢复了三向受力状态,增大了本身的强度;另外,锚杆还可以增加岩层弱面的剪断阻力,使围岩不易破坏或失稳,这就是锚杆对围岩的补强作用。

77. 什么是自然通风?

自然通风系利用硐内外的温差和气压差所造成的自然风流循环,达到通风换气的目的。自然通风较为经济,但受影响因素多,如风流方向、风量大小,而且不够稳定,故仅适用于长度小于 200m 的水平坑道和长硐室的施工初期。

78. 机械通风有哪几种方式?

在巷道掘进中,一般都采用局部扇风机(简称局扇)通风。通风方式有压入式、抽出式和混合式 3 种:

(1)压入式通风。由局扇吸入新鲜空气,通过风筒将其压至工作面与污浊空气混合,再经硐室或巷道排出。

(2)抽出式通风。用局扇经风筒将工作面污浊空气抽出;新鲜空气则由硐室或巷道进入工作面。要求排风口必须处于进风口下风流,距进风口不得小于 10m。

(3)混合式通风。是压入式和抽出式的联合运用。但需要两套通风设备,只有断面大的独头巷可考虑采用。

79. 什么是撞楔法?

撞楔法,又称插板法或板桩法,其特点是在工作面上部或坑道两帮先用撞楔或板桩强行插入松碎岩层中,以控制破碎带或流沙的移动,然后向前掘进。

80. 撞楔法适用于哪些岩层？

撞楔法适用于木楔或金属楔容易被打进去的松软岩层或沙砾层，以及坑道大量冒顶且用一般方法无法通过的情况。使用撞楔法施工，每架支架均须牢固可靠，前后支架之间要用撑木、扒钉连成整体，以增加稳固性。

81. 什么是超前锚杆加固掘进法？

超前锚杆加固掘进法是指在钻工作面炮眼的同时，在作业面顶部向上钻一排倾斜超前锚杆（或小钢管）。锚杆向前倾角 60°~70°，锚杆间距为 60~80cm，锚杆的长度应能预先加固下一爆破进尺范围坑道的顶部。

82. 什么是超前导洞锚杆加固地层法？

超前导洞锚杆加固地层法是在超前导洞中打锚杆孔，但加固锚杆的长度应在坑道开挖轮廓线范围之外。施工这种形式的加固锚杆时，对钻孔质量、锚杆安装和灌浆技术要求较高。

83. 导洞有几种类型？

导洞的形式通常有平硐和竖井两种。如何选用，主要依据爆区的地形、地质、药包位置及施工条件等因素而定，一般多用平硐。在地利平缓或爆破规模较小时，可采用竖井。

84. 大、小跳格开挖的区别是什么？

大跳格开挖法是指把全洞分为几个大段：Ⅰ、Ⅱ、Ⅲ等。每一大段又分为若干小段，即 1、2、3、…，按 1、5、9 等小段逐次扩挖一段，支护衬砌一段，再按 2、6、10 等小段次序进行挖扩和支护的方法。

小跳格开挖法是指从洞口向内，间隔一段开挖，如围岩不好，可间隔两段或三段，开挖出的区段，在与爆破作业面间隔一定距离后才进行支护。

85. 洞室台阶法开挖与全断面开挖各具有哪些特点？

首先将上部断面全长开挖，然后再进行下部断面的开挖，这种方法叫下台阶开挖法。

上台阶开挖法要点是首先将洞室下部断面在全长范围内开挖完,然后再开挖上台阶。

全断面开挖法又可分为全断面一次开挖和全断面分台阶相继开挖两种形式。全断面一次开挖法是把整个开挖断面一次成形,具有工作面宽敞、通风、运输方便,施工组织简单,施工进度快等优点。全断面分台阶相继开挖法是将开挖面按高度分成两部分,高大洞室也可分成更多部分,洞室的上下部分相继开挖同时向前推进。

86. 什么是爬罐和吊罐？适用于哪些工程？

爬罐实为一个能沿特殊导轨自行升降的工作台,导轨由短锚杆固定在井壁上,随开挖延伸,逐节接长。此法不需钻凿提升绳孔,爬罐可自行升降,作业较为安全,但需专用设备,投资较大,仅用于高竖井及盲井工程。

吊罐实质上是一个由钢丝绳悬吊的可升降工作台。此方法一般适用于直径大于 5.0m,中硬以上且不便支护的稳定岩层,高度为 $20 \sim 60m$ 的竖井开挖。

87. 水平坑道具有哪些用途？分为哪些类别？

水平坑道的轴向中心线与水平线几乎平行。水平坑道主要用于勘探和追索矿体,以及作为开采的技术因素。水平坑道还可分为平巷、石门、沿脉和穿脉等数种。

平巷也叫平硐,是具有直接通达地面出口的水平坑道。掘进时可沿矿体走向,也可能与矿体走向成一定角度。为了便于运输和排水,一般保持 $0.3\% \sim 0.7\%$ 的坡度。

石门是指与地表无直接出口的水平坑道,且与矿体的走向相交。通常是与井筒相连,或者是两个水平坑道之间的通道。

沿脉和穿脉都没有与地表相通的出口。沿脉坑道沿着矿体的走向(在矿体内或矿体与围岩接触带)掘进,以探明矿体沿走向方向的变化。穿脉则垂直于矿体走向,以探明矿体在厚度和垂直走向方向的变化。

88. 倾斜坑道包括哪些类别？具有哪些用途？

倾斜坑道的轴向中心线与水平线相交，倾角一般不超过 $45°$，倾斜坑道主要包括：斜井、上山和下山。主要用于勘探倾斜状态赋存的矿体。

89. 什么是斜井？

斜井是在岩层或矿体内掘进的倾斜坑道，它与地表有直接出口。通常在斜井内装有运输、提升设备，以便使人员和设备出入斜井通向矿体。

90. 什么是上山和下山？

上山和下山通常是从水平坑道内沿矿体按一定倾斜角度向上或向下掘进的倾斜坑道，它与地表无直接出口，一般长度不超过 300m。

91. 垂直坑道包括哪些类别？具有哪些特点？

垂直坑道的中心线与水平面垂直，有竖井、天井和暗井等数种。

竖井是由地表向下掘进的垂直坑道，深度大于 20m，地质勘探竖井的深度一般不超过 100m，断面积在 $1.6\sim6.0m^2$ 之间。

天井和暗井是由水平坑道向上或向下掘进的垂直坑道，主要用于探明垂直距离内矿层的厚度、成分和品位，以及围岩的性质。

92. 如何计算钢丝绳的安全荷载？

钢丝绳是由高强碳素钢丝先捻成股，再由股捻制成的绳。吊装中常用钢丝绳的型号为 $6×19+1$、$6×37+1$、$6×61+1$ 三种。

钢丝绳的安全荷载（允许拉力）F 可按下式计算：

$$F=P/K=\alpha P_s/K$$

式中　P——钢丝绳的破断拉力(N)；

P_s——钢丝破断拉力的总和(N)；

α——考虑网丝之间摩擦、扭转及受力不均而引起总抗拉力下降的不均匀系数，又称换算因数（对 $6×19+1$、$6×37+1$、$6×61+1$ 钢丝绳分别为 0.85、0.82、0.80）；

K——考虑钢丝绳在吊装中受力不均、冲击负荷、反复拉伸、弯曲疲劳、起载等影响的安全因数（表 5-14）。

表 5-14　　钢丝绳的安全因数及滑车直径

项次	钢丝绳的用途	直径/mm	安全因数
1	缆风绳及拖拉绳 用于滑车时:手动的	3.5 4.5	$\geqslant 2d$ $\geqslant 16d$
2	机动的轻极 中级 重级	5 5.5 6	$\geqslant 16d$ $\geqslant 18d$ $\geqslant 20d$
3	做吊索:无绕曲时 有绕曲时	5~7 6~8	$\geqslant 20d$
4	做地锚绳	5~6	
5	做捆绑绳	10	
6	用于载人升降机	14	$\geqslant 14d$

注:d 为钢丝绳直径。

93. 吊装作业中的吊具有哪些种类?

吊装作业中常用的吊具有吊钩、绳卡、卡环、吊索等。

(1)吊钩是指用于钩挂吊索或卡环,并通过吊索或卡环起吊重物。常用吊钩有单钩和双钩两种。

(2)卡环。又称卸甲,用于吊索之间或吊索与构件吊环之间的连接。由弯环与销子两部分组成,销子的连接有螺栓式和活络式。

(3)绳卡。用于固定钢丝绳端部。有多种型式,常用的是握紧力较大的骑马式绳长。

(4)吊索。又称千斤绳,是用于捆绑构件或将构件挂到吊钩上去的钢丝绳。要求质地柔软,易于弯曲,直径一般大于11mm。根据形式不同,吊索分为环形吊索(又称为绳圈或万能吊索)和开口吊索两类。

94. 什么是滑车?有哪些种类?

滑车是起重机和其他起重设备的重要组成部件。

滑车按滑轮个数分有单门、双门以至八门;按使用方式有动滑车和定滑车。动滑车用于省力,定滑车主要用于改变钢丝绳受力方向。定滑车按所作用不同又分为普通定滑车、导向定滑车和平衡定滑车。

95. 环链式手拉滑车有哪些特点及作用？

环链式手拉滑车又称神仙葫芦，或倒链，有自销作用，是一种轻便省力的手拉起重设备，应用广泛，可用于起吊或装卸要求升降高度不大（一般 3m 左右）的小型笨重构件或设备，收紧塔架、拔杆的缆风绳及捆绑构件的绳索以及收紧绳索给吊装构件施加临时预应力保证吊装安全。其构造随减速传动装置不同，可分为蜗轮蜗杆传动和行星齿轮传动，前者效率较低，速度慢，已少用；后者结构紧凑，密封性好，手拉力小，效率高，大量使用。倒链有定型产品，起重力从 5～200kN，手拉力只需 0.2～0.4kN。

96. 什么是千斤顶？其使用范围有哪些？

千斤顶是独立的简易起重工具，可用于将构件或重物顶升或降落不大的高度；校正构件的安装偏差和构件的变形。吊装中使用的主要是螺旋千斤顶和液压千斤顶。

97. 定额对卷扬机斜井提升出渣有哪些规定？

(1) 当斜井倾角为 30°～45°时，定额乘以 1.2 系数。
(2) 当斜井倾角为 45°～75°时，定额乘以 1.5 系数。

98. 岩石隧道、井下掘进定额工日标准是怎样的？

岩石隧道、井下掘进按每工日 7h 工作制定计算。软土层隧道井下掘进、垂直顶升、气压掘进（气压小于或等于 $1.2 kg/cm^2$）按每日 6h 工作制定计算，其他均按每工日 8h 工作制定计算。

99. 如何确定工地运输量？

工地运输分外部运输和内部运输，外部运输指物资、器材从外地到工地的运输，内部运输指材料、半成品或预制构件等物资器材在工地范围内各有关地点间的运输。

货物的昼夜运输能力：

$$Q_d = \frac{Q_y}{T} K$$

式中　Q_y——最大年运输量(t)；

　　　T——一年内工作日数；

　　　K——运输作业不均匀系数（铁路采用 1.5，公路为 1.2）。

100. 如何确定钢筋焊接焊条用量？

钢筋焊接焊条用量，见表 5-15。

表 5-15　　　　　　　　　　焊接用焊条用量　　　　　　　　　　kg

钢筋直径/mm \ 项目 单位	焊接焊	搭接焊	与钢板搭接	电弧焊对接	点焊
	1m 焊接			10 个接头	100 点
12	0.28	0.28	0.24		0.32
14	0.33	0.33	0.28		0.32
16	0.38	0.38	0.33		0.32
18	0.42	0.44	0.38		0.32
20	0.46	0.50	0.44	0.78	0.32
22	0.52	0.61	0.54	0.99	0.32
25	0.62	0.81	0.73	1.40	0.32
28	0.75	1.03	0.95	2.01	0.32
30	0.85	1.19	1.10	2.42	0.32
32	0.94	1.36	1.27	2.88	0.32
36	1.14	1.67	1.58	3.95	0.32

注：焊条用量中已包括操作损耗。

101. 如何确定钢板搭接焊焊条用量？

钢板搭接焊焊条用量（每米焊缝），见表 5-16。

表 5-16　　　　　钢板搭接焊焊条用量

焊缝高/mm	4	6	8	10	12	13
焊条/kg	0.24	0.44	0.71	1.04	1.43	1.65
焊缝高/mm	14	15	16	18	20	
焊条/kg	1.88	2.13	2.37	2.92	3.50	

注：焊条用量中已包括操作损耗。

102. 如何确定钢板对接焊焊条用量？

钢板对接焊焊条用量（每米焊缝），见表 5-17。

表 5-17　　　　　　　　钢板对接焊焊条用量

方式	不开坡口				开坡口							
钢板厚/mm	4	5	6	8	4	5	6	8	10	12	16	20
焊条/mm	0.30	0.35	0.40	0.67	0.45	0.50	0.73	1.04	1.46	2.00	3.28	4.80

注：焊条用量中已包括操作损耗。

103. 如何确定平头对接、单斜边对接焊条用量？

平头对接、单斜边（V形）对接每 100m 焊缝的焊条消耗，可参考表 5-18。

表 5-18　　　　　　　平头对接、单斜边对接焊条用量

用料	单位	平头对接焊缝钢板厚度/mm			单斜边（V形）对接焊缝钢板厚度/mm					
		6	8	10	8	10	12	14	16	20
电焊条	kg	28	36.7	56	70	108	157	200	264	410

注：1. 平头对接焊缝以不焊根为标准，如焊根时按上表乘以系数 1.3。
　　2. 单斜边对接焊缝的坡口以 60°为标准。
　　3. 单斜边焊缝带焊根计算，如不带焊根按上表乘以系数 0.7。
　　4. 表中接缝以 1～2mm 为准。
　　5. 白玻璃按每日 1 块计算。

104. 如何确定双斜边（X形）坡口对接焊焊条用量？

双斜边（X形）坡口对接每 100m 焊缝的焊条消耗，可参考表 5-19。

表 5-19　　　　　　双斜边坡口对接焊焊条用量

用料	单位	双斜边（X形）坡口对接焊缝钢板厚度/mm				
		12	14	16	18	20
电焊条	kg	97	124	164	209	254

注：坡口以 60°为标准，白玻璃按每日 1 块计算。

105. 如何确定堆角搭接焊焊条用量？

堆角搭接每 100m 焊缝的焊条消耗，可参考表 5-20。

第五章 土石方工程

表 5-20　　　　　　　　　堆角搭接焊焊条用量

用料	单位	堆角搭接焊缝焊肉厚度/mm							
		6	8	10	12	14	16	18	20
电焊条	kg	33	65	104	135	180	237	292	350

注：白玻璃按每日1块计算，搭接焊缝按上表乘以系数0.98。

106. 如何确定堆口焊、船心焊焊条用量？

堆口焊、船心焊每 $100m^2$ 焊缝的焊条消耗，可参考表 5-21。

表 5-21　　　　　　　　　堆口焊、船心焊焊条用量

用料	单位	堆口焊钢板厚度/mm			
		6	8	10	12
电焊条	kg	54.4	107	172	223

用料	单位	船心焊焊肉厚度/mm							
		6	8	10	12	14	16	18	20
电焊条	kg	30.3	60	96	124	166	218	269	322
焊丝（自丝焊丝）	kg	46.7	83.4	178.5	198.5	220	310	360	410

注：白玻璃按每日1块计算。

107. 如何取定盾构用油量？

盾构用油量根据平均日耗油量和平均日掘进量取定：

$$盾构用油量 = \frac{平均日耗油量}{平均日掘进量}$$

108. 如何确定盾构用电量？

盾构用电量根据盾构总功率，每班平均总功率使用时间及台班掘进进尺取定：

$$盾构用电量 = \frac{盾构总功率 \times 每班平均总功率使用时间}{台班掘进进尺}$$

109. 如何确定盾构用水量？

盾构用水量分为水力出土盾构和干式出土盾构，水力出土盾构考虑

主要由水泵房供水,不再另计掘进中自来水量;干式出土盾构掘进按配用水管、直径流速、用水时间及班掘进进尺取定。

$$盾构用水量 = \frac{水管断面 \times 流速 \times 每班用水时间}{班掘进进尺}$$

110. 如何计算木支护板用量?

$$摊销量 = 周转使用量 - 回收量 \times 回收折价率$$

$$周转使用量 = \frac{一次使用量 \times [1 + (周转次数 - 1) \times 补损率]}{周转次数}$$

$$回收量 = 一次使用量 \times \left(\frac{1 - 补损率}{周转次数}\right)$$

$$K_1 = 周转使用系数 = \frac{1 + (周转次数 - 1) \times 补损率}{周转次数}$$

$$周转使用量 = 一次使用量 \times K_1$$

111. 土石方开挖概算定额有何规定?

(1) 一般石方开挖定额,适用于一般明挖石方和底宽超过 7m 的沟槽石方、上口面积大于 160m² 的坑挖石方以及倾角小于或等于 20°并垂直于设计面平均厚度大于 5m 的坡面石方等开挖工程。

(2) 一般坡面石方开挖定额,适用于设计倾角大于 20°、垂直于设计面的平均厚度小于或等于 5m 的石方开挖工程。

(3) 沟槽石方开挖定额,适用于底宽小于或等于 7m,两侧垂直或有边坡的长条形石方开挖工程。如渠道、截水槽、排水沟、地槽等。

(4) 坡面沟槽石方开挖定额,适用于槽底轴线与水平夹角大于 20°的沟槽石方开挖工程。

(5) 坑石方开挖定额,适用于上口面积小于或等于 160m²、深度小于或等于上口短边长度或直径的石方开挖工程。如墩基、柱基、机座、混凝土基坑、集水坑等。

(6) 基础石方开挖定额,适用于不同开挖深度的基础石方开挖工程。如混凝土坝、水闸、溢洪道、厂房、消力池等基础石方开挖工程。其中潜孔钻钻孔定额系按 100 型潜孔钻拟定,使用时不做调整。

(7) 平洞石方开挖定额,适用于水平夹角小于或等于 6°的洞挖工程。

(8) 斜井石方开挖定额,适用于水平夹角为 45°~75°的井挖工程。水平夹角 6°~45°的斜井,按斜井石方开挖定额乘 0.9 系数计算。

(9)竖井石方开挖定额,适用于水平夹角大于 75°,上口面积大于 5m²,深度大于上口短边长度或直径的洞挖工程。如调压井、闸门井等。

(10)洞井石方开挖定额中通风机台时量系按一个工作面长度 400m 拟定。如工作面长度超过 400m 时,应按表 5-22 系数调整通风机台时定额量。

表 5-22　　　　　　　　通风机调整系数表

工作面长度/m	系数	工作面长度/m	系数	工作面长度/m	系数
400	1.00	1000	1.80	1600	2.50
500	1.20	1100	1.91	1700	2.65
600	1.33	1200	2.00	1800	2.78
700	1.43	1300	2.15	1900	2.90
800	1.50	1400	2.29	2000	3.00
900	1.67	1500	2.40		

(11)土石方的其他概算定额规定如下:

1)地下厂房石方开挖定额,适用于地下厂房或窑洞式厂房开挖工程。

2)平洞、斜井、竖井等各节石方开挖定额的开挖断面,系指设计开挖断面。

3)石方开挖定额中所列"合金钻头",系指风钻(手持式、气腿式)所用的钻头;"钻头"系指液压履带钻或液压凿岩台车所用的钻头。

4)炸药按 1~9kg 包装的炸药价格计算,其代表型号规格:

①一般石方开挖:2 号岩石铵梯炸药;

②边坡、槽、坑、基础石方开挖:2 号岩石铵梯炸药和 4 号抗水岩石铵梯炸药各半计算;

③平洞、斜井、竖井、地下厂房石方开挖:4 号抗水岩石铵梯炸药。

5)当岩石级别高于 XIV 级时,按各节 XIII ~ XIV 级岩石开挖定额,乘表 5-23 系数进行调整。

表 5-23　　　　　　　　　　　定额系数

项　目	系　数		
	人工	材料	机械
风钻为主各节定额	1.30	1.10	1.40
潜孔钻为主各节定额	1.20	1.10	1.30
液压钻、多臂钻为主各节定额	1.15	1.10	1.15

6）挖掘机或装载机装石渣汽车运输定额，其露天与洞内定额的区分，按挖掘机或装载机装车地点确定。

7）平洞、节斜井及竖井石渣运输定额中的绞车规格，按表 5-24 及表 5-25 选用。

表 5-24　　　　　　　　　　竖井绞车选型表

竖井井深/m		≤50	50～100	>100
单筒绞车	卷筒 $\phi \times B$/m	2.0×1.5		参考冶金、煤炭建井定额
	功率/kW	30	55	
双筒绞车	卷筒 $\phi \times B$/m	2.0×1.5		
	功率/kW	30		

表 5-25　　　　　　　　　　斜井绞车选型表

斜井井深/m		≤140	140～300	300～500	500～700	700～900
单筒绞车	≤10°	卷筒 $\phi \times B$/m	1.2×1.0		1.6×1.2	
		功率/kW	30		75	
	10°～20°	卷筒 $\phi \times B$/m	1.2×1.0		1.6×1.2	
		功率/kW	30		75	110
	20°～30°	卷筒 $\phi \times B$/m	1.2×1.0		1.6×1.2	2.0×1.5
		功率/kW	30		75	110	155
双筒绞车	≤10°	卷筒 $\phi \times B$/m	1.2×1.0		1.6×1.2	
		功率/kW	30		75	
	10°～20°	卷筒 $\phi \times B$/m	1.2×1.0		1.6×1.2	
		功率/kW	30		75	110	155
	20°～30°	卷筒 $\phi \times B$/m	1.2×1.0		1.6×1.2	2.0×1.5
		功率/kW	30	55	110		155

112. 土石方开挖预算定额有何规定？

(1)一般坡面石方开挖定额，适用于设计倾角大于 20°、垂直于设计面的平均厚度小于或等于 5m 的石方开挖工程。

(2)保护层石方开挖定额，适用于设计规定不允许破坏岩层结构的石方开挖工程，如河床坝基、两岸坝基、发电厂基础、消能池、廊道等工程连接岩基部分，厚度按设计规定计算。

(3)沟槽石方开挖定额，适用于底宽小于或等于 7m、两侧垂直或有边坡的长条形石方开挖工程。如渠道、截水槽、排水沟、地槽等。底宽超过 7m 的按一般石方开挖定额计算，有保护层的，按一般石方和保护层比例综合计算。

(4)坡面沟槽石方开挖定额，适用于槽底轴线与水平夹角大于 20°的沟槽石方开挖工程。

(5)坑石方开挖定额，适用于上口面积小于或等于 $160m^2$、深度小于或等于上口短边长度或直径的工程。如集水坑、墩基、柱基、机座、混凝土基坑等。上口面积大于 $160m^2$ 的坑挖工程按一般石方开挖定额计算，有保护层的，按一般石方和保护层比例综合计算。

(6)平洞石方开挖定额，适用于洞轴线与水平夹角小于或等于 6°的洞挖工程。

(7)斜井石方开挖定额，适用于水平夹角为 45°～75°的井挖工程。水平夹角 6°～45°的斜井，按斜井石方开挖定额乘 0.90 系数计算。

(8)竖井石方开挖定额，适用于水平夹角大于 75°、上口面积大于 $5m^2$、深度大于上口短边长度或直径的石方开挖工程。如调压井、闸门井等。

(9)洞、井石方开挖定额中各子目标示的断面积系指设计开挖断面积，不包括超挖部分。规范允许超挖部分的工程量，应执行石方开挖定额二-29、30、31 节超挖定额。

(10)石方洞(井)开挖中通风机台时量系按一个工作面长 400m 拟定。如超过 400m，按表 5-22 系数调整定额量。

(11)石方开挖的其他预算定额规定如下：
1)平洞、斜井、竖井、地下厂房石方开挖已考虑光面爆破。
2)炸药价格的计取：

①一般石方开挖,按2号岩石铵锑炸药计算。

②边坡、坑、沟槽、保护层石方开挖,按2号岩石铵锑炸药和4号抗水岩石铵锑炸药各半计算。

③洞挖(平洞、斜井、竖井、地下厂房)按4号抗水岩石铵锑炸药计算。

3)炸药加工费(大包改小)所需工料已包括在石方开挖工程定额中。炸药预算价格一律按1～9kg包装的炸药计算。

4)挖掘机或装载机装石渣、自卸汽车运输定额露天与洞内的区分,按挖掘机或装载机装车地点确定。

5)当岩石级别大于XIV级时,可按相应各节XIII-XIV级岩石的定额乘以表5-23调整系数计算。

6)预裂爆破、防震孔、插筋孔均适用于露天施工,若为地下工程,定额中人工、机械应乘以1.15系数。

7)斜井或竖井石渣运输定额中的绞车规格按表5-24、表5-25选择。

113. 如何取定软土开挖部分的机械幅度差?

(1)属于按施工机械技术性能直接计取台班产量的机械,取机械幅度差1.33。

(2)属于配合性质的机械,按其配合程度大小取定后再增加机械幅度差1.33。

(3)属于配备方法计算的机械井下掘进部分,取机械幅度差1.25。

(4)井口配备机械取机械幅度差1.11。

114. 爆破材料中雷管基本耗量如何计算?

雷管基本耗量的计算:按照劳动定额编制说明的有关规定,计算出炮孔个数,按每个炮孔1个雷管计算。

115. 爆破材料中炸药基本耗量如何计算?

炸药基本耗量的计算:炮孔总长按劳动定额规定计算,炮孔的平均孔深综合取定,装药按每1m炮孔能装药1kg计算,每孔的装药量,按占孔深的比例计算。

116. 爆破材料中导火索基本耗量如何计算?

导火索的基本耗量的计算:根据劳动定额规定的炮孔深度和安全操

作规程的要求分别取定。平硐 35m² 及其以内的断面、斜井和竖井全部断面,按每个雷管用 2m 导火索计算;平硐 65m² 和 100m² 的断面,按每个雷管平均用 2.3m 导火索计算;隧道内地沟开挖按每个雷管用 1.5m 导火索计算。

117. 爆破材料中合金钻头的基本耗量如何计算?

合金钻头的基本耗量按每个钻头钻不同岩石的延长米来确定钻头的消耗量。每开挖 100m³ 不同岩石需要钻头的总延长米,按劳动定额的规定计算。每个钻头,钻不同岩石消耗的延长米见表 5-26。

表 5-26　　　　　　　钻头消耗延长米表

岩石类别	次坚石	普坚石	特坚石
延长米	39.5	32.0	24.5

118. 爆破材料中空心钢的基本耗量如何计算?

平硐、斜井和竖井每消耗 1 个钻头,按消耗 1.5kg 空心钢计算;地沟每消耗 1 个钻头,按消耗 1.2kg 空心钢计算。

119. 什么是土方回填?如何计算其工程量?

将所挖沟槽、基坑等经砌筑、浇注后的空隙部分以原挖土或外购土予以填充,就称之为土方回填。土方回填工程量以体积 m³ 计算。

沟槽、基坑回填土以挖土体积减去设计标高±0.00 以下埋设砌筑物(包括基础垫层、基础等)体积计算。计算方法以公式表示如下:

$$V_{填} = V_{挖} - V_{基}$$

式中　$V_{填}$——回填土体积(m^3);

　　　$V_{挖}$——挖土体积(m^3);

　　　$V_{基}$——基础及垫层体积(m^3)。

120. 如何计算推土机的运距?

运距是指按挖方区重心至回填区重心之间的直线距离。

121. 推土机的适用范围是什么?

推土机推土适用于一~三类土,经济运距 100m 以内,效率最高为

60m,多用于平整场地,开挖深度 1.5m 的基坑(槽),移挖作填,堆筑高度在 1.5m 以内工程,平整其他机械卸置的土堆。

122. 推土机能完成哪些工作?

推土机可以独立地完成铲土、运土、卸土三种工作。

(1)铲土作业时,将铲刀切入地平面进行铲挖土。

(2)运土作业时,将铲刀提至地平面,把土运到卸土地点。

(3)卸土作业有两种:

1)随意弃土法:将土推至卸土地点,略提铲刀,机械后退至铲土地点。

2)按要求分层铺卸土,将土方运到卸土位置,将铲刀提升一定高度,机械继续前行,土层即从铲刀下方卸掉。

123. 铲运机的适用范围有哪些?

铲运机适于铲取含水量适当,结构较密实的土壤。但对过湿的土壤和结构松散的干砂则不易装满铲斗。对于硬土和软岩,如事先翻松或凿裂,也可以铲取入斗。

铲运机铲土适用开挖一~三类土。适用运距 600~1500m,当运距 200~350m 时效率最高,常用于坡度 20°以内的大面积开挖、填实、整平、压实,不适于砾石层、冻土地带及沼泽地区使用。铲运机可以单独完成挖土、运土、卸土和摊铺等项作业,具有较高的生产效率和经济指标。

124. 如何选用夯实机械?

夯实法指利用夯锤自由下落的冲击力来压实土,多用于小面积,回填土的压实。大型压实机难以压实的边角及岸坡,人利用挖土机或起重机装上夯板(夯锤)的夯土机夯实。重型夯土机(锤重 1t 以上)可夯实 1~1.5m 厚的土。夯实法可用于黏性土或非黏性土的压实。对于小型基坑(槽)、沟槽回填土的压实,蛙式打夯机、人力木夯等使用较多,方便灵活、能达到一定的效果。

125. 如何选择压实机械?

(1)应以现实已有的压实机械为基础。

(2)按设计标准和施工要求选择压实机械。

(3)根据填筑土料的性质来选择压实机械。

对于黏性土宜用羊足碾、振动凸块碾、气胎碾或夯板来压实;砾质土宜用气胎碾、夯板压实;堆石宜用重型振动碾压实;对于块径较小的堆石、沙砾料可用振动碾、夯板压实。

(4)按土料含水量来选择压实机械。对于含水量高于最优含水量1%~2%的土料,宜用气胎碾压实;低于最优含水量的重黏性土、硬黏性土,宜用重型羊足碾、重型夯板压实;如含水量很高,只能采用轻型平碾压实。

(5)当施工强度较大时,应优先考虑工效高,压实遍数少的气胎碾、振动碾作为压实机具。

(6)当施工场面较狭小时,如建筑物的接触带周围、边角、拐角等,只能用小型夯进行夯实。

126. 什么是振动碾?具有哪些特点?

振动碾指一种振动和碾压相结合的压实机械,它是由柴油机带动与机身相连的轴旋转,使装在轴上的偏心块也旋转,迫使碾滚产生高频振动。

振动碾压实土料的厚度,不仅取决于振动碾的自重,而且与振动力有关。一般其振动力为碾重的1~4倍,平均约为2.5倍。目前重型振动碾的压实厚度已超过1m以上。振动碾结构简单、制作方便、成本较低、生产率高,是压实非黏性土石料的高效压实机械。

127. 如何计算羊足碾碾压遍数?

羊脚碾碾压遍数 n 可用下式计算:

$$n=\frac{\pi DB}{mF}$$

式中　D——羊足碾滚筒直径(m);

　　　B——滚筒宽度(m);

　　　m——滚筒上的羊足数;

　　　F——羊足顶面面积(m^2)。

128. 什么是羊足碾?其适用范围有哪些?

在土方工程施工中,滚轮上有突出部分,与土料接触,单位压力较大,具有很大的剪切力,能不断翻松表层土,使黏土内的气泡和水泡受到破坏,增大土体的密度,从而完成土壤压实的一种机械称之为羊足碾。多适用于黏性土和碎石、砾石土的压实。

129. 轮胎碾压实具有什么特点？其适用范围有哪些？

轮胎碾压实的最大特点,就是它能够通过改变轮胎的充气压力来调节接触应力,以适应压实不同性质土料的要求,因此,轮胎碾既适于压实黏性土,也适于压实非黏性土。

130. 凸块振动碾有哪些类别？其适用范围有哪些？

凸块振动碾除碾滚上装有交错排列的形状不同于羊足的凸块外,其余同振动平碾,也分为拖式和自行式两类,但仅适于压实黏性土或风化黏土岩料。

131. 土方开挖项目定额应用注意事项有哪些？

(1)根据施工方法、土质级别及运输距离,选用定额子目。预算定额中挖掘机、装载机挖装土自卸汽车运输及反铲挖掘机挖渠道土方,仅列出Ⅲ类土定额,若遇Ⅰ-Ⅱ类土或Ⅳ类土,采用Ⅲ类土定额分别乘调整系数计算。

(2)挖掘机及装载机挖装土自卸汽车运输定额,根据不同运距,定额选用及计算方法如下:

1)若遇到 0.5km、1.5km 时,按下面公式计算其定额值。

①运距 0.5km 时:1km 值-(2km 值-1km 值)/2。

②运距 1.5km、2.4km 时,采用插入法计算。

2)运距在 10km 以内:

$$5km 值+(运距-5)\times 增运 1km 值$$

3)运距超过 10km 时:

$$5km 值+5\times 增运 1km 值+(运距-10)\times 增运 1km 值\times 0.75$$

(3)相同名称的概、预算定额,包括的工作内容不一定都相同。例如,概算定额中,人工挖装土机动翻斗车运输、人工挖装土拖拉机运输等节定额,包括挖土、装卸土及运输。而预算定额中这几节定额,不包括挖土,仅是装卸土及运输。因此,选用定额时,要特别注意,仔细阅读各节工作内容,以免混淆。

132. 概算定额石方工程包括哪些内容?

概算定额石方工程包括一般石方、保护层、沟槽、坑挖、平洞、斜井、竖井、预裂爆破等石方开挖和石渣运输定额共 56 节。其中,计量单位,除注明外,均按自然方计。

133. 预算定额石方工程包括哪些内容?

预算定额石方工程包括一般石方、基础石方、坡面、沟槽、坑、平洞、斜井、竖井、地下厂房等石方开挖定额和石渣运输定额共 46 节。其中,计量单位,除注明者外,均按自然方计算。石方开挖定额的工作内容,均包括钻孔、爆破、撬移、解小、翻渣、清面、修整断面、安全处理、挖排水沟坑等。并按各部位的不同要求,根据规范规定,考虑了保护层开挖等措施。使用定额时均不做调整。

134. 石方开挖项目概预算定额有何区别?

(1)预算定额中,石方开挖不包括允许的超挖部分。工程量计算应分为两部分:

1)按照设计图纸轮廓尺寸计算的工程量为 A。这部分工程量与相应的开挖定额配合,计算工程投资。

2)允许的超挖工程量为 B。这部分工程量配合《水利建筑工程预算定额》二—29、30、31 节定额,计算工程投资。

3)石渣运输工程量$=A+B$。

(2)概算定额中扩大系数人工、材料、机械均为 1.03。包括允许超挖量及合理的施工附加量,故在计算工程量时,按设计图纸轮廓尺寸计算即可。

135. 石方开挖定额应用注意事项有哪些?

(1)一般大型工程使用潜孔钻及液压钻钻孔的较多,中小型工程使用风钻钻孔的较多。

(2)平洞、斜井、竖井石方开挖定额,若需采用插入法计算工程单价时,而两定额子目的"其他材料费"和"其他机械费"费率不同,或轴流通风机的规格不同,可根据具体情况采用其中一种即可。

例如:某工程平洞开挖断面为 $40m^2$,风钻钻孔;定额 $30m^2$ 断面的"其他材料费"为 9%,轴流通风机 37kW;定额 $60m^2$ 断面的为 10% 和 55kW。

计算工程单价时,按其他材料费 9%,轴流通风机 37kW 计算即可。

(3)挖掘机及装载机装石渣自卸汽车运输,不同运距、洞内石渣运输的计算方法与土方工程相同。

136. 土石方填筑工程定额应用注意事项有哪些?

(1)自料场直接运输上坝。由于在土料场挖的是自然方,故定额中土料运输为自然方。

(2)自成品供料场运输上坝。由于堆石料开采及加工后的砂石料,都是以堆方为计量单位,故该分节定额的砂石料运输为堆方。

1)土石填筑工程定额中砂砾料、堆石料、反滤料、垫层料运输,采用概算定额第六章砂石备料工程定额计算。

2)土石填筑工程定额中砂砾料、堆石料、碎(卵)石、砂子,是作为需要开采加工的材料计列的。其预算价格为开采加工的直接费。其中:堆石料开采,在主堆石区有粒径要求的堆石料,可采用碎石原料开采定额计算;一般堆石料可采用一般石方开挖定额计算,折算为堆石方单价即可。

(3)土石填筑工程定额中"零星材料费"的计算基数,不含土料及砂石料、堆石料运输费。

(4)堤防土料填筑及一般土料压实,每 $100m^3$ 压实方,需要土料运输量(自然方)$118m^3$。

137. 编制土石坝填筑工程概预算单价应注意哪些问题?

土石坝填筑概预算单价,应采用包括覆盖层清除、伐树挖根、土砂料开采以及坝体填筑压实诸工序的综合单价。编制时应注意以下问题:

(1)从料场挖取土砂料运输上坝的单价,应计入覆盖层清除、伐树挖根的工程量占开采工程之比的费用。覆盖层清除费用在概算表中不允许单独计列。

(2)在《概算定额》中已列有各种挖运施工方法填筑土石坝主体或心(斜)墙的综合定额,而且已计入从开采、运输到坝面填筑全过程中各项施工损耗超填量的施工附加量,所以采用时无须再加计系数。

(3)采用综合定额编制土石坝单价所必备的条件是:施工组织设计所安排的施工方法、施工工序,主要的施工机械名称、规格、型号等均与定额相符。否则,需要按各工序单项定额编制补充综合定额,用于计算综合单价。编制补充综合定额时,除压实定额外,对取土备料和运输等各施工工序均按增加综合损耗计算:

成品方定额数量＝自然方定额数量$(1+A)\times$设计干容重/天然干容重

综合系数 A 包括:开采、上坝运输、雨后清理边坡削坡,施工沉陷,不可避免的压坏,超填及施工附加量等损耗因素。A 值可按填筑部位和施工方法从表 5-27 中选用。

表 5-27   土石坝填筑综合系数表 A %

填筑方法	机械填筑			坝体沙砾料反滤料填筑
填筑部位	混合坝坝体土料	均质坝坝体土料	心(斜)墙土料	
预算定额	5.86	4.93	5.70	2.20
概算定额	6.86	5.93	6.70	3.20
填筑方法	人工填筑			坝体堆石料填筑
填筑部位	坝体土料	心(斜)墙土料		
预算定额	3.43	3.43		1.40
概算定额	4.43	4.43		2.40

(4)在《预算定额》中,没有土石坝填筑综合定额,则应先按分项定额计算出各工序单价,然后计算综合单价。

138. 如何编制土石坝填筑工程预算单价?

在《预算定额》中,没有土石坝填筑综合定额,则应先按分项定额计算出各工序单价,然后再计算综合单价。

综合单价公式如下:

$$J_{综}=\sum_{i=1}^{4}J_i$$

式中 $J_{综}$——基本直接费综合单价。

$$J_1 = \xi_f f_{cg}$$

式中 J_1——覆盖层摊销费；

ξ_f——覆盖层清除率；

f_{cg}——覆盖层清除单价，元/m³（自然方），ξ_f 由式 $J_1 = \xi_f f_{cg}$ 确定；

$$\xi_f = \frac{\text{料场覆盖层清除量（自然方）}}{\text{料场坝料在坝体中的填筑总量（压实方）}}$$

$$J_2 = \xi_\omega f_\omega$$

式中 J_2——伐树挖根摊销费；

ξ_ω——伐树挖根摊销率；

f_ω——伐树挖根单价（元/棵）。

$$J_3 = \xi_A f_{ca}$$

式中 J_3——坝料采运摊销费；

ξ_A——坝料采运综合摊销率，由 $\xi = (1+A_{预}) \times r_s/r_z$ 确定，$A_{预}$ 为与预算定额相对应的土石坝填筑综合系数，r_s、r_z 分别为坝填筑设计容重和料场天然干容重，t/m³，如果使用《概算定额》仍需计算综合单价时，则 $\xi_A = (1+A_{概}) \times r_s/r_z$；

f_{ca}——坝料压实单价（元/m³）（压实方）。

139. 石方工程单位估价表的编制步骤是怎样的？

（1）根据地区资料提供的土质及岩石名称、外形特征、饱和极限、抗压强度、可钻性等勘探指标，合理确定土质及岩石级别。

（2）按照设计开挖断面尺寸，选用开挖出渣方式、出渣运距的定额相应的子目。

（3）按现行的人工工资、机械台班费、材料预算价格、有关费用的规定标准、税金等计算工程量单价，直至最后求出单项工程项目的投资。

140. 石方明挖和暗挖在概算定额和预算定额中的区别有哪些？

工程中石方开挖有明挖、暗挖之分。两者的类型划分及其区分特征在概算定额和预算定额中既有相同之处，又有不同之处，详细情况见表5-28。

表 5-28　　　　　石方开挖类型划分及有关定额适用情况

开挖类型		区分特征	适用情况	
			预算定额	概算定额
明挖	一般石方	$b_底>7m,A_{上口}>200m^2$，倾角不大于 20°的坡面上垂直设计面的平均厚度大于 5cm	适用	
	坡面一般石方	倾角不小于 20°垂直于设计面的平均厚度不大于 5m		
	坑石方	$A_{上口}<200m^2$，深度小于上口短边长或直径		
	沟槽石方	$b_底≤7m$ 的条形石方开挖		
	厂坝基础开挖	建筑物基础开挖		
	坡面基础开挖	倾角大于 20°垂直于设计面的平均厚度不大于 5m 的基础石方		
暗挖	平硐石方	洞轴线与水平夹角 α	$α≤5°$	$α≤6°$
	斜井石方	井轴线与水平夹角 β	$β:40°\sim75°$	$β:6°\sim75°$
	地下厂房石方	地下厂房或空洞式厂房	不适用	适用
	竖井石方	井轴线与水平夹角大于 75° $A_{上口}≥4m^2$ 深度大于上口短边长或直径	适用	

141. 石方工程中的人工包括哪些内容？

(1)风钻人工。
(2)爆破人工：加工、运输、装药、放炮、检查。
(3)翻渣、清理人工。
(4)安全工(安全检查、撬顶)。
(5)修理断面人工(一般石方工程不计此项)。
(6)修洗钻工：风钻使用后的修理。
(7)零星用工、值班、挖水沟、搭拆简易脚手架，小马道的修筑、搬运炮泥、搬运回收钢钎等。

142. 石方工程预算定额调整有何规定?

(1)在坡面石方开挖中,凡倾角大于 40°者,定额中的风钻台班数量应乘以 1.25 的调整系数。

(2)预算定额中,处在洞内装车,则人工、机械台班定额量应乘以 1.25 的调整系数。

(3)对洞挖工程(凿岩车开挖除外),如用光面爆破,则应对定额乘以表 5-29 所列系数修正。

(4)当洞挖工作面长超过 200m 时,应按定额乘以表 5-29 所列系数。

表 5-29 采用光面爆破定额、通风机台班调整系数表

项　　目	光面爆破定额高速系数			通风机台班高速系数	
开挖断面积/m²	0～50	50～100	>100	洞挖工作面长度/m	系数
人　　工	1.15	1.10	1.05	0～200	1.00
合金钻头、空心钢导线	1.22	1.10	1.13	200～600	1.23
炸　　药	1.10	1.10	1.10	600～1000	1.63
风钻台班	1.22	1.10	1.13	1000～1400	2.17

143. 土方开挖工程工程量清单项目应怎样设置?

(1)土方开挖工程工程量清单的项目编码、项目名称、计量单位、工程量计算规则及主要工作内容,应按表 5-30 的规定执行。

表 5-30 土方开挖工程(编码 500101)

项目编码	项目名称	项目主要特征	计量单位	工程量计算规则	主要工作内容	一般适用范围
500101001 ×××	场地平整	1. 土类分级 2. 土量平衡 3. 运距	m²	按招标设计图示场地平整面积计量	1. 测量放线标点 2. 清除植被及废弃物处理 3. 推、挖、填、压、找平 4. 弃土(取土)装、运、卸	挖(填)平均厚度在 0.5m 以内

第五章 土石方工程

(续)

项目编码	项目名称	项目主要特征	计量单位	工程量计算规则	主要工作内容	一般适用范围
500101002×××	一般土方开挖	1. 土类分级 2. 开挖厚度 3. 运距	m^3	按招标设计图示轮廓尺寸计算的有效自然方体积计量	1. 测量放线标点 2. 处理渗水、积水 3. 支撑挡土板 4. 挖、装、运、卸 5. 弃土场平整	除渠道、沟、槽、坑土方开挖以外的一般性土方明挖
500101003×××	渠道土方开挖					底宽>3m，长度>3倍宽度的土方明挖
500101004×××	沟、槽土方开挖	1. 土类分级 2. 断面形式及尺寸 3. 运距				底宽≤3m，长度>3倍宽度的土方明挖
500101005×××	坑土方开挖					底宽≤3m，长度≤3倍宽度、深度≤上口短边或直径的土方明挖
500101006×××	砂砾石开挖	1. 土类分级 2. 土石分界线 3. 开挖厚度 4. 运距			1. 测量放线标点，校验土石分界线 2. 挖、装、运、卸 3. 弃土场平整	岩层上部的风化砂土层或砂卵石层明挖
500101007×××	平洞土方开挖	1. 土类分级 2. 断面形式及尺寸 3. 洞(井)长度 4. 运距	m^3	按招标设计图示轮廓尺寸计算的有效自然方体积计量	1. 测量放线标点 2. 处理渗水、积水 3. 通风、照明 4. 挖、装、运、卸 5. 安全处理 6. 弃土场平整	水平夹角≤6°的土方洞挖
500101008×××	斜洞土方开挖					水平夹角6°~75°的土方洞挖
500101009×××	竖井土方开挖					水平夹角>75°、深度>上口短边或直径的土方井挖
500101010×××	其他土方开挖工程					

注：表中项目编码以×××表示的十至十二位由编制人自001起顺序编码，如坝基覆盖层一般土方开挖为500101002001、溢洪道覆盖层一般土方开挖为500101002002、进水口覆盖层一般土方开挖为500101002003等，依此类推。

(2)土方开挖工程的土类分级,按表 5-1 确定。

(3)土方开挖工程工程量清单项目的工程量计算规则。按招标设计图示轮廓尺寸范围以内的有效自然方体积计量。施工过程中增加的超挖量和施工附加量所发生的费用,应摊入有效工程量的工程单价中。

(4)夹有孤石的土方开挖,大于 $0.7m^3$ 的孤石按石方开挖计量。

(5)土方开挖工程均包括弃土运输的工作内容,开挖与运输不在同一标段的工程,应分别选取开挖与运输的工作内容计量。

144. 土方开挖工程如何进行计量与支付?

(1)土方明挖的计量和支付应按不同工程项目以及施工图纸所示的不同区域和不同高程分别列项,以立方米(m^3)为单位计量,并按《工程量清单》中各相应项目的每立方米单价进行计量和支付。

(2)植被清理工作内容,其所需的全部清理费用应分摊在《工程量清单》相应的土方明挖项目的每立方米单价中,不再单独进行计量和支付。

(3)土方明挖的单价应包括土方的开挖、装卸、运输及其表土开挖、植被清理、边坡整治、基础和边坡面的检查和验收以及地面平整等全部费用。

(4)土方明挖开始前,承包人应按监理人指示测量开挖区的地形和计量剖面,报监理人复核,并应按施工图纸或监理人批准的开挖线进行工程量的计量。承包人所有计量测量成果都必须经监理人签认。超出支付线的任何超挖工程量的费用均应包括在《工程量清单》所列工程量的每立方米单价中,发包人不再另行支付。

(5)在施工前或在开挖过程中,监理人对施工图纸作出的修改,其相应的工程量应按监理人签发的设计修改图进行计算,属于变更范畴的应按《合同范本》中《通用合同条款》第三十九条规定办理。

(6)除施工图纸中标明或监理人指定作为永久性排水工程的设施外,一切为土方明挖所需的临时性排水费用(包括排水设备的采购、安装、运行和维修等),均应包括在《工程量清单》各土方明挖项目的单价中。

(7)除合同另有规定外,承包人对土料场或砂砾料场进行复核和复勘的费用以及取样试验的所需费用,均已包括在《工程量清单》各开挖项目的每立方米单价中。

(8)除合同另有规定外,开采土料或砂砾料场,而使用开采设施和设备的全部人工和使用设备的费用包括取土、含水量调整、弃土处理、土料运输和堆放等,均应包含在土石方填筑工程和混凝土工程相应项目的每立方米单价中。

(9)除合同另有规定外,料场开采结束后,承包人根据合同规定进行的开采区清理的费用,已包括在《工程量清单》所列项目的每平方米(或立方米)单价中。

145. 石方开挖工程工程量清单项目应怎样设置?

(1)石方开挖工程工程量清单的项目编码、项目名称、计量单位、工程量计算规则及主要工作内容,应按表 5-31 的规定执行。

表 5-31　　　　　　石方开挖工程(编码 500102)

项目编码	项目名称	项目主要特征	计量单位	工程量计算规则	主要工作内容	一般适用范围
500102001 ×××	一般石方开挖	1. 岩石级别 2. 钻爆特性 3. 运距	m^3	按招标设计图示轮廓尺寸计算的有效自然方体积计量	1. 测量放线标点 2. 钻孔、爆破 3. 安全处理 4. 解小、清理 5. 装、运、卸 6. 施工排水 7. 渣场平整	除坡面、渠道、沟、槽、坑和保护层石方开挖以外的一般性石方明挖
500102002 ×××	坡面石方开挖					倾角>20°、厚度≤5m 的石方明挖
500102003 ×××	渠道石方开挖					底宽>7m、长度>3 倍宽度的石方明挖
500102004 ×××	沟、槽石方开挖	1. 岩石级别 2. 断面形式及尺寸 3. 钻爆特性 4. 运距				底宽≤7m、长度>3 倍宽度的石方明挖
500102005 ×××	坑石方开挖					底宽≤7m、长度≤3 倍宽度、深度≤上口短边或直径的石方明挖
500102006 ×××	保护层石方开挖	1. 岩石级别 2. 开挖尺寸 3. 钻爆特性 4. 运距				平面、坡面、立面的保护层石方明挖

(续)

项目编码	项目名称	项目主要特征	计量单位	工程量计算规则	主要工作内容	一般适用范围
500102007×××	平洞石方开挖	1. 岩石级别及围岩类别 2. 地质及水文地质特性 3. 断面形式及尺寸 4. 钻爆特性 5. 运距	m³	按招标设计图示轮廓尺寸计算的有效自然方体积计量	1. 测量放线标点 2. 钻孔、爆破 3. 通风散烟、照明 4. 安全处理 5. 解小、清理 6. 装、运、卸 7. 施工排水 8. 渣场平整	水平夹角≤6°的石方洞挖
500102008×××	斜洞石方开挖					水平夹角6°~75°的石方洞挖
500102009×××	竖井石方开挖					水平夹角＞75°、深度＞上口短边或直径的石方开挖
500102010×××	洞室石方开挖					开挖横断面较大,且轴线长度与宽度之比＜10,如地下厂房、地下开关站、地下调压室等的石方洞挖
500102011×××	窑洞石方开挖					
500102012×××	预裂爆破	1. 岩石级别 2. 钻孔角度 3. 钻爆特性	m²	按招标设计图示尺寸计算的面积计量	1. 测量放线标点 2. 钻孔、爆破 3. 清理	
500102013×××	其他石方开挖工程					

(2)石方开挖工程的岩石级别,按表5-2确定。

(3)石方开挖工程工程量清单项目的工程量计算规则。按招标设计图示轮廓尺寸计算的有效自然方体积计量。施工过程中增加的超挖量和施工附加量所发生的费用,应摊入有效工程量的工程单价中。

(4)石方开挖均包括弃渣运输的工作内容,开挖与运输不在同一标段的工程,应分别选取开挖与运输的工作内容计量。

146. 石方开挖工程如何进行计量与支付?

(1)若按发包人要求将表土覆盖层和石方明挖分别开挖时,应以现场实际的地形和断面测量成果,分别以每立方米为单位计算表土覆盖层及石方明挖工程量,分别按工程量清单所列项目的每立方米单价支付。其单价中包括表土覆盖层和石方明挖的开挖、地基清理及平整、运输、堆存、检测试验和质量检查、验收等全部人工、材料和使用设备等一切费用。

(2)若发包人不要求对表土和岩石分开开挖时,其土石方开挖的支付应以现场实际的地形和断面测量成果,经监理人对地形测量和地质情况进行鉴定后确定的土石方比例,以立方米(m^3)为单位计量,并分别按《工程量清单》所列项目的土方和石方的每立方米单价进行计量和支付。

(3)利用开挖料作为永久或临时工程混凝土骨料和填筑料时,进入存料场以前的开挖运输费用不应在混凝土骨料开采和土石坝填筑料费用中重复计算。利用开挖料直接上坝时,还应扣除至存料场的运输及堆存费用。

(4)基础清理的费用应包含在相应的开挖费用中,不单独列项支付。

(5)除施工图纸中已标明或监理人指定作为永久性工程排水设施外,一切为石方明挖所需的临时性排水设施(包括排水设备的采购、安装、运行和维修、拆除等)均包括在《工程量清单》的相应开挖项目的单价中,不单独列项支付。

(6)石料场开采的混凝土粗细骨料的全部人工和设备运行费用,均分摊在《工程量清单》所列各建筑物混凝土每立方米单价中。

(7)石料场开采和生产的坝体(或围堰)反滤料、过渡料和填筑料的全部人工和使用设备的费用,应分摊在《工程量清单》所列的坝体(围堰)填筑料每立方米单价中。

(8)石料场开采过程中的弃料或废料的运输、堆放和处理的一切费用,均分摊在混凝土骨料和土石坝填筑料的每立方米单价中。

(9)石料场开采结束后,承包人对取料区域的边坡、地面进行整治所需的费用,已包括在《工程量清单》所列的每平方米(或立方米)单价中。

(10)除合同另有规定外,承包人对石料场进行复核、复勘、取样试验和地质测绘所需的费用以及工程完建后的料场整治和清理的费用均已包括在《工程量清单》各开挖项目的每立方米单价中。

147. 土石方填筑工程工程量清单项目应怎样设置?

(1)土石方填筑工程工程量清单的项目编码、项目名称、计量单位、工程量计算规则及主要工作内容,应按表 5-32 的规定执行。

表 5-32　　　　土石方填筑工程（编码 500103）

项目编码	项目名称	项目主要特征	计量单位	工程量计算规则	主要工作内容	一般适用范围
500103001×××	一般土方填筑	1. 土质及含水量 2. 分层厚度及碾压遍数 3. 填筑体干密度、渗透系数 4. 运距	m³	按招标设计图示尺寸计算的填筑体有效压实方体积计量	1. 挖、装、运、卸 2. 分层铺料、平整、洒水、碾压	土坝、土堤填筑等
500103002×××	黏土料填筑					土石坝等的防渗体填筑
500103003×××	人工掺合料填筑					
500103004×××	防渗风化料填筑					
500103005×××	反滤料填筑					土石坝的防渗体与过渡层料之间的反滤料及滤水坝趾反滤料填筑等
500103006×××	过渡层料填筑	1. 颗粒级配 2. 分层厚度及碾压遍数 3. 填筑体相对密度 4. 运距				土石坝的反滤料与坝壳之间的过渡层料填筑
500103007×××	垫层料填筑					面板坝的面板与坝壳之间的垫层料填筑
500103008×××	堆石料填筑				1. 确定填筑参数 2. 挖、装、运、卸 3. 分层铺料、平整、洒水、碾压	坝体、围堰填筑等
500103009×××	石渣料填筑	1. 最大粒径限制 2. 压实要求 3. 运距		按招标设计文件要求，以抛投体积计量	1. 确定填筑参数 2. 挖、装、运、卸 3. 分层铺料、平整、洒水、碾压	
500103010×××	石料抛投	1. 粒径 2. 抛投方式 3. 运距			1. 抛投准备 2. 装运 3. 抛投	
500103011×××	钢筋笼块石抛投	1. 粒径 2. 笼体及网格尺寸 3. 抛投方式 4. 运距			1. 抛投准备 2. 笼体加工 3. 石料装运 4. 装笼、抛投	抛投于水下

(续)

项目编码	项目名称	项目主要特征	计量单位	工程量计算规则	主要工作内容	一般适用范围
500103012×××	混凝土块抛投	1. 形状及尺寸 2. 抛投方式 3. 运距	m^3	按招标设计文件要求,以抛投体积计量	1. 抛投准备 2. 装运 3. 抛投	抛投于水下
500103013×××	袋装土方填筑	1. 土质要求 2. 装袋、封包要求 3. 运距		按招标设计图示尺寸计算的填筑体有效体积计量	1. 装土 2. 封包 3. 堆筑	围堰水下填筑等
500103014×××	土工合成材料铺设	1. 材料性能 2. 铺设拼接要求	m^2	按招标设计图示尺寸计算的有效面积计量	1. 铺设 2. 接缝 3. 运输	防渗结构
500103015×××	水下土石填筑体拆除	1. 断面形式 2. 拆除要求 3. 运距	m^3	按招标设计文件要求,以拆除前后水下地形变化计算的体积计量	1. 测量拆除前后水下地形 2. 挖、装、运、卸	围堰等水下部分拆除
500103016×××	其他土石方填筑工程					

(2)填筑土石料的松实系数换算,无现场土工实验资料时,参照表5-33确定。

表 5-33　　　　　　　　　土石方松实系数换算表

项目	自然方	松方	实方	码方
土方	1	1.33	0.85	
石方	1	1.53	1.31	
砂方	1	1.07	0.94	
混合料	1	1.19	0.88	
块石	1	1.75	1.43	1.67

注：1. 松实系数是指土石料体积的比例关系，供一般土石方工程换算时参考。
　　2. 块石实方指堆石坝坝体方，块石松方即块石堆方。

(3) 土石方填筑工程工程量清单项目的工程量计算规则。按招标设计图示尺寸计算的填筑体有效压实方体积计量。施工过程中增加的超填量、施工附加量、填筑体及基础的沉陷损失、填筑操作损耗等所发生的费用，应摊入有效工程量的工程单价中；抛投水下的抛填物，石料抛投体积按抛投石料的堆方体积计量，钢筋笼块石或混凝土块抛投体积按抛投钢筋笼或混凝土块的规格尺寸计算的体积计量。

(4) 钢筋笼块石的钢筋笼加工，按招标设计文件要求和钢筋、钢构件加工及安装工程的计量计价规则计算，摊入钢筋笼块石抛投有效工程量的工程单价中。

148. 土石方填筑工程如何进行计量与支付？

(1) 坝体填筑最终工程量的计量，应按施工图所示的坝体填筑尺寸和施工图纸所示各种填筑体的尺寸和基础开挖清理完成后的实测地形，计算各种填筑体的工程量，以《工程量清单》所列项目的各种坝料填筑的每立方米单价支付。

进度支付的计量，应按施工图纸外轮廓尺寸边线和实测施工期各填筑体的高程计算其工程量，以《工程量清单》所列项目的各种坝料填筑的每立方米单价支付。

(2) 各种坝料填筑的每立方米单价中，已包括填筑所需的料场清理、料物开采、加工、运输、堆存、试验、填筑、土料填筑过程中的含水量调整以及质量检查和验收等工作所需的全部人工、材料和使用设备和辅助设施等一切费用。

(3)由承包人进行的料场复查所需的费用包括在《工程量清单》各有关坝料的单价中,发包人不再另行支付。

(4)经监理人批准改变料场引起坝料单价的调整,应按规定办理。

(5)现场生产性试验所需的费用按《工程量清单》所列项目的总价进行支付。

(6)土工合成材料工程量应以完工时实际测量的铺设面积计算,以平方米(m^2)为单位计量,并按《工程量清单》所列项目的每平方米单价进行支付,其中接缝搭接的面积和折皱面积不另行计量。该单价中包括土工合成材料的提供及土工合成材料的拼接、铺设、保护等施工作业以及质量检查和验收所需的全部人工、材料、使用设备和辅助设施等一切费用。

土工合成材料拼接所用的粘结剂、焊接剂和缝合细线等材料的提供及其抽样检验等所需的全部费用应包括在土工合成材料的每平方米单价中,发包人不再另行支付。

第六章

·疏浚与吹填工程·

1. 什么是疏浚工程？

疏浚工程指用大型船舶疏浚河、湖的工程。

2. 疏浚与吹填工程如何进行计量与支付？

(1)疏浚土方以立方米(m^3)为单位计量，并按《工程量清单》所列项目的每立方米的单价支付。

(2)疏浚土方工程量按河道开挖断面实测方量计量，并按平均断面法计算。采用挖泥船产量计量时，产量计使用前应会同监理人进行校正。输入的土壤饱和密度由土工试验确定，试验方法应经监理人批准，当产量计所得方量与实测断面法计算的方量相差在5%以内时，以产量计为准。

(3)对多沙河段的回淤量应测量和计入上游来沙产生的回淤量，进行计量支付。

(4)疏浚超挖工程量应包含在挖泥单价内，发包人不再另行支付。

(5)吹填挖泥工程量按吹填区计算，总吹填量包括实测吹填土方量、施工期吹填土的沉陷量、原地基因上部吹填荷载而产生的沉降量和流失量四部分组成。支付工程量按吹填区实测吹填量计算，其余工程量均包含在《工程量清单》的挖泥单价中，发包人不再另行支付。

(6)疏浚工程的排泥、吹填工程的疏浚土方量和排泥管架设费用，已包含在挖泥单价中，发包人不再另行支付。

(7)承包人对合同外疏浚障碍物的清除，以及因清除障碍物对工程进度的影响而增加的费用，经监理人确认后，按实际完成工程量予以支付。

(8)排泥场围堰、隔埂、泄水口、排水渠和截水沟等按围堰工程总价项目进行计量和支付。

(9)索铲施工的挡淤堤、弃土坑的费用已包含在挖泥单价中，发包人不再另行支付。

3. 各类型挖泥船概算定额使用时如何进行调整?

各类型挖泥船(或吹泥船)定额使用中,如大于(或小于)基本排高和超过基本挖深时,人工及机械(含排泥管)定额调整按下式计算:

大于基本排高,调整后的定额值 $A = 基本定额 \times (k_1)^n$

小于基本排高,调整后的定额值 $B = 基本定额 \div (k_1)^n$

超过基本挖深,调整后的定额增加值 $C = 基本定额 \times (n \times k_2)$

调整后定额综合值 $D = A + C$ 或 $D = B + C$

式中 k_1——各定额表注中,每增(减)1m 的超排高系数;

        k_2——各定额表注中,每超过基本挖深 1m 的定额增加系数;

        n——大于(或小于)定额基本排高或超过定额基本挖深的数值(m)。

在计算超排高和超挖深时,定额表中的"其他机械费"费率不变。

4. 绞吸式挖泥船概算定额说明有哪些?

(1)排泥管。包括水上浮筒管(含浮筒一组、钢管及胶套管各一根,简称浮筒管)及陆上排泥管(简称岸管),分别按管径、组长或根长划分。

(2)排泥管线长度。指自挖泥(砂)区中心至排泥(砂)区中心,浮筒管、潜管、岸管各管线长度之和。其中浮筒管已考虑受水流影响,与挖泥船、岸管连接的弯曲长度。排泥管线长度中的浮筒管组时、岸管根时的数量,已计入分项定额内。如所需排泥管线长度介于两定额子目之间时,按"插入法"计算。

(3)该吸式挖泥船均按非潜管制定,如使用潜管时,按该定额子目的人工、挖泥船及配套船舶定额乘以 1.04 的系数。所用潜管及其潜、浮所需动力装置和充水、充气、控制设备等,应根据管径、长度另行计列。

5. 绞吸式挖泥船正常工作受影响时如何对定额进行调整?

由于风浪、潮汐、水流过速、船舶拥挤、芦苇、树根、水下障碍物等不可避免的外界原因,影响绞吸式挖泥船的正常工作时,按表 6-1 所列系数调整定额。

表 6-1　　　　　　　　　绞吸式挖泥船的调整系数

平均每台班影响时间/h	≤0.4	0.4~1.2	1.2~2.0	>2.0
系数	1.00	1.10	1.25	1.45

6. 链斗式挖泥船概算定额说明有哪些？

(1) 泥驳均为开底泥驳，若为吹填工程或陆上排卸时，则改为满底泥驳。

(2) 若开挖泥(砂)层厚度(包括计算超深值)小于斗高、而大于或等于斗高 1/2 时，按开挖定额中人工工时及船舶艘时定额乘以 1.25 系数计算。

若开挖层厚度小于斗高的 1/2 时，不执行链斗式挖泥船定额。

(3) 各型链斗式挖泥船的斗高，参考表 6-2 所列。

表 6-2　　　　　　　　　各型链斗式挖泥船的斗高

船型/(m³/h)	40	60	100	120	150	180	350	500
斗高/m	0.45	0.45	0.80	0.70	0.67	0.69	1.23	1.40

7. 绞吸式挖泥船有哪些特点？其适用范围是什么？

绞吸式挖泥船的特点是自身连续一次完成挖泥、输泥和卸泥等疏浚工序，生产效率较高而且使用经济，以开挖砂、砂壤土、淤泥等土质较适宜。采用有齿的绞刀后，也可挖黏土，但工效较低，它适用于风浪小、流速低的内河湖区和沿海港口的疏浚。

8. 绞吸式挖泥船的施工方法有哪些？

绞吸式挖泥船是利用一根桩柱或主锚为摆动中心，左右边锚配合控制横移和前移挖泥。横挖法有钢桩定位横挖法、锚缆定法横挖法、定位台车横挖法和三缆定位横挖法。

(1) 钢桩定位横挖法，即利用两根钢桩轮流交替插入河底作为摆动中心，利用绞刀桥前部的左、右摆动缆(龙须缆)的交替收放，使船体来回摆动，进行挖泥。

(2) 锚缆定位横挖法，以主(或尾)锚为横挖的摆动中心，利用绞车收紧横移方向的前后边锚缆，同时放出另一边的前后边锚缆，边挖边移，自挖槽的一边横挖到另一边,然后收紧主锚缆,前移适当距离,再向相反方向横挖过去。当流速较大时,这种施工操作较钢桩碇泊式灵活安全,且便于避让。

绞吸式挖泥船施工时,如果挖槽很长,就要根据锚缆长度进行分段开挖;土层的厚度较大,就要适当分层开挖。分段的长度和分层的厚度是否适当,将影响挖泥效率和质量,具体要视挖泥船的性能和施工要求来定。在风浪较大地区,宜采用三缆定位横挖法。在水流流速较大的地区,宜采用锚缆定位横挖法。

9. 疏浚与吹填工程定额说明有哪些?

疏浚工程定额的计量单位,除注明者外,均按水下自然方计算。疏浚或吹填工程量应按设计要求计算,吹填工程陆上方应折算为水下自然方。在开挖过程中的超挖、回淤等因素,均包括在定额内。

10. 绞吸式挖泥船预算定额说明有哪些?

(1)排泥管。包括水上浮筒管(含浮筒一组、钢管及胶套管各一根,简称浮筒管)及陆上排泥管(简称岸管),分别按管径、组长或根长划分,详见各定额表。

(2)人工。指从事辅助工作的用工,如对排泥管线的巡视、检修、维护等。当挖泥船定额需要调整时,人工定额亦做相应的调整。

(3)排泥管线长度。指自挖泥(砂)区中心至排泥(砂)区中心,浮筒管、潜管、岸管各管线长度之和。其中,浮筒管因受水流影响,与挖泥船、岸管连接而弯曲的需要,按浮筒管中心长度乘以 1.4 的系数。岸管如受地形、地物影响,可据实计算其长度。如所需排泥管线长度介于两定额子目之间时,按"插入法"计算。

各种排泥管线的组(根)时定额,按下式计算后列入定额表中:

排泥管组(根)时定额=排泥管线长÷每(组)根长×挖泥船艘时定额

使用潜管时,应根据设计长度、所需管径及构成,按前式计算方法列入定额表中。

计算的排泥管组(根)数,均按四舍五入方法取至整数。

(4)疏浚工程定额均按非潜管制定,如使用潜管时,按该定额子目的人工、挖泥船及配套船舶定额均乘以 1.04 的系数。但所用潜管的潜、浮所需的动力装置及充水、充气、控制设备等,应根据管径、长度等,另行计列。

(5)如设计总开挖泥(砂)层厚度或分层开挖底层部分的开挖层厚,大于或等于绞刀直径的0.5倍,而小于绞刀直径的0.9倍时,按表6-3所列系数调整挖泥船、配套船舶及人工定额;如设计总开挖泥(砂)层厚度小于绞刀直径的0.5倍时,则不执行绞吸式挖泥船定额。

表6-3　　　　挖泥船、配套船舶及人工定额调整系数

开挖层厚(m)/绞刀直径(m)	≥0.9	0.9~0.8	0.8~0.7	0.7~0.6	0.6~0.5
系　数	1.00	1.06	1.12	1.19	1.26

(6)绞吸式挖泥船主要性能参考表6-4。

表6-4　　　　　　绞吸式挖泥船主要性能参考表

船型/(m³/h)	挖深/m		基本排高/m		绞刀直径/m	排泥管径/mm	总功率/kW
	最大	基本	泥、粉细砂	中、粗砂			
60	4.5	3	5	3	0.8	250	200
80	5.2	3	6	3	1.0	300	246
100	5.2	3	6	4	1.1	300	298
120	5.5	3	6	4	1.1	300	463
200	10	6	6	4	1.4	400	860
350	10	6	6	4	1.45	560	993
400	10	6	6	4	2.0	560	1185
500	10	6	6	4	2.1	600	2383(旧船型)
800	14	6	6	4	1.75	500	1176
980	16	9	6	4	1.8	550	1726
1250	16	9	6	4	2.0	650	2537
1450	16	9	6	4	2.4	650	2813
1720	16	9	9	4	2.35	700	3402
2500	30	16	10	6	3.0	800	7948

【例 6-1】 某河道疏浚工程,据地质资料全部为Ⅲ类土,无通航要求,据水文、气象等资料统计分析,平均每班客观影响时间小于 1.0h,属一级工况。开挖区中心至排放区中心,计算排泥管长度为 0.78km,其中需水上浮筒管长 0.3km,陆上地形平坦,无地物影响,岸管长度为 0.48km。含允许开挖超深值总开挖泥层厚度 2.7m,排高 8m,挖深 8m,选用 $350m^3/h$ 绞吸式挖泥船开挖。预算定额计算如下:

(1)排泥管线总长度 $=0.3\times1.4+0.48=0.9$km,据以查得挖泥船基本定额为 26.73 艘时/万 m^3。

(2)超排高 $=8-6=2$m,定额增加系数 $=(1.015)^2=1.03$。

(3)超挖深 $=8-6=2$m,定额增加系数 $=2\times0.03=0.06$。

(4)泥层厚度影响系数,总开挖层厚 2.7m,分两层开挖,即 $2.7\div2\div1.45$(刀径)$=0.93$,因大于 0.9,不考虑增加系数。

(5)定额综合调整系数 $=1.03+0.06=1.09$。

对无超排高,仅有超挖深时,定额综合调整系数 $=1+$ 超挖深定额增加系数。如本例无超排高仅有超挖深 2m 时,定额综合调整系数 $=1+2\times0.03=1.06$。

(6)$350m^3/h$ 绞吸式挖泥船定额 $=26.73\times1.09=29.14$ 艘时/万 m^3。

(7)拖轮、锚艇、机艇及人工定额,均按综合调整系数进行相应调整。

(8)浮筒管组时定额 $=300m\times1.4\div7.5m/$组$\times29.14=56\times29.14=1631.84$ 组时/万 m^3。

(9)岸管根时定额 $=480m\div6m/$根$\times29.14=80\times29.14=2331.2$ 根时/万 m^3。

11. 链斗、抓斗、铲斗式挖泥船预算定额说明有哪些?

(1)链斗式挖泥船。

1)链斗式挖泥船的泥驳均为开底泥驳,若为吹填工程或陆上排卸时,则改为满底泥驳。

2)若开挖泥(砂)层厚度(包括计算超深值)小于斗高、而大于或等于斗高 1/2 时,按开挖定额中人工工时及船舶艘时定额乘以 1.25 系数计算。

若开挖层厚度小于斗高的 1/2 时,不执行链斗式挖泥船定额。

3)各型链斗式挖泥船的斗高,参考表 6-2。

(2)抓斗式、铲斗式挖泥船。

1)抓斗式、铲斗式挖泥船的泥驳均为开底泥驳,若为吹填工程或陆上排卸时应改为满底泥驳。

2)抓斗式、铲斗式挖泥船疏浚,不宜开挖流动淤泥。

(3)链斗、抓斗、铲斗式挖泥船,运距超过 10km 时,超过部分按增运 1km 的拖轮、泥驳台时定额乘 0.90 系数。

12. 吹泥船预算定额说明有哪些?

(1)吹泥船适用于配合链斗、抓斗、铲斗式挖泥船相应能力的陆上吹填工程。

(2)排泥管线长度、浮筒管组时、岸管根时的计算,按绞吸式挖泥船的规定计算。

13. 铲扬式挖泥船有哪些特点? 其适用范围是什么?

铲扬式挖泥船的工作机构与正向铲挖土机类似,是一种非自航式的单斗式挖泥船。

铲斗容量一般为 $2\sim4m^3$,大的有 $8\sim10m^3$,通常备有轻重不同类型的铲斗,以挖掘不同性质的土壤或石子。它适用于挖掘黏土、砾石、卵石和爆破的石块等,并适于清理围堰及其他水下障碍物等。

铲扬式挖泥船一般用定位桩定位施工,在流速较大的地区,以锚缆配合。其施工方法一般是顺流分条横挖法;在流速小的地区,也可以逆流横挖。

14. 挖泥船运卸泥(砂)的运距如何确定?

链斗、抓斗、拖轮、泥驳运卸泥沙的运距指自开挖区中心至卸泥沙区中心的航程,其中心均按泥沙方量的分布状况计算确定。

15. 如何计算排泥管线长度?

排泥管线长度是指自挖泥(砂)区中心至排泥(砂)区中心,浮筒管、潜管、岸管各管线长度之和。其中,浮筒管因受水流影响,与挖泥船、岸管连接而弯曲的需要,按浮筒管中心长度乘以 1.4 的系数。岸管如受地形、地物影响,可据实计算其长度。如所需排泥管线长度介于两定额子目之间时,按"插入法"计算。

16. 定额中水力冲挖机组的人工包括哪些内容?

水力冲挖机组的人工是指组织和从事水力冲挖、排泥管线及其他辅助设施的安拆、移设、检护等辅助工作用工,但不包括排泥区围堰填筑等用工。

17. 如何确定疏浚工程量?

(1)对无回淤或回淤量很小的工程,应采用现场水深深量方法计算疏浚工程量。

(2)对回淤严重,需常年维护的航道和泥池,其工程量可采用多年以观测图计算的疏浚工程量的平均值或分析值计算。

(3)对吹填工程,可采用吹填区设计土方计算,实际开挖土方量应考虑疏浚工程的搅松,在吹填区的流失量、固结量和沉降量及预留超高。

(4)对土质性质变化较大的工程,应根据测图和地质剖面图计算不同土质的工程量。

(5)对冲淤变化较大的内河疏浚,当无法用水深测量方法确定工程量时,可根据经验估算或采取舱载土方、管线土方的方法计算,或者以吹填实测方来计算。

18. 什么是旁通法疏浚作业? 具有哪些特点?

旁通法是指把吸式挖泥船设有专门的旁通口,泥泵吸上来的泥浆经旁通口直接排入水中。泥浆潜入水底后,与河底及水体发生摩擦,能量逐渐消失,泥浆中的土块在潜入点附近首先沉积下来,其他颗粒也由粗到细,随着能量的消耗而逐步沉积,变成河床的一部分,而一些极细的颗粒则被紊动扩散于水体中。故水流流速愈大,泥沙愈细愈易分散,紊动扩散于水体中的泥沙数量也愈多,泥沙沉积后离潜入点的距离也愈长,说明旁通的效果也愈好。因此,旁通法的使用要求有较大的水流流速,且水流方向与挖槽轴线具有一定的交角,交角愈大,效果也愈好。

19. 什么是溢流法疏浚作业? 具有哪些特点?

溢流法是指由泥泵吸上来的泥浆进入泥舱内,多余的泥浆则从泥舱两侧的溢流口连续排入水中的方法。该法可使泥浆中的土块和粗颗粒泥沙拦截于泥舱内,至泥土满舱后再去抛泥,这就减少了挖槽内的回淤;从溢流口排出的泥浆具有较小的动能和位能,所以泥沙不潜入到河底,有利于泥沙颗粒在较大的面流流速场内紊动扩散,提高边抛施工效果。

20. 边抛挖泥船疏浚作业有哪些特点？其适用条件是什么？

边抛挖泥船沿航道工作时，通过伸出于船舷外的悬臂架上设置的排泥管，将泥浆随挖随抛于航道的一侧。泥浆抛出的距离取决于悬臂架的长短和排泥管出口的结构形式。边抛挖泥船边抛适合于颗粒较粗的沙质土，边抛入水的泥沙很快沉入水底，回淤到航道的比率较小，可得到较高的疏浚效率，但边抛管宜做得长些。淤泥质土也可采用边抛挖泥船边抛，边抛管不必太长；单管口形式应作适当改变，使抛出的泥浆成扇形落入水中，以便于利用中上层水流的挟沙能力，携带泥沙至远处。边抛挖泥船对泥土的处理效率较低，回淤率较高，但因它大大节省了挖泥船的抛泥作业时间，反而能获得较高的生产率和有效产量。

21. 吹填法疏浚作业的适用条件是什么？

吹填法是指将挖出的泥土利用泥泵和输泥管道输送至指定填土区域和吹泥上岸，使泥土综合利用的处理方法。吹填法处理疏浚泥土，需要认真选择泥场。选择泥场应考虑如下原则：

(1) 泥场范围和容量的大小应根据挖槽的土质、数量来决定。

(2) 尽量选择低洼地、废坑、荒地等有利于容泥的地区。

(3) 泥场附近最好有沟渠（河道）相通，便于排水。

(4) 当没有接力泵条件时，只能就近吹填，此时泥场数量和容量需根据挖泥船扬程和排泥管线长度等决定。

22. 疏浚工程定额应用时应注意哪些问题？

(1) 排高系数。以基本排高的米数为基础，每增（减）1m，定额乘（除）以规定的系数。

这说明工程实际排高只有与基本排高相吻合时，定额不做调整；实际排高超过或不足基本排高时，定额均需作调整。

为了便于计算，排高按整数 m 控制，不足 1m 者不做调整。

例如：某定额子目的基本排高为 5m。

1) 工程实际排高为 4.5m 或 5.5m 左右，定额不做调整。

2) 工程实际排高 4m 或 6m 时，定额再按规定进行调整。

(2) 挖深系数。以基本挖深的米数为准，每挖深增加 1m，其基本定额增加一定的数量。

这说明工程实际挖深在基本挖深范围内,定额就不做调整。只有实际挖深超过基本挖深时,定额才增加一定的数量。

为了便于计算,挖深按整数米控制,不足 1m 者不调整。

例如:某定额子目的基本挖深为 6m。

1)工程实际挖深为 4.5m 或 6.5m 左右,定额不做调整。

2)工程实际挖深为 7m 或 8m 时,定额按规定进行调整。

23. 疏浚工程的排泥管架设有哪些要求?

(1)排泥管线应平坦顺直,避免死弯。出泥管口伸出排泥场围堰坡脚外的距离不小于 5m,并应高出排泥面 0.5m 以上。水下排泥区的管口应伸出排泥区标志线外 30m,且应高出水面 0.5m。

(2)排泥管接头应紧固严密,整个管线和接头不得漏泥漏水。一旦发现泄漏,应及时修补或更换。

(3)排泥管支架必须牢固,水陆排泥管连接应采用柔性接头。

(4)排泥管的布置不得破坏既有公路、堤防等设施,必须穿越时,应报请监理人与有关管理部门协调解决。

(5)承包人应采取措施确保水上航运和陆上交通。当浮式排泥管碍航时,承包人应采用潜管。潜管的架设和拆除期间的碍航问题,应由监理人会同承包人与交通部门协商,妥善安排。

(6)潜管敷设前,必须对潜管进行加压试验,各处均无漏水、漏气时,方可敷设。

24. 如何选择各类挖泥船的开挖方向?

根据批准的施工措施计划所选定的船型,宜按下列规定选择各类挖泥船的开挖方向:

(1)绞吸式挖泥船:当流速小于 0.5m/s 时,采用顺流开挖;当流速不小于 0.5m/s 时,采用逆流开挖。

(2)链斗式挖泥船采用顺流开挖。

(3)抓斗、铲扬式挖泥船采用顺流开挖。

25. 索铲走行线有哪些要求?

施工前,承包人必须修筑索铲走行线(工作路面)。走行线应满足下列要求:

(1)高出水面1.5m左右。

(2)宽度。根据机型性能、安全和施工条件确定走行线宽度,$1m^3$索铲不小于7m,$4m^3$索铲(步行式)不小于14m。

(3)索铲履带外缘(或支座底盘外缘)距开挖线上口边线不小于2m。

(4)走行线路面应平整,并具有足够的承载力。

26. 排泥场有哪几种?

排泥场有陆上排泥场和水下弃泥区两种。

(1)对于陆上排泥场,承包人应负责设计、施工以及维护排泥场的围堰、隔埂、排水渠及截水沟、泄水口及其防冲设施等。

(2)对于水下弃泥区,承包人在施工中不允许造成的淤积影响附近区域的河槽、航道、码头、水工建筑物等设施。排泥场布置必须满足挖泥机械的性能要求,其容积应与挖方量相适应。

27. 吹填工程施工要求有哪些?

(1)吹填工程施工,应防止细颗粒土聚集成泥囊和水塘,吹泥区的泥面应高出水面2~3m以上,以利排水,但在超软地基上分层吹填时,第一层吹填高度应高出水面1m,其后按1m高度逐层加高。吹填细颗粒土时,应设置两个以上的排泥区,轮流吹填。

(2)排泥场应根据造地和加固堤防等要求吹填。吹填土表面平整度应满足以下要求:细粒土的平整度为0.5~1.2m,粗颗粒土的平整度为0.8~1.6m。吹填平整度达不到要求时,应配备陆上土方机械加以平整。吹填区的平均高程误差应在+0.05~+0.20m范围内。

28. 疏浚与吹填工程工程量清单项目应怎样设置?

(1)疏浚和吹填工程工程量清单的项目编码、项目名称、计量单位、工程量计算规则及主要工作内容,应按表6-5的规定执行。

(2)疏浚和吹填工程的土(砂)分级,按表6-6确定。

(3)水力冲挖机组的土类分级,按表6-7确定。

(4)疏浚和吹填工程工程量清单项目的工程量计算规则:

1)在江河、水库、港湾、湖泊等处的疏浚工程(包括排泥于水中或陆地),按招标设计图示轮廓尺寸计算的水下有效自然方体积计量。施工过程中疏浚设计断面以外增加的超挖量、施工期自然回淤量、开工展布与收工集合、避险与防干扰措施、排泥管安拆移动以及使用辅助船只等所发生的费用,应摊入有效工程量的工程单价中,辅助工程(如浚前扫床和障碍物清除、排泥区围堰、隔埂、退水口及排水渠等项目)另行计量计价。

2)吹填工程按招标设计图示轮廓尺寸计算(扣除吹填区围堰、隔埂等的体积)的有效吹填体积计量。施工过程中吹填土体沉陷量、原地基因上部吹填荷载而产生的沉降量和泥沙流失量、对吹填区平整度要求较高的工程配备的陆上土方机械等所发生的费用,应摊入有效工程量的工程单价中。辅助工程(如浚前扫床和障碍物清除、排泥区围堰、隔埂、退水口及排水渠等项目)另行计量计价。

3)利用疏浚工程排泥进行吹填的工程,疏浚和吹填价格分界按招标设计文件的规定执行。

表 6-5　　　　　　　　疏浚和吹填工程(编码 500104)

项目编码	项目名称	项目主要特征	计量单位	工程量计算规则	主要工作内容	一般适用范围
500104001 ×××	船舶疏浚	1. 地质及水文地质参数 2. 需要避险和防干扰情况 3. 船型及规格 4. 排泥管线长度 5. 挖深及排高 6. 排泥方式(水中、陆地)	m³	按招标设计图示轮廓尺寸计算的水下有效自然方体积计量	1. 测量地形、设立标志 2. 避险、防干扰 3. 排泥管安拆、移动、挖泥、排泥(或驳船运输排泥) 4. 移船、移锚及辅助工作 5. 开工展布、收工集合	在不同土壤中的水下疏浚,并排泥于指定地点
500104002 ×××	其他机械疏浚	1. 地质及水文地质参数 2. 需要避险和防干扰情况 3. 运距及排高 4. 排泥方式(水中、陆地)			1. 测量地形、设立标志 2. 避险、防干扰 3. 挖泥、排泥 4. 作业面移动及辅助工作 5. 开工展布、收工集合	

(续)

项目编码	项目名称	项目主要特征	计量单位	工程量计算规则	主要工作内容	一般适用范围
500104003 ×××	船舶吹填	1. 地质及水文地质参数 2. 需要避险和防干扰情况 3. 船型及规格 4. 排泥管线长度 5. 排泥吹填方式 6. 运距及排高	m³	按招标设计图示轮廓尺寸计算的有效吹填体积计量	1. 测量地形、设立标志 2. 避险、防干扰 3. 排泥管安拆、移动、挖泥、排泥（或驳船运输排泥） 4. 移船、移锚及辅助工作 5. 围堰、隔埝、退水口及排水渠等的维护 6. 吹填体的脱水固结 7. 开工展布、收工集合	吹填坝、堤，淤积田地及场地
500104004 ×××	其他机械吹填	1. 地质及水文地质参数 2. 需要避险和防干扰情况 3. 排泥吹填方式 4. 运距及排高			1. 测量地形、设立标志 2. 避险、防干扰 3. 挖泥、排泥 4. 作业面移动及辅助工作 5. 开工展布、收工集合	
500104005 ×××	其他疏浚和吹填工程					

表 6-6 疏浚和吹填工程土(砂)分级表

土砂类别	土名状态	粒组、塑性图分类 符号	粒组、塑性图分类 典型土、砂名称举例	贯入击数 $N_{63.5}$	锥体沉入土中深度 h /mm	饱和密度 P_t (g/cm³)	液性指数 I_L	相对密度 D_r	粒径 /mm	含量占权重 (%)	附着力 F (kN/m²)
Ⅰ	流动淤泥	OH	中、高塑性有机黏土	0	>10	≤1.55	≥1.50				
	液塑淤泥	OH	中、高塑性有机黏土	≤2	>10	1.55~1.70	1.50~1.00				
Ⅱ	软塑淤泥	OL	低、中塑性有机粉土、有机粉质黏土	≤4	7~10	1.80	1.00~0.75				
	可塑砂质黏土	CL	低塑性黏土、砂质黏土、黄土	5~8	3~7	>1.80	0.75~0.25				
	可塑壤土	CI	中塑性黏土、粉质黏土	5~8	3~7	>1.80	0.75~0.25				
	可塑黏土	CH	高塑性黏土、肥黏土、膨胀土	5~8	3~7	71.80	0.75~0.25				<9.81
Ⅲ	松散粉、细砂	SM,SC, S-M,S-C	粉(粘)质土砂、微含粉(粘)质土砂	≤4		1.90		0~0.33	0.05~0.25		
	硬塑砂质壤土	CL	低、中塑性黏土、砂质黏土、黄土	9~14	2~3	1.85~1.90	0.25~0				<9.81
	硬塑壤土	CI	中塑性黏土、粉质黏土	9~14	2~3	1.85~1.90	0.25~0				<9.81
Ⅳ	中密粉细砂	SM,SC, S-M,S-C	粉(黏)质土砂、不良级配砂、黏(粉)土混合料	5~10		1.90		0.33~0.67	0.05~0.25		
	硬塑黏土	CH	高塑性黏土、肥黏土、膨胀土	9~14	2~3	1.85~1.90	0.25~0				
Ⅴ	密实粉、细砂	SM,SC, S-M,S-C	粉(黏)质土砂、不良级配砂、黏(粉)土混合料	10~30		2.00		0.67~1.00	0.05~0.25		>24.52

（续1）

土砂类别	土名状态	符号	粒组、塑性图分类 典型土、砂名称举例	贯入击数 $N_{63.5}$	锥体沉入土中深度 h /mm	饱和密度 P_t (g/cm³)	液性指数 I_L	相对密度 D_r	粒径 /mm	含量占权重 (%)	附着力 F(kN/m²)
Ⅵ	坚硬砂壤土	CL	砂质黏土、低塑性黏土、黄土	15~30	<2	1.90~1.95	<0				<9.81
	坚塑壤土	CI	中塑性黏土、粉质黏土	15~30	<2	1.90~2.00	<0				<9.81
Ⅶ	坚硬黏土	CH	高塑性黏土、肥黏土、膨胀土	15~30	<2	1.90~2.00	<0				>24.52
	弱胶结砂砾土			15~31							
Ⅳ	硬塑壤土	CI	中塑性黏土、粉质黏土	9~14	2~3	1.85~1.90	0.25~0				<9.81
	中密粉细砂	SM,SC,S-M,S-C	粉（黏）质土砂、不良级配砂、黏（粉）土砂混合料	5~10		1.90		0.33~0.67	0.05~0.25		
	硬塑黏土	CH	高塑性黏土、肥黏土、膨胀土	9~14	2~3	1.85~1.90	0.25~0				>24.52
Ⅴ	密实粉、细砂	SM,SC,S-M,S-C	粉（黏）质土砂、不良级配砂、黏（粉）土砂混合料	10~30		2.00		0.67~1.00	0.05~0.25		
Ⅵ	坚硬砂壤土	CL	砂质黏土、低塑性黏土、黄土	15~30	<2	1.90~1.95	<0				<9.81
	坚硬粉质黏土	CI	中塑性黏土、粉质黏土	15~30	<2	1.90~2.00	<0				<9.81
Ⅶ	坚硬黏土	CH	高塑性黏土、肥黏土、膨胀土	15~30	<2	1.90~2.00	<0				>24.52
泥土、粉细砂	弱胶结砂砾土			15~31							

第六章 疏浚与吹填工程

(续 2)

土砂类别	土名状态	符号	粒组、塑性图分类 典型土、砂名称举例	贯入击数 $N_{63.5}$	锥体沉入土中深度 h /mm	饱和密度 P_t (g/cm³)	液性指数 I_L	相对密度 D_r	粒径 /mm	含量占权重 (%)	附着力 F (kN/m²)
砂 / 中砂	松散中砂	SM,SC, SP	粉(黏)质土砂、砂、粉(黏)土混合料、不良级配砂	0~15		2.00		0~0.33	0.25~0.50	>50	
	中密中砂	SM,SC, SW,SP	粉(黏)质土砂、良好(不良)级配砂	15~30		2.05		0.33~0.67	0.25~0.50	>50	
	紧密中砂(含铁板砂)	SM(C), SW(P), GM(C), G—M(C)	粉(黏)质土砂、粉(黏)质土砾砂、粉(黏)土混合料、砾质砂	30~50		>2.05		0.67~1.00	0.50~2.00	>50	
砂 / 粗砂	松散粗砂	SM,SC, SP	粉(黏)质土砂、砂、粉(黏)土混合料、不良级配砂	0~15		2.00		0~0.33	0.50~2.00	>50	
	中密粗砂	SM,SC, SW	粉(黏)质土砂、良好级配砂	15~30		2.05		0.33~0.67	0.50~2.00	>50	
	紧密中砂(含铁板砂)	SM(C), SW(P), GM(C), G—M(C)	粉(黏)质土砂、微含粉(黏)土混合料、砾质砂	30~50		>2.05		0.67~1.00	0.25~0.50	>50	

表 6-7　　　　　　　　水力冲挖机组土类分级表

土类级别		土类名称	自然容重 /(kN/m³)	外形特征	鉴别方法
Ⅰ	1	稀淤	14.72～17.66	含水饱和,搅动即成糊状	用容器装运
	2	流砂		含水饱和,能缓缓流动,挖而复涨	
Ⅱ	1	砂土	16.19～17.17	颗粒较粗,无凝聚性和可塑性,空隙大,易透水	用铁锹开挖
	2	砂壤土		土质松软,由砂与壤土组成,易成浆	
Ⅲ	1	烂淤	16.68～18.15	行走陷足,粘锹粘筐	用铁锹或长苗大锹开挖
	2	壤土		手触感觉有砂的成分,可塑性好	
	3	含根种植土		有植物根系,能成块,易打碎	
Ⅳ	1	黏土	17.17～18.64	颗粒较细,粘手滑腻,能压成块	用三齿叉撬挖
	2	干燥黄土		粘手,看不见砂粒	
	3	干淤土		水分在饱和点以下,质软易挖	

第七章

· 混凝土工程 ·

1. 概算定额混凝土工程工作内容包括哪些?

概算定额中混凝土工程包括常态混凝土、碾压混凝土、沥青混凝土、混凝土预制及安装、钢筋制作及安装,以及混凝土拌制、运输,止水等定额共61节。定额的计量单位,除注明者外,均为建筑物及构筑物的成品实体方。

混凝土工程定额的主要工作内容包括有:

(1)常态混凝土浇筑包括冲(凿)毛、冲洗、清仓、铺水泥砂浆、平仓浇筑、振捣、养护,工作面运输及辅助工作。

(2)碾压混凝土浇筑包括冲毛、冲洗、清仓、铺水泥砂浆、平仓、碾压、切缝、养护,工作面运输及辅助工作。

(3)沥青混凝土浇筑包括配料、混凝土加温、铺筑、养护,模板制作、安装、拆除、修整,以及场内运输及辅助工作。

(4)预制混凝土包括预制场冲洗、清理、配料、拌制、浇筑、振捣、养护,模板制作、安装、拆除、修整,现场冲洗、拌浆、吊装、砌筑、勾缝,以及预制场和安装现场场内运输及辅助工作。

(5)混凝土拌制包括配料、加水、加外加剂,搅拌、出料、清洗及辅助工作。

(6)混凝土运输包括装料、运输、卸料、空回、冲洗、清理及辅助工作。

2. 预算定额混凝土工程工作内容包括哪些?

预算定额中混凝土工程包括现浇混凝土、碾压混凝土、预制混凝土、沥青混凝土等定额共65节。混凝土定额的计量单位除注明者外,均为建筑物或构筑物的成品实体方。现浇混凝土、碾压混凝土、预制混凝土部分包括预制混凝土构件吊(安)装、钢筋制作及安装,混凝土拌制、运输等定额。适用于拦河坝、水闸、船闸、厂房、隧洞、竖井、明渠、渡槽等各种水工建筑物工程。

混凝土工程定额的工作内容包括以下几方面:

(1)现浇混凝土包括:冲(凿)毛、冲洗、清仓、铺水泥砂浆、平仓浇筑、振捣、养护,工作面运输及辅助工作。

(2)碾压混凝土包括:冲毛、冲洗、清仓、铺水泥砂浆、平仓、碾压、切缝、养护,工作面运输及辅助工作。

(3)预制混凝土包括:预制场冲洗、清理、配料、拌制、浇筑、振捣、养护,模板制作、安装、拆除、修整,预制场内的混凝土运输,材料场内运输和辅助工作,预制件场内吊移、堆放。

3. 如何计算混凝土材料定额中的混凝土?

(1)混凝土材料定额中的"混凝土",系指完成单位产品所需的混凝土成品量,其中包括干缩、运输、浇筑和超填等损耗的消耗量在内。混凝土半成品的单价,为配制混凝土所需水泥、骨料、水、掺和料及其外加剂等的费用之和。各项材料用量定额,按试验资料计算;无试验资料时,可采用定额附录中的混凝土材料配合比表列示量。

(2)预算定额的计算规则同概算定额。

4. 如何计算混凝土拌制定额工程量?

(1)概算定额。

1)混凝土拌制定额均以半成品方为计量单位,不包括干缩、运输、浇筑和超填等损耗的消耗量在内。

2)混凝土拌制定额按拌制常态混凝土拟定,若拌制加冰、加掺和料等其他混凝土,则按表 7-1 系数对拌制定额进行调整。

表 7-1　　　　　　　　　　　系　　数

搅拌楼规格	混凝土类别			
	常态混凝土	加冰混凝土	加掺和料混凝土	碾压混凝土
$1\times2.0m^3$ 强制式	1.00	1.20	1.00	1.00
$2\times2.5m^3$ 强制式	1.00	1.17	1.00	1.00
$2\times1.0m^3$ 自落式	1.00	1.00	1.10	1.30
$2\times1.5m^3$ 自落式	1.00	1.00	1.10	1.30
$3\times1.5m^3$ 自落式	1.00	1.00	1.10	1.30
$2\times3.0m^3$ 自落式	1.00	1.00	1.10	1.30
$4\times3.0m^3$ 自落式	1.00	1.00	1.10	1.30

(2) 预算定额。

1) 现浇混凝土定额各节,未列拌制混凝土所需的人工和机械,混凝土拌制按有关定额计算。

2) "骨料或水泥系统"是指运输骨料或水泥及掺和料进入搅拌楼所必须配备与搅拌楼相衔接的机械设备,分别包括:自骨料接料斗开始的胶带输送机及供料设备;自水泥及掺和料罐开始的水泥提升机械或空气输送设备,以及胶带输送机和吸尘设备等。

3) 搅拌机(楼)清洗用水已计入拌制定额的零星材料费中。

4) 混凝土拌制定额按拌制常态混凝土拟定,若拌制其他混凝土,则按表 7-1 系数对定额进行调整。

5) 混凝土拌制定额均以半成品方为单位计算,不含施工损耗和运输损耗所消耗的人工、材料、机械的数量和费用。

5. 如何计算混凝土运输定额工程量?

(1) 概算定额。

1) 现浇混凝土运输,指混凝土自搅拌楼或搅拌机出料口至浇筑现场工作面的全部水平和垂直运输。

2) 预制混凝土构件运输,指预制场至安装现场之间的运输,预制混凝土构件在预制场和安装现场的运输,包括在预制及安装定额内。

3) 混凝土运输定额均以半成品方为计量单位,不包括干缩,运输、浇筑和超填等损耗的消耗量在内。

4) 混凝土和预制混凝土构件运输,应根据设计选定的运输方式、设备型号规格,按本节运输定额计算。

(2) 预算定额。

1) 混凝土运输是指混凝土自搅拌楼或搅拌机出料口至仓面的全部水平和垂直运输。

2) 混凝土运输单价,应根据设计选定的运输方式、机械类型,按相应运输定额计算综合单价。

3) 混凝土构件的预制、运输及吊(安)装定额,若预制混凝土构件重量超过定额中起重机械起重量时,可用相应起重量机械替换,台时数不做调整。

4) 混凝土运输定额均以半成品方为单位计算,不含施工损耗和运输损耗所消耗的人工、材料、机械的数量和费用。

6. 如何计算混凝土浇筑定额工程量?

(1) 概算定额。

1）混凝土浇筑定额中包括浇筑和工作面运输所需全部人工、材料和机械的数量及费用。

2）地下工程混凝土浇筑施工照明用电，已计入浇筑定额的其他材料费中。

3）平洞、竖井、地下厂房、渠道等混凝土衬砌定额中所列示的开挖断面和衬砌厚度按设计尺寸选取；设计厚度不符，可用插入法计算。

4）混凝土构件预制及安装定额，包括预制及安装过程中所需人工、材料、机械的数量和费用。若预制混凝土构件单位重量超过定额中起重机械起重量时，可用相应起重量机械替换，台时量不变。

（2）预算定额。

1）混凝土拌制及浇筑定额中，不包括加冰、骨料预冷、通水等温控所需的费用。

2）混凝土浇筑的仓面清洗及养护用水，地下工程混凝土浇筑施工照明用电，已分别计入浇筑定额的用水量及其他材料费中。

3）预制混凝土构件吊（安）装定额，仅系吊（安）装过程中所需的人工、材料、机械使用量。制作和运输的费用，包括在预制混凝土构件的预算单价中，另按预制构件制作及运输定额计算。

7. 如何计算预制混凝土定额模板工程量？

（1）概算定额。预制混凝土定额中的模板材料为单位混凝土成品方的摊销量，已考虑了周转。

（2）预算定额同概算定额。

8. 混凝土拌制及浇筑定额应用应注意哪些问题？

混凝土拌制及浇筑定额中，不包括骨料预冷、加冰、通水等温控所需人工、材料、机械的数量和费用。

9. 平洞衬砌定额适用范围是什么？

平洞衬砌定额，适用于水平夹角小于或等于6°单独作业的平洞。如开挖、衬砌平行作业时，按平洞定额的人工和机械定额乘1.1系数；水平夹角大于6°的斜井衬砌，按平洞定额的人工、机械乘以1.23系数。

10. 混凝土浇筑的流程是怎样的？

（1）准备工作；

（2）入仓铺料；

（3）平仓振捣。

11. 混凝土浇筑平仓与振捣有什么关系?

平仓是把进入仓内成堆的混凝土料摊平到要求的均匀厚度。振捣的目的是尽可能减少混凝土的空隙,以消除混凝土内部的孔洞和蜂窝、并使混凝土与模板、钢筋及预埋件紧密结合,从而保证混凝土的最大密实度,提高混凝土质量。平仓的方式分为机械平仓和人工平仓两种。机械平仓多用插入式振捣器斜插入料堆的中下部,如料堆范围高大,可以从上部斜插入,借振捣作用使混凝土料自动摊平。在振捣器不足或钢筋密集的情况下采用。人工平仓,一般使用铁锹,平仓距离不超过 3m。

振捣分为机械振捣和人工振捣两种。

机械振捣易保证质量,节约水泥,提高生产率。振捣机械采用振捣机。振捣机有插入式和表面式两种。

用振捣器平仓工作量,主要根据铺料厚度,混凝土坍落度和级配等因素而定,一般情况下,振捣器平仓与振捣的时间相比,大约为 1∶3,但平仓不能代替振捣。

12. 如何处理水工建筑的施工缝?

(1)风砂枪喷毛。将经过筛选的粗砂和水装入密封的砂箱,并通入压气。压气混合水砂,经喷枪喷出,把混凝土表面喷毛。

(2)高压水冲毛。

(3)风镐凿毛和人工凿毛。对坚硬混凝土可利用风镐凿毛或用石工工具进行凿毛。

13. 什么是防渗体? 如何选用?

防渗体指为防止坝体渗漏而设置的防渗设施。按防渗材料分,防渗体有刚性和塑性两大类。刚性材料有混凝土、钢筋混凝土、钢丝网水泥砂浆等。

混凝土和钢筋混凝土防渗面板选用时,为防止浇筑面板混凝土时因漏浆而影响质量,一般在滤水层上浇筑 30cm 左右的低强度等级混凝土,或砌筑 50~100cm 的浆砌石垫层。为避免刚性防渗面板产生裂缝,除从坝底至坝顶布置垂直伸缩缝外,还应在相当于坝高的 1/3 处(位移量最大的部位)布置平行坝轴线方向的横向缝。如坝较高,施工期快,还应在坝面上加一条沉陷缝。浇筑面板时,需精心做好伸缩缝和沉陷缝的止水。

钢丝网水泥砂浆防渗面板,厚仅 3~5cm,不仅施工工艺简单,进度快,而且节省模板、水泥和人工,降低工程费用。防渗和适应沉陷性能也比较好。

14. 如何确定碾压线路、速度和遍数？

振动碾碾压路线,要求不漏压、合理、省时,而且尽可能减少操作人员的劳动强度,通常应用"错距法"。

碾压速度应通过现场试验确定,一般不宜过快。从已有的资料分析,当无振动碾压时速度可取 1~2km/h;有振动碾压时取 1.0km/h 为宜。

碾压遍数可视不同性能的振动碾对不同级配混凝土进行现场试验确定。实践表明,为防止振动碾在振压时陷入混凝土内,对刚铺平的混凝土,先无振动碾压两遍使之初压平整,再进行有振碾压。有振碾压的遍数,一般以碾压至混凝土表面"泛浆"时,再酌情增加 1~2 遍。

15. 如何换算水泥混凝土强度等级？

除碾压混凝土材料配合参考表外,水泥混凝土强度等级均以 28d 龄期用标准试验方法测得的具有 95% 保证率的抗压强度标准值确定,如设计龄期超过 28d,按表 7-2 系数换算。计算结果如介于两种强度等级之间时,应选用高一级的强度等级。

表 7-2 强度等级折合系数

设计龄期/d	28	60	90	180
强度等级折合系数	1.00	0.83	0.77	0.71

16. 如何确定混凝土配合比换算系数？

混凝土配合比表系卵石、粗砂混凝土,如改用碎石或中、细砂,按表 7-3系数换算。

表 7-3 混凝土配合比系数换算

项 目	水 泥	砂	石 子	水
卵石换为碎石	1.10	1.10	1.06	1.10
粗砂换为中砂	1.07	0.98	0.98	1.07
粗砂换为细砂	1.10	0.96	0.97	1.10
粗砂换为特细砂	1.16	0.90	0.95	1.16

注:水泥按重量计,砂、石子、水按体积计。

17. 混凝土细骨料的划分标准是什么？

混凝土细骨料的划分标准为：
(1)细度模数 3.19～3.85(或平均粒径 1.2～2.5mm)为粗砂。
(2)细度模数 2.5～3.19(或平均粒径 0.6～1.2mm)为中砂。
(3)细度模数 1.78～2.5(或平均粗径 0.3～0.6mm)为细砂。
(4)细度模数 0.9～1.78(或平均粒径 0.15～0.3mm)为特细砂。

18. 如何计算埋块石混凝土材料用量？

埋块石混凝土，应按配合比表的材料用量，扣除埋块石实体的数量计算。
(1)埋块石混凝土材料量＝配合表列材料用量×(1－埋块石量％)
1 块石实体方＝1.67 码方
(2)因埋块石增加的人工见表 7-4。

表 7-4　　　　　　　　　　埋块石增加的人工

埋块石率(％)	5	10	15	20
每 100m³ 埋块石混凝土增加人工工时	24.0	32.0	42.4	56.8

注：不包括块石运输及影响浇筑的工时。

19. 如何确定抗渗抗冻混凝土的水胶比？

有抗渗抗冻要求时，按表 7-5 水胶比选用混凝土强度等级。

表 7-5　　　　　　　　　　水胶比

抗渗等级	一般水胶比	抗冻等级	一般水胶比
W4	0.60～0.65	F50	＜0.58
W6	0.55～0.60	F100	＜0.55
W8	0.50～0.55	F150	＜0.52
W12	＜0.50	F200	＜0.50
		F300	＜0.45

20. 混凝土强度等级和标号有何区别？

按照国际标准（ISO 3893）的规定，且为了与其他规范相协调，将原规范混凝土及砂浆标号的名称改为混凝土或砂浆强度等级。新强度等级与原标号对照见表 7-6 和表 7-7。

表 7-6　　　　　　　　　混凝土新强度等级与原标号对照

原用标号（kgf/cm²）	100	150	200	250	300	350	400
新强度等级 C	C9	C14	C19	C24	C29.5	C35	C40

表 7-7　　　　　　　　　砂浆新强度等级与原标号对照

原用标号（kgf/cm²）	30	50	75	100	125	150	200	250	300	350	400
新强度等级 M	M3	M5	M7.5	M10	M12.5	M15	M20	M25	M30	M35	M40

21. 如何计算纯混凝土材料配合比及材料用量？

纯混凝土材料配合比及材料用量见表 7-8。

表 7-8　　　　　　　　　纯混凝土材料配合比及材料用量

序号	混凝土强度等级	水泥强度等级	水胶比	级配	最大粒径/mm	配合比 水泥	配合比 砂	配合比 石子	预算量 水泥/kg	预算量 粗砂/kg	预算量 粗砂/m³	预算量 卵石/kg	预算量 卵石/m³	预算量 水/m³
1	C10	32.5	0.75	1	20	1	3.69	5.05	237	877	0.58	1218	0.72	0.170
				2	40	1	3.92	6.45	208	819	0.55	1360	0.79	0.150
				3	80	1	3.78	9.33	172	653	0.44	1630	0.95	0.125
				4	150	1	3.64	11.65	152	555	0.37	1792	1.05	0.110
2	C15	32.5	0.65	1	20	1	3.15	4.41	270	853	0.57	1206	0.70	0.170
				2	40	1	3.20	5.57	242	777	0.52	1367	0.81	0.150
				3	80	1	3.09	8.03	201	623	0.42	1635	0.96	0.125
				4	150	1	2.92	9.89	179	527	0.36	1799	1.06	0.110

第七章 混凝土工程

(续)

序号	混凝土强度等级	水泥强度等级	水胶比	级配	最大粒径/mm	配合比			预算量				
						水泥	砂	石子	水泥/kg	粗砂/kg	/m³	卵石/kg	/m³	水/m³

序号	混凝土强度等级	水泥强度等级	水胶比	级配	最大粒径/mm	水泥	砂	石子	水泥/kg	粗砂/kg	粗砂/m³	卵石/kg	卵石/m³	水/m³
3	C20	32.5	0.55	1	20	1	2.48	3.78	321	798	0.54	1227	0.72	0.170
				2	40	1	2.53	4.72	289	733	0.49	1382	0.81	0.150
				3	80	1	2.49	6.80	238	594	0.40	1637	0.96	0.125
				4	150	1	2.38	8.55	208	498	0.34	1803	1.06	0.110
		42.5	0.60	1	20	1	2.80	4.08	294	827	0.56	1218	0.71	0.170
				2	40	1	2.89	5.20	261	757	0.51	1376	0.81	0.150
				3	80	1	2.82	7.37	218	618	0.42	1627	0.95	0.125
				4	150	1	2.73	9.29	191	522	0.35	1791	1.05	0.110
4	C25	32.5	0.50	1	20	1	2.10	3.50	353	744	0.50	1250	0.73	0.170
				2	40	1	2.25	4.43	310	699	0.47	1389	0.81	0.150
				3	80	1	2.16	6.23	260	565	0.38	1644	0.96	0.125
				4	150	1	2.04	7.78	230	471	0.32	1812	1.06	0.110
		42.5	0.55	1	20	1	2.48	3.78	321	798	0.54	1227	0.72	0.170
				2	40	1	2.53	4.72	289	733	0.49	1382	0.81	0.150
				3	80	1	2.49	6.80	238	594	0.40	1637	0.96	0.125
				4	150	1	2.38	8.55	208	498	0.34	1803	1.06	0.110
5	C30	32.5	0.45	1	20	1	1.85	3.14	389	723	0.48	1242	0.73	0.170
				2	40	1	1.97	3.98	343	678	0.45	1387	0.81	0.150
				3	80	1	1.88	5.64	288	542	0.36	1645	0.96	0.125
				4	150	1	1.77	7.09	253	448	0.30	1817	1.06	0.110
		42.5	0.50	1	20	1	2.10	3.50	353	744	0.50	1250	0.73	0.170
				2	40	1	2.25	4.43	310	699	0.47	1389	0.81	0.150
				3	80	1	2.16	6.23	260	565	0.38	1644	0.96	0.125
				4	150	1	2.04	7.78	230	471	0.32	1812	1.06	0.110
6	C35	32.5	0.40	1	20	1	1.57	2.80	436	689	0.46	1237	0.72	0.170
				2	40	1	1.77	3.44	384	685	0.46	1343	0.79	0.150
				3	80	1	1.53	5.12	321	493	0.33	1666	0.97	0.125
				4	150	1	1.49	6.35	282	422	0.28	1816	1.06	0.110

(续)

序号	混凝土强度等级	水泥强度等级	水胶比	级配	最大粒径/mm	配合比 水泥	配合比 砂	配合比 石子	预算量 水泥/kg	预算量 粗砂/kg	预算量 粗砂/m³	预算量 卵石/kg	预算量 卵石/m³	预算量 水/m³
6	C35	42.5	0.45	1	20	1	1.85	3.14	389	723	0.48	1242	0.73	0.170
				2	40	1	1.97	3.98	343	678	0.45	1387	0.81	0.150
				3	80	1	1.88	5.64	288	542	0.36	1645	0.96	0.125
				4	150	1	1.77	7.09	253	448	0.30	1817	1.06	0.110
7	C40	42.5	0.40	1	20	1	1.57	2.80	436	689	0.46	1237	0.72	0.170
				2	40	1	1.77	3.44	384	685	0.46	1343	0.79	0.150
				3	80	1	1.53	5.12	321	493	0.33	1666	0.97	0.125
				4	150	1	1.49	6.35	282	422	0.28	1816	1.06	0.110
8	C45	42.5	0.34	2	40	1	1.13	3.28	456	520	0.35	1518	0.89	0.125

22. 如何计算掺外加剂混凝土材料配合比及材料用量？

掺外加剂混凝土材料配合比及材料用量见表 7-9。

表 7-9　　掺外加剂混凝土材料配合比及材料用量

序号	混凝土强度等级	水泥强度等级	水胶比	级配	最大粒径/mm	配合比 水泥	配合比 砂	配合比 石子	预算量 水泥/kg	预算量 粗砂/kg	预算量 粗砂/m³	预算量 卵石/kg	预算量 卵石/m³	预算量 外加剂/kg	预算量 水/m³
1	C10	32.5	0.75	1	20	1	4.14	5.69	213	887	0.59	1230	0.72	0.43	0.170
				2	40	1	4.18	7.19	188	826	0.55	1372	0.80	0.38	0.150
				3	80	1	4.17	10.31	157	658	0.44	1642	0.96	0.32	0.125
				4	150	1	3.84	12.78	139	560	0.38	1803	1.05	0.28	0.110
2	C15	32.5	0.65	1	20	1	3.44	4.81	250	865	0.58	1221	0.71	0.50	0.170
				2	40	1	3.57	6.19	220	790	0.53	1382	0.81	0.45	0.150
				3	80	1	3.46	8.98	181	630	0.42	1649	0.96	0.37	0.125
				4	150	1	3.30	11.15	160	530	0.36	1811	1.06	0.32	0.110

(续)

序号	混凝土强度等级	水泥强度等级	水胶比	级配	最大粒径/mm	配合比 水泥	配合比 砂	配合比 石子	预算量 水泥/kg	预算量 粗砂/kg	预算量 粗砂/m³	预算量 卵石/kg	预算量 卵石/m³	外加剂/kg	水/m³
3	C20	32.5	0.55	1	20	1	2.78	4.24	290	810	0.54	1245	0.73	0.58	0.170
				2	40	1	2.92	5.44	254	743	0.50	1400	0.82	0.52	0.150
				3	80	1	2.80	7.70	212	596	0.40	1654	0.97	0.43	0.125
				4	150	1	2.66	9.52	188	503	0.34	1817	1.06	0.38	0.110
		42.5	0.60	1	20	1	3.16	4.61	264	839	0.56	1235	0.72	0.53	0.170
				2	40	1	3.26	5.86	234	767	0.52	1392	0.81	0.47	0.150
				3	80	1	3.19	8.29	195	624	0.42	1641	0.96	0.39	0.125
				4	150	1	3.11	10.56	171	527	0.36	1806	1.05	0.35	0.110
4	C25	32.5	0.50	1	20	1	2.36	3.92	320	757	0.51	1270	0.74	0.64	0.170
				2	40	1	2.50	4.93	282	709	0.48	1410	0.82	0.56	0.150
				3	80	1	2.44	7.02	234	572	0.38	1664	0.97	0.47	0.125
				4	150	1	2.27	8.74	207	479	0.32	1831	1.07	0.42	0.110
		42.5	0.55	1	20	1	2.78	4.24	290	810	0.54	1245	0.73	0.58	0.170
				2	40	1	2.92	5.44	254	743	0.50	1400	0.82	0.52	0.150
				3	80	1	2.80	7.70	212	596	0.40	1654	0.97	0.43	0.125
				4	150	1	2.66	9.52	188	503	0.34	1817	1.06	0.38	0.110
5	C30	32.5	0.45	1	20	1	2.12	3.62	348	736	0.49	1269	0.74	0.71	0.170
				2	40	1	2.23	4.53	307	689	0.46	1411	0.83	0.62	0.150
				3	80	1	2.13	6.39	257	549	0.37	1667	0.97	0.52	0.125
				4	150	1	2.00	8.04	225	453	0.30	1837	1.07	0.46	0.110
		42.5	0.50	1	20	1	2.36	3.92	320	757	0.51	1270	0.74	0.64	0.170
				2	40	1	2.50	4.93	282	709	0.48	1410	0.82	0.56	0.150
				3	80	1	2.44	7.02	234	572	0.38	1664	0.97	0.47	0.125
				4	150	1	2.27	8.74	207	479	0.32	1831	1.07	0.42	0.110
6	C35	32.5	0.40	1	20	1	1.79	3.18	392	705	0.47	1265	0.74	0.78	0.170
				2	40	1	2.01	3.90	346	698	0.47	1368	0.80	0.69	0.150
				3	80	1	1.72	5.77	289	500	0.33	1691	0.99	0.58	0.125
				4	150	1	1.68	7.17	254	427	0.28	1839	1.08	0.51	0.110

(续)

序号	混凝土强度等级	水泥强度等级	水胶比	级配	最大粒径/mm	配合比			预算量						
						水泥	砂	石子	水泥/kg	粗砂/kg	/m³	卵石/kg	/m³	外加剂/kg	水/m³
6	C35	42.5	0.45	1	20	1	2.12	3.62	348	736	0.49	1269	0.74	0.71	0.170
				2	40	1	2.23	4.53	307	689	0.46	1411	0.83	0.62	0.150
				3	80	1	2.13	6.39	257	549	0.37	1667	0.97	0.52	0.125
				4	150	1	2.00	8.04	225	453	0.30	1837	1.07	0.46	0.110
7	C40	42.5	0.40	1	20	1	1.79	3.18	392	705	0.47	1265	0.74	0.78	0.170
				2	40	1	2.01	3.90	346	698	0.47	1368	0.80	0.69	0.150
				3	80	1	1.72	5.77	289	500	0.33	1691	0.99	0.58	0.125
				4	150	1	1.68	7.17	254	427	0.28	1839	1.08	0.51	0.110
8	C45	42.5	0.34	2	40	1	1.29	3.73	410	532	0.35	1552	0.91	0.82	0.125

23. 如何计算掺粉煤灰混凝土材料配合比及材料用量?

掺粉煤灰混凝土材料配合比及材料用量见表7-10~表7-12。

表 7-10　　掺粉煤灰混凝土材料配合比表
(掺粉煤灰量20%,取代系数1.3)

序号	混凝土强度等级	水泥强度等级	水胶比	级配	最大粒径/mm	配合比				预算量							
						水泥	粉煤灰	砂	石子	水泥/kg	粉煤灰/kg	粗砂/kg	/m³	卵石/kg	/m³	外加剂/kg	水/m³
1	C10	32.5	0.75	3	80	1	0.325	4.65	11.47	139	45	650	0.44	1621	0.95	0.28	0.125
				4	150	1	0.325	4.50	14.42	122	40	551	0.37	1784	1.05	0.25	0.110
2	C15	32.5	0.65	3	80	1	0.325	3.86	10.03	160	53	620	0.42	1627	0.96	0.33	0.125
				4	150	1	0.325	3.71	12.57	140	47	523	0.35	1791	1.05	0.29	0.110
3	C20	32.5	0.55	3	80	1	0.325	3.10	8.44	190	63	589	0.40	1623	0.96	0.38	0.125
				4	150	1	0.325	2.93	10.50	168	56	495	0.33	1791	1.05	0.34	0.110
		42.5	0.60	3	80	1	0.325	3.54	9.21	173	58	616	0.42	1618	0.95	0.35	0.125
				4	150	1	0.325	3.40	11.58	152	51	519	0.35	1781	1.05	0.31	0.110

表 7-11 掺粉煤灰混凝土材料配合比表
（掺粉煤灰量 25%，取代系数 1.3）

序号	混凝土强度等级	水泥强度等级	水胶比	级配	最大粒径/mm	配合比 水泥	粉煤灰	砂	石子	预算量 水泥/kg	粉煤灰/kg	粗砂/kg	/m³	卵石/kg	/m³	外加剂/kg	水/m³
1	C10	32.5	0.75	3	80	1	0.433	4.96	12.38	131	57	650	0.44	1621	0.95	0.27	0.125
				4	150	1	0.433	4.79	15.51	115	50	551	0.36	1784	1.04	0.24	0.110
2	C15	32.5	0.65	3	80	1	0.433	4.13	10.82	150	66	620	0.42	1624	0.96	0.31	0.125
				4	150	1	0.433	3.98	13.54	132	58	525	0.34	1788	1.05	0.27	0.110
3	C20	32.5	0.55	3	80	1	0.433	3.31	9.11	178	79	590	0.40	1622	0.95	0.36	0.125
				4	150	1	0.433	3.18	11.45	156	69	495	0.32	1787	1.05	0.32	0.110
		42.5	0.60	3	80	1	0.433	3.78	9.92	163	71	615	0.42	1617	0.95	0.33	0.125
				4	150	1	0.433	3.62	12.44	143	63	517	0.35	1780	1.05	0.29	0.110

表 7-12 掺粉煤灰混凝土材料配合比表
（掺粉煤灰量 30%，取代系数 1.3）

序号	混凝土强度等级	水泥强度等级	水胶比	级配	最大粒径/mm	配合比 水泥	粉煤灰	砂	石子	预算量 水泥/kg	粉煤灰/kg	粗砂/kg	/m³	卵石/kg	/m³	外加剂/kg	水/m³
1	C10	32.5	0.75	3	80	1	0.557	5.30	13.09	122	69	649	0.44	1619	0.95	0.25	0.125
				4	150	1	0.557	5.10	16.32	108	61	551	0.37	1781	1.05	0.22	0.110
2	C15	32.5	0.65	3	80	1	0.557	4.39	11.39	140	80	619	0.42	1622	0.95	0.28	0.125
				4	150	1	0.557	4.20	14.20	124	70	522	0.35	1786	1.05	0.25	0.110
3	C20	32.5	0.55	3	80	1	0.557	3.54	9.49	166	95	590	0.40	1618	0.95	0.34	0.125
				4	150	1	0.557	3.34	11.93	148	83	495	0.33	1786	1.05	0.30	0.110
		42.5	0.60	3	80	1	0.557	3.97	10.33	154	86	613	0.42	1612	0.95	0.31	0.125
				4	150	1	0.557	3.84	13.11	134	76	518	0.35	1778	1.04	0.27	0.110

24. 如何确定碾压混凝土材料配合比？

碾压混凝土材料配合比见表 7-13。

表 7-13　　碾压混凝土材料配合比参考表　　kg/m³

序号	龄期/d	混凝土强度等级	水泥强度等级	水胶比	砂率(%)	水泥	粉煤灰	水	砂	石子	外加剂	备 注
1	90	C10	42.5	0.61	34	46	107	93	761	1500	0.380	江垭资料,人工砂石料
2	90	C15	42.5	0.58	33	64	96	93	738	1520	0.400	江垭资料,人工砂石料
3	90	C20	42.5	0.53	36	87	107	103	783	1413	0.490	江垭资料,人工砂石料
4	90	C10	32.5	0.60	35	63	87	90	765	1453	0.387	汾河二库资料,人工砂石料
5	90	C20	32.5	0.55	36	83	84	92	801	1423	0.511	汾河二库资料,人工砂石料
6	90	C20	32.5	0.50	36	132	56	94	777	1383	0.812	汾河二库资料,人工砂石料
7	90	C10	32.5	0.56	33	60	101	90	726	1473	0.369	汾河二库资料,天然砂、人工骨料
8	90	C20	32.5	0.50	36	104	86	95	769	1396	0.636	汾河二库资料,天然砂、人工骨料
9	90	C20	32.5	0.45	35	127	84	95	743	1381	0.779	汾河二库资料,天然砂、人工骨料
10	90	C15	42.5	0.55	30	72	58	71	649	1554	0.871	白石水库资料,天然细骨料、人工粗骨料、砂用量中含石粉
11	90	C15	42.5	0.58	29	91	39	75	652	1609	0.325	观音阁资料,天然砂石料

(续)

序号	龄期/d	混凝土强度等级	水泥强度等级	水胶比	砂率(%)	水泥	磷矿渣及凝灰岩	水	砂	石子	外加剂	备注
1	90	C15	42.5	0.50	35	67	101	84	798	1521	1.344	大朝山资料,人工砂石料
2	90	C20	42.5	0.50	38	94	94	94	850	1423	1.504	大朝山资料,人工砂石料

注：碾压混凝土材料配合参考表中材料用量不包括场内运输及拌制损耗在内，实际运用过程中损耗率可采用：水泥2.5%、砂3%、石子4%。

25. 如何确定泵用混凝土材料配合比？

泵用混凝土材料配合比表见表7-14及表7-15。

表7-14　　　　　泵用纯混凝土材料配合比表

序号	混凝土强度等级	水泥强度等级	水胶比	级配	最大粒径/mm	配合比			预算量					
						水泥	砂	石子	水泥/kg	粗砂/kg	/m³	卵石/kg	/m³	水/m³
1	C15	32.5	0.63	1	20	1	2.97	3.11	320	951	0.64	970	0.66	0.192
				2	40	1	3.05	4.29	280	858	0.58	1171	0.78	0.166
2	C20	32.5	0.51	1	20	1	2.30	2.45	394	910	0.61	979	0.67	0.193
				2	40	1	2.35	3.38	347	820	0.55	1194	0.80	0.161
3	C25	32.5	0.44	1	20	1	1.88	2.04	461	872	0.58	955	0.66	0.195
				2	40	1	1.95	2.83	408	800	0.53	1169	0.79	0.173

表7-15　　　　　泵用掺外加剂混凝土材料配合比表

序号	混凝土强度等级	水泥强度等级	水胶比	级配	最大粒径/mm	配合比			预算量						
						水泥	砂	石子	水泥/kg	粗砂/kg	/m³	卵石/kg	/m³	外加剂/kg	水/m³
1	C15	32.5	0.63	1	20	1	3.28	3.35	290	957	0.65	987	0.67	0.58	0.192
				2	40	1	3.38	4.63	253	860	0.59	1188	0.79	0.50	0.166
2	C20	32.5	0.51	1	20	1	2.61	2.77	355	930	0.62	999	0.68	0.71	0.193
				2	40	1	2.61	3.78	317	831	0.56	1214	0.81	0.62	0.161

(续)

序号	混凝土强度等级	水泥强度等级	水胶比	级配	最大粒径/mm	配合比 水泥	配合比 砂	配合比 石子	预算量 水泥/kg	预算量 粗砂/kg	预算量 /m³	预算量 卵石/kg	预算量 /m³	预算量 外加剂/kg	预算量 水/m³
3	C25	32.5	0.44	1	20	1	2.15	2.32	415	895	0.60	980	0.68	0.83	0.195
				2	40	1	2.22	3.21	366	816	0.54	1191	0.81	0.73	0.173

26. 如何确定水泥砂浆材料配合比?

水泥砂浆材料配合比表见表 7-16 及表 7-17。

表 7-16　　砌筑砂浆

砂浆类别	砂浆强度等级	水泥/kg 32.5	砂/m³	水/m³
水泥砂浆	M5	211	1.13	0.127
	M7.5	261	1.11	0.157
	M10	305	1.10	0.183
	M12.5	352	1.08	0.211
	M15	405	1.07	0.243
	M20	457	1.06	0.274
	M25	522	1.05	0.313
	M30	606	0.99	0.364
	M40	740	0.97	0.444

表 7-17　　接缝砂浆

序号	砂浆强度等级	体积配合比 水泥	体积配合比 砂	矿渣大坝水泥 强度等级	矿渣大坝水泥 数量/kg	纯大坝水泥 强度等级	纯大坝水泥 数量/kg	砂/m³	水/m³
1	M10	1	3.1	32.5	406			1.08	0.270
2	M15	1	2.6	32.5	469			1.05	0.270
3	M20	1	2.1	32.5	554			1.00	0.270
4	M25	1	1.9	32.5	633			0.94	0.270
5	M30	1	1.8			42.5	625	0.98	0.266
6	M35	1	1.5			42.5	730	0.93	0.266
7	M40	1	1.3			42.5	789	0.90	0.266

27. 水泥强度等级换算的系数如何取定？

水泥强度等级换算系数参考值见表 7-18。

表 7-18　　　　　　　水泥强度等级换算系数参考表

原强度等级 \ 代换强度等级	32.5	42.5	52.5
32.5	1.00	0.86	0.76
42.5	1.16	1.00	0.88
52.5	1.31	1.13	1.00

28. 如何确定沥青混凝土材料配合比？

沥青混凝土材料配合比表见表 7-19～表 7-21。

表 7-19　　　　　　　面板沥青混凝土　　　　　　　kg/m³

名称 \ 数量 \ 材料	石子/mm			砂	矿粉	沥青	合计
	5～25	5～20	5～15				
整平胶结层		1661		360	164	115	2300
防 渗 层			378	1427	357	188	2350
排 水 层	1536			384		80	2000
封 闭 层					1050	450	1500

注：表中骨料为人工砂石料。

表 7-20　　　　　　　心墙沥青混凝土　　　　　　　m³

混凝土配合比(%)						最大骨料粒径/mm	混凝土容重/(t/m³)
矿物混合料				油料			
石子	砂	石屑	矿粉	沥青	渣油		
41.2	43.2		7.8	7.8		25	2.40
41.3	32.1		18.3	8.3		25	
21.0	59.6		10.9	8.5		15	2.36
48.0	30.0		12.0	7.0	3.0	25	2.20
48.0	32.0		10.0	7.0	3.0		
43.0	30.0		12.0	15.0		20	
29.0	29.0	2.0(石棉)	25.0	5.0	10.0	10	2.35

注：面板及心墙沥青混凝土材料配合表中材料用量不包括场内运输及拌制损耗在内，实际运用过程中损耗率可采用：沥青(渣油)2%、砂(石屑、矿粉)3%、石子 4%。

表 7-21　　　　　　　　　　沥青混凝土涂层　　　　　　　　　　100m²

项目	单位	稀释沥青	乳化沥青 开级配	乳化沥青 密级配	热沥青涂层	封闭层沥青胶	岸边接头 热沥青胶	岸边接头 再生胶粉沥青胶
汽(柴)油	kg	70						
60#沥青	kg	30	12.5	5	46	45	100	447
水	kg		37.5	15				
烧碱	kg		0.15	0.06				
洗衣粉	kg		0.20	0.08				
水玻璃	kg		0.15	0.06				
10#沥青	kg				108	105		
滑石粉	kg					105		40
矿粉	kg						200	
再生橡胶粉	kg							282
石棉粉	kg							40
玻璃丝网	m²							100

29. 如何确定水工混凝土水胶比的最大允许值？

水工混凝土水胶比的最大允许值应符合表 7-22 的规定。

表 7-22　　　　　　　　　水胶比最大允许值

混凝土部位	寒冷地区	温和地区
上、下游水位以上(坝体外部)	0.60	0.65
上、下游水位变化区(坝体外部)	0.50	0.55
上、下游最低水位以下(坝体外部)	0.55	0.60
基础	0.55	0.60
内部	0.70	0.70
受水流冲刷部位	0.50	0.50

注：寒冷地区系指最冷月月平均气温在 −3℃ 以下的地区。

30. 如何选定普通混凝土的坍落度?

混凝土的坍落度,应根据建筑物的性质、钢筋含量、混凝土运输、浇筑方法和气候条件决定,尽量采用小的坍落度,混凝土在浇筑地点的坍落度可按表 7-23 选定。

表 7-23　　　　混凝土在浇筑地点的坍落度(使用振捣器)

建筑物的性质	标准圆坍落度/cm
水工素混凝土或少筋混凝土	3～5
配筋率不超过 1% 的钢筋混凝土	5～7
配筋率超过 1% 的钢筋混凝土	7～9

31. 如何确定混凝土的搅拌时间?

混凝土拌和程序和时间均应通过试验确定,且纯拌和时间应不少于表 7-24 的规定。

表 7-24　　　　　　混凝土纯拌和时间　　　　　　　　min

拌和机进料容量 /m²	最大骨料粒径 /mm	坍落度/cm		
		2～5	5～8	>8
1.0	80	—	2.5	2.0
1.6	150(或 120)	2.5	2.0	2.0
2.4	150	2.5	2.0	2.0
5.0	150	3.5	3.0	2.5

32. 如何选择混凝土的运输方式?

(1)混凝土出拌和机后,应迅速运达浇筑地点,运输中不应有分离、漏浆和严重泌水现象。

(2)混凝土入仓时,应防止离析,最大骨料粒径 150mm 的四级配混凝土自由下落的垂直落距不应大于 1.5m,骨料粒径小于 80mm 的三级配混凝土其垂直落距不应大于 2m。

(3)水工大体积混凝土运输,应优先采用吊罐直接入仓的运输方式。

33. 基础面混凝土浇筑的要求有哪些？

(1)建筑物建基面必须验收合格后，方可进行混凝土浇筑。

(2)岩基上的杂物、泥土及松动岩石均应清除，应冲洗干净并排干积水，如遇有承压水，承包人应制定引排措施和方法报监理人批准，处理完毕，并经监理人认可后，方可浇筑混凝土。清洗后的基础岩面在混凝土浇筑前应保持洁净和湿润。

(3)易风化的岩基础及软基，在立模扎筋前应处理好地基临时保护层；在软基上进行操作时，应力求避免破坏或扰动原状土壤；当地基为湿陷黄土时应按监理人指示采取专门处理措施。

(4)基岩面浇筑仓，在浇筑第一层混凝土前，必须先铺一层2～3cm厚的水泥砂浆，砂浆水胶比应与混凝土的浇筑强度相适应，铺设施工工艺应保证混凝土与基岩结合良好。

34. 如何确定混凝土浇筑的间歇时间？

(1)混凝土浇筑应保持连续性，浇筑混凝土允许间隙时间应按试验确定，若超过允许间歇时间，则应按工作缝处理。

(2)除经监理人批准外，两相邻块浇筑间歇时间不得小于72h。

35. 如何确定混凝土浇筑层厚度？

混凝土浇筑层厚度，应根据搅拌、运输和浇筑能力、振捣器性能及气温因素确定，一般情况下，不应超过表7-25的规定。

表7-25　　　　混凝土浇筑层的允许最大厚度　　　　　　　　mm

捣实方法和振捣器类别		允许最大厚度
插入式	软轴振捣器	振捣器头长度的1.25倍
表面式	在无筋或少筋结构中	250
表面式	在钢筋密集或双层钢筋结构中	150
附着式	外挂	300

36. 如何确定混凝土的养护时间？

(1)采用洒水养护，应在混凝土浇筑完毕后12～18h内开始进行，其养护期时间按表7-26执行，在干燥、炎热气候条件下，应延长养护时间至少28d以上;大体积混凝土的水平施工缝则应养护到浇筑上层混凝土为止;隧洞衬砌混凝土则应喷水养护,使表面保持湿润状态;混凝土面板坝的面板需养护至水库蓄水。

(2)薄膜养护:在混凝土表面涂刷一层养护剂,形成保水薄膜,涂料应不影响混凝土质量;在狭窄地段施工时,使用薄膜养护液应注意防止工人中毒。

表 7-26　　　　　　　　混凝土养护期时间

混凝土所用的水泥种类	养护期时间(天)
硅酸盐水泥和普通硅酸盐水泥	14
火山灰质硅酸盐水泥、矿渣硅酸盐水泥、粉煤灰硅酸盐水泥、硅酸盐大坝水泥	21

37. 如何确定水下混凝土浇筑用导管数量?

导管的数量与位置应根据浇筑范围和导管作用半径确定,导管的作用半径一般应不大于3m。

38. 预制混凝土构件的制作步骤是怎样的?

(1)制作场地。制作预制混凝土的场地应平整坚实,设置必要的排水设施,保证制作构件不因混凝土浇筑和振捣引起沉陷变形。

(2)钢筋安装和绑扎。承包人应根据施工图纸或监理人指示进行钢筋的安装和绑扎。

(3)预制构件的预埋件。按施工图纸所示安装钢板、钢筋、吊耳及其他预埋件。

(4)模板安装和拆除。承包人应根据施工图纸或监理人指示进行模板的安装。除监理人另有指示外,混凝土应达到规定强度后,方可拆除模板,拆模时应满足下列要求:

1)拆除侧面模板时,应保证构件不变形和棱角完整。

2)拆除板、梁、柱屋架等构件的底模时,如构件跨度小于或等于4m,其混凝土强度不应低于设计强度的50%,如构件跨度大于4m,其混凝土强度不应低于设计强度的75%。

3) 拆除空心板的心模时,混凝土强度应能保证构件和孔洞表面不发生塌陷和裂缝,并应避免较大的振动或碰伤孔壁。

39. 预制混凝土构件制作的允许偏差是多少?

(1) 构件尺寸应符合施工图纸要求,其长度允许误差±10mm,横断面允许误差±5mm。

(2) 局部不平(用 2m 直尺检查)允许误差 5mm。

(3) 构件不连续裂缝小于 0.1mm,边角无损伤。

40. 如何选择碾压混凝土运输工具?

(1) 碾压混凝土运输可采用自卸汽车、皮带运输机、斜坡车道等,不得采用溜槽直接运输碾压混凝土,承包人应在运输机具使用前进行全面检查和清洗。

(2) 采用自卸汽车运输碾压混凝土时,车辆行车道路应平整,车辆入仓前应清洗轮胎,防止泥土和水带入仓内,在仓内行驶的车辆避免急刹车和急转弯等行车动作。

(3) 采用皮带运输机运输碾压混凝土时,应防止水分蒸发、水泥浆损失和粗骨料分离。

41. 如何选择沥青混凝土运输工具?

(1) 沥青混合料的运输设备和运输能力应与拌和、铺筑、仓面具体情况相适应,宜采用汽车配保温料罐运输方式。

(2) 沥青混合料应均衡、快速、及时地从拌和楼运送至铺筑地点,不得中途转运,缩短运输时间和减少热量散失,当其温度不能满足碾压要求时,应作废料处理,并运往监理人指定的弃置地点堆放。

(3) 沥青混合料应防止运输漏料。

42. 如何选择沥青混合料碾压设备?

(1) 沥青混合料按现场试验成果应用振动碾碾压,先用小型振动碾进行初次碾压,待摊铺设备移出后,再用大型振动碾进行二次碾压。

(2) 振动碾碾压时,应在上行时振动,下行时不振动,以防碾压表面发生细微水平裂缝。

(3)沥青混合料初次及二次碾压的温度,应通过现场碾压试验确定,试验成果应报送监理人。

(4)施工接缝处与碾压带之间,应重叠碾压10～15cm。

(5)沥青混凝土周边、死角、曲面和顶部等特殊部位的碾压,应采用人工摊铺,并使用小型压实机具压实,不得漏压。人工摊铺和压实应达到的技术指标与机械施工相同。

43. 如何选择沥青混合料摊铺机械?

沥青混合料的摊铺应采用专用摊铺机进行,其速度为1～3m/min。

44. 沥青混合料摊铺与碾压要求有哪些?

(1)对基础的水泥混凝土层面处理:水泥混凝土表面采用人工凿毛后,用钢丝刷将水泥表面乳皮刷净,用0.6MPa左右高压风吹干,局部潮湿部位用喷灯烘干后,涂冷底子油(即沥青:汽油为4:6或由试验确定),待冷底子油中汽油挥发后,再涂刷2cm厚砂质沥青玛琋脂(沥青:矿粉:天然砂为1:2:3或由试验确定)。

(2)在已压实的心墙上继续铺筑时,应将接合面清理干净,污面用压缩空气喷吹清除,或用红外线加热器烘烤粘污面,使其软化后铲除。

(3)沥青混凝土心墙的铺筑,应减少横向接缝。有横缝时,其接合坡度一般为1:3,上下层横缝应错开2m以上。

(4)沥青混凝土心墙混合料应采用汽车保温罐运输,用摊铺机摊铺,振动碾碾压,局部地区用人工摊铺。横向接缝处应重叠碾压30～50cm。

45. 混凝土衬砌一般可分为哪几种? 其适用范围是什么?

混凝土衬砌可分为现场浇筑及预制装配两种。

(1)现场浇筑混凝土适用于各种规模和各种断面形式的隧洞衬砌。

(2)预制装配式衬砌多用于洞身横断面尺寸不大的隧洞工程,过去在中小型无压输水隧洞工程中采用比较广泛,其优点是构件可提前集中预制,或边开挖边装预制构件,使开挖与衬砌两工序之间的间隙尽量缩短,减少了围岩的暴露时间,不仅能保证施工安全,而且加快了施工进度,可节约大量的临时支撑材料。

46. 浆砌石衬适用于哪些隧道工程？

浆砌石衬多用于洞身断面尺寸不太大的隧洞工程。

浆砌石衬的优点是可就地取材，降低造价。要求石料大致方正并有足够的尺寸，临水面应加工凿平，保证砌面平整，以减少糙率。有条件时应尽可能采用料石或条石砌筑。禁止使用风化破碎的石料，石料抗压强度应不低于 400.9kPa，砌石砂浆的强度不低于 M7.5。

47. 在碾压混凝土坝施工中如何选用模板？

(1) 斜坡桥式停浇封仓模板，宽度以 4m 为宜，封仓时吊装就位后，自卸车经斜坡桥卸入封仓混凝土，该类型模板适用于坝体内部分缝处的封仓。

(2) 门闩式定型封仓模板，宽度不宜超过 5m，吊装插定就位后紧固。自卸车分次将仓口混凝土卸入装载机铲斗内，再由装载机卸入封仓混凝土，该类型模板适用于大坝下游边侧的封仓口。

(3) 混凝土预制模板也是缩短封仓时间，保证入仓口外观质量的有效措施。预制模板可设计成梯形或矩形，高度视吊装能力而定，如采用吊车安装，每块高可同浇筑层厚相同。采用预制模板时，应保证模板与坝体及预制模板之间搭接部分的紧密结合和外形的美观。

48. 混凝土衬砌的截面形式有哪几种？各适用于哪些渠道？

混凝土衬砌一般采用板形结构，其截面形式有矩形、楔形、肋形、槽形等。

(1) 矩形板适用于无冻胀地区的渠道。

(2) 楔形板和肋形板适用于有冻胀地区的渠道。

(3) 槽形板用于小型渠道的预制安装。

大型渠道多采用现场浇筑。现场整体浇筑的小型渠槽具有水力性能好，断面小，占地少，整体稳定性好等优点。

49. 渠道设计时如何选择线路？

(1) 渠道线路的选择要根据地形、地质及施工条件等综合考虑。

(2) 渠道线路应力求短、直，尽量减少渠系上的交叉建筑物，最好能做到挖方与填方基本平衡。

(3)当地形有显著变化,遇山谷可采用渡槽或倒虹吸,通过山脊时可用隧洞,渠道应避免通过滑坡区、透水性强及土壤沉陷量很大的地区。

50. 倒虹吸管适用于哪些工程?

倒虹吸管是中间向下弯的压力水管。

(1)高差不大的小倒虹吸管常做成斜管式和竖井式两种。斜管式在实际工程中采用较多。竖井式,多用作穿越道路的倒虹吸,适用于水流量不大,压力水头 3~5m 的情况,且井底一般设 0.5m 深的集沙坑,以便清除泥沙及在修理水平段时作排水之用。竖井式水流不如斜管式顺畅,但施工比较容易。

(2)当渠道跨越干谷,两岸为山坡地段时,常设置沿地面敷设的曲线式倒虹吸管。这种布置的优点是开挖工程量小,发生问题容易检修。但在气温影响下,内外壁会产生较大温差,从而引起较大的温度应力,设计和施工不好时,管壁会裂缝漏水。因此大多数倒虹吸管都埋设在地下,但不宜埋置过深。一般地,两岸管道通过耕地时,应埋于耕作层以下;在冰冻区,管顶部应布置于冰冻层以下;通过公路时,管顶常埋于路面以下 1.0m 左右。

(3)当倒虹吸管要跨越深的河谷及山沟时,为了减少施工困难,降低管道中的压力水头,减小水头损失和管路的长度,可在深河槽部分建桥涵,在其上铺设管道过河称为桥式倒虹吸管。桥式倒虹吸管桥下应有足够的净空以宣泄洪水,通航河道则应满足通航要求。管道在桥头两端山坡转变处设置镇墩,并在其上设放水检修孔,以便于检修。

51. 如何计算普通混凝土清单工程量?

普通混凝土按招标设计图示尺寸计算的有效实体方体积计量。体积小于 $0.1m^3$ 的圆角或斜角,钢筋和金属件占用的空间体积小于 $0.1m^3$ 或截面积小于 $0.1m^2$ 的孔洞、排水管、预埋管和凹槽等的工程量不予扣除。按设计要求对上述孔洞所回填的混凝土也不重复计量。施工过程中由于超挖引起的超填量,冲(凿)毛、拌和、运输和浇筑过程中的操作损耗所发生的费用(不包括以总价承包的混凝土配合比试验费),应摊入有效工程量的工程单价中。

52. 如何计算温控混凝土清单工程量？

温控混凝土与普通混凝土的工程量计算规则相同。温控措施费应摊入相应温控混凝土的工程单价中。

53. 清单计价时混凝土冬期施工措施费如何计价？

混凝土冬期施工中对原材料（如砂石料）加温、热水拌和、成品混凝土的保温等措施所发生的冬期施工增加费应包含在相应混凝土的工程单价中。

54. 如何计算碾压混凝土清单工程量？

碾压混凝土按招标设计图示尺寸计算的有效实体方体积计量。施工过程中由于超挖引起的超填量，冲（刷）毛、拌和、运输和碾压过程中的操作损耗所发生的费用（不包括配合比试验和生产性碾压试验的费用），应摊入有效工程量的工程单价中。

55. 如何计算水下浇筑混凝土工程量？

水下浇筑混凝土按招标设计图示浇筑前后水下地形变化计算的有效体积计量。拌和、运输和浇筑过程中的操作损耗所发生的费用，应摊入有效工程量的工程单价中。

56. 如何计算预应力混凝土工程量？

预应力混凝土按招标设计图示尺寸计算的有效实体方体积计量。钢筋、锚索、钢管、钢构件、埋件等所占用的空间体积不予扣除。锚索及其附件的加工、运输、安装、张拉、注浆封闭、混凝土浇筑过程中操作损耗等所发生的费用，应摊入有效工程量的工程单价中。

57. 如何计算二期混凝土工程量？

二期混凝土按招标设计图示尺寸计算的有效实体方体积计量。钢筋和埋件等所占用的空间不予扣除。拌和、运输和浇筑过程中的操作损耗所发生的费用，应摊入有效工程量的工程单价中。

58. 如何计算沥青混凝土工程量？

沥青混凝土按招标设计防渗心墙及防渗面板的防渗层、整平胶结层和加厚层沥青混凝土图示尺寸计算的有效体积计量；封闭层按招标设计图示尺寸计算的有效面积计量。施工过程中由于超挖引起的超填量及拌和、运输和摊铺碾压过程中的操作损耗所发生的费用（不包括室内试验、现场试验和生产性试验的费用），应摊入有效工程量的工程单价中。

59. 如何计算止水工程工程量？

止水工程按招标设计图示尺寸计算的有效长度计量。止水片的搭接长度、加工及安装过程中操作损耗等所发生的费用，应摊入有效工程量的工程单价中。

60. 如何计算伸缩缝工程量？

伸缩缝按招标设计图示尺寸计算的有效面积计量。缝中填料及其在加工及安装过程中的操作损耗所发生的费用，应摊入有效工程量的工程单价中。

61. 如何计算混凝土工程中的小型钢构件？

混凝土工程中的小型钢构件，如温控需要的冷却水管、预应力混凝土中固定锚索位置的钢管等所发生的费用，应分别摊入相应混凝土有效工程量的工程单价中。

62. 如何计算衬砌工程量？

地下工程（隧洞、竖井、地下厂房等）混凝土的衬砌厚度，均以设计断面的尺寸为准，允许超挖部分的混凝土量套相应定额计算。

63. 普通混凝土如何计量与计价？

（1）混凝土以立方米（m^3）为单位，按施工图纸或监理人签认的建筑物轮廓线或构件边线内实际浇筑的混凝土进行工程量计量，按《工程量清单》所列项目的每立方米单价支付。图纸所示或监理人指示边线以外超挖部分的回填混凝土及其他混凝土，以及按规定进行质量检查和验收的费用，均包括在每立方米混凝土单价中，发包人不再另行支付。

(2)凡圆角或斜角、金属件占用的空间,或体积小于 $0.1m^3$,或截面积小于 $0.1m^2$ 和预埋件占去的空间,在混凝土计量中不予扣除。

(3)混凝土浇筑所用的材料(包括水泥、掺合料、骨料、外加剂等)的采购、运输、保管、贮存,以及混凝土的生产、浇筑、养护、表面保护、试验和辅助工作等所需的人工、材料及使用设备和辅助设施等一切费用均包括在混凝土每立方米单价中。

(4)根据要求完成的混凝土配合比试验,经监理人最终批准的试验报告,按混凝土配合比试验项目的总价支付。总价中包括试验中所有材料、试验样品、劳动力及设备和辅助设施的提供,以及与试验有关的养护和测试等所需的一切费用。

(5)止水、止浆、伸缩缝所用的各种材料的供应和制作安装,应按《工程量清单》所列各种材料的计量单位计量,并按《工程量清单》所列项目的相应单价进行支付。

(6)混凝土冷却费用按《工程量清单》所列"混凝土冷却"项目的体积,以每立方米单价进行支付,"混凝土冷却"体积应按施工图纸或监理人指示使用预埋冷却水管进行冷却的混凝土体积,其费用包括:

1)制冷设备和设施的运行和维护以及制冷过程中进行检查、检验和维修所需的一切费用。

2)混凝土浇筑体外的冷却水输水管和临时管道的材料供应以及管道的制作安装、运行、维护和拆除等费用。

(7)埋入混凝土体内的冷却水管及其附件的费用,根据施工图纸的规定和监理人指示以埋入混凝土的蛇形管的每延米数计量,并按预埋冷却水管每延米单价支付,未埋入混凝土中的冷却水管的主、干管及接头不单独计量,其费用计入预埋冷却水管的单价中。

(8)混凝土表面的修整费用不予单列,应包括在混凝土每立方米单价中。

(9)多孔混凝土排水管的计量和支付,应根据施工图纸和监理人指示实际安装的每延米计量,并按《工程量清单》所列项目的每延米单价进行支付。

(10)混凝土中收缩缝和冷却水管的灌浆、开孔的压力灌浆,以及所用材料,应按监理人认可实际消耗的水泥用量的吨数计量,按《工程量清单》

所列项目的每吨单价支付,单价中包括灌浆所需的人工、材料及使用设备和辅助设施等一切费用。为灌浆系统所用循环水将不单独支付,其费用列入相应灌浆项目单价中。

64. 水下混凝土如何计量与计价?

(1)按施工图纸和监理人指示的范围,以浇筑前后的水下地形测量剖面进行计量,按《工程量清单》所列项目的每立方米单价支付。

(2)图纸无法表明的工程量,可按实际灌注到指定位置所发生的工程量计量,按《工程量清单》所列项目的每立方米的单价支付。

(3)水下混凝土的单价应包括水泥、骨料、外加剂和粉煤灰等材料的供应和水下混凝土的拌和、运输、灌注、质量检查和验收所需的人工、材料及使用设备和辅助设施,以及为确定正常损耗量所进行试验的一切费用。

65. 预制混凝土如何计量与计价?

(1)预制混凝土的计量和支付以施工图纸所示的构件尺寸,以立方米(m^3)为单位进行计量,并按《工程量清单》所列项目的每立方米单价进行支付。

预制混凝土每立方米单价中应包括原材料的采购、运输、储存,模板的制作、搬运和架设,混凝土的浇筑,预制混凝土构件的运输、安装、焊接和二期混凝土填筑等所需的全部人工、材料及使用设备和辅助设施以及试验检验和验收等一切费用。

(2)预制混凝土的钢筋应按施工图纸所示的钢筋型号和尺寸进行计算,并经监理人签认的实际钢筋用量,以每吨为单位进行计量,并按《工程量清单》所列项目的每吨单价进行支付。

每吨钢筋的单价包括钢筋材料的采购、运输、储存、钢筋的制作、绑焊等所需的人工、材料以及使用设备和辅助设施等一切费用。

66. 预应力混凝土如何计量与计价?

(1)预应力混凝土的预应力筋应按施工图纸所示的预应力筋型号和尺寸进行计算,并经监理人签认的实际预应力筋用量,以吨为单位进行计量,并按《工程量清单》所列项目的每吨单价进行支付。单价中包括预应力筋张拉所需的材料、锚固件和固定埋设件等的提供、制作、安装、张拉以及试验检验和质量验收等所需的人工、材料及使用设备和辅助设施等一切费用。

预应力钢绞线和钢丝以施加预应力的每千牛·米(kN·m)单价进行计量支付。单价中包括预应力钢绞线和钢丝张拉施工所需的材料、锚固件、套管和固定埋设件等的提供、制作、安装、张拉以及试验检验和质量验收等所需的人工、材料及使用设备和辅助设施等一切费用。

(2)预应力混凝土预制构件的混凝土和常规钢筋的计量和支付有关的规定执行。

(3)灌浆所用的人工、材料及使用设备和辅助设施的费用,均包括在预应力钢筋、钢绞线和钢丝的单价中。

67. 碾压混凝土如何计量与计价?

(1)按施工图纸或监理人指定的建筑物边线计算碾压混凝土工程量以立方米(m^3)为单位计量,并按《工程量清单》所列项目的每立方米单价进行支付。

(2)碾压混凝土所用材料(包括水泥、骨料、外加剂等)的采购、运输、保管、贮存,混凝土生产、铺筑、养护以及质量检查和验收等所需的人工、材料及使用设备和辅助设施等费用均包括在每立方米碾压混凝土的单价中。

(3)碾压混凝土配合比试验和现场生产性碾压试验,将根据施工图纸和本技术条款要求,并经监理人批准试验报告后,按碾压混凝土配合比试验项目和现场生产性碾压试验项目的总价支付,总价中应包括试验所需用人工、材料及使用设备和辅助设施以及试验样品的制备、养护、测试等所需的一切费用。

(4)碾压混凝土采用切缝机切缝,设置诱导缝、铺筑垫层混凝土(或砂浆)等所需费用均包括在每立方米碾压混凝土单价内。

68. 沥青混凝土如何计量与计价?

(1)各项材料和配合比试验、现场试验以及生产性试验等所需的费用,应按《工程量清单》表中所列的专项试验费用的总价支付。该费用包括全部室内和现场试验项目实施和各项测试所需的人工、材料以及使用设备和辅助设施等一切费用。

(2)防渗层、整平胶结层和加厚层沥青混凝土,应按施工图纸和监理人批准的设计边线计算工程量或按监理人现场签认的工程量,以立方米(m^3)为单位计量,并按《工程量清单》所列项目的每立方米单价支付。

(3)封闭层按施工图纸或监理人签认的工程量,以平方米(m^2)为单位计量,并按《工程量清单》所列项目的每平方米单价支付。

(4)沥青混凝土防渗护面的全部作业所需的人工、材料以及使用设备和辅助设施等一切费用均包括在沥青混凝土每立方米单价中,发包人不再另行支付。

(5)沥青混凝土防渗心墙应按施工图纸和监理人批准的设计边线计算工程量,以立方米(m^3)为单位计量,并按《工程量清单》所列项目每立方米单价支付。

(6)沥青混凝土心墙施工所用钢模板材料的提供以及钢模板的设计制作安装所需人工、材料以及使用设备和辅助设施等一切费用,均分摊在各层沥青混凝土和每立方米单价中,发包人不再另行支付。

69. 混凝土工程工程量清单项目应怎样设置?

混凝土工程工程量清单的项目编码、项目名称、计量单位、工程量计算规则及主要工作内容,应按表 7-27 的规定执行。

表 7-27　　　　　　　混凝土工程(编码 500109)

项目编码	项目名称	项目主要特征	计量单位	工程量计算规则	主要工作内容	一般适用范围
500109001×××	普通混凝土	1. 部位及类型 2. 设计龄期、强度等级及配合比 3. 抗渗、抗冻、抗磨等要求 4. 级配、拌制要求 5. 运距	m^3	按招标设计图示尺寸计算的有效实体方体积计量	1. 冲(凿)毛、冲洗、清仓、铺水泥砂浆 2. 维护并保持仓内模板、钢筋及预埋件的准确位置 3. 配料、拌和、运输、平仓、振捣、养护 4. 取样检验	坝、堤、堰、梁、板、柱、墙、排架、墩、台、屋面及衬砌混凝土等
500109002×××	碾压混凝土	1. 部位及工法 2. 设计龄期、强度等级及配合比 3. 抗渗、抗冻等要求 4. 碾压工艺和程序 5. 级配、拌制及切缝要求 6. 运距		按招标设计图示尺寸计算的有效实体方体积计量	1. 冲(刷)毛、冲洗、清仓、铺水泥砂浆 2. 配料、拌和、运输、平仓、碾压、养护 3. 切缝 4. 取样检验	坝、堤、围堰等

(续一)

项目编码	项目名称	项目主要特征	计量单位	工程量计算规则	主要工作内容	一般适用范围
500109003×××	水下浇筑混凝土	1. 部位及类型 2. 强度等级及配合比 3. 级配、拌制要求 4. 运距	m³	按招标设计图示浇筑前后水下地形变化计算的有效体积计量	1. 清基、测量浇筑前的水下地形 2. 配料、拌和、运输 3. 直升导管法连续浇筑 4. 测量浇筑后水下地形,计算工程量 5. 钻取芯样检验	水下围堰、水下防渗墙、水下墩台基础、水下建筑物修补等
500109004×××	膜袋混凝土	1. 部位及膜袋规格 2. 强度等级及配合比 3. 级配、拌制要求 4. 运距	m³	按招标设计图示尺寸计算的有效实体方体积计量	1. 膜袋加工 2. 膜袋铺设 3. 配料、拌和、运输、灌注 4. 取样检验	渠道边坡防护、河岸边坡、水下建筑物修补等
500109005×××	预应力混凝土	1. 部位及类型 2. 结构尺寸及张拉等级 3. 强度等级及配合比 4. 对固定锚索位置及形状的钢管的要求 5. 张拉工艺和程序 6. 级配、拌制要求 7. 运距	m³	按招标设计图示尺寸计算的有效实体方体积计量	1. 冲（凿）毛、冲洗 2. 锚索及其附件加工、运输、安装 3. 维护并保持模板、钢筋、锚索及预埋件的准确位置 4. 配料、拌和、运输、振捣、养护 5. 张拉试验及张拉、灌浆封闭	预应力闸墩,预应力梁、柱、渡槽等
500109006×××	二期混凝土	1. 部位 2. 强度等级及配合比 3. 级配、拌制要求 4. 运距		按招标设计图示尺寸计算的有效实体方体积计量	1. 凿毛、清洗 2. 维护并保持安装件的准确位置 3. 配料、拌和、运输、振捣、养护	机电和金属结构设备基础埋件(如蜗壳、闸门槽等)的二期混凝土及预留宽槽、封闭块的混凝土等

(续二)

项目编码	项目名称	项目主要特征	计量单位	工程量计算规则	主要工作内容	一般适用范围
500109007×××	沥青混凝土	1. 沥青性能指标 2. 配合比及技术指标 3. 运距	m^3 (m^2)	按招标设计图示尺寸计算的有效实体方体积计量；封闭层以有效面积计量	1. 原料加热、配料及拌和 2. 保温运输、摊铺和碾压 3. 施工接缝、层间处理、封闭层施工 4. 取样检验	土石坝、蓄水池等的碾压式沥青混凝土防渗结构
500109008×××	止水工程	1. 止水类型 2. 材质 3. 止水规格尺寸	m	按招标设计图示尺寸计算的有效长度计量	制作、安装、维护	水工建筑物
500109009×××	伸缩缝	1. 伸缩缝部位 2. 填料的种类、规格	m^2	按招标设计图示尺寸计算的有效面积计量		
500109010×××	混凝土凿除	1. 凿除部位及断面尺寸 2. 运距	m^3	按招标设计图示凿除范围内的实体方体积计量	1. 凿除、清洗 2. 弃渣运输 3. 周围建筑物保护	各部位混凝土
500109011×××	其他混凝土工程					

70. 预制混凝土工程工程量清单项目应怎样设置？

预制混凝土工程工程量清单的项目编码、项目名称、计量单位、工程量计算规则及主要工作内容，应按表 7-28 的规定执行。

表 7-28　　　　　　　　　预制混凝土工程(编码 500112)

项目编码	项目名称	项目主要特征	计量单位	工程量计算规则	主要工作内容	一般适用范围
500112001×××	预制混凝土构件	1. 构件结构尺寸 2. 强度等级及配合比 3. 吊运、堆存要求	m³	按招标设计图示尺寸计算的有效实体方体积计量	1. 立模、绑(焊)筋、清洗仓面 2. 维护并保持模板、钢筋、预埋件的准确位置 3. 配料、拌和、浇筑、养护 4. 成品检验、吊运、堆存备用	梁、板、拱、块、桩、渡槽、排架等
500112002×××	预制混凝土模板					周转使用的预制混凝土模板
500112003×××	预制预应力混凝土构件	1. 构件结构尺寸 2. 强度等级及配合比 3. 锚索及附件的加工安装标准 4. 施加预应力的程序 5. 吊运、堆存要求	m³	按招标设计图示尺寸计算的有效实体方体积计量	1. 立模、绑(焊)筋及穿索钢管的安装定位 2. 配料、拌和、浇筑、养护 3. 锚索及附件加工安装 4. 张拉、封孔注浆、封闭锚头 5. 成品检验、吊运、堆存备用	预应力混凝土桥梁等
500112004×××	预应力钢筒混凝土(PCCP)输水管道安装	1. 构件结构尺寸 2. 吊运、堆存要求	km	按招标设计图示尺寸计算的有效安装长度计量	1. 试吊装 2. 安装基础验收 3. 起吊装车、运输、吊装就位 4. 检查及清扫管材 5. 上胶圈、对口、调直、牵引 6. 管件、阀门安装 7. 阀门井砌筑 8. 管道试压	埋地铺设的预应力钢筒混凝土(PCCP)输水管道

第七章 混凝土工程

(续)

项目编码	项目名称	项目主要特征	计量单位	工程量计算规则	主要工作内容	一般适用范围
500112005×××	混凝土预制件吊装	1. 构件类型、结构尺寸 2. 构件体积、重量	m³	按招标设计要求,以安装预制件的体积计量	1. 试吊装 2. 安装基础验收 3. 起吊装车、运输、吊装就位、撑拉固定 4. 填缝灌浆 5. 复检、焊接	
500112006×××	其他预制混凝土工程					

第八章

·模板工程·

1. 概算定额中模板工程包括哪些内容?

概算定额中模板工程包括平面模板、曲面模板、异形模板、滑模等模板安装拆除及制作定额共 22 节。定额计量单位,除注明者外,模板定额的计量面积为混凝土与模板的接触面积,即建筑物体形及施工分缝要求所需的立模面面积。

各式隧洞衬砌模板及涵洞模板定额中的堵头和键槽模板已按一定比例摊入,不再计算立模面面积。

2. 预算定额中模板工程包括哪些内容?

预算定额模板工程包括平面模板、曲面模板、异形模板、滑模、钢模台车等模板定额共 25 节,适用于各种水工建筑物现浇混凝土模板。模板定额的计量单位"100m^2"为立模面面积,即混凝土与模板的接触面积。立模面面积的计量,除有其他说明外,应按满足建筑物体形及施工分缝要求所需的立模面计算。

3. 模板的工作内容包括哪几个方面?

(1)木模板制作:板条锯断、刨光、裁口,骨架(或圆弧板带)锯断、刨光,板条骨架拼钉,板面刨光、修正。

(2)木立柱、围令制作:枋木锯断、刨平、打孔。

(3)木桁(排)架制作:枋木锯断、凿榫、打孔、砍刨拼装,上螺栓、夹板。

(4)钢架制作:型材下料、切割、打孔、组装、焊接。

(5)预埋铁件制作:拉筋切断、弯曲、套扣,型材下料、切割、组装、焊接。

(6)模板运输:包括模板、立柱、围令及桁(排)架等,自工地加工厂或存放场运输至安装工作面。

"铁件"和"混凝土柱(指预制混凝土柱)"均按成品预算价格计算。

4. 普通模板工程定额适用哪些方面？包括哪些工作内容？

(1) 预算定额。

1) 普通标准钢模板：

适用范围：直墙、挡土墙、防浪墙、闸墩、底板、趾板、柱、梁、板等。

工作内容：预埋铁件制作，模板运输；模板安装、拆除、除灰、刷脱模剂，维修、倒仓，拉筋割断。

2) 普通平面木模板：

适用范围：混凝土坝、厂房下部结构等大体积混凝土的直立面、斜面；混凝土墙、墩等。

工作内容：模板制作，立柱、围令制作，预埋铁件制作，模板运输；模板安装、拆除、除灰、刷脱模剂，维修、倒仓，拉筋割断。

3) 普通曲面模板：

适用范围：混凝土墩头、进水口侧和下收缩曲面等弧形柱面。

工作内容：钢架制作、面板拼装，预埋铁件制作，模板运输；模板安装、拆除、除灰、刷脱模剂，维修、倒仓，拉筋割断。

(2) 概算定额。

1) 普通标准钢模板：

适用范围：同预算定额。

工作内容：模板安装、拆除、除灰、刷脱模剂、维修、倒仓。

2) 普通平面木模板：

适用范围：同预算定额。

工作内容：模板安装、拆除、除灰、刷脱模剂、维修、倒仓。

3) 普通曲面模板：

适用范围：同预算定额。

工作内容：模板安装、拆除、除灰、刷脱模剂、维修、倒仓。

5. 悬臂组合钢模板工程定额适用哪些方面？包括哪些工作内容？

(1) 预算定额。

适用范围：各种混凝土坝、厂房下部结构等大体积混凝土的直立平面、倾斜平面、坝体纵横缝键槽。

工作内容：钢架制作、面板拼装，预埋铁件制作，模板运输；模板安装、拆除、除灰、刷脱模剂，维修、倒仓。

(2)概算定额。

适用范围:同预算定额。

工作内容:模板安装、拆除、除灰、刷脱模剂、维修、倒仓。

6. 尾水肘管模板工程定额适用哪些方面？包括哪些工作内容？

(1)预算定额。

1)模板制作:

适用范围:水轮机混凝土尾水肘管(弯管段)模板。

工作内容:木模板制作,木排架制作,预埋铁件制作,整体试拼装,模板运输。

2)模板安装、拆除:

工作内容:模板及排架安装、拆除,模板除灰、刷脱模剂,维修、倒仓,拉筋割断。

(2)概算定额。

适用范围:水轮机混凝土尾水肘管(弯管段)。

工作内容:模板及排架安装、拆除、除灰、刷脱模剂、维修、倒仓。

7. 蜗壳模板工程定额适用哪些方面？包括哪些工作内容？

(1)预算定额。

1)模板制作:

适用范围:水轮机混凝土蜗壳模板。

工作内容:木模板制作,木排架制作,预埋铁件制作,模板运输。

2)模板安装、拆除:

工作内容:模板及排架安装、拆除,模板除灰、刷脱模剂,维修、倒仓,拉筋割断。

(2)概算定额。

适用范围:水轮机混凝土蜗壳。

工作内容:模板及排架安装、拆除、除灰、刷脱模剂、维修、倒仓。

8. 异形模板工程定额适用哪些方面？包括哪些工作内容？

(1)预算定额。

1)进水口上收缩曲面模板:

适用范围:进水口上部收缩曲面。

工作内容:钢架制作、面板拼装,预埋铁件制作,模板运输;模板及排架安装、拆除,模板除灰、刷脱模剂,维修、倒仓,拉筋割断。

2)坝体孔洞顶面模板:

适用范围:坝体孔洞顶部平面模板。

工作内容:预埋铁件制作,模板运输;模板及排架安装、拆除,模板除灰、刷脱模剂,维修、倒仓,拉筋割断。

3)键槽模板:

适用范围:混凝土零星键槽。

工作内容:模板制作,预埋铁件制作,模板运输;模板安装、拆除、除灰、刷脱模剂,维修。

4)牛腿模板:

适用范围:坝顶混凝土牛腿,坝前进水孔口、平台等的混凝土牛腿。

工作内容:钢围令及钢支架制作,预埋铁件制作,模板运输;钢支架安装,模板安装、拆除、除灰、刷脱模剂,维修、倒仓,拉筋割断。

(2)概算定额。

1)进水口上收缩曲面模板:

适用范围:进水口上部收缩曲面。

工作内容:钢架制作、面板拼装、铁件制作、模板运输;模板及排架安装、拆除、除灰、刷脱模剂,维修、倒仓。

2)坝体孔洞顶面模板:

适用范围:坝体孔洞顶部平面。

工作内容:铁件制作、模板运输;模板及排架安装、拆除、除灰、刷脱模剂,维修、倒仓。

3)键槽模板:

适用范围:混凝土零星键槽。

工作内容:模板制作、铁件制作、模板运输;模板及排架安装、拆除、除灰、刷脱模剂,维修、倒仓。

4)牛腿模板:

适用范围:各部位混凝土牛腿。

工作内容:钢围令及钢支架制作、铁件制作、模板运输;模板及排架安装、拆除、除灰、刷脱模剂,维修、倒仓。

9. 渡槽槽身模板工程定额适用哪些方面?包括哪些工作内容?

(1)预算定额。

1)矩形渡槽槽身模板:

适用范围：矩形渡槽槽身。

工作内容：木模板制作，预埋铁件制作，模板运输；模板安装、拆除、除灰、刷脱模剂，维修、倒仓，拉筋割断。

2）箱形渡槽槽身模板：

适用范围：箱形渡槽槽身。

工作内容：木模板制作，预埋铁件制作，模板运输；模板安装、拆除、除灰、刷脱模剂，维修、倒仓，拉筋割断。

3）U形渡槽槽身模板：

适用范围：U形渡槽槽身。

工作内容：木模板制作，钢支架制作，预埋铁件制作，模板运输；模板及钢支架安装、拆除、模板除灰、刷脱模剂，维修、倒仓，拉筋割断。

（2）概算定额。

适用范围：各型渡槽槽身。

工作内容：木模板及钢支架制作、铁件制作、模板运输；模板及钢支架安装、拆除、除灰，刷脱模剂、维修、倒仓。

10. 圆形隧洞衬砌模板工程定额适用哪些方面？包括哪些工作内容？

（1）预算定额。

1）木模板：

适用范围：圆形、马蹄形隧洞及渐变段混凝土衬砌。

工作内容：木模板制作，木排架制作，预埋铁件制作，模板运输；模板及排架安装、拆除，模板除灰、刷脱模剂，维修、倒仓，拉筋割断。

2）钢模板：

适用范围：圆形及马蹄形隧洞混凝土衬砌（渐变段见木模板）。

工作内容：木模板制作，钢架制作，预埋铁件制作，模板运输。模板及钢架安装、拆除，模板除灰、刷脱模剂，维修、倒仓，拉筋割断。

3）圆形隧洞衬砌针梁模板：

适用范围：圆形隧洞混凝土衬砌。

工作内容：场内运输、安装、调试、拆除；运行（就位，架立、拆除模板，移位），维护保养。

（2）概算定额。

1）木模板：

适用范围：圆形、马蹄形隧洞及渐变段混凝土衬砌。

工作内容：模板及排架制作、铁件制作、模板运输；模板及排架安装、拆除、除灰、刷脱模剂,维修、倒仓。

2)钢模板:

适用范围:圆形、马蹄形隧洞及渐变段混凝土衬砌。

工作内容:木模板及钢架制作、铁件制作、模板运输;模板及钢架安装、拆除、除灰、刷脱模剂,维修、倒仓。

3)针梁模板:

适用范围:圆形隧洞混凝土衬砌。

工作内容:场内运输、安装、调试、运行(就位,架立、拆除模板,移位),维护保养、拆除。

11. 直墙圆拱形隧洞衬砌模板工程定额适用哪些方面?包括哪些工作内容?

(1)预算定额。

1)钢模板:

适用范围:直墙圆拱形隧洞混凝土衬砌。

工作内容:木模板制作,钢架制作,预埋铁件制作,模板运输;模板及钢架安装、拆除,模板除灰、刷脱模剂,维修、倒仓、拉筋割断。

2)钢模台车:

适用范围:直墙圆拱形隧洞边墙和顶拱混凝土衬砌。

工作内容:场内运输、安装、调试、拆除;运行(就位,架立、拆除模板,移位),维护保养。

(2)概算定额。

1)钢模板:

适用范围:直墙圆拱形隧洞混凝土衬砌。

工作内容:木模板及钢架制作、铁件制作、模板运输;模板及钢架安装、拆除、除灰、刷脱模剂,维修、倒仓。

2)钢模台车:

适用范围:直墙圆拱形隧洞边墙和顶拱混凝土衬砌。

工作内容:场内运输、安装、调试、运行(就位,架立、拆除模板,移位),维护保养、拆除。

12. 涵洞模板工程定额适用哪些方面?包括哪些工作内容?

(1)预算定额。

适用范围:直墙圆拱形、矩形、圆形涵洞。

工作内容：木模板制作，钢架制作，预埋铁件制作，模板运输；模板及钢架安装、拆除，模板除灰，刷脱模剂，维修、倒仓，拉筋割断。

(2)概算定额。

适用范围：各式涵洞。

工作内容：木模板及钢架制作、铁件制作、模板运输；模板及钢架安装、拆除、除灰、刷脱模剂，维修、倒仓。

13. 渠道模板工程定额适用哪些方面？包括哪些工作内容？

(1)预算定额。

适用范围：引水、泄水、灌溉渠道及隧洞进出口明挖段的边坡、底板。

工作内容：木模板制作，预埋铁件制作，模板运输；模板安装、拆除、除灰、刷脱模剂，维修、倒仓，拉筋割断。

(2)概算定额。

适用范围：引水、泄水、灌溉渠道及隧洞进出口明挖段混凝土衬砌。

工作内容：木模板制作、铁件制作、模板运输；模板安装、拆除、除灰、刷脱模剂，维修、倒仓。

14. 竖井滑模工程定额适用哪些方面？包括哪些工作内容？

(1)预算定额。

适用范围：竖井混凝土衬砌。

工作内容：场内运输、安装、调试，拉滑模板，维护保养。

(2)概算定额。

适用范围：竖井混凝土衬砌。

工作内容：场内运输、安装、调试，拉滑模板，拆除，维护保养。

15. 溢流面滑模工程定额适用哪些方面？包括哪些工作内容？

(1)适用范围：溢流面混凝土。

(2)工作内容：场内运输、轨道及埋件制作、安装，滑模安装、调试、拆除，拉滑模板，维护保养。

16. 混凝土面板滑模工程定额适用哪些方面？包括哪些工作内容？

(1)预算定额。

适用范围：堆石坝混凝土面板。

工作内容：木模板制作，钢支架制作，预埋铁件制作，模板运输；模板安装、拆除、除灰、刷脱模剂，维修、倒仓，拉筋割断；场内运输、安装、调试、拆除;拉滑模板,维护保养。

(2)概算定额。

适用范围:堆石坝混凝土面板。

工作内容:场内运输、安装、调试、拉滑模板,维护保养、拆除。

17. 如何计算外购模板预算价格?

如采用外购模板,定额中的模板预算价格计算公式为:

(外购模板预算价格－残值)÷周转次数×综合系数

式中,残值为10%,周转次数为50次,综合系数为1.15(含露明系数及维修损耗系数)。

18. 如何计算模板定额中材料用量?

模板定额中的材料,除模板本身外,还包括支撑模板的立柱、围令、桁(排)架及铁件等。对于悬空建筑物(如渡槽槽身)的模板,计算到支撑模板结构的承重梁(或枋木)为止,承重梁以下的支撑结构未包括在模板定额内。

19. 如何计算模板定额材料中的铁件?

模板定额材料中的铁件包括铁钉、铁丝及预埋铁件。铁件和预制混凝土柱均按成品预算价格计算。

20. 如何计算滑模定额中材料用量?

概算时,滑模台车、针梁模板台车和钢模台车的行走机构、构架、模板及其支撑型钢,为拉滑模板或台车行走及支立模板所配备的电动机、卷扬机、千斤顶等动力设备,均作为整体设备以工作台时计入定额。

滑模台车定额中的材料包括滑模台车轨道及安装轨道所用的埋件、支架和铁件。

针梁模板台车和钢模台车轨道及安装轨道所用的埋件等应计入其他临时工程。

预算时,滑模定额中的材料仅包括轨面以下的材料,即轨道和安装轨道所用的埋件、支架和铁件。钢模台车定额中未计入轨面以下部分,轨道和安装轨道所用的埋件等应计入其他临时工程。

滑模、针梁模板和钢模台车的行走机构、构架、模板及其支撑型钢,为拉滑模板或台车行走及支立模板所配备的电动机、卷扬机、千斤顶等动力设备,均作为整体设备以工作台时计入定额。

21. 如何计算坝体廊道模板用量？

概算时，坝体廊道模板，均采用一次性（一般为建筑物结构的一部分）预制混凝土模板。混凝土模板预制及安装，可参考水利建筑工程概算定额混凝土预制及安装定额编制补充定额。

预算时，坝体廊道模板，均采用一次性（一般为建筑物结构的一部分）预制混凝土模板。

预制混凝土模板材料量按工程实际需要计算，其预制、安装直接套用水利建筑工程预算定额"第四章 混凝土工程"中相应的混凝土预制定额和预制混凝土构件安装定额。

22. 如何计算模板材料用量？

模板材料均按预算消耗量计算，包括了制作、安装、拆除、维修的损耗和消耗，并考虑了周转和回收。

23. 模板工程概、预算定额的区别有哪些？

概预算定额的主要区别主要体现在以下几方面：

(1) 概算定额在预算定额的基础上，将堵头模板、键槽模板等按一定比例综合进入相关定额子目，以减少工程单价的计算量。

(2) 扩大系数为：人工 1.03；材料 1.02；机械 1.03。

(3) 预算定额中，模板的制作及安装拆除定额分别计列。

概算定额将模板安装拆除定额子目中嵌套模板制作数量 $100m^2$，以便于计算模板的综合工程单价。但概算定额中也列有模板制作定额，可供选用。

24. 模板工程定额使用时应注意哪些问题？

(1) 使用预算定额时，将模板制作及模板安装拆除工程单价算出后，两者相加，即为模板综合单价。例如：悬臂组合钢模板，采用 50001 及 50002 定额子目算出工程单价，两者相加，即为该模板的综合单价。

(2) 概算定额的模板安装拆除子目中，嵌套有模板用量 $100m^2$，其模板预算价格，有下列两种计算方法：

1) 若施工企业自制模板，按模板制作定额计算出直接费（不计入其他直接费、现场经费、间接费、企业利润、税金），作为模板的预算价格代入安装拆除定额，统一计算模板综合单价。

2）若外购模板，按概算定额章说明第三条规定的计算公式，计算模板预算价格，代入安装拆除定额，统一计算模板综合单价。

(3) 概算定额中凡嵌套有模板 $100m^2$ 的子目，计算"其他材料费"时，计算基数不包括模板本身的价值。

(4) 模板工程量，应根据设计图纸及混凝土浇筑分缝图计算。可参照表8-1～表 8-7 中数据估算。

表 8-1　　　　　大坝和电站厂房立模面系数参考值

序号	建筑物名称		立模面系数 /(m^2/m^3)	各类立模面参考比例（%）					说　明
				平面	曲面	牛腿	键槽	溢流面	
	重力坝（综合）		0.15～0.24	70～90	2.0～6.0	0.7～1.8	15～25	1.0～3.0	
1	分部	非溢流坝	0.10～0.16	70～98	0.0～1.0	2.0～3.0	15～28		不包括拱形廊道模板。实际工程中如果坝体纵、横缝不设键槽，键槽立模面积所占比例为0，平面模板所占比例相应增加
		表面溢流坝	0.18～0.24	60～75	2.0～3.0	0.2～0.5	15～28	8.0～16.0	
		孔洞泄流坝	0.22～0.31	65～90	1.0～3.5	0.7～1.2	15～27	5.0～8.0	
2	宽缝重力坝		0.18～0.27						
3	拱坝		0.18～0.28	70～80	2.0～3.0	1.0～3.0	12～25	0.5～5.0	
4	连拱坝		0.80～1.60						
5	平板坝		1.10～1.70						
6	单支墩大头坝		0.30～0.45						
7	双支墩大头坝		0.32～0.60						
8	河床式电站闸坝		0.45～0.90	85～95	5.0～13	0.3～0.8	0.0～10		不包括蜗壳模板、尾水肘管模板及拱形廊道模板
9	坝后式厂房		0.50～0.90	88～97	2.5～8.0	0.2～0.5		0.0～5.0	

(续)

序号	建筑物名称	立模面系数 /(m²/m³)	各类立模面参考比例(%)					说明
			平面	曲面	牛腿	键槽	溢流面	
10	混凝土蜗壳立模面积/m²	$13.40 D_1^2$						D_1 为水轮机转轮直径
11	尾水肘管立模面积(m²)	$5.846 D_4^2$						D_4 为尾水肘管进口直径,可按下式估算:轴流式机组 $D_4 = 1.2 D_1$,混流式机组 $D_4 = 1.35 D_1$

注:1. 泄流和引水孔洞多而坝体较低,坝体立模面系数取大值;泄流和引水孔洞较少,以非溢流坝段为主的高坝,坝体立模面系数取小值。河床式电站闸坝的立模面系数主要与坝高有关,坝高小取大值,坝高大取小值。
2. 坝后式厂房的立模面系数,分层较多、结构复杂,取大值;分层较少、结构简单,取小值;一般可取中值。

表 8-2　　　　　　　　溢洪道立模面系数参考值

序号	建筑物名称		立模面系数 /(m²/m³)	各类模板参考比例(%)			说明
				平面	曲面	牛腿	
1	闸室	闸室(综合)	0.60～0.85	92～96	4.0～7.0	0.5(0)～0.9	
		分部 闸墩	1.00～1.75	91～95	5.0～8.0	0.7(0)～1.2	含中、边墩等
		闸底板	0.16～0.30	100			
2	泄槽	底板	0.16～0.30	100			
		边墙 挡土墙式	0.70～1.00	100			
		边墙 边坡衬砌	$1/B+0.15$	100			岩石坡,B 为衬砌厚

表 8-3　　　　　　　　　　隧洞立模面系数参考值　　　　　　　　　　m^2/m^3

<table>
<tr><th colspan="2" rowspan="2"></th><th>高宽比</th><th colspan="6">衬砌厚度/m</th><th colspan="2">所占比例</th></tr>
<tr><th></th><th>0.2</th><th>0.4</th><th>0.6</th><th>0.8</th><th>1</th><th>1.2</th><th>曲面</th><th>墙面</th></tr>
<tr><td rowspan="4">直墙圆拱形隧洞</td><td></td><td>0.9</td><td>3.16~
3.42</td><td>1.52~
1.65</td><td>0.98~
1.07</td><td>0.71~
0.78</td><td>0.55~
0.60</td><td>0.44~
0.49</td><td>49%~66%</td><td>51%~34%</td></tr>
<tr><td></td><td>1</td><td>3.25~
3.51</td><td>1.57~
1.70</td><td>1.01~
1.10</td><td>0.73~
0.80</td><td>0.57~
0.62</td><td>0.46~
0.50</td><td>45%~61%</td><td>55%~39%</td></tr>
<tr><td></td><td>1.2</td><td>3.41~
3.65</td><td>1.65~
1.77</td><td>1.07~
1.15</td><td>0.78~
0.84</td><td>0.60~
0.65</td><td>0.49~
0.53</td><td>39%~53%</td><td>61%~47%</td></tr>
<tr><td></td><td>说明</td><td colspan="6">本表立模面系数计算按隧洞顶拱圆心角为120°~180°,圆心角小时取大值,反之取小值</td><td colspan="2">顶拱圆心角小时曲面取小值,反之取大值;墙面相反</td></tr>
<tr><td rowspan="4">圆形隧洞</td><td colspan="2" rowspan="2">衬砌内径/m</td><td colspan="6">衬砌厚度/m</td><td colspan="2" rowspan="2">备　注</td></tr>
<tr><td>0.2</td><td>0.4</td><td>0.6</td><td>0.8</td><td>1</td><td>1.2</td></tr>
<tr><td colspan="2">4</td><td>4.76</td><td>2.27</td><td>1.45</td><td>1.04</td><td></td><td></td><td colspan="2"></td></tr>
<tr><td colspan="2">8</td><td>4.88</td><td>2.38</td><td>1.55</td><td>1.14</td><td>0.89</td><td>0.72</td><td colspan="2"></td></tr>
<tr><td colspan="2">12</td><td>4.92</td><td>2.42</td><td>1.59</td><td>1.17</td><td>0.92</td><td>0.76</td><td colspan="2"></td></tr>
</table>

表 8-4　　　　　　　　　　渡槽槽身立模面系数参考值

渡槽类型	壁厚/cm	立模面系数/(m^2/m^3)	备　注
矩形渡槽	10	15.00	
	20	7.71	
	30	5.28	
箱形渡槽	10	13.26	
	20	6.63	
	30	4.42	
U形渡槽	12~20	10.33	直墙厚12cm,U形底部厚20cm
	15~25	8.19	直墙厚15cm,U形底部厚25cm
	24~40	5.98	直墙厚24cm,U形底部厚40cm

表 8-5 涵洞立模面系数参考值 m²/m³

	高宽比	部位	衬砌厚度/m					备注
			0.4	0.6	0.8	1.0	1.2	
直墙圆拱形涵洞	0.9	顶拱	2.17	1.45	1.09	0.87	0.73	
		边墙	1.13	0.76	0.57	0.46	0.39	
	1	顶拱	2.07	1.38	1.04	0.83	0.69	
		边墙	1.32	0.88	0.66	0.53	0.44	
	1.2	顶拱	1.88	1.26	0.95	0.76	0.64	
		边墙	1.64	1.09	0.81	0.65	0.54	
	高宽比		衬砌厚度/m					备注
			0.4	0.6	0.8	1	1.2	
矩形涵洞	1.0		3.00	2.00	1.50	1.20	1.00	
	1.3		3.22	2.15	1.61	1.29	1.07	
	1.6		3.39	2.26	1.70	1.36	1.13	
圆形涵洞	壁厚/cm		15	25	35	45	55	65	备注
	立模面系数		8.89	5.41	4.06	3.15	2.62	2.23	

表 8-6 水闸立模面系数参考值

序号	建筑物名称		立模面系数 /(m²/m³)	各类模板参考比例(%)			说明
				平面	曲面	牛腿	
1	水闸闸室(综合)		0.65~0.85	92~96	4.0~7.0	0.5(0)~0.9	
2	分部	闸墩	1.15~1.75	91~95	5.0~8.0	0.7(0)~1.2	含中、边墩等
		闸底板	0.16~0.30	100			

表 8-7 明渠立模面系数参考值

序号	项目	系数参考值
1	边坡面立模面	边坡面立模面系数 $\frac{1}{B}$ (m²/m³)。B 为边坡衬砌厚度;混凝土量按边坡衬砌量计算
2	横缝堵头立模面	横缝堵头立模面系数 $\frac{1}{L}$ (m²/m³)。L 为衬砌分段长度;混凝土量按明渠衬砌总量计算

(续)

序号	项目	系数参考值
3	底板纵缝立模面	底板纵缝立模面面积按明渠长度计算,每米渠长立模面 $n \times B \, m^2/m$。B 为衬砌厚度;n 为明渠底板纵缝条数(含边坡与底板交界处的分缝)

25. 模板工程清单工程量计算规则有哪些?

(1)立模面积为混凝土与模板的接触面积,坝体纵、横缝键槽模板的立模面积按各立模面在竖直面上的投影面积计算(即与无键槽的纵、横缝立模面积计算相同)。

(2)模板工程中的普通模板包括平面模板、曲面模板、异型模板、预制混凝土模板等;其他模板包括装饰模板等。

(3)模板按招标设计图示混凝土建筑物(包括碾压混凝土和沥青混凝土)结构体形、浇筑分块和跳块顺序要求所需有效立模面积计量。不与混凝土面接触的模板面积不予计量。模板面板和支撑构件的制作、组装、运输、安装、埋设、拆卸及修理过程中操作损耗等所发生的费用,应摊入有效工程量的工程单价中。

(4)不构成混凝土永久结构、作为模板周转使用的预制混凝土模板,应计入吊运、吊装的费用。构成永久结构的预制混凝土模板,按预制混凝土构件计算。

(5)模板制作安装中所用钢筋、小型钢构件,应摊入相应模板有效工程量的工程单价中。

(6)模板工程结算的工程量,按实际完成进行周转使用的有效立模面积计算。

26. 模板安装与拆除应注意哪些事项?

模板安装必须按照设计图纸进行,以保证建筑物各部分形状、尺寸和相对位置的准确无误。立模时应进行测量放样和检查校正。模板的支撑应安设在楔子、千斤顶等便于松动的装置上。斜撑安设在岩石或其他支撑面上时,应保证接触处支撑稳固。

模板搬运及吊装时,应轻起轻放,避免撞击损坏和变形。

模板的拆除工作是模板工程中一个重要环节。拆模工作应按一定程序进行,要本着先装后拆、后装先拆;先拆除非承重部分,后拆除承重部分的原则,有步骤地拆除,并做到不损伤构件或模板。

27. 悬臂模板与普通模板有何区别?

悬臂模板是一种常见的承重模板,它不仅承受混凝土的侧压力,而且还要承受混凝土的垂直重量。

悬臂模板的支撑固定结构主要包括三角桁架、斜撑、螺栓拉条和螺栓锚筋等。

三角桁架斜撑用以承受混凝土的重量,螺栓拉条用以承受混凝土的侧压力,螺栓锚筋拉住斜撑下部,以防脱孔。为保持稳定,各排间应设剪刀撑。

28. 钢模板有哪几种类型?

钢模板包括平面模板[图 8-1(a)]、阴角模板[图 8-1(b)]、阳角模板[图 8-1(c)]、连接角模板[图 8-1(d)]等通用模板,还有一些倒棱模板、梁腋模板、柔性模板、搭接模板、可调模板及嵌补模板等专用模板。

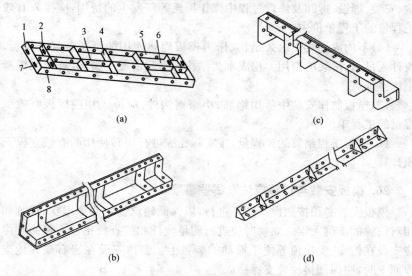

图 8-1 通用钢模板
(a)平面模板;(b)阴角模板;(c)阳角模板;(d)连接角模板
1—端肋;2—横肋;3—纵肋;4—无孔横肋;5—边肋;6—面板;7—插销孔;8—U 形主孔

29. 钢模板的规格有哪些？

模板的宽度模数一般以 50mm 进级，长度模数以 150 进级。钢模板的规格见表 8-8。

表 8-8　　　　　　　　　钢模板规格　　　　　　　　　　mm

名　称		宽　度	长　度	肋　高
平面模板		300、250、200、150、100	1500、1200 900、750 600、450	55
阴角模板		105×150、100×150		
阳角模板		100×100、50×50		
连接角模板		50×50		
倒棱模板	角棱模板	17、45		
	圆棱模板	R20、R35		
梁腋模板		50×150、50×100	1500、1200 900、750 600、450	55
柔性模板		100		
搭接模板		75		
双曲可调模板		300、200	1500、900、600	
变角可调模板		200、160		
嵌补模板	平面嵌板	200、150、100	300、200、150	
	阴角嵌板	150×150、100×150		
	阳角嵌板	100×100、50×50		
	连接角模	50×50		

30. 模板安装包括哪些定额工作内容？

模板安装包括面板拼装和支撑设置两项内容。

31. 大型模板有哪几种型式？

大型模板按支撑方式和安装方法不同，分拉条固定式模板、半悬模板、悬臂模板和自升悬臂模板。

32. 结合钢模板的连接件有哪些种类？

连接件有 U 形卡、L 形插销、3 形扣、碟形扣、紧固螺栓、钩头螺栓等。

(1) U形卡,又称回形销,用于钢模板的拼装。

(2) L形插销,穿插在模板端肋的插销孔内,并穿过里面横肋的插销孔,以增加钢模纵向连接的刚度。

(3) 3形扣,用于钩头螺栓、对拉螺栓与圆钢管之间的连接。

(4) 碟形扣,用于钩头螺栓、对拉螺栓与薄壁矩形钢管、内卷边槽钢的连接。

(5) 紧固螺栓,用来紧固内、外钢楞。

33. 组合钢模板的支承件有哪些种类?

支承件包括钢楞(围令)、柱箍、斜撑、支柱、钢管支架、门式支架、梁卡具和桁架等。

34. 拉条固定式、半悬臂式、悬臂式和自升式悬臂模板的特点有哪些?

(1) 拉条固定式模板,其布置有两层拉条。

(2) 半悬臂模板,只设一层拉条。

(3) 悬臂模板由面板和悬臂支撑两部分组成,不用拉条,有利于仓面机械化施工。

(4) 自升悬臂模板是在悬臂模板基础上发展起来的一种新型模板,比悬臂模板多一个提升柱。利用提升柱自行提升模板,不用起重设备,避免了模板装拆与其他工序起重设备的矛盾,而且安装方便,安全可靠。

35. 隧洞衬砌时如何选用模板?

大型隧洞混凝土衬砌,采用钢模台车,针梁模板、底拱拉模施工。

隧洞不规则断面(如喇叭口、渐变段、岔管段)或小型隧洞受条件限制,只能采用普通模板衬砌。

36. 截面为圆形的隧洞如何设置衬砌模板?

当底拱中心较小时,底拱可以不用表面模板,只设端部挡板,混凝土浇筑时,用弧形样板将混凝土表面刮成弧形。

对于中心角较大的底拱,可采用悬吊式底拱模板施工。

先把模板桁架安装好,面板待混凝土浇筑时,自中间向两旁边浇边装。

边墙模板及顶拱模板,如图8-2所示。

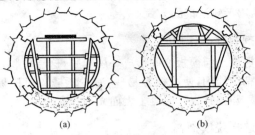

图 8-2 边墙及顶拱模板
(a)边墙模板;(b)顶拱模板

37. 针梁模板有哪些特点？

针梁模板由钢模、针梁、千斤顶、移动装置等组成。

针梁模板具有施工进度快,混凝土衬砌没有纵向施工缝,整体性好,表面平整光滑的特点,但针梁模板制作工艺比较复杂,造价高,隧洞转弯段施工困难。隧洞断面较大且洞身较长或者工期很紧时,可选择针梁模板施工。

38. 滑模有哪些优点？

(1)滑模能保证工程质量。滑模可连续浇筑混凝土,减少施工缝,提高建筑物的整体性;模板短、平、刚度大,浇出的混凝土面平整光洁,即使有蜂窝、麻面,也可以及时修补。

(2)滑模能加快施工进度。滑模一次立模,连续浇筑,简化了模板装拆工艺,节省时间。

(3)滑模可以节约材料,节省劳力,减轻劳动强度。利用率高时,可降低工程造价。

39. 垂直滑模适用于哪些结构？

垂直滑升模板主要用于井筒、闸墩、墙体等结构的施工。

40. 堆石坝面施工应选择哪种滑模？

堆石坝面板施工中普遍采用无轨滑模,因为与有轨滑模相比较,无轨滑模不仅不需要敷设轨道及浇筑架立轨道的混凝土条带,装拆简便,施工进度快,而且减少了坝面施工干扰,一套无轨滑模装置加侧模,只需钢材5~6t。因此采用无轨滑模的方式。

41. 脱模剂有什么作用?

脱模剂在混凝土与模板之间形成一层薄膜,这层薄膜,可降低混凝土与模板之间的粘结作用,使脱模容易些,减少了撬动对模板、混凝土表面的损坏,延长模板寿命,提高混凝土表面光洁程度。

42. 如何选择脱模剂?

使用脱模剂,要选择脱模效果好、对混凝土表面无副作用、配制简单、使用方便,成本低的品种。常用脱模剂见表8-9。

表 8-9　　　　　　　　　常用脱模剂

材料及重量配合比	配制和使用方法	适用范围	优缺点
肥皂液	用肥皂切片泡水,涂刷于模板表面1~2遍	木模、混凝木模、土模	使用方便,便于涂刷,易脱模,价格低廉;冬雨季不能使用
皂角:水=1:5~1:7	用温水将皂角稀释,搅匀使用。涂刷2遍,每遍隔0.5~1小时	木模、混凝土模、水泥面台座、土模	使用方便,便于涂刷,易脱模,价格低廉;冬雨季不能使用
废机油	稠的刷1遍,较稀的刷2遍,固定胎模表面加撒滑石粉一遍	各种模板及固定胎模	隔离较稳定,可利用废料,但钢筋和构件表面沾油污染
废机油:水泥(滑石粉):水=1:1.4(1.2):0.4	将三种材料拌和至乳状,刷1~2遍	各种固定胎模	易脱模,便于涂刷,表面光滑,但钢筋和构件表面易沾油
废机油:柴油(煤油)=1:1~1:4	将较稠废机油掺柴油(或煤油)稀释搅匀,涂刷1~2遍	大模板	隔离较稳定,可利用废料,但钢筋和构件表面易沾油污染

(续)

材料及重量配合比	配制和使用方法	适用范围	优缺点
废机油:黏土膏:水=1:1:0.7	先将废机油与黏土膏拌和均匀,再加水拌和成乳胶状	各种固定胎模	易脱模,便于涂刷,表面光滑,但钢筋和构件表面易沾油
重柴油(废机油):肥皂=1:1~1:2	将重柴油膏(或废机油)和肥皂水混合使用	各种固定胎模	涂刷方便,构件清洁,颜色灰白
石灰水	将石灰膏加水拌成糊状,均匀涂1~2遍	水泥面台座、混凝土模板、土模	取材容易,成本低,涂刷方便,但较易脱落
石灰膏:黄泥=1:1	将石灰膏与黄泥加适量水拌和至糊状,均匀涂1~2遍	水泥面台座、混凝土模板、土模	取材容易,成本低,涂刷方便;但较易脱落
石灰膏或麻刀灰	配成适当稠度,抹1~2mm厚于土模或构件表面	土模或重叠生产构件	成本低,便于操作,易脱模;但耐水性差
107号建筑水胶:滑石粉:水=1:1:1	将水胶与水调匀,再与滑石粉调均匀,涂刷1~2遍	钢模板	便于操作,易脱模

43. 预制混凝土模板包括哪些类型?各适用于哪些工程?

(1)廊道、竖井预制混凝土模板。

1)廊道模板。适用于各种孔洞。

2)竖井模板。坝体内竖井形状有圆形和矩形,均可采用预制混凝土模板。

(2)重力式混凝土模板,适用于大体积混凝土浇筑,基本形式是双肋形。模板的尺寸大小取决于起吊能力。

(3)其他预制混凝土模板。

1)预制钢筋混凝土壤面模板。钢筋混凝土壤面模板采用强度等级较高的混凝土制成,适用于闸墩过流面等抗冲耐磨的部位。镶面模板的预制、安装质量要求都比较高。

2)钢筋混凝土反坡模板。坝体上下游往往有些倒悬部分,这些部位的浇筑,过去都是采用悬挑模板,装拆比较困难。改用预制的钢筋混凝土模板后,能节省木板,加快工程进度,保证施工安全。

3)预制混凝土倒T形梁模板。一些高孔口的顶板,如胸墙、孔洞进水口顶板、电站尾水管扩散段顶板,过去采用架立承重排架的方法现浇,需要大量支撑材料。而现采用预制混凝土倒T形梁作模板,现场拼装,能加快施工进度,节省材料。

4)浆砌块石坝混凝土面板预制模板。浆砌块石坝迎水面的混凝土防渗面板施工,可以采用拆移式模板,也可以采用预制混凝土模板。

44. 预制混凝土模板安装应注意哪些问题?

预制混凝土模板应严格控制制作尺寸及平整度,混凝土达到一定强度才能运输、吊装。

(1)模板在安装前,先按施工缝要求处理下层混凝土面。

(2)安装时,铺砂浆找平,以保证模板与下层混凝土牢固结合。

模板与现浇混凝土的结合面,必须在浇筑混凝土前加工成粗糙面,并清洗、湿润;浇筑时,保持结合面清洁,注意结合面附近混凝土的平仓振捣。

45. 模板支撑设置应满足哪些要求?

(1)支架必须支承在坚实的地基或混凝土上,并应有足够的支承面积。设置斜撑,应注意防止滑动。在湿陷性黄土地区,必须有防水措施;对冻胀土地基,应有防冻融措施。

(2)支架的立柱或桁架必须用撑拉杆固定,以提高整体稳定性。

(3)模板及支架在安装过程中,注意设临时支撑固定,防止倾倒。

46. 模板工程工程量清单项目应怎样设置?

模板工程工程量清单的项目编码、项目名称、计量单位、工程量计算规则及主要工作内容,应按表 8-10 的规定执行。

表 8-10　　　　　　　模板工程(编码 500110)

项目编码	项目名称	项目主要特征	计量单位	工程量计算规则	主要工作内容	一般适用范围
500110001 ×××	普通模板	(1)类型及结构尺寸。 (2)材料品种。 (3)制作、组装、安装及拆卸标准(如强度、刚度、稳定性)。 (4)支撑形式	m²	按招标设计图示建筑物体形、浇筑分块和跳块顺序要求所需有效立模面积计量	(1)制作、组装、运输、安装。 (2)拆卸、修理、周转使用。 (3)刷模板保护涂料、脱模剂	用于浇筑混凝土的普通模板
500110002 ×××	滑动模板	(1)类型及结构尺寸。 (2)面板材料品种。 (3)支撑及导向构件规格尺寸。 (4)制作、组装、安装和拆卸标准(如强度、刚度、稳定性)。 (5)动力驱动形式			(1)制作、组装、运输、安装、运行维护。 (2)拆卸、修理、周转使用。 (3)刷模板保护涂料、脱模剂	溢流面、混凝土面板、闸墩、立柱、竖井等的滑模
500110003 ×××	移置模板					模板台车、针梁模板、爬升模板等
500110004 ×××	其他模板工程					

第九章
·钻孔灌浆及锚固工程·

1. 基础处理工程定额的地层划分为哪些类别？

(1)钻孔工程定额,按一般石方工程定额十六级分类法中 Ⅴ～ⅩⅣ 级拟定,大于 ⅩⅣ 级岩石,可参照有关资料拟定定额。

(2)冲击钻钻孔定额,按地层特征划分为十一类。

(3)钻混凝土工程除节内注明外,一般按粗骨料的岩石级别计算。

2. 钻机钻岩石层灌浆孔预算定额工作内容有哪些？

(1)自下而上灌浆法的工作内容包括:钻孔、孔位转移。适用于露天作业,帷幕灌浆孔,固结灌浆孔,排水孔和水位观测孔。

(2)自上而下灌浆法的工作内容包括:钻孔、钻灌交替、扫孔和孔位转移。适用于露天作业,帷幕灌浆孔和固结灌浆孔。

3. 钻机钻岩石层灌浆孔概算定额工作内容有哪些？

(1)自下而上灌浆法的工作内容包括:钻孔、清孔、检查孔钻孔和孔位转移。适用于露天作业。

(2)自上而下灌浆法的工作内容包括:钻孔、清孔、钻灌交替、扫孔、孔位转移、检查孔钻孔。适用于露天作业。

4. 钻岩石层固结灌浆概算定额工作内容有哪些？

(1)钻机钻孔:

1)自下而上灌浆法的工作内容包括:钻孔、清孔、检查孔钻孔。适用于露天作业。

2)自上而下灌浆法的工作内容包括:钻孔、清孔、钻灌交替、扫孔、孔位转移、检查孔钻孔。适用于露天作业。

(2)风机钻孔的工作内容包括:孔位转移、接拉风管、钻孔、检查孔钻孔。适用于露天作业,孔深小于 8m 的作业。

5. 风钻钻灌浆孔预算定额工作内容有哪些?

风钻钻灌浆孔的工作内容包括：孔位转移、接拉风管、钻孔，适用于露天作业，孔深小于 8m 的围结灌浆孔、排水孔。

6. 坝基岩石帷幕灌浆预算定额工作内容有哪些?

（1）自下而上灌浆法的工作内容包括：洗孔、压水、制浆、灌浆、封孔和孔位转移。适用于露天作业，一排帷幕，自下而上分段灌浆。

（2）自上而下灌浆法的工作内容包括：洗孔、压水、制浆、灌浆、扫孔、钻灌交替、封孔和孔位转移。适用于露天作业，一排帷幕，自上而下分段灌浆。

7. 坝基岩石帷幕灌浆概算定额工作内容有哪些?

（1）自下而上灌浆法的工作内容包括：洗孔、压水、制浆、灌浆、封孔、孔位转移，以及检查孔的压水试验、灌浆。适用于露天作业，一排帷幕，自下而上分段灌浆。

（2）自上而下灌浆法的工作内容包括：洗孔、压水、制浆、灌浆、封孔、孔位转移，以及检查孔的压水试验、灌浆。适用于露天作业，一排帷幕，自上而下分段灌浆。

8. 孔口封闭灌浆预算定额工作内容有哪些?

孔口封闭灌浆的工作内容包括灌浆前冲孔，简易压水试验、制浆、灌浆、封孔和孔位转移，适用于自上而下孔口封闭循环灌浆，孔径 75mm 以内，孔深 100m 以内。

9. 基础固结灌浆预算定额工作内容有哪些?

基础固结灌浆工作内容包括：冲洗、压水、制浆、灌浆、封孔、孔位转移。

10. 基础固结灌浆概算定额工作内容有哪些?

基础固结灌浆工程工作内容包括：冲洗、制浆、灌浆、封孔、孔位转移，以及检查孔的压水试验、灌浆。

11. 隧道固结灌浆预算定额工作内容有哪些?

隧道固结灌浆工程预算工作内容包括：简易工作平台搭拆、洗孔、压水、制浆、灌浆、封孔、孔位转移。

12. 隧道固结灌浆概算定额工作内容有哪些？

隧道固结灌浆工程概算工作内容包括：简易工作平台搭拆、洗孔、压水、制浆、灌浆、封孔、孔位转移，以及检查孔的压水试验、灌浆。

13. 回填灌浆定额工作内容有哪些？

工作内容包括隧道回填灌浆：预埋灌浆管、简易平台搭拆、风钻通孔、制浆、灌浆、封孔、检查孔钻孔、压浆检查等；高压管道回填灌浆：开孔、焊接灌浆孔、制浆、灌浆、拆除灌浆管、质量检查等。适用于高压管道回填灌浆适用于钢板与混凝土接触面回填灌浆。隧洞回填灌浆适用于混凝土与岩石接触面回填灌浆。

14. 如何计算灌浆工程定额中的水泥用量？

灌浆工程定额中的水泥用量系概（预）算基本量。如有实际资料，可按实际消耗量调整。

15. 如何计算钻机钻灌浆孔、坝基岩石帷幕灌浆定额工程量？

(1) 终孔孔径大于 91mm 或孔深超过 70m 时改用 300 型钻机。
(2) 在廊道或隧洞内施工时，人工、机械定额乘以表 9-1 所列系数。

表 9-1　　　　　　　　　　　定额系数

廊道或隧洞高度/m	0～2.0	2.0～3.5	3.5～5.0	5.0 以上
系　数	1.19	1.10	1.07	1.05

16. 如何计算地质钻孔机钻孔定额工程量？

地质钻机钻灌不同角度的灌浆孔或观测孔、试验孔时，人工、机械、合金片、钻头和岩芯管定额乘以表 9-2 所列系数。

表 9-2　　　　　　　　　　　定额系数

钻孔与水平夹角	0～60°	60°～75°	75°～85°	85°～90°
系　数	1.19	1.05	1.02	1.00

17. 灌浆压力应怎样划分?

灌浆压力划分标准为:高压>3MPa;中压1.5~3MPa;低压<1.5MPa。

18. 水泥强度等级划分标准是什么?

灌浆定额中水泥强度等级的选择应符合设计要求,设计未明确的,可按以下标准选择:回填灌浆 32.5;帷幕与固结灌浆 32.5;接缝灌浆 42.5;劈裂灌浆 32.5;高喷灌浆 32.5。

19. 如何计算锚筋桩定额工程量?

锚筋桩可参照相应的锚杆定额。定额中的锚杆附件包括垫板、三角铁和螺帽等。

20. 如何计算锚杆(索)定额工程量?

锚杆(索)定额中的锚杆(索)长度是指嵌入岩石的设计有效长度。按规定应留的外露部分及加工过程中的损耗,均已计入定额。

21. 如何计算喷浆定额工程量?

喷浆(混凝土)定额的计量,以喷后的设计有效面积(体积)计算,定额已包括了回弹及施工损耗量。

22. 钻孔定额使用时应注意哪些问题?

(1)预算定额第七章第1、2节:钻机钻岩石层灌浆孔。

1)孔深系数:孔越深,钻进难度越大,换接钻杆次数越多,工效越低,所以要按规定调整。

2)不同钻孔类型:试验孔、观测孔、检查孔、先导孔较一般的灌浆孔,都有其特殊的技术要求,这些要求都将影响其工效,所以使用这两节定额时,要按规定调整。

3)预算定额第七章第1节与第2节的区别:第1节适用于钻孔作业连续完成,不受灌浆作业干扰,而第2节则是钻孔与灌浆作业交替进行。

(2)预算定额第七章第3节风钻钻灌浆孔,洞内作业时应按规定乘调整系数。

(3)预算定额第七章第12节钻机钻土坝(堤)灌浆孔。本节专用于钻土坝(或土堤),与第13节配套使用。本节分两个子目:泥浆固壁钻进子目,适用浸润线以下潮湿的土坝(堤)内钻进;套管固壁钻进子目,适用于浸润线以上干燥的土坝(堤)内钻进。

23. 灌浆定额使用时应注意哪些问题?

(1)预算定额第七章第 6 节孔口封闭灌浆及第 16 节坝基砂砾石帷幕灌浆这两节定额都必须在孔口设孔口管,所以这两节定额必须分别与第 17-(2)、17-(1)配套使用,不要漏项。

(2)预算定额第七章第 10 节压水试验第 70051 子目适用于固结灌浆,第 70052 子目适用于帷幕灌浆。第 11 节压浆检查适用于回填灌浆。

(3)新版定额的灌浆定额主要参数与旧版概、预算定额不同,由吸水率(w)改为透水率(L_u)。透水率的单位为 L_u,吸水率的单位为 L/(min·m·m),它们之间可按 100:1 换算。

24. 防渗墙定额使用时应注意哪些问题?

预算定额第七章第 18~23 节、概算定额第七章第 14~19 节使用时要注意:

(1)预算定额防渗墙成槽定额单位为 m 而不是 m^2。定额中的米是折算米,这与工程实践中主孔、付孔的进尺米完全不相同,两者相差较大,请务必注意。概算定额的单位为 m^2,是指设计阻水面积。

(2)预算定额第七章第 18、19 节,一、二期槽孔间的搭接,若采用钻凿法,应按规定加计钻孔工程量,如采用接头管法则不加计工程量,但在混凝土浇筑定额中计入接头管的费用。概算定额则已按钻凿法加计了搭接工程量。

(3)预算定额第七章第 20、21 节,概算定额第七章第 16、17 节的定额单位为 m^2,系指设计阻水面积。

(4)预算定额第七章第 22 节混凝土防渗墙浇筑定额的单位为 m^3,未包括超填量及施工附加量,故使用该定额时,应按规定,计入 K_1、K_2、K_3 三个系数。

概算定额的单位为 m^2,已计入超填量及施工附加量。

25. 锚杆定额使用时应注意哪些问题?

(1)第七章第 37 节为利用固结灌浆孔,其扫孔工序应在固结灌浆结束后紧接进行。

(2)第七章第 38 节锚杆束系按 4 根 $\phi 28$ 锚筋拟定,如设计采用的根数、直径不相同,应按设计调整。

(3)锚杆长度均指嵌入岩石的有效长度,不包括外露头部长度。

26. 锚索定额使用应注意哪些问题?

(1)锚索长度是指嵌入岩石的有效长度,不包括锚头的长度。

(2)第 43、44 两节岩锚中灌浆工序,系按固壁灌浆拟定,对于设计要求结合固结灌浆的岩锚,应按有关规定调整定额。

(3)第 45 节混凝土锚按直线锚拟定,不适用于环形锚。

27. 灌浆有哪几种类型?

灌浆就是利用灌浆机施加一定的压力,将某种浆液通过预先设置的钻孔或灌浆管,灌入岩石、土或建筑物中,使其胶结成坚固、密实而不透水的整体。

灌浆按灌浆的材料分,主要有水泥灌浆、水泥黏土灌浆、黏土灌浆、沥青灌浆和化学灌浆等。按灌浆目的分,主要有固结灌浆、帷幕灌浆、接触灌浆、接缝灌浆、回填灌浆。

28. 如何选择灌浆类型?

固结灌浆一般在混凝土浇筑一二层后进行,是为加固基岩以提高地基的整体性、均匀性和承载能力而进行的群孔低压灌浆。固结灌浆采用纯水泥浆或水泥砂浆,不能掺加黏土。

帷幕灌浆是为在坝基底部形成一道阻水帷幕,以防止坝幕渗漏,降低坝底的压力而进行的深孔灌浆。帷幕灌浆要在水库蓄水前完成。

帷幕灌浆时,为提高帷幕密实性,改善浆液性能,可掺适量黏土和塑化剂,一般黏土量不超过水泥重量的 5%。

帷幕灌浆孔径大小根据孔深、岩性、灌浆方法等确定。一般多采用小口径,以加快施工进度,增加孔内流速,避免浆液沉淀。一般帷幕终孔直径不应小于 75mm。

29. 如何计算帷幕灌浆工程量?

孔数:

$$基本孔 = 排数 \times 坝段长 / 孔距$$
$$先导孔 = 坝段长 / (4 \times 5 \times 孔距)$$
$$检查孔 = 基本孔 \times 10\%$$

孔深：
$$钻孔 = 孔口高程 - 孔底高程$$
$$灌浆 = 基岩面高程 - 孔底高程$$

预算项目工程量：
$$钻孔 = 各类孔孔数 \times 钻孔孔深$$
$$灌浆 = 各类孔孔数 \times 灌浆孔深$$
$$压水试验 = (检查孔 + 试验孔 + 先导孔) \times 孔数 \times 每孔段数$$

概算项目工程量：
$$帷幕灌浆 = 基本孔 \times (基岩面高度 - 孔底高度) \times K$$

K 值为阶段系数。对于永久性水工建筑物，在可行性研究阶段，$K=1.15$，在初步设计阶段，$K=1.10$。

30. 如何计算固结灌浆工程量？

（1）预算工程量：
$$基本孔数 = 需灌浆的面积 / (孔距 \times 排距)$$
$$检查孔数 = 基本孔 \times 10\%$$
$$钻孔深度 = 孔口高程 - 孔底高程$$
$$灌浆深度 = 基岩面高程 - 孔底高程$$
$$钻孔工程量 = 各类孔孔数 \times 孔深$$
$$灌浆工程量 = 各类孔孔数 \times 孔深$$
$$压水试验工程量 = 检查孔孔数 \times 每孔段数$$

（2）概算工程量：
$$概算工程量（钻孔灌浆）= 基本孔数 \times 灌浆深度 \times 设计阶段调整系数$$

31. 如何计算循环钻灌法的钻孔长度？

循环钻灌法实质上是一种自上而下，钻一段灌一段，钻眼与灌浆循环进行的一种施工方法。

钻孔的长度，即灌浆段的长度，视孔壁稳定情况和沙砾层渗漏程度而定，一般为 1～2m。

32. 如何确定帷幕深度?

帷幕深度应根据建筑物的重要性、水头大小、地基的地质条件、渗透特性等确定。

33. 如何确定帷幕厚度?

帷幕厚度应根据其所承受的最大水头及其允许的水力坡降由计算确定,对深度较大的帷幕,可沿深度采用不同厚度。

34. 如何确定帷幕的渗透系数?

灌浆帷幕的渗透系数为 $10^{-4} \sim 10^{-5}$ cm/s,允许渗透坡降一般为3~4。

35. 灌浆设备主要有哪些?

灌浆设备主要有水泥浆搅拌桶、灌浆机、管路、灌浆塞等。

(1)搅拌桶由上下两个筒体及拌灰装置、传动装置组成,容量一般在 100~200L 之间。对搅拌筒的要求是连续地进行高速搅拌,保证灌浆不间断地工作,桶内水泥浆不会分离和沉淀。

(2)灌浆机是灌浆的主要设备,灌浆质量在一定程度上取决于灌浆机的工作情况。一般灌浆有活塞式及气压式两种,目前已出现较为轻便的液压式,但前者应用较广。

(3)灌浆管路包括内外管、返浆管及高压输浆管,要求管子有足够的耐压强度,便于拆装。

(4)灌浆塞是水泥灌浆孔的一种堵塞装置,装在灌浆管的头部,其作用在于分隔密封灌浆孔进行分段灌浆。

36. 如何选择灌浆材料?

岩石地基的灌浆一般都采用水泥灌浆。水泥灌浆的主要材料是由水泥和水拌制而成的水泥浆。

37. 水泥灌浆如何选择水泥品种?

(1)对无侵蚀性地下水的岩层,多选用普通硅酸盐水泥。

(2)如遇到有侵蚀性地下水的岩层,以采用抗硫酸盐水泥或矾土水泥为宜。

(3)对水泥细度的要求为水泥颗粒的粒径要小于 1/3 岩石裂缝宽度,

灌浆才易生效;一般规定,灌浆用的水泥细度,应能保证通过 0.08mm 孔径标准筛孔的颗粒质量不小于 85%～90%。

38. 如何选择灌浆用的送、回浆管材?

灌浆用的送、回浆管有铁管、含编织层的胶管、聚氯乙烯塑料管。目前我国用得最多的是含编织层的胶管。

39. 如何选择灌注桩的成孔方法?

沉管成孔法,适用于孔深 20m 以内,孔径不大于 50cm,无大颗粒,无缩孔现象的一般砂土层。

泥浆固壁钻孔法,适用于孔深 70m 以内,孔径一般不大于 200cm 的各种地层。

全套管法(贝诺托法),适用于孔深 50cm 以内,孔径不大于 200cm 的各种地层。

螺旋钻孔法,适用于大颗粒砂土地层,地下水位以上的中小型桩基施工。

人工挖孔法,适用于孔深 30m 以内,无大量涌水地层中的大口径桩基工程。

40. 单液注浆与双液注浆的区别有哪些?

单液注浆是将裂缝构成一个密闭性空腔,有控制地留出进出口,借助压缩空气把浆液压入裂缝并使之填满。

双液注浆法的中心设备是携带式压力喷射器,这套设备有一个专门的喷枪,通过软管连接在双液泵上。适用于速硬浆液的灌注,由于物料的两个组分在枪头内混合,故浆液渗漏力强,因此产生收缩小,灌注质量高。

41. 如何计算钻孔灌浆工程量?

钻孔工程量按实际钻孔深度计算,计算单位为 m。计算钻孔工程量时,应按不同岩石类别分项计算,混凝土钻孔按 X 类岩石计算或按可钻性相应的岩石级别计算。

灌浆工程量从基岩面起计算,计算单位为 m 或 m^2。计算工程量时,应按不同岩层的不同单位吸水率或耗灰量分别计算。

42. 如何计算隧洞回填浆工程量?

隧洞回填浆,其工程量计算范围一般在顶拱中心角 90°~120°范围内,按设计的混凝土外缘面积计算,计算单位为 m^2。

43. 隧洞灌浆包括哪些定额工作内容?

隧洞灌浆包括回填灌浆、固结灌浆、钢衬接触灌浆等。

44. 如何计算水泥黏土砂浆的用料?

水泥黏土砂浆的计算公式如下:

$$W_c = x \frac{V}{\left(\dfrac{x}{\rho_c} + \dfrac{y}{\rho_e} + \dfrac{z}{\rho_s} + \dfrac{k}{\rho_w}\right)}$$

$$W_e = \frac{y}{x} W_c$$

$$W_s = \frac{z}{x} W_c$$

$$W_w = \frac{k}{x} W_c$$

式中 W_c——水泥质量(kg);

W_e——黏土质量(kg);

W_s——砂质量(kg);

W_w——水量(L);

ρ_c——水泥密度(g/cm^3);

ρ_e——黏土密度(g/cm^3);

ρ_s——砂的密度(g/cm^3);

ρ_s——水的密度(g/cm^3);

x——浆液中水泥所占的比例数;

y——浆液中黏土所占的比例数;

z——浆液中砂所占的比例数;

k——浆液中水所占的比例数;

V——浆液体积(L)。

配合比关系为:$W_c : W_e : W_s : W_w = x : y : z : k$。

45. 如何计算冲洗液工程量?

冲洗液量是指单位时间内通过孔底和钻杆与孔壁间环状空间上返的冲洗液的体积量。

确定冲洗液量的前提是保证有效地排出岩粉和冷却钻头。从确保排出岩粉出发,冲洗液量的确定可用下式计算:

$$Q = \beta \frac{\pi}{4}(D^2 - d^2)v$$

式中 Q——冲洗液量(m^3/s);
β——上返速度不均匀系数,$\beta = 1.1 \sim 1.3$;
D——钻孔直径或最大套管内径(m);
d——钻杆外径(m);
v——冲洗液上返流速(m/s)。

冲洗液的上返流速 v 必须大于质量最大的岩屑在冲洗液中的沉降速度,即:

$$v = v_0 + u$$

式中 v_0——冲洗液使岩屑处于悬浮状态的临界速度,或岩屑在冲洗液中的等速沉降速度(m/s);
u——岩屑的上升速度,可取 $u = (0.1 \sim 0.3)v$,钻孔越深,钻进速度越高,u 值越大。

46. 如何估算地下连续墙施工中所需的泥浆量?

参考类似工程的经验可用下列经验公式计算:

$$Q = \frac{v}{n} + \frac{v}{n}(1 - k_1)(n - 1) + k_2 V$$

式中 Q——泥浆总需求量(m^3);
V——设计总挖土量(m^3);
n——单元槽段数量;
k_1——浇筑混凝土时的泥浆回收率(%),一般为 60%~80%;
k_2——泥浆消耗率(%),一般为 10%~20%,包括泥浆循环,排土,形成泥皮、漏浆等的泥浆损失。

槽段内泥浆液位一般高于地下水位 0.5m。工程地质条件差时,宜考虑加大泥浆液位与地下水位高度差,以利于槽壁稳定。

槽段清底后,应立即对槽底泥浆进行置换和循环。置换时采取真空吸力泵从槽底抽出质量指标差的泥浆,同时在槽段上口补充一定量的新浆。新浆补充量可由下式计算:

$$V = \frac{d_1 - d_0}{d_1 - d_2} V_1$$

式中　　V——新浆补充量;
　　　　V_1——槽段容积;
　　　　d_1——槽内原浆液密度;
　　　　d_2——新浆液密度;
　　　　d_0——泥浆密度期望值,一般取 1.15。

47. 如何计算地下连续墙槽段长度?

当地层很不稳定时,为了防止槽壁坍塌,应减少槽段长度,以缩短成槽时间。

假定近旁有高大建筑物或较大的地面荷载时,为了确保槽壁的稳定,也应缩减槽段长度,以缩短槽壁暴露时间。

根据工地所具备的起重机能力是否能方便地起吊钢筋笼等重物决定槽段长度。

通常,可规定每幅槽段长度内全部混凝土量须在 4h 内灌注完毕,即:

$$槽段长度 = \frac{4h 内混凝土的最大灌筑量}{墙宽 \times 墙深}$$

稳定液池的容量一般应为每一槽段沟槽容积的 2 倍。

在交通繁忙而又狭窄的街区进行施工,应减小槽段的长度。

根据地下连续墙的施工经验,一般槽段长度以 6m 左右为宜。

48. 挤密灌浆适用于哪些工程?

挤密灌浆是专门用于细颗粒的土砂层,使其受到压缩和挤密,来提高其力学强度的一种灌浆,而不是试图通过将浆液灌进土砂层中的孔隙来达到上述目的。

挤密灌浆主要是用于加固已有建筑物的地基,制止其下沉,或使其抬升,而很少用于新建建筑物的地基加固处理。

49. 砂砾石地基灌浆的方式有哪几种?

沙砾石地基灌浆一般采用水泥黏土浆。有时为了改善浆液的性能,可掺加少量的膨润土;为了堵塞砂砾石层中较大的孔隙,可掺加砂料;在地下水流速较大的沙砾石层中灌浆,则可掺加适量的速凝剂。

砂砾石地层的钻孔灌浆方法有:(1)打管灌浆;(2)套管灌浆;(3)循环钻灌;(4)预埋花管灌浆等。

50. 如何计算砂卵石层钻孔灌浆的个数?

$$a = n_p \times L_b / L_2$$
$$b = a \times (3 \sim 5)‰$$

式中　a——基本孔个数;
　　　b——检查孔个数;
　　　L_b——坝段长;
　　　L_2——排距;
　　　n_p——排数。

51. 如何计算砂卵石层钻孔浆工程量?

砂卵石层钻孔浆的工程量计算公式见表 9-3。

表 9-3　　砂卵石层钻孔灌浆的工程量计算方法与公式

名称	工程量计算公式			
	循环钻灌法		预埋花管法	
	预算	概算	预算	概算
钻孔灌浆	$a \times (L_{kh} - L_{kg})$	$a \times (L_{kh} - L_{kg})$	$a \times L_{kh}$	$a \times L_{kh}$
检查孔钻孔	$b \times L_{kh}$	已包含在定额中	$b \times L_{kh}$	
检查孔灌浆	$b \times L_{kh}$		$b \times L_{kh}$	
渗透试验	用地质钻探定额		用地质钻探定额	

注:表中 L_{kh} 为孔深;L_{kg} 为孔口管段长;a 为基本孔,b 为检查孔。

52. 如何计算水工隧洞固结灌浆工程量?

(1)预算工程量:

基本孔 a = 每环孔数×需灌洞长/环距

检查孔 $b = 5‰ \times a$

基岩段钻孔 = $(a+b) \times$ 孔深

压水试验 = b 段

衬砌段钻孔 $=b×$衬砌厚度(混凝土洞)$=(a+b)×$
衬砌厚度(圬土洞)
灌浆$=(a+b)×$基岩段孔深
(2)概算工程量：
灌浆$=a×$基岩段孔深$×K$

53. 如何计算水工隧洞回填灌浆工程量？

基本孔 $a=$每排平均孔数$×$洞长$/$排距
检查孔 $b=5\%×a$
混凝土洞钻孔$=b×$衬砌厚度
圬工洞钻孔$=(a+b)×$衬砌厚度
圆形洞灌浆$=\pi×D_内×$洞长$/3$
非圆形洞灌浆$=$洞长$×$顶拱长度(顶拱不大于$120°$)洞长$×120°$弧长(顶拱大于$120°$)

54. 灌注桩有哪几种分类？

灌注桩一般包括混凝土灌注桩、砂石灌注桩、灰土挤密桩等。

55. 如何计算打孔灌注桩工程量？

(1)混凝土桩、砂桩、碎石桩的体积，按设计规定的桩长(包括桩尖，不扣除桩尖虚体积)乘以钢管管箍外径截面面积计。

$$V=F×L×N$$

式中 V——混凝土桩、砂桩、碎石桩工程量(m^3)；
F——桩截面积(m^2)；
L——设计桩长(包括桩尖，不扣除桩尖虚体积)(m)；
N——桩根数(个、根)。

(2)打孔后先埋入预制混凝土桩尖，再灌注混凝土时，灌注桩按设计长度(自桩尖顶面至桩顶面高度)乘以钢管管箍外径截面面积计算。

$$V=\pi R^2 HN$$

式中 V——灌注桩工程数量(m^3)；
R——灌注桩半径(m)；
H——灌注桩设计深度(m)；
N——灌注桩数量(根、个)。

(3)扩大桩(即爆扩桩)的工程量按单桩体积乘以次数计算。为简化计算工作,爆扩桩工程量可从表 9-4 中查得。

表 9-4　　　　　　　　　　爆扩桩工程量计算表

桩身直径/mm	桩头直径/mm	桩长/m	混凝土量/m³	桩身直径/mm	桩头直径/mm	桩长/m	混凝土量/m³
250	800	3.00	0.376	300	1000	3.00	0.665
		3.50	0.401			3.50	0.701
		4.00	0.425			4.00	0.736
		4.50	0.451			4.50	0.771
		5.00	0.474			5.00	0.807
250	1000	3.00	0.622	300	1200	3.00	1.032
		3.50	0.647			3.50	1.068
		4.00	0.671			4.00	1.103
		4.50	0.696			4.50	1.138
		5.00	0.720			5.00	1.174
每增减		0.05	0.025	每增减		0.05	0.036
300	800	3.00	0.424	400	1000	3.00	0.775
		3.50	0.459			3.50	0.838
		4.00	0.494			4.00	0.901
		4.50	0.530			4.50	0.964
		5.00	0.565			5.00	1.027
300	900	3.00	0.530	400	1200	3.00	1.156
		3.50	0.566			3.50	1.219
		4.00	0.601			4.00	1.282
		4.50	0.637			4.50	1.345
		5.0	0.672			5.00	1.408
每增减		0.05	0.036	每增减		0.05	0.064

注:1. 桩长系指桩的全长(包括桩尖)。

2. 计算公式:$V=F(L-D)+\dfrac{1}{6}\pi D^2$。式中:$F$——断面面积;$L$——桩全长;$D$——球体直径。

56. 如何计算钻孔灌注桩工程量？

钻孔灌注桩的工程量是按设计桩长（包括桩尖，不扣除桩尖虚体部分）增加 0.25m 乘以设计断面面积按立方米计算。

57. 如何计算灰土挤密桩工程量？

按桩孔设计布点，先打成深度与直径为设计要求的孔洞，然后以人工分层回填规定比例的灰土、打孔机夯锤再逐层夯实的一种桩，称为灰土挤密桩。

工程量按设计图示桩长加 0.25m 乘以断面面积按立方米计算，计算式如下：

$$V = \pi R^2 H N$$

式中各符号代表含义同"打孔灌注桩"计算公式。

58. 如何计算混凝土灌注桩钢筋笼工程量？

钢筋笼的制作安装工程量应依据设计图纸规定的钢筋品种及规格以 t 为单位计算，其计算公式如下：

$$G = (g_1 + g_2) N$$

式中 G——钢筋笼总质量(t)；

      g_1——主筋质量＝主筋长度＋弯钩($6.25d \times 2$)×根数×单重 (11 g/m)(t)；

      g_2——箍筋质量，区分圆形与螺旋形计算(t)。

      N——钢筋笼数量(个)。

箍筋的质量计算公式如下：

（圆形）$G_{箍}$＝(箍筋周长＋弯钩长)×根数×箍筋单位质量

（螺旋）$G_{箍}$＝螺旋箍筋长度×箍筋单位质量

$$= \frac{1}{S} \sqrt{S^2 + (2\pi R)^2} \times 单重$$

式中 S——螺距(mm)；

      R——螺旋半径(mm)。

59. 凿岩机与钻孔机适用范围是什么？

凿岩机一般用于钻凿小直径的浅孔，使用方便，但钻凿速度慢；钻孔机则适合钻凿较大直径的深孔，钻凿速度快，但质量大，需要安装在行驶底盘上。

60. 冲击式钻机适用范围是什么？

冲击式钻机是利用钢索系着沉重的钻具，将其提起一定的高度（1～2m），然后下放使其冲击孔底而形成钻孔。

它适用于在坚硬的岩石中钻垂直深孔，孔径为100～400mm，深度可达百米左右。利用冲击式钻机钻孔，不仅适用于硬岩中钻孔爆破，还可利用此法建造防渗墙槽。

61. 如何确定单孔注浆量？

单个注浆孔注浆量Q通常由下式确定：

$$Q = \lambda \pi R^2 H_1 \eta \beta$$

式中　λ——浆液损失系数，$\lambda = 1.2 \sim 1.5$；

　　　R——浆液设计扩散半径（m）；

　　　H_1——注浆孔注浆段长（m）；

　　　η——地层孔隙率，破碎带$\eta = 0.4 \sim 0.6$；砂土层$\eta = 0.3 \sim 0.5$；岩层$\eta = 0.3 \sim 0.5$；

　　　β——浆液在地层中有效充填系数，$\beta = 0.8 \sim 0.9$。

62. 如何计算钻孔和灌浆工程清单工程量？

(1) 砂砾石层帷幕灌浆、土坝坝体劈裂灌浆，按招标设计图示尺寸计算的有效灌浆长度计量。钻孔、检查孔钻孔灌浆、浆液废弃、钻孔灌浆操作损耗等所发生的费用，应摊入砂砾石层帷幕灌浆、土坝坝体劈裂灌浆有效工程量的工程单价中。

(2) 岩石层钻孔、混凝土层钻孔，按招标设计图示尺寸计算的有效钻孔进尺，按用途和孔径分别计量。有效钻孔进尺按钻机钻进工作面的位置开始计算。先导孔或观测孔取芯、灌浆孔取芯和扫孔等所发生的费用，应摊入岩石层钻孔、混凝土层钻孔有效工程量的工程单价中。

(3)直接用于灌浆的水泥或掺合料的干耗量按设计净耗灰量计量。

(4)岩石层帷幕灌浆、固结灌浆,按招标设计图示尺寸计算的有效灌浆长度或设计净干耗灰量(水泥或掺合料的注入量)计量。补强灌浆、浆液废弃、灌浆操作损耗等所发生的费用,应摊入岩石层帷幕灌浆、固结灌浆有效工程量的工程单价中。

(5)隧洞回填灌浆按招标设计图示尺寸规定的计量角度,计算设计衬砌外缘弧长与灌浆段长度乘积的有效灌浆面积计量。混凝土层钻孔、预埋灌浆管路、预留灌浆孔的检查和处理、检查孔钻孔和压浆封堵、浆液废弃、灌浆操作损耗等所发生的费用,应摊入有效工程量的工程单价中。

(6)高压钢管回填灌浆按招标设计图示衬砌钢板外缘全周长乘回填灌浆钢板衬砌段长度计算的有效灌浆面积计量。连接灌浆管、检查孔回填灌浆、浆液废弃、灌浆操作损耗等所发生的费用,应摊入有效工程量的工程单价中。钢板预留灌浆孔封堵不属回填灌浆的工作内容,应计入压力钢管的安装费中。

(7)接缝灌浆、接触灌浆,按招标设计图示尺寸计算的混凝土施工缝(或混凝土坝体与坝基、岸坡岩体的接触缝)有效灌浆面积计量。灌浆管路、灌浆盒及止浆片的制作、埋设、检查和处理,钻混凝土孔、灌浆操作损耗等所发生的费用,应摊入接缝灌浆、接触灌浆有效工程量的工程单价中。

(8)化学灌浆按招标设计图示化学灌浆区域需要各种化学灌浆材料的有效总重量计量。化学灌浆试验、灌浆过程中操作损耗等所发生的费用,应摊入有效工程量的工程单价中。

(9)钻孔和灌浆工程的工作内容不包括招标文件规定按总价报价的钻孔取芯样的检验试验费和灌浆试验费。

63. 钻孔项目如何进行计量与支付?

(1)凡属灌浆孔、检查孔、勘探孔、观测孔和排水孔均应按施工图纸和监理人确认的实际钻孔进尺,以每延米为单位计量,按《水利工程工程量清单计价规范》中所列项目的各部位(从钻孔钻机或套管进入覆盖层、混凝土或岩石面的位置开始)钻孔的每延米单价支付,该单价应包含钻孔所需的人工、材料、使用设备和其他辅助设施以及质量检查和验收所需的一切费用。因承包人施工失误而报废的钻孔,不予计量和支付。

(2)帷幕灌浆和固结灌浆孔及其检查孔等取芯钻孔,应经监理人确认,按取芯样钻孔,以每延米为单位计量,按《水利工程工程量清单计价规范》中取芯样钻孔的每延米单价支付。由于承包人失误未取得有效芯样的钻孔不予支付。

(3)芯样试验根据规定的钻孔取芯及其试验项目按总价列项支付。总价中应包括试验所用的人工、材料和使用设备和辅助设施,以及试验检验所需的一切费用。

(4)任何钻孔内冲洗和裂隙清洗均不单独计量和支付,其费用包括在《水利工程工程量清单计价规范》中各相应钻孔项目的灌浆作业单价中。

64. 压水试验项目如何进行计量与支付?

压水试验按实际压水操作的台时数计量,并按《水利工程工程量清单计价规范》中"压水试验"项目的每台时单价支付。压水试验机组设备的提供、操作、搬运、装配、拆除和维修等费用均包括在每台时的单价中,发包人不另行支付。

65. 灌浆试验项目如何进行计量与支付?

灌浆试验,其计量支付应根据要求或监理人的指示完成的试验项目,按《水利工程工程量清单计价规范》所列的总价项目支付。总价中包括试验所需的人工、材料、设备运行,以及试验检验所需的一切费用。

66. 水泥灌浆项目如何进行计量与支付?

(1)帷幕灌浆和固结灌浆的计量和支付应按施工图纸和监理人确认或实际记录的直接用于灌浆的干水泥重量计量,按《水利工程工程量清单计价规范》中灌浆干水泥的每吨单价支付。其单价中包含水泥、掺合料、外加剂等材料的采购、运输、储存和保管的全部费用,以及为实施全部灌浆作业所需的人工、材料、使用设备和辅助设施以及各种试验、观测和质量检查验收等所需的一切费用。

(2)回填灌浆和接缝灌浆应按施工图纸所示并经监理人验收确认的灌浆面积,以平方米为单位进行计量,并按《水利工程工程量清单计价规范》所列项目的每平方米灌浆的单价支付。

(3)灌浆过程中正常发生的浆液损耗应包含在相应的灌浆作业的单价中。

(4)灌浆用水包括钻孔、灌浆、冲洗、压水试验等作业的用水不单独计量支付,其费用均包含在相应的各灌浆项目中。

67. 化学灌浆项目如何进行计量与支付?

化学灌浆按施工图纸所示和监理人批准的范围内实际耗用的化学灌浆材料的重量计量,按《水利工程工程量清单计价规范》所列各类化学灌浆材料的单价支付,该单价中应包含使用化学灌浆设备和仪器仪表及辅助设施,化学灌浆材料的购置、运输、储存、保管,化学灌浆施工、试验及质量检查验收等所需的人工、材料、使用设备和其他辅助设施等的一切费用。承包人因施工失误、设备故障和储运过程中损失的化学灌浆材料不予计量和支付。

68. 管道项目如何进行计量与支付?

(1)排水孔管道和预埋灌浆管道应按施工图纸所示和监理人批准实际安装的管道重量以吨为单位计量,并按《水利工程工程量清单计价规范》所列项目的每吨单价支付。单价中包含管道的购置、运输、储存、保管和加工安装等费用。

(2)根据施工图纸和监理人指示施工中所用的排水管、灌浆管、套管、保护管、导向管、止水片(止浆片)及经监理人批准的金属埋件等费用,以及埋入在永久工程中的管道阀门、接头或其他零配件等均以吨为单位计量,并按《水利工程工程量清单计价规范》所列项目的每吨单价支付。

69. 钻孔和灌浆工程工程量清单项目应怎样设置?

钻孔和灌浆工程工程量清单的项目编码、项目名称、计量单位、工程量计算规则及主要工作内容,应按表9-5的规定执行。

表 9-5　　钻孔和灌浆工程(编码 500107)

项目编码	项目名称	项目主要特征	计量单位	工程量计算规则	主要工作内容	一般适用范围
500107001×××	砂砾石层帷幕灌浆(含钻孔)	1. 地层类别、颗粒级配、渗透系数等 2. 灌浆孔的布置 3. 孔向、孔径及孔深 4. 灌注材料材质 5. 灌浆程序、分排、分序、分段 6. 灌浆压力、浆液配比变换及结束标准 7. 检测方法	m	按招标设计图示尺寸计算的有效灌浆长度计量	1. 钻孔 2. 镶筑孔口管 3. 泥浆护壁 4. 制浆、灌浆、封孔 5. 抬动观测 6. 检查孔钻孔、压水试验及灌浆封堵 7. 废漏浆液和弃渣清除	坝(堰)基砂砾石层防渗帷幕灌浆
500107002×××	土坝(堤)劈裂灌浆(含钻孔)	1. 坝基地质条件 2. 坝型、筑坝材料材质、现状和隐患 3. 灌浆孔的布置 4. 孔向、孔径及孔深 5. 灌注材料材质 6. 灌浆程序、分排、分序、分段 7. 灌浆压力、浆液配比变换及结束标准 8. 检测方法	m	按招标设计图示尺寸计算的有效灌浆长度计量	1. 钻孔 2. 泥浆或套管护壁 3. 制浆、灌浆、封孔 4. 检查孔钻孔取样、灌浆封堵 5. 坝体变形、渗流等观测 6. 坝体变形、裂缝、冒浆及串浆处理	坝高在 50m 以下的均质土坝、宽心墙土坝或土堤劈裂灌浆
500107003×××	岩石层钻孔	1. 岩石类别 2. 孔向、孔径及孔深 3. 钻孔合格标准	m	按招标设计图示尺寸计算的有效钻孔进尺，按用途和孔径分别计量	1. 埋设孔口管 2. 钻孔、洗孔、孔位转移 3. 取芯样 4. 量孔深、测孔斜 5. 孔口加盖保护	先导孔、灌浆孔、观测孔等
500107004×××	混凝土层钻孔	1. 孔向、孔径及孔深 2. 钻孔合格标准				
500107005×××	岩石层帷幕灌浆	1. 岩石类别、透水率等 2. 灌注材料材质 3. 灌浆程序、分排、分序、分段 4. 灌浆压力、浆液配比变换及结束标准 5. 检测方法	m(t)	按招标设计图示尺寸计算的有效灌浆长度(m)或直接用于灌浆的水泥及掺料的净干耗量(t)计量	1. 洗孔、扫孔、简易压水试验 2. 制浆、灌浆、封孔 3. 抬动观测 4. 废漏浆液清除	坝(堰)基岩石的防渗帷幕灌浆
500107006×××	石岩层固结灌浆					坝(堰)基岩石和地下洞室围岩的固结灌浆

第九章 钻孔灌浆及锚固工程

(续一)

项目编码	项目名称	项目主要特征	计量单位	工程量计算规则	主要工作内容	一般适用范围
500107007×××	回填灌浆（含钻孔）	1. 灌浆孔布置 2. 孔向、孔径及孔深 3. 灌注材料材质 4. 灌浆分序 5. 灌浆压力、浆液配比变换及结束标准 6. 检测方法	m^2	按招标设计图示尺寸计算的有效灌浆面积计量	1. 钻进混凝土后入岩或通过预埋灌浆管钻孔入岩 2. 洗孔、制浆、灌浆、封孔 3. 变形观测 4. 检查孔压浆检查和封堵	衬砌混凝土与岩石面或充填混凝土与钢衬之间的缝隙回填
500107008×××	检查孔钻孔	1. 岩石类别 2. 孔向、孔径及孔深 3. 钻孔合格标准	m	按招标设计要求计算的有效钻孔进尺计量	1. 钻孔取岩芯 2. 检查、验收	坝（堰）基岩石帷幕、固结灌浆效果检查，混凝土浇筑质量检查
500107009×××	检查孔压水试验	1. 孔位、孔深及数量 2. 压水试验合格标准	试段	按招标设计要求计算压水试验的试段数计量	1. 扫孔、洗孔 2. 压水试验	
500107010×××	检查孔灌浆	1. 检查孔检查结果 2. 灌注材料材质 3. 灌浆压力、浆液配比变换和结束标准	m	按招标设计要求计算的有效灌浆长度计量	1. 制浆、灌浆、封孔 2. 废浆液及弃渣清除	坝（堰）基岩石帷幕、固结灌浆的检查孔灌浆
500107011×××	接缝灌浆	1. 灌浆区布设及灌浆开始条件 2. 灌浆管路及部件的制作、埋设标准 3. 灌注材料材质 4. 灌浆程序、灌浆压力 5. 灌浆结束标准 6. 检测方法	m^2	按招标设计图示要求灌浆的混凝土施工缝面积计量	1. 灌浆管路、灌浆盒及止浆片安装 2. 钻灌浆孔 3. 通水检查、冲洗、压水试验 4. 制浆、灌浆、变形观测	混凝土坝体内的施工缝灌浆
500107012×××	接触灌浆					混凝土坝体与坝基、岸坡岩体接触缝的灌浆

(续二)

项目编码	项目名称	项目主要特征	计量单位	工程量计算规则	主要工作内容	一般适用范围
500107013×××	排水孔	1. 岩石类别 2. 孔位、孔向、孔径及孔深 3. 钻孔合格标准	m	按招标设计图示尺寸计算的有效钻孔进尺计量	1. 钻孔、洗孔、孔位转移 2. 填料、插管 3. 检查、验收	排水孔
500107014×××	化学灌浆	1. 地质条件或混凝土裂缝性状（长度、宽度等） 2. 灌浆孔布置 3. 孔向、孔径及孔深 4. 灌注材料材质及配比 5. 灌浆压力、浆液配比变换及结束标准 6. 检测方法	t (kg)	按招标设计图示化学灌浆区域需要各种化学灌浆材料的总重量计量	1. 埋设灌浆嘴 2. 化学灌浆试验，选定浆液配合比和灌浆工艺 3. 钻孔、洗孔及裂缝处理 4. 配浆、灌浆、封孔	混凝土裂缝处理、岩石微细裂隙或破碎带处理、防渗堵漏、固结补强
500107015×××	其他钻孔和灌浆工程					

第十章

·砌筑与锚喷工程·

1. 人工铺砌砂石垫层定额工作内容有哪些?

(1)人工铺砌砂石垫层预算定额工作内容包括修坡、压实。

(2)人工铺砌砂石垫层概算定额工作内容包括填筑砂石料、压实、修坡。

2. 人工抛石护底护岸定额工作内容有哪些?

(1)人工抛石护底护岸的工作内容包括人工装、运、卸、抛投、整平。适用于护底、护岸。

(2)人工抛石护底护岸的工作内容包括石料运输、抛石、整平。

3. 浆砌卵石定额工作内容有哪些?

(1)浆砌卵石预算定额工作内容包括选石、修石、冲洗、拌浆、砌石、勾缝。

(2)浆砌卵石概算定额工作内容包括选石、冲洗、拌制砂浆、砌筑和勾缝。

4. 浆砌料条石定额工作内容有哪些?

(1)浆砌料条石预算定额工作内容包括选石、冲洗、拌浆、砌石、勾缝。

(2)浆砌料条石概算定额工作内容包括选石、修石、冲洗、拌制砂浆、砌筑、勾缝。

5. 浆砌石拱圈定额工作内容有哪些?

(1)浆砌石拱圈预算定额工作内容包括拱架模板制作、安装、拆除、冲洗拌浆、砌筑、勾缝。

(2)浆砌石拱圈概算定额工作内容包括拱架模板制作、安装、拆除、选石、修石、洗石、拌制砂浆、砌筑、勾缝。

6. 如何计算土石坝物料压实概算定额工程量?

土石坝物料压实定额按自料场直接运输上坝与自成品供料场运输上

坝两种情况分别编制,根据施工组织设计方案采用相应的定额子目。定额已包括压实过程中所有损耗量以及坝面施工干扰因素。如为非土石堤、坝的一般土料、砂石料压实,其人工、机械定额乘以 0.8 系数。

反滤料压实定额中的砂及碎(卵)石数量和组成比例,按设计资料进行调整。

过渡料如无级配要求时,可采用砂砾石定额子目。如有级配要求,需经筛分处理时,则应采用反滤料定额子目。

7. 如何计算土石坝物料运输概算定额工程量?

土石坝物料的运输定额编制概算时,可根据定额所列物料运输数量采用水利建筑工程概算定额相关章节子目计算物料运输上坝费用,并乘以坝面施工干扰系数 1.02。

自料场直接运输上坝的物料运输,采用土方开挖工程和石方开挖工程定额相应子目,计量单位为自然方。其中砂砾料运输按Ⅳ类土定额计算。

自成品供料场上坝的物料运输,采用砂石备料工程定额,计量单位为成品堆方。其中反滤料运输采用骨料运输定额。

8. 砌筑工程对砌石的要求有哪些?

(1)砌石体的石料应采自施工图纸规定或监理人批准的料场,石料的开采方法应经监理人批准。砌石材质应坚实新鲜,无风化剥落层或裂纹,石材表面无污垢、水锈等杂质,用于表面的石材,应色泽均匀。石料的物理力学指标应符合施工图纸的要求。

(2)砌石体分毛石砌体和料石砌体,各种石料外形规格如下:

1)毛石砌体。毛石应呈块状,中部厚度不应小于 15cm。规格小于要求的毛石(又称片石),可以用于塞缝,但其用量不得超过该处砌体质量的 10%。

2)料石砌体。按其加工面的平整程度分为细料石、半细料石、粗料石和毛料石四种。

3)用于浆砌石坝体的粗料石(包括条石和异形石)应棱角分明、各面平整,其长度应大于 50cm,块高大于 25cm,长厚比不大于 3,石料外露面应修琢加工,砌面高差应小于 5mm。砌石应经过试验,石料容重大于 25kN/m³,湿抗压强度大于 100MPa。

9. 砌筑工程对砂砾石的要求有哪些?

(1)砂浆和小骨料混凝土采用的砂料,要求粒径为 0.15~5mm,细度模数为 2.5~3.0,砌筑毛石砂浆的砂,其最大粒径不大于 5mm;砌筑料石砂浆的砂,最大粒径不大于 2.5mm。

(2)小骨料混凝土采用二级配,砾石粒径为 5~20mm 及 20~40mm。

10. 砌筑工程对水泥和水的要求有哪些?

(1)到货的水泥应按品种、强度等级、出厂日期分别堆存,受潮湿结块的水泥,禁止使用。

(2)对拌和及养护的水质有怀疑时,应进行砂浆强度验证,如果该水制成砂浆的抗压强度低于标准水制成的砂浆 28 天龄期抗压强度的 90%以下时,则此水不能使用。

11. 砌筑工程对胶凝材料的要求有哪些?

(1)胶凝材料的配合比必须满足施工图纸规定的强度和施工和易性要求,配合比必须通过试验确定。施工中承包人需要改变胶凝材料的配合比时,应重新试验,并报送监理人批准。

(2)拌制胶凝材料,应严格按试验确定的配料单进行配料;严禁擅自更改,配料的称量允许误差应符合:水泥为±2%;砂、砾石为±3%;水、外加剂为±1%。

(3)胶凝材料拌和过程中应保持粗、细骨料含水率的稳定性,根据骨料含水量的变化情况,随时调整用水量,以保证水灰比的准确性。

(4)胶凝材料拌和时间:机械拌和不少于 2~3min,一般不应采用人工拌和。局部少量的人工拌和料至少干拌三遍,再湿拌至色泽均匀,方可使用。

(5)胶凝材料应随拌随用。胶凝材料的允许间歇时间应通过试验确定,或参照表 10-1 选定。在运输或贮存中发生离析、析水的砂浆,砌筑前应重新拌和,已初凝的胶凝材料不得使用。

表 10-1 胶凝材料的允许间歇时间

砌筑时气温 (℃)	允许间歇时间/min	
	普通硅酸盐水泥	矿渣硅酸盐水泥及火山灰质硅酸盐水泥
20~30	90	120
10~20	135	180
5~10	195	—

12. 土石坝可分为哪几种类型？

土石坝按施工方法的不同可分为碾压式土石坝、水冲倒土或水力冲填坝，以及定向爆破筑坝等类型。国内外多采用碾压式土石坝。

13. 毛石砌体砌筑的要求有哪些？

(1) 砌筑毛石基础的第一皮石块应坐浆，且将大面向下。

毛石基础扩大部分，若做成阶梯形，上级阶梯的石块应至少压砌下级阶梯的 1/2，相邻阶梯的毛石应相应错缝搭接。

(2) 毛石砌体应分皮卧砌，并应上下错缝、内外搭砌，不得采用外面侧立石块、中间填心的砌筑方法。

(3) 毛石砌体的灰缝厚度应为 20~30mm，砂浆应饱满，石块间较大的空隙应先填塞砂浆，后用碎块或片石嵌实，不得先摆碎石块后填砂浆或干填碎石块的施工方法，石块间不应相互接触。

(4) 毛石砌体第一皮及转角处、交接处和洞口处应选用较大的平毛石砌筑。

(5) 毛石墙必须设置拉结石。拉结石应均匀分布、相互错开，一般每 $0.7m^2$ 墙面至少应设置一块，且同皮内的中距不应大于 2m。

拉结石的长度，若其墙厚等于或小于 400mm 时，应等于墙厚；墙厚大于 400mm 时，可用两块拉结石内外搭接，搭接长度不应小于 150mm，且其中一块长度不应小于墙长的 2/3。

(6) 毛石砌体每日的砌筑高度，不应超过 1.2m。

(7) 在毛石和实心砖的组合墙中，毛石砌体与砖砌体应同时砌筑，并每隔 4~6 皮砖用 2~3 皮丁砖与毛石砌体拉结砌合，两种砌体间的空隙应用砂浆填满。

(8) 毛石墙和砖墙相接的转角和交接处应同时砌筑。

14. 料石砌体砌筑要求有哪些？

(1) 料石基础砌体的第一皮应采用丁砌层坐浆砌筑。阶梯形料石基础的上级阶梯料石应至少压砌下级阶梯的 1/3。

(2) 料石各面加工的允许偏差应按表 10-2 的规定执行。如有特殊要求，应按监理人的指示加工。

表 10-2　　　　　　　　　　料石加工的允许偏差

料石种类	允许偏差/mm	
	宽度、厚度	长度
细料石、半细料石	±3	±5
粗料石	±5	±7
毛料石	±10	±15

(3)料石砌体的灰缝厚度,应按料石种类确定,细料石砌体不大于5mm,半细料石砌体不大于10mm,粗料石和毛料石砌体不大于20mm。

(4)砌筑料石砌体时,料石应放置平稳,砂浆铺设厚度应略高于规定的灰缝厚度。其高出厚度:细料石和半细料石为3～5mm,粗料石和毛料石为6～8mm。

(5)料石砌体应上下错缝搭砌,砌体厚度等于或大于两块料石宽度时,若同皮内全部采用顺砌,则每砌两皮后,应砌一皮丁砌层;若在同皮内采用丁顺组砌,则丁砌石应交错设置,其中距应不大于2m。

(6)在料石和毛石或砖砌的组合墙中,料石砌体和毛石砌体或砖砌体应同时砌筑,并每隔2～3皮料石层用丁砌层与毛石砌体及砖砌体拉结砌合。丁砌料石的长度应与组合墙厚度相同。

15. 浆砌石挡土墙砌筑要求有哪些?

(1)采用的毛石料砌筑挡土墙应符合下列规定:

1)毛石料中部厚度不应小于200mm;

2)每砌3～4皮为一个分层高度,每个分层高度应找平一次;

3)外露面的灰缝厚度不得大于40mm,两个分层高度间的错缝不得小于80mm。

(2)料石挡土墙应采用同皮内丁顺相间的砌筑形式,当中间部分用毛石填砌时,丁砌料石伸入毛石部分的长度不应小于200mm。

(3)砌筑挡土墙应按监理人要求收坡或收台,并设置伸缩缝和排水孔。

16. 如何连接砌石坝砌筑砌体与基岩?

(1)坝体砌筑前应对砌筑基面进行清理,清除基面尖角、松动石块和杂物,并将基础面的泥垢、油污清理干净,排除积水。经监理人检查认为砌基面符合施工图纸要求后,方能继续施工。

(2)浇筑坝基垫层混凝土前,应先湿润基岩表面,按施工图纸规定的强度等级铺设一层厚度为30~50mm的水泥砂浆,再按监理人指示浇筑垫层混凝土,其强度等级不低于C10级,厚度为1.0m。

(3)垫层混凝土抗压强度达到2.5MPa后,才允许进行上层砌石工作。

17. 坝体砌筑应符合哪些规定?

(1)浆砌石坝结构尺寸和位置的砌筑允许偏差,应符合表10-3的规定。

表10-3　　　　　浆砌石坝尺寸和位置砌筑允许偏差

类别	部位		允许偏差/cm
平面控制	坝面分层	中心线	±(0.5~1)
		轮廓线	±(2~4)
	坝内管道	中心线	±(0.5~1)
		轮廓线	±(1~2)
竖向控制	重力坝		±(2~3)
	拱坝、支墩坝		±(1~2)
	坝内管道		±(0.5~1)

(2)浆砌石坝采用胶凝材料强度等级应符合施工图纸规定,砌体砌浆处于初凝至终凝之间的砌体不允许扰动。

(3)砌筑坝体石料应制样进行强度试验,并满足施工图纸规定的石料物理力学性质指标的要求。

(4)坝体面石与腹石砌筑应同步上升,若不能同步砌筑,其相邻高差不应大于1.0m,且结合面应做工作缝处理。

(5)砂浆砌石体砌筑应先铺砂浆后砌石,砌筑质量应达到以下要求:

1)平整。同一层面应大致砌平,相邻砌石块高差应小于20~30mm。

2)稳定。石块安置必须自身稳定,大面朝下,适当摇动或敲击,使其平稳。

3)密实。严禁石块直接接触,坐浆及竖缝砂浆填塞应饱满密实,铺浆应均匀,竖缝填塞砂浆后应插捣至表面泛浆为止。

4)错缝。同一砌筑层内,相邻石块应错缝砌筑,不得存在顺流向通缝。上下相邻砌筑的石块,也应错缝搭接,避免竖向通缝,必要时,可每隔一定距离,立置丁石。

(6)砂浆砌条石,其砌体平缝宽度为 15～20mm,竖缝宽度 20～30mm,并应采用砂浆勾缝防渗。

(7)小骨料混凝土砌石块体,其砌体的平缝铺料应均匀,防止缝间被大量骨料架空,其水平缝和竖缝宽度均为 80～100mm。

(8)竖缝中充填的混凝土,开始与周围石块表面齐平,振捣后略有下沉,待上层平缝铺料时一并填满。

(9)竖缝振捣,应以达到不冒气泡且开始泛浆为适度,相邻两振点的距离应不大于振捣器作用半径的 1.5 倍(约 250mm 左右),注意防止漏振。

(10)坝体与岸坡连接部位的垫层混凝土施工前,应用压力水冲洗,清除石渣和积水,并将基面湿润,经验收合格后,铺设一层 30～50mm 的水泥砂浆,浇筑垫层混凝土。当混凝土强度达到 2.5MPa 后,砌石 3～4 层,高 0.8～1.2m,进行到预留垫层位置处埋设灌浆管件,而后填筑混凝土,并按批准的施工程序继续施工。

18. 水泥砂浆勾缝防渗应符合哪些规定?

(1)采用料石水泥砂浆勾缝作为防渗体时,防渗用的勾缝砂浆应采用细砂和较小的水胶比,灰砂比控制在 1:1～1:2 之间。

(2)防渗用砂浆应采用 42.5 级以上的普通硅酸盐水泥。

(3)清缝应在料石砌筑 24h 后进行,缝宽不小于砌缝宽度,缝深不小于缝宽的 2 倍,勾缝前必须将槽缝冲洗干净,不得残留灰渣和积水,并保持缝面湿润。

(4)勾缝砂浆必须单独拌制,严禁与砌体砂浆混用。

(5)当勾缝完成和砂浆初凝后,砌体表面应刷洗干净,至少用浸湿物覆盖保持21d,在养护期间应经常洒水,使砌体保持湿润,避免碰撞和振动。

19. 干砌石护坡应符合哪些规定?

(1)坡面上的干砌石砌筑,应在夯实的砂砾石垫层上,以一层与一层错缝锁结方式铺砌,砂砾垫层料的粒径应不大于50mm,含泥量小于5%,垫层应与干砌石铺砌层配合砌筑,随铺随砌。

(2)护坡表面砌缝的宽度不应大于25mm,砌石边缘应顺直、整齐牢固。

(3)砌体外露面的坡顶和侧边,应选用较整齐的石块砌筑平整。

(4)为使沿石块的全长有坚实支承,所有前后的明缝均应用小片石料填塞紧密。

20. 干砌石挡土墙应符合哪些规定?

(1)挡墙基础底部应作成底坡为1:5,并与受力方向相反的倾斜坡,挡墙的基础或底层应选用较大的精选石块。

(2)石料应分层错缝砌筑,砌层应大致水平,但不得用小石块塞垫找平。表面砌缝宽度应不超过25mm,所有前后的明缝均应用小石块填塞紧密。

(3)石块应铺砌稳定,相互锁结。铺筑中使每一石块在上下层接触面上都有不少于三个分开的坚实支承点。

(4)为了增加干砌石挡墙的稳定性,当砌体高度超过6m时,应沿砌体高度方向每隔3~4m设置厚度不小于500mm,并用强度等级不低于M10砂浆砌筑的水平肋带。

21. 如何选择人工抛石护底护岸的运输方式?

(1)中小型工程常有人工开采、人力挑抬运以及胶轮胎子车直接上坝或卷扬机牵引上坝。胶轮胎子车载重300~500kg,坡度20%以下。当人力协助拉坡地,最陡可达45°并可直接上坝,也可采用卷扬机拉车上坝,这类方法运距不宜大于1.0km。

(2)人工开采,胶带机运输上坝。胶带机为连续性生产机械,但装土容量较小,不宜于较长运距的作业。爬坡坡度以1:3~1:3.5为宜。

(3)人工开采,人力推$0.6m^3$斗车运输。坡度应小于0.5%~1.5%,适于1~2km内运输。一般需卸料至坝下由胶带机等转运土坝。

(4)人工挖装手扶拖拉机、翻斗车运输直接上坝。

22. 砌石坝一般有哪些胶结材料?

砌石坝所有的胶结材料有水泥砂浆、水泥石灰砂浆、水泥黏土砂浆、石灰砂浆、三合土(黏土、石灰、砂)以及细骨料混凝土等。为了节省水泥用量,同时也满足设计强度要求,常根据不同部位采用不同强度等级的水泥砂浆或混凝土。

23. 衬砌有哪些种类?

衬砌的种类有块石衬砌、混凝土或钢筋混凝土衬砌、喷射混凝土衬砌、锚喷衬砌。水利工程常用的是混凝土或钢筋混凝土衬砌。

24. 石坝灌浆法和挤浆法砌筑有何不同?

灌浆法砌筑是先铺一层稠砂浆,摆一层大块石,坐浆从底侧挤出,然后对竖缝灌入稠度较稀的砂浆,在块石缝隙之间填塞小片石,使缝隙吃浆饱满,余浆被挤出。

挤浆法砌筑是坐浆安砌块石后,进行竖缝灌浆。

25. 基础开挖时如何选择施工机械?

基础开挖时,施工机械的选择见表 10-4。

表 10-4　　　　　　基础开挖施工机械的选择

主要机械	配套机械	适用条件
正铲挖掘机	自卸汽车	基坑面积大、覆盖层的土方量多
反铲挖掘机	—	开挖覆盖层和截水槽
推土机		50m 以内推运土方
装载机	自卸汽车	基坑和岸坡的覆盖层松散易挖时
高压水泵	—	可用高压水冲洗,清除软弱岩石
水泵		

26. 采土时如何选择施工机械?

采土时,施工机械的选择见表 10-5。

表 10-5　　　　　　　　　　施工机械选择

工作内容	主要机械	配套机械	适用条件
平面采土	推土机	轮胎式装载机,自卸汽车或底卸运输车	用大中型推土机下坡取土、集土,装载机装车,自卸汽车运土,并运到坝面卸散;道路平坦、运距远、运量大、能高速行驶时宜用底卸车
	推土机	受料斗,带式输送机,自卸汽车	推土机向受料斗推运土料,由受料斗装带式输送机运输,最后用汽车送坝面卸散
	拖式铲运机	—	采用下坡取土方法,经济运距 200m 以内,可直接送到坝面上铺填
	自行式铲运机	推土机(助推)	同上,但经济运距更大些
立面采土	正铲挖掘机	自卸汽车	开挖掌子面,并装车,自卸汽车运输,直接上坝卸散。正铲挖掘机挖掘力大,适用土质广
	正铲挖掘机	铁道车厢、转运料斗和带式输送机,自卸汽车	正铲挖掘机装车,运至坝脚卸入料斗中,由廊道带式输送机和土坝带式输送机运土至坝面,再用汽车或铲运机散料
	正铲挖掘机	移动式受料斗,带式输送机、自卸汽车	架设带式输送机比修路经济可行时,可用带式输送机运输,转自卸汽车上坝卸散
	斗轮挖掘机	移动式带式输送机,固定式带式输送机,自卸汽车	土方量很大(10 万 m^3 以上)时采用,用移动式带式输送机调整挖掘机与固定式带式输送机之间经常变化的距离,转自卸汽车上坝和卸散
	斗轮挖掘机	自卸汽车,底卸运输车	土方量大,道路比较平坦时,斗轮挖掘机直接装车,自卸汽车或底卸车上坝卸散

27. 填方压实作业时如何选择施工机械？

碾压机械可根据土质选用，包括防渗体土料、坝壳料和反滤料的压实。

碾压机械可在狭窄地方和填筑与岩石接触的部位处可使用小型压实机械。

28. 推土机的施工方法有哪几种？

(1)槽形推土：推土机重复多次在一条作业线上切土和推土，可以提高生产率，使地面逐渐形成一条浅槽，以减少土从铲刀两侧漏散，可增加推土量。

(2)下坡推土：在斜坡上，推土机下坡方向切土和堆运，可以提高生产率，但坡度不宜超过 15°，以免后退时爬坡困难。

(3)多刀送土：在硬质土中，切土深度不大，将土先积累在一个或多个中间地点，然后再成批推送到卸土区。

29. 如何计算砌石工程脚手架工程量？

脚手架所需工料，一般来说已包括在相应项目预算定额内，但有时需要单独计算脚手架的费用。

(1)外、里脚手架按垂直投影面积计算。

(2)满堂悬空脚手架按水平投影面积计算。

(3)斜道、上料平台，分别按步距以座计算。

(4)挑式脚手架按延长米计算。

30. 砌石勾缝有哪几种形式？

(1)平缝：操作简便，勾缝后砌面平整，不易剥落和积污，防雨水渗透好，但砌面较单调，平缝一般有深浅两种做法。

(2)凹缝：凹缝凹进墙面 5～8mm，凹面可做成半圆形，勾凹缝的砌体面有立体感。

(3)斜缝：斜缝是把灰缝的上口压进砌体面 3～4mm，下口与砌体面平，使其成为斜向上的缝，斜缝泄水方便。

(4)凸缝：凸缝是在灰缝面做成一个半圆形的凸线，凸出砌体面约 5mm 左右。线条明显、清晰、外表美观，但操作过程费工。

31. 砖石勾缝应注意哪些问题？

(1)将脚手眼清理干净,洒水湿润,再用与原墙相同的砖补砌严密。

(2)把门框周围的勾缝用1:3水泥砂堵严塞实,深浅要一致。

(3)碰掉、碰坏的要补砌好。

(4)整理灰缝,偏斜的灰缝用钢凿剔凿;缺损处用1:2水泥砂浆加氧化铁红调成与砌体面相似的颜色修补;对于抠挖不深的灰缝要用钢凿剔深,最后将泥浆、砂浆、污物清扫干净。

(5)勾缝前一天应将砌体浇水湿透,勾缝的顺序为从上而下,先勾横缝,后勾竖缝;勾好的平缝与竖缝应深浅一致,交圈对口;一段勾好后要清扫;勾好的灰缝不应有搭槎,毛疵,舌头灰等毛病。

32. 砌石体和砌砖体应如何进行计量与支付？

砌石体和砌砖体以施工图纸所示的建筑物轮廓线或经监理人批准实施的砌体建筑物尺寸量测计算的工程量以立方米(m^3)为单位计量,并按《水利工程工程量清单计价规范》所列项目的每立方米单价进行支付。

33. 砖石工程砌体应如何进行计量与支付？

砖石工程砌体所用的材料(包括水泥、砂石骨料、外加剂等胶凝材料)的采购、运输、保管、材料的加工、砌筑、试验、养护、质量检查和验收等所需的人工、材料以及使用设备和辅助设施等一切费用均包括在砌筑体每立方米单价中。

34. 钢筋预埋件应如何进行计量与支付？

钢筋预埋件以施工图纸和监理人指示的钢筋下料总长度折算为质量,以吨(t)为单位计量,并按《水利工程工程量清单计价规范》所列项目的每吨单价进行支付。

35. 砌体基础面清理和施工排水应如何进行计量与支付？

因施工需要所进行砌体基础面的清理和施工排水,均应包括在砌筑体工程项目每立方米单价中,不单独计量支付。

36. 岩石锚杆的材料如何选用？

(1)锚杆。锚杆和预应力锚杆的材料应按施工图纸的要求,选用

HRB335级或HRB400级高强度的螺纹钢筋或变形钢筋。

(2)水泥。注浆锚杆和预应力锚杆的水泥砂浆应采用强度等级不低于42.5级的普通硅酸盐水泥。

(3)砂。采用最大粒径小于2.5mm的中细砂。

(4)水泥砂浆。砂浆强度等级必须满足施工图纸的要求,注浆锚杆水泥砂浆的强度等级不应低于20MPa;预应力锚杆的水泥砂浆不低于30MPa。

(5)外加剂。按施工图纸要求,在注浆锚杆水泥砂浆中添加的速凝剂和其他外加剂,其品质不得含有对锚杆产生腐蚀作用的成分。

(6)树脂。用于注浆和非注浆锚杆端头快速锚固的树脂,应按施工图纸的要求,选购合格厂家生产的产品。树脂与填料的比例,应通过现场试验确定。

37. 锚杆孔的钻孔应满足哪些要求?

(1)锚杆孔的开孔应按施工图纸布置的钻孔位置进行,其孔位偏差应不大于100mm。

(2)锚杆孔的孔轴方向应满足施工图纸的要求。施工图纸未作规定时,其系统锚杆的孔轴方向应垂直于开挖面;局部加固锚杆的孔轴方向应与可能滑动面的倾向相反,其与滑动面的交角应大于45°。

(3)注浆锚杆的钻孔径应大于锚杆直径,若采用"先注浆后安装锚杆"的程序施工,钻头直径应大于锚杆直径15mm以上;若采用"先安装锚杆后注浆"的程序施工,钻头直径应大于锚杆直径25mm以上。

(4)锚杆孔深度必须达到施工图纸的规定,孔深偏差值不大于50mm。

38. 锚杆的锚固和安装要求有哪些?

(1)胀壳式锚杆安装前,应将锚杆的各项组件临时加以固定,组装后应保证楔子在胀壳内顺利滑行。锚杆送入孔内要求的深度后,应立即拧紧杆体。

(2)楔缝式锚杆安装前,应将楔子和杆体组装后送至孔底,楔子不得偏斜,送入后应立即上好托板,拧紧螺帽。

(3)倒楔式锚杆安装前,楔形块体应错开1/3长度捆紧,防止安装时脱落,安装时必须打紧锚块,安装后应立即上好托板,拧紧螺帽。

(4) 树脂卷端头锚固的锚杆应采用施工图纸规定的树脂卷,树脂卷应存放在阴凉、干燥和温度+5~+25℃之间的防火仓库内,过期和变质的树脂卷不得使用。锚杆安装前,应先用杆体量测孔深,并作出标记,然后用锚杆杆体将树脂卷送至孔底。搅拌树脂时,应缓慢推进锚杆杆体,并按厂家产品说明书规定的搅拌时间进行连续搅拌。树脂搅拌完毕后,应立即在孔口处将锚杆临时固定,搅拌完毕至少 15min 后安装好托板。

(5) 需要施加预应力的楔块锚杆或树脂锚杆,应在完成上述锚固工艺,并经监理人检验合格后,按施工图纸规定的张拉力进行张拉,张拉过程中应始终保持锚杆轴向受力。

39. 锚杆的注浆要求有哪些?

(1) 锚杆注浆的水泥砂浆配合比,应在以下规定的范围内通过试验选定:

1) 水泥:砂为 1:1~1:2(质量比);
2) 水泥:水为 1:0.38~1:0.45。

(2) 先注浆的永久支护锚杆,应在钻孔内注满浆后立即插杆;后注浆的永久支护锚杆和预应力锚杆,应在锚杆安装后立即进行注浆。

(3) 锚杆注浆后,在砂浆凝固前,不得敲击、碰撞和拉拔锚杆。

40. 预应力锚束的造孔要求有哪些?

(1) 预应力锚束钻孔的位置、方向、孔径及孔深,应符合施工图纸要求。钻孔的开孔偏差不得大于 10cm,端头锚固孔的孔斜误差不得大于孔深的 2%,钻孔孔径不应小于施工图纸和厂家产品说明书规定的要求。

(2) 钻孔机具应经监理人批准,所选钻机应适合打各种角度的孔,钻孔深度应满足施工图纸的规定,钻头应选用硬质合金钢钻头或金刚石钻头。

(3) 预应力锚束的锚固端应位于稳定的基岩中,若孔深已达到预定施工图纸所示的深度,而仍处于破碎带或断层等软弱岩层时,应延长孔深,继续钻进,直至监理人认可为止。

(4) 承包人应记录每一钻孔的尺寸、回水颜色、钻进速度和岩芯记录等数据。

(5) 钻孔完毕时,应连续不断地用水和空气彻底冲洗钻孔,钻孔冲洗干净后才准安装锚束。在安装锚束前,应将钻孔孔口堵塞保护。

41. 预应力锚束制作与安装要求有哪些?

(1)应按施工图纸所示的尺寸下料,下料前应检查钢丝或钢绞线的表面,没有损伤的钢丝或钢绞线才能使用。

(2)沿锚束的轴线方向每隔 $1\sim2m$ 设置隔离架或内芯管,锚固段每隔 $2m$ 设置隔离板一块。

(3)锚束的钢丝或钢绞线应按一定规律编排并绑扎成束,不得使用镀锌铁丝作捆绑材料。

(4)钢丝或钢绞线两端与锚头嵌固端应牢固联结,两嵌固端之间的每根钢丝或钢绞线长度应一致。

(5)锚束捆扎完毕,应采取保护措施防止钢丝或钢绞线锈蚀。运输过程中应防止锚束发生弯曲、扭转和损伤。

42. 预应力锚束的锚固段灌浆要求有哪些?

(1)钻孔工作结束后,用压力风水冲洗,将孔道内的钻孔岩屑和泥沙冲洗干净,直到回水变清。

(2)锚固段灌浆工作开始前,应通过灌浆管送入压缩空气,将钻孔孔道的积水排干。

(3)锚固段采用水泥砂浆和纯水泥浆进行灌注,浆液的配比应经试验确定,若采用纯水泥浆灌注锚固段,其水灰比应取 $0.4\sim0.45$,浆液中应掺入一定数量的膨胀剂和早强剂,其 28 天的结石强度应不低于 $1MPa$。

(4)锚固段灌浆长度应符合施工图纸要求,阻塞器位置应准确,在有压注浆时,不得产生滑移和串浆现象。灌浆可自下而上一次施灌,进浆必须连续。

(5)应尽量采用先灌浆后下锚束的施工方法,注入锚固段的浆液量应进行精确计算,确保锚束放入后,浆液能充满锚固段。

(6)浆液注入锚固段后应尽快下放锚索,保证锚束安放到施工图纸规定的位置。

43. 锚束张拉的要求有哪些?

(1)锚束张拉的设备和仪器均应进行标定,标定不合格的张拉设备和仪器不得使用,标定间隔期不得超过 6 个月。超过标定间隔期的设备和仪器或遭强烈碰撞的仪表,必须重新标定后才准使用。

(2)锚固段的固结浆液、承压垫座混凝土、混凝土柱状锚头等的承载强度未达到施工图纸的规定时,不得进行张拉。

(3)张拉力应逐级增大,其最大值为锚束设计荷载的 1.05~1.1 倍,稳压 10~20min 后锁定。锁定后的 48h 内,若锚束应力下降到设计值以下时应进行补偿张拉。

(4)承包人应根据监理人的指示进行试验束的张拉,试验束的数量和位置由监理人确定。在进行锚束试验时,应认真记录压力传感器的读数、千斤顶的读数以及试验束在不同张拉吨位时的伸长值,记录成果应及时报送监理人。每次进行试验束张拉,必须有监理人在场时进行。

44. 封孔回填灌浆和锚头保护应注意些什么?

(1)封孔回填灌浆在补偿张拉工作结束后 28 天进行,封孔回填灌浆前应由监理人检查确认锚束应力已达到稳定的设计值。

(2)封孔回填灌浆材料与锚固段灌浆的材料相同。

(3)封孔回填灌浆应尽量采用锚束中的灌浆管从锚具系统中的灌浆孔施灌,灌浆管应伸至锚固端顶面,灌浆必须自下而上连续进行,压力不小于 0.8MPa。

(4)为保证所有空隙都被浆液回填密实,在浆液初凝前必须进行不少于 2 次补灌,当浆液凝固到不自孔中回流出来之前,应保持不小于 0.4MPa 的压力进行拼浆。

(5)灌浆完成后,锚具外的钢绞束除留存 15cm 外,其余部分应切除。

(6)外锚具或钢绞束端头,应按施工图纸要求用混凝土封闭保护,混凝土保护的厚度应不小于 10cm。

45. 高压喷射灌浆的方式有哪几种?

(1)旋转喷射、垂直提升,简称旋喷,可形成圆柱桩。旋喷多用于长桩。

(2)定向喷射、垂直提升,简称定喷,可形成板墙。防渗墙修筑以采用定喷法为好。

46. 如何确定喷射混凝土配合比?

喷射混凝土一般含砂率要在 45%~60%。较佳的含砂率是 50%~

55%;水泥用量 375～400kg;不宜超过 450kg;胶骨比为 1：4～1：5;砂石比一般以砂含量不少于石子含量,且两者用量(质量)相差不大为宜。

喷射混凝土的配合比选用见表 10-6。

表 10-6　　　　　　　　喷射混凝土的配合比

喷射部位	配合比
	水泥：中砂(粗中混合砂)：石子
边墙	1：(2.0～2.5)：(2.5～2.0)
拱部	1：2.0：(1.5～2.0)

注:使用细砂时,配合比有所不同。水胶比以 0.4～0.5 为好。

47. 岩石支护和岩石加固有何不同点?

岩石支护是以人工结构物承受围岩变形压力以及岩体不连续面切割的岩块或破碎带岩石自重荷载的岩层控制方法。

岩石加固是通过人工手段调动和利用岩石自支撑的岩层控制方法。

48. 如何确定锚固深度?

锚固深度是指稳定地层表面至锚固段中点的地层厚度。

49. 喷射混凝土有哪几种方法?

喷射混凝土根据混合料进入喷头之前的含水状态划分有干喷法、湿喷法、潮喷法等。其中,干喷法是目前应用最广泛的一种方法。

50. 如何计算锚杆清单工程量?

锚杆(包括系统锚杆和随机锚杆)按招标设计图示尺寸计算的有效根(或束)数计量。钻孔、锚杆或锚杆束、附件、加工及安装过程中操作损耗等所发生的费用,应摊入有效工程量的工程单价中。

51. 如何计算锚索清单工程量?

锚索按招标设计图示尺寸计算的有效束数计量。钻孔、锚索、附件、加工及安装过程中操作损耗等所发生的费用,应摊入有效工程量的工程单价中。

52. 如何计算喷浆清单工程量?

喷浆按招标设计图示范围的有效面积计量,喷混凝土按招标设计图示范围的有效实体方体积计量。由于被喷表面超挖等原因引起的超喷量、施喷回弹损耗量、操作损耗等所发生的费用，应摊入有效工程量的工程单价中。

53. 如何计算钢支撑加工安装、钢筋格构架加工安装清单工程量？

钢支撑加工、钢支撑安装、钢筋格构架加工、钢筋格构架安装，按招标设计图示尺寸计算的钢支撑或钢筋格构架及附件的有效质量（含两榀钢支撑或钢筋格构架间连接钢材、钢筋等的用量）计量。计算钢支撑或钢筋格构架质量时，不扣除孔眼的质量，也不增加电焊条、铆钉、螺栓等的质量。一般情况下钢支撑或钢筋格构架不拆除，如需拆除，招标人应另外支付拆除费用。

54. 如何计算木支撑安装清单工程量？

木支撑安装按耗用木材体积计量。

55. 如何计算钢筋网清单工程量？

喷浆和喷混凝土工程中如设有钢筋网，按钢筋、钢构件加工及安装工程的计量计价规则另行计量计价。

56. 岩石锚杆应如何进行计量与支付？

（1）注浆和非注浆锚杆按不同锚固长度、直径，以监理人验收合格的锚杆安装数量（根数）计量。

（2）每根锚杆按《工程量清单》中相应每根单价支付，单价中包括锚杆的供货和加工、钻孔和安装、灌浆，以及试验和质量检查验收所需的人工、材料和使用设备和辅助设施等一切费用。

57. 岩石预应力锚束应如何进行计量与支付？

（1）预应力锚束的计量，应按施工图纸所示和监理人指定使用的各类规格的预应力锚束分类按根数和预加应力吨位计量。

（2）预应力锚束的支付，按《工程量清单》中所列项目，以每根锚束的每千牛·米（kN·m）单价支付，其单价应包括锚束孔钻孔、锚束（钢丝或钢绞线）的供货、安装、张拉、锚固、注浆、检验试验和质量检查验收，以及混凝土支撑墩的施工和各种附件的供货加工、安装等所需的全部人工、材料及使用设备和其他辅助设施等一切费用。

58. 喷射混凝土应如何进行计量与支付？

（1）喷射混凝土的计量和支付应按施工图纸所示或监理人指示的范围内，以施喷在开挖面上不同厚度的混凝土，按平方米为单位计量，并按《工程量清单》所列项目的每平方米的单价进行支付。

喷射混凝土单价应包括骨料生产、水泥供应、运输、准备、贮存、配料、外加剂的供应、拌和、喷射混凝土前岩石表面清洗、施工回弹料清除、试验、厚度检测和钻孔取样以及质量检验所需的人工、材料及使用设备和其他辅助设施等的一切费用。

（2）钢筋网（或钢丝网）的计量范围系指施工图纸所示，或由监理人指定，或由承包人建议并经监理人批准安放的钢筋网（或钢丝网），按实际使用的质量以每吨为单位计量。钢材质量中应包括为固定钢筋网（或钢丝网）所需用的短筋的质量。

钢筋网的支付应按《工程量清单》中所列项目的每千克单价进行支付，单价中应包括钢筋网的全部材料费用和制作安装费用。

（3）钢纤维计量应按施工图纸或监理人指示的范围，量测喷射面积后按实际掺量计算，以千克为单位计量，并按《工程量清单》中所列项目的每千克单价支付。单价中应包括钢纤维全部材料费用及其增加的拌和附加费用等。

59. 钢支撑应如何进行计量与支付？

（1）钢支撑及其附件应按《工程量清单》中所列项目的每吨单价支付。单价中应包括钢支撑的材料、加工、安装和拆除（需要时）等费用。

（2）按规定监理人所确定的备用钢支撑及其附件，不论是否已投入使用，均应支付给承包人。

60. 混凝土防渗墙选孔有哪些要求？

（1）孔口平台应设置在高于槽孔施工期最高洪水位以上。

（2）孔口的导向墙基础应修筑在稳固的地基上。采用混凝土导墙时，应对松散地基上进行加密处理，深度不小于5m；导向墙修筑的技术指标应满足下列规定：

1)导向墙应平行于防渗墙中心线,其允许偏差为±1cm。

2)导向墙顶面高程(整体)允许偏差±1cm。

3)导向墙顶面高程(单幅)允许偏差±0.5cm。

4)导向墙间净距允许偏差±0.5cm。

(3)承包人应保证槽孔壁平整垂直,孔位中心允许偏差不大于3cm、孔斜率不大于0.4%;遇有含孤石、漂石的地层及基岩面倾斜度较大等特殊情况时,其孔斜率应控制在0.6%以内;对于一、二期槽孔接头套接孔的两次孔位中心任一深度的偏差值应不大于施工图纸规定墙厚的1/3,并应采取措施保证设计厚度。

(4)遇有大孤石或大量漏浆的特殊地段,承包人应在确保安全的条件下,制定有效的处理措施报送监理人审批,并应将处理记录提交监理人。

(5)在造孔过程中,孔内泥浆面应始终保持在导墙顶面以下30~50cm,严防坍孔。

(6)槽孔进入基岩面的嵌入深度应符合施工图纸规定。采用岩芯取样方法确定岩面分布高程,岩芯应妥善保存,基岩面应经监理人检查确认。

(7)槽孔清孔换浆结束后1h,应达到下列标准

1)孔底淤积厚度不大于10cm。

2)使用黏土泥浆时,孔内泥浆密度不大于$1.3g/cm^3$,黏度不大于30s,含砂量不大于10%。

3)使用膨润土泥浆时,应通过试验确定。

清孔换浆达到上述标准后,应经监理人检验确认。

(8)二期槽孔清孔换浆结束前,应分段刷洗槽段接头混凝土孔壁的泥皮,以达到刷子钻头上不再带有泥屑及槽底淤积层厚不再增加为准。

(9)承包人应在清孔验收合格后4h内浇筑混凝土,若因需要下设钢筋笼或埋设件而不能按时浇筑时,应重新按规定进行检验,必要时监理人可要求承包人再次进行清孔换浆。

61. 如何选用混凝土防渗墙泥浆?

(1)黏土料宜选择黏粒含量大于50%、塑性指数大于20、含砂量小于5%、二氧化硅与三氧化二铝含量的比值为3~4的黏土。

(2)循环使用的泥浆应每隔30min检测一次性能指标,当泥浆超过上

述(1)规定的指标时,作废浆处理;废浆应集中排放到监理人指定的地点。

(3)应按试验选定的配合比配制泥浆,黏土和水的加料量均应称量计量,加料量误差应小于5%,拌制泥浆所采用的外加剂及其掺量应通过试验确定。

(4)储浆池内的泥浆应定时搅动,不得结块和沉淀。

62. 混凝土防渗墙体浇筑有哪些要求?

(1)泥浆下混凝土墙体浇筑前,槽孔应进行清孔换浆,并由监理人检验合格后方可进行浇筑。

(2)采用直升式导管法进行泥浆下的混凝土或塑性混凝土浇筑的要求

1)导管埋入混凝土深度应不小于1.0m,不大于6.0m。

2)槽孔内有两套以上导管时,导管间距不得大于3.5m。

3)一期槽端导管距孔端或接头管间距为1~1.5m,二期槽端导管距孔端应为1.0m。

4)当槽底高差大于0.25m时,应将导管置于控制范围的最低处。

5)导管底口距槽底距离应控制在15~25cm范围内。

(3)使用混凝土泵灌注混凝土时,应采用机械式或液压式活塞泵的规定。

1)混凝土应连续供料,连续灌注。

2)输送管直径应不小于15cm。

3)竖向输送管的上部应装有排气阀并随时排气,严防空气压入混凝土内。

(4)混凝土浇筑完毕后的顶面,应高出施工图纸规定的顶面高程至少50cm以上。

(5)采用原位搅拌法浇注固化灰浆时,应在入槽前将泥浆搅拌均匀。

(6)采用气拌法进行原位撑拌固化灰浆时,空压机额定风压应不小于孔内最大注浆压力的1.5倍,每根风管均应下放至槽底,并需安装水平出风花管,加料应在2h内结束。应不间断进行风拌,确保风压均匀,中途不得停风。

(7)固化灰浆加料结束后,尚应继续风拌30min,并按监理人指示,从槽孔内不同部位取样。

(8) 槽内固化灰浆固化后，应用湿土覆盖墙顶进行养护。

63. 混凝土防渗墙段连接应符合哪些规定？

(1) 防渗墙墙段分段连接缝的设置应报送监理人审批。

(2) 墙段连接采用接头管法施工时的规定：

1) 接头管应能承受混凝土最大压力和起拔力；管壁应平整光滑，节间连接可靠。

2) 开始起拔时间应通过试验确定，起拔时应防止引起孔口坍塌。

(3) 墙段连接采用双反弧桩柱法施工时，双反弧桩柱，其弧顶间距为墙厚的 1.1~1.5 倍。

64. 高压喷射注浆防渗墙的材料如何选用？

(1) 水泥。高压喷射浆液应采用普通硅酸盐水泥拌制，水泥强度等级应不低于 42.5 级。需要提高墙体强度时，应采用 52.5 级硅酸盐水泥中外掺高效扩散剂。

(2) 水。高压喷射浆液拌和用的水质应按《混凝土用水标准》(JGJ 63—2006)的规定执行。

(3) 掺合料。为减缓水泥浆液沉淀速度，应在硅酸盐水泥中添加 3% 水泥质量的膨润土和 3% 膨润土质量的碳酸钠。膨润土的细度应为 200 目。

65. 灌注桩泥浆制备和处理有哪些要求？

护壁泥浆应选用高塑性黏土或膨润土，其性能指标应符合规定。若采用黏土拌制泥浆，应进行土质的物理试验、化学分析及矿物成分鉴定，并应进行造浆试验。上述试验成果均应报送监理人审批。

泥浆护壁钻孔钻进期间，护筒内泥浆面应高出地下水面 1.0m 以上；在受水位涨落影响时，应加高护筒至最高水位 1.5m 以上。

钻进过程应不断置换泥浆，保持浆液面稳定。

浇注灌注桩混凝土前，应进行第二次清孔，并检测一次泥浆性能，检测内容包括密度、含砂率和黏度等。

应设置泥浆循环净化系统，其废弃的泥浆、沉渣应按指定地点排放。

66. 灌注桩清孔应符合哪些规定？

钻孔的孔径经检验合格后应立即进行清孔，清孔应分别选用真空吸泥法、泥浆循环法或射水冲渣法进行，其清孔标准应符合下列规定：

(1) 孔内排出或抽出的泥浆密度应在 1.3g/cm^3 以下，含砂量不大于 4%，用手触应无粗粒感觉。

(2) 钻孔灌注桩清孔的沉渣厚度应符合《灌注桩基础技术规程》(YSJ 212—1992) 的规定，沉管桩孔不得有沉渣。

67. 钢筋笼制作与吊放应符合哪些规定？

(1) 钢筋笼的制作应符合《灌注桩基础技术规程》(YSJ 212—1992) 的规定。

(2) 分段制作的钢筋笼应采用焊接连接，并应符合《建筑地基基础工程施工质量验收规范》(GB 50202—2002) 中的有关规定。

(3) 钢筋笼主筋保护层的允许偏差规定：

1) 水下浇注混凝土桩：±2.0cm。

2) 非水下浇注混凝土桩：±1.0cm。

(4) 应根据施工图纸规定在钢筋笼内周边设置声波测试预埋管。

(5) 吊放钢筋笼应符合下列要求：

1) 钢筋笼吊放前应进行垂直校正。

2) 就位后钢筋笼顶底高程应符合施工图纸规定，误差不得大于 5cm。

3) 灌注桩桩顶应设有固定装置，应位后立即进行固定，防止上浮和下沉。

68. 砌筑工程工程量清单项目应怎样设置？

(1) 砌筑工程。工程量清单的项目编码、项目名称、计量单位、工程量计算规则及主要工作内容，应按表 10-7 的规定执行。

(2) 砌筑工程工程量清单项目的工程量计算规则。按招标设计图示尺寸计算的有效砌筑体积计量。施工过程中的超砌量、施工附加量、砌筑操作损耗等所发生的费用，应摊入有效工程量的工程单价中。

(3) 钢筋(铅丝)石笼笼体加工和砌筑体拉结筋，按招标设计图示要求和钢筋、钢构件加工及安装工程的计量计价规则计算，分别摊入钢筋(铅丝)石笼和埋有拉结筋砌筑体的有效工程量的工程单价中。

表 10-7　　砌筑工程(编码 500105)

项目编码	项目名称	项目主要特征	计量单位	工程量计算规则	主要工作内容	一般适用范围
500105001×××	干砌块石	材质及规格	m³	按招标设计图示尺寸计算的有效砌筑体积计量	1. 选石、修石 2. 砌筑、填缝、找平	挡墙、护坡等
500105002×××	钢筋(铅丝)石笼	1. 材质及规格 2. 笼体及网格尺寸			1. 笼体加工 2. 装运笼体就位 4. 块石装笼	护坡、护底等
500105003×××	浆砌块石	1. 材质及规格 2. 砂浆强度等级及配合比			1. 选石、修石、冲洗 2. 砂浆拌和、砌筑、勾缝	挡墙、护坡、排水沟、渠道等
500105004×××	浆砌卵石					
500105005×××	浆砌条(料)石	1. 材质及规格 2. 砂浆强度等级及配合比 3. 勾缝要求				挡墙、护坡、墩、台、堰、低坝、拱圈、衬砌等
500105006×××	砌砖	1. 品种、规格及强度等级 2. 砂浆强度等级及配合比 3. 勾缝要求			砂浆拌和、砌筑、勾缝	墙、柱、基础等
500105007×××	干砌混凝土预制块	强度等级及规格			砌筑	挡墙、隔墙等
500105008×××	浆砌混凝土预制块	1. 强度等级及规格 2. 砂浆强度等级及配合比			冲洗、拌砂浆、砌筑、勾缝	挡墙、隔墙、护坡、护底、墩、台等
500105009×××	砌体拆除	1. 拆除要求 2. 弃渣运距		按招标设计图示尺寸计算的拆除体积计量	1. 有用料堆存 2. 弃渣装、运、卸 3. 清理	
500105010×××	砌体砂浆抹面	1. 砂浆强度等级及配合比 2. 抹面厚度 3. 分格缝宽度	m²	按招标设计图示尺寸计算的有效抹面面积计量	拌砂浆、抹面	
500105011×××	其他砌筑工程					

69. 锚喷支护工程工程量清单项目应怎样设置？

（1）锚喷支护工程工程量清单的项目编号、项目名称、计量单位、工程量计算规则及主要工作内容，应按表 10-8 的规定执行。

表 10-8　　　　　锚喷支护工程（编码 500106）

项目编码	项目名称	项目主要特征	计量单位	工程量计算规则	主要工作内容	一般适用范围
500106001×××	注浆粘结锚杆	1. 材质 2. 孔向、孔径及孔深 3. 锚杆直径及外露长度 4. 锚杆及附件加工标准 5. 砂浆强度及注浆形式	根	根据招标设计图示要求，按锚杆钢筋强度等级、直径、锚孔深度及外露长度的不同划分规格，以有效根数计量	1. 布孔、钻孔 2. 锚杆及附件加工、锚固 3. 拉拔试验	明挖或洞挖围岩的永久性锚固及施工期的临时性支护
500106002×××	水泥卷锚杆	1. 材质 2. 孔向、孔径及孔深 3. 锚杆直径及外露长度 4. 锚杆及附件加工标准 5. 水泥卷种类及强度	根			
500106003×××	普通树脂锚杆	1. 材质 2. 孔向、孔径及孔深 3. 锚杆直径及外露长度 4. 锚杆及附件加工标准 5. 树脂种类				
500106004×××	加强锚杆束	1. 材质 2. 孔向、孔径及孔深 3. 锚杆直径、外露长度及每束根数 4. 锚杆束及附件加工标准 5. 砂浆强度及注浆形式	束	根据招标设计图示要求，按锚杆钢筋强度等级、直径、锚孔深度及外露长度的不同划分规格，以有效束数计量	1. 布孔、钻孔 2. 锚杆束及附件加工、锚固 3. 拉拔试验	明挖或洞挖围岩的永久性锚固及施工期的临时性支护
500106005×××	预应力锚杆	1. 材质 2. 孔向、孔径及孔深 3. 锚杆直径及外露长度 4. 锚杆及附件加工标准 5. 预应力强度 6. 水泥砂浆强度及注浆形式	根	根据招标设计图示要求，按锚杆钢筋强度等级、直径、锚孔深度及外露长度的不同划分规格，以有效根数计量	1. 布孔、钻孔 2. 锚杆及附件加工、锚固 3. 锚杆张拉 4. 拉拔试验	明挖或洞挖围岩的永久性锚固及施工期的临时性支护
500106006×××	其他粘结锚杆	1. 材质 2. 孔向、孔径及孔深 3. 锚固形式			1. 布孔、钻孔 2. 锚杆及附件加工、锚固 3. 拉拔试验	

(续一)

项目编码	项目名称	项目主要特征	计量单位	工程量计算规则	主要工作内容	一般适用范围
500106007×××	单锚头预应力锚索	1. 材质 2. 孔向、孔径及孔深 3. 注浆形式、粘结要求 4. 锚索及锚固段长度 5. 预应力强度	束	根据招标设计图示要求，按锚索预应力强度等级与锚索孔内长度的不同划分规格，以有效束数计量	1. 钻孔、清孔及孔位测量 2. 锚索及附件加工、运输、安装 3. 单锚头的孔底段锚固 4. 孔口承压垫座混凝土浇筑和钢垫板安装 5. 张拉、锚固、注浆、封闭锚头	岩体的永久性锚固
500106008×××	双锚头预应力锚索					
500106009×××	岩石面喷浆	1. 材质 2. 喷浆部位及厚度 3. 砂浆强度等级及配合比 4. 运距 5. 检测方法	m²	按招标设计图示部位不同喷浆厚度的喷浆面积计量	1. 岩面浮石撬挖及清洗 2. 材料装、运、卸 3. 砂浆配料、施喷、养护 4. 回弹物清理	岩石边坡及洞挖围岩的稳固
500106010×××	混凝土面喷浆				1. 混凝土面凿毛、清洗 2. 材料装、运、卸 3. 砂浆配料、施喷、养护 4. 回弹物清理	已浇混凝土表面的防渗处理
500106011×××	岩石面喷混凝土	1. 材质 2. 喷混凝土部位及厚度 3. 混凝土强度等级及配合比 4. 运距 5. 检测方法	m³	按招标设计图示部位不同喷混凝土厚度的喷混凝土有效实体方体积计量	1. 岩石面清洗 2. 材料装、运、卸 3. 混凝土配料、拌和、试验、施喷、养护 4. 回弹物清理 5. 喷护厚度检测	岩石边坡及洞挖围岩的稳固
500106012×××	钢支撑加工	1. 结构形式及尺寸 2. 钢材品种及规格 3. 支撑高度和宽度	t	按招标设计图示尺寸计算的钢支撑有效重量计量	1. 机械性能试验 2. 除锈、加工、焊接	洞挖围岩不拆除的临时性支护
500106013×××	钢支撑安装				运输、安装	
500106014×××	钢筋格构架加工			按招标设计图示尺寸计算的钢筋格构架有效重量计量	1. 机械性能试验 2. 除锈、加工、焊接	
500106015×××	钢筋格构架安装				运输、安装	

(续二)

项目编码	项目名称	项目主要特征	计量单位	工程量计算规则	主要工作内容	一般适用范围
500106016×××	木支撑安装	1. 材质及规格 2. 结构形式及尺寸 3. 支撑高度和宽度	m³	按招标设计对围岩地质情况预计需耗用的木材体积计量	1. 木支撑加工 2. 木支撑运输、架设、拆除	一般不推荐使用
500106017×××	其他锚喷支护工程					

(2)锚杆和锚索钻孔的岩石分级,按《水利工程工程量清单计价规范》(GB 50501—2007)表 A.2.2 确定。

第十一章
钢筋、钢构件加工及安装工程

1. 钢筋加工及安装定额的适用范围是什么?

钢筋加工及安装适用范围是钢筋混凝土中的钢筋、喷混凝土(浆)中的钢筋网、砌筑体中的拉结筋等。

2. 钢构件加工及安装定额的适用范围是什么?

钢构件加工及安装适用范围是小型钢构件、埋件。

3. 钢模板台车有何特点?

隧洞边墙及顶拱混凝土衬砌采用普通模板施工,工效低,影响工程进度;采用钢模台车,能加快施工进度,节省劳力。

4. 轨道一般采用什么材料?

轨道一般采用钢轨或工字钢,要求有足够的刚度。曲线型溢流面、轨道需弯成曲线。

5. 水下混凝土的预埋铁件有哪些种类?

(1)锚固或支承用的插筋、锚筋。

(2)为结构安装支撑用的支座。

(3)起着保护作用的墩头护板。

(4)为连接和定位用的各种铁板和各种扶手、爬梯、栏杆;还有吊装用的吊环、锚环等。

所有这些预埋铁件,按其施工使用时间又可分为永久的和临时的。

6. 预埋铁件的埋设应注意哪些问题?

铁件埋设由于种类多,埋设地点分散,在施工时稍有疏忽,就有可能漏埋,或者埋错规格。

(1)必须要熟悉图纸,这是最基本的保证。

(2)应将铁件事先加工,分类堆放,这是很重要的一环。

(3)列出铁件埋设部位、高程一览表,画出埋件结构尺寸示意图。

(4)根据施工进度随时提供给生产班组埋件规格、数量、埋设位置和高程,这是避免漏埋的重要措施。

7. 插筋设置有哪些要求?

设置在水工混凝土内的插筋主要起定位的作用。

设置插筋的一般要求为:

(1)按设计位置固定插筋,其埋置深度一般不小于30倍插筋直径(插筋直径的选择根据受力大小决定,一般选用16~20mm)。

(2)用3号钢筋作插筋时,为了锚固可靠,通常需加设弯钩。

(3)对于精度要求较高的插筋,如地脚螺丝等,一期混凝土施工中往往不能确保埋设质量,可采取预留孔洞浇筑二期混凝土的方法或插筋穿入样板埋入,以保证插筋相对位置的正确。

8. 如何选定插筋的埋设方法?

插筋埋设常采用的方法有三种:

(1)第一种如图11-1(a)所示,优点是一次成型,不易走样,缺点是模板需钻洞,拆模比较困难,模板损坏较多。

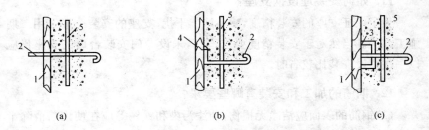

图11-1 插筋埋设方法

1—模板;2—插筋;3—预埋木盒;4—固定钉;5—结构钢筋

(2)第二种如图11-1(b)所示,优点是不影响模板架立,拆卸速度快,但是拆模后需扳直钢筋。如果采用把插筋绑焊在结构钢筋,可以不位移。但若模板稍有走样时,就不易找到钢筋埋设位置。

(3)第三种如图 11-1(c)所示,特别适用于滑动(垂直或水平)模板内埋件的埋设施工。缺点是增加了拆木盒、焊接加长和预留盒内混凝土凿毛的工作量。

经比较,当插筋数量很多时,建议采用第二种埋设方法。采用第一种方法施工时,模板只能使用一次,而采用第三种方法施工,增加的焊接、凿毛工作量太大,影响工期,最后采用的第二种方法施工,进度较快,埋设质量也满足要求。

9. 锚筋的埋设方法有哪些?

锚筋埋设分先插筋后填砂浆和先灌满砂浆而后插筋两种。

10. 如何选择锚筋埋设形式?

锚筋埋设嵌固形式有四种:
(1)锚筋无叉,孔口加楔,孔内填筑砂浆。
(2)锚筋开叉,有楔,孔口无楔,孔内填筑砂浆。
(3)锚筋开叉,有楔,孔口加楔,孔内填筑砂浆。
(4)锚筋开叉,有楔,孔口加楔,孔内不填砂浆。
工程中常用第三种。

11. 如何安装埋设钢支座?

为了保证支座的安装精度,减小施工干扰,支座的安装一般采用二期施工方法。当然对于安装精度要求不高,未设专门安装台口的支座仍应以一次埋设安装比较省时。

12. 钢筋的加工和安装有哪些要求?

(1)钢筋的表面应洁净无损伤,油漆污染和铁锈等应在使用前清除干净。带有颗粒状或片状老锈的钢筋不得使用。
(2)钢筋应平直,无局部弯折,钢筋的调直规定
1)采用冷拉方法调直钢筋时,HPB300 级钢筋的冷拉率不宜大于 4%;HRB335 级、HRB400 级钢筋的冷拉率不宜大于 1%。
2)冷拔低碳钢丝在调直机上调直后,其表面不得有明显擦伤,抗拉强度不得低于施工图纸的要求。

(3)钢筋加工的尺寸应符合施工图纸的要求,加工后钢筋的允许偏差不得超过表 11-1 和表 11-2 的数值。

表 11-1　　　　　　　　圆钢筋制成箍筋,其末端弯钩长度

箍筋直径	受力钢筋直径/mm	
	<25	28~40
5~10	75	90
12	90	105

表 11-2　　　　　　　　加工后钢筋的允许偏差

顺　序	偏差名称		允许偏差值/mm
1	受力钢筋全长净尺寸的偏差		±10
2	箍筋各部分长度的偏差		±5
3	钢筋弯起点位置的偏差	厂房构件	±20
		大体积混凝土	±30
4	钢筋转角的偏差		3

(4)钢筋的气压焊和安装规定。

1)气压焊可用于钢筋在垂直、水平和倾斜位置的对接焊接,当两钢筋直径不同时,其两直径之差不得大于 7mm。

2)气压焊施焊前,钢筋端面应切平,钢筋边角毛刺及端面上铁锈、油污和氧化膜应清除干净,并经打磨露出金属光泽,不得有氧化现象。

3)安装焊接夹具和钢筋时,使两根钢筋的轴线在同一直线上,两根钢筋之间的局部缝隙不得大于 3mm。

4)气压焊接时,应根据钢筋直径和焊接设备等具体条件选用等压法,在两根钢筋缝隙密合和镦粗过程中,对钢筋施加的轴向压力,按钢筋横截面面积计算应为 30~40MPa。

13. 钢筋、钢构件加工安装工程工程量清单项目应怎样设置?

(1)钢筋、钢构件加工及安装工程工程量清单的项目编码、项目名称、计量单位、工程量计算规则及主要工作内容,应按表 11-3 的规定执行。

表 11-3 钢筋、钢构件加工及安装工程(编码 500111)

项目编码	项目名称	项目主要特征	计量单位	工程量计算规则	主要工作内容	一般适用范围
500111001 ×××	钢筋加工及安装	1. 牌号 2. 型号、规格 3. 运距	t	按招标设计图示尺寸计算的有效质量计量	1. 机械性能试验 2. 除锈、调直、加工 3. 绑扎、丝扣连接(焊接)、安装	钢筋混凝土中的钢筋、喷混凝土(浆)中的钢筋网、砌筑体中的拉结筋等
500111002 ×××	钢构件加工及安装	1. 材质 2. 牌号 3. 型号、规格 4. 运距			1. 机械性能试验 2. 除锈、调直、加工 3. 焊接、安装、埋设	小型钢构件、埋件

(2)钢筋加工及安装按招标设计图示计算的有效质量计量。施工架立筋、搭接、焊接、套筒连接、加工及安装过程中操作损耗等所发生的费用,应摊入有效工程量的工程单价中。

(3)钢构件加工及安装,指用钢材(如型材、管材、板材、钢筋等)制成的构件、埋件,按招标设计图示钢构件的有效质量计量。有效质量中不扣减切肢、切边和孔眼的质量,不增加电焊条、铆钉和螺栓的质量。施工架立件、搭接、焊接、套筒连接、加工及安装过程中操作损耗等所发生的费用,应摊入有效工程量的工程单价中。

14. 钢筋、钢构件加工及安装应如何进行计量与支付?

按《合同范本》施工图纸配置的钢筋计算,每项钢筋以监理人批准的钢筋下料表所列的钢筋直径和长度换算成质量进行计量。承包人为施工需要设置的架立筋,在切割、弯曲加工中损耗的钢筋质量,不予计量,各项钢筋分别按《工程量清单》所列项目的每吨单价支付,单价中包括钢筋材料的采购、加工、运输、储存、安装、试验以及质量检查和验收等所需全部人工、材料以及使用设备和辅助设施等一切费用。

第十二章
原材料开采及加工工程

1. 砂石备料工程定额计量单位有哪些?

砂石备料工程定额计量单位,除注明者外,开采、运输等节一般为成品方(堆方、码方),砂石料加工等节按成品质量(t)计算。计量单位间的换算如无实测资料时,可参考表12-1。

表12-1　　　　　　　砂石料密度参考表

砂石料类别	天然砂石料			人工砂石料		
	松散砂砾混合料	分级砾石	砂	碎石原料	成品碎石	成品砂
密度(t/m^3)	1.74	1.65	1.55	1.76	1.45	1.50

2. 什么是砂石料?

砂石料是指砂砾料、砂、砾石、碎石、骨料等的统称。

3. 什么是砂砾料?

砂砾料是指未经加工的天然砂卵石料。

4. 什么是骨料?

骨料是指经过加工分级后可用于混凝土制备的砂、砾石和碎石的统称。

5. 什么是砂?

砂是指粒径小于或等于5mm的骨料。

6. 什么是砾石?

砾石是指砂砾料经加工分级后粒径大于5mm的卵石。

7. 什么是碎石?

碎石是指经破碎、加工分级后粒径大于5mm的骨料。

8. 什么是碎石原料?

碎石原料是指未经破碎、加工的岩石开采料。

9. 什么是超径石?

超径石是指砂砾料中大于设计骨料最大粒径的卵石。

10. 什么是块石?

块石是指长、宽各为厚度的 2~3 倍,厚度大于 20cm 的石块。

11. 什么是片石?

片石是指长、宽各为厚度的 3 倍以上,厚度大于 15cm 的石块。

12. 什么是毛条石?

毛条石是指一般长度大于 60cm 的长条形四棱方正的石料。

13. 什么是料石?

料石是指毛条石经过修边打荒加工,外露面方正,各相邻面正交,表面凹凸不超过 10mm 的石料。

14. 砂石备料工程定额的适用范围是什么?

(1)天然砂砾料筛洗定额工作内容包括砂砾料筛分、清洗、成品运输和堆存,适用于天然砂砾料加工。如天然砂砾料场单独设置预筛工序时,该定额应作相应调整。

(2)如砂砾料中的超径石需要通过破碎后加以利用,应根据施工组织设计确定的超径石破碎成品粒度的要求及破碎车间的生产规模,选用超径石破碎定额。该定额也适用于中间砾石级的破碎。超径石及中间砾石的破碎量占成品总量的百分数,应根据施工组织设计砂石料级配平衡计算确定。

(3)人工砂石料加工定额的使用。

1)制碎石定额适用于单独生产碎石的加工工艺。如生产碎石的同时,附带生产人工砂其数量不超过 10%,也可采用人工砂石料加工定额。

2)制砂定额适用于单独生产人工砂的加工工艺。

3)制碎石和砂定额适用于同时生产碎石和人工砂,且产砂量比例通常超过总量 11% 的加工工艺。

人工砂石料加工定额表内"碎石原料开采、运输"数量计算式中的"N_i"符号,表示碎石原料的含泥率。制碎石定额还包括原料中小于5mm的石屑含量。

当人工砂石料加工的碎石原料含泥量 N_i 超过5%,需考虑增加预洗工序时,可采用含泥碎石预洗定额,并乘以下系数编制预洗工序单价:制碎石1.22;制人工砂1.34。

(4)制砂定额的棒磨机钢棒消耗量"40kg/100t成品"系按花岗岩类原料拟定。当原料不同时,钢棒消耗量按表12-2系数(以符号"k"表示)进行调整。

表12-2　　　　　　　　钢棒消耗定额调整系数表

项目	石灰岩	花岗岩、玢岩、辉绿岩	流纹岩、安山岩	硬质石英砂岩
调整系数 k	0.3	1.0	2.0	3.0
钢棒耗量(kg/100t成品)	12	40	80	120

(5)人工砂石料加工定额中破碎机械生产效率系按中等硬度岩石拟定。如加工不同硬度岩石时,破碎机械台时量按表12-3系数进行调整。

表12-3　　　　　　　　破碎机械定额调整系数表

项目	软岩石	中等硬度岩石	坚硬岩石
	抗压强度/MPa		
	40~80	80~160	>160
调整系数	0.85~0.95	1	1.05~1.10

(6)根据施工组织设计,如骨料在进入搅拌楼之前需设置二次筛洗时,可采用骨料二次筛洗定额计算其工序单价。如只需对其中某一级骨料进行二次筛洗,则可按其数量所占比例折算该工序加工费用。

(7)根据施工组织设计,砂石加工厂的预筛粗碎车间与成品筛洗车间距离超过200m时,应按半成品料运输方式及相关定额计算单价。

15. 如何确定砂石加工厂规模?

砂石加工厂规模由施工组织设计确定。根据施工组织设计规范规定,砂石加工厂的生产能力应按混凝土高峰时段(3～5个月)月平均骨料所需用量及其他砂石料需用量计算。砂石加工厂生产时间,通常为每日二班制,高峰时三班制,每月有效工作可按360h计算。小型工程砂石加工厂一班制生产时,每月有效工作可按180h计算。

计算出需要成品的小时生产能力后计及损耗,即可求得按进料量计的砂石加工厂小时处理能力,据此套用相应定额。

16. 砂石料加工定额中胶带输送机用量台时与米时如何折算?

砂石料加工定额中,胶带输送机用量以"米时"计。台时与米时按以下方法折算:

(1)带宽 $B=500$mm,带长 $L=30$m,1台时$=30$m时;
(2)带宽 $B=650$mm,带长 $L=50$m,1台时$=50$m时;
(3)带宽 $B=800$mm,带长 $L=75$m,1台时$=75$m时;
(4)带宽 $B\geqslant 1000$mm,带长 $L=100$m,1台时$=100$m时。

17. 如何计算砂石料定额单价?

(1)根据施工组织设计确定的砂石备料方案和工艺流程,按相应定额计算各加工工序单价,然后累计计算成品单价。

骨料成品单价自开采、加工、运输一般计算至搅拌楼前调节料仓或与搅拌楼上料胶带输送机相接为止。

砂石料加工过程中如需进行超径砾石破碎或含泥碎石原料预洗,以及骨料需进行二次筛洗时,可按有关定额子目计算其费用,摊入骨料成品单价。

(2)天然砂砾料加工过程中,由于生产或级配平衡需要进行中间工序处理的砂石料,包括级配余料、级配弃料、超径弃料等,应以料场勘探资料和施工组织设计级配平衡计算结果为依据。

计算砂石料单价时,弃料处理费用应按处理量与骨料总量的比例摊入骨料成品单价。余弃料单价应为选定处理工序处的砂石料单价。在预筛时产生的超径石弃料单价,可按天然砂砾料筛洗定额中的人工和机械台时数量各乘0.2系数计价,并扣除用水。若余弃料需转运至指定弃料地点时,其运输费用应按有关定额子目计算,并按比例摊入骨料成品单价。

(3)料场覆盖层剥离和无效层处理,按一般土石方工程定额计算费用,并按设计工程量比例摊入骨料成品单价。

(4)砂石备料定额已考虑砂石料开采、加工、运输、堆存等损耗因素,使用定额时不得加计。

(5)机械挖运松散状态下的砂砾料,采用运砂砾料定额时,其中人工及挖装机械乘0.85系数。

(6)采砂船挖砂砾料定额,运距超过10km时,超过部分增运1km的拖轮、砂驳台时定额乘0.85系数。

18. 砾石和碎石如何分级?

砾石和碎石都要进行分级和冲洗,把其按粒径分成几级,并清除其中夹杂的泥土。用得最多的分级方法是用筛子筛。用钢丝编织成方格或矩形孔的筛面称为网筛。在一个筛子上可以安一个筛面,也可以安两个乃至三个、四个筛面,眼孔由粗到细向下排列。

19. 骨料生产包括哪些工序?

骨料生产一般包括开采、加工(筛洗、轧制等)、运输、储存等工序。水利工程通常按工艺流程组成砂石骨料生产系统,包括采料场、骨料加工厂、堆料场,以及把这几部分连接起来的运输系统。

20. 如何选择砂石料的破碎机械?

碎石作业用于制造人工骨料。水利工程常见的碎石机械有夹板式碎石机和锥式碎石机。前者结构简单,维修方便,应用较广,但成品中扁长的颗粒料多。后者石料较方正,生产率高,能耗低,但构造复杂,重量大,安装维修不便,通常为大型碎石厂所用。

制砂采用棒磨机,原料为经破碎后的小碎石。

21. 砂的来源分为哪几种?如何选择?

砂是水泥砂浆、水泥混凝土、沥青混凝土和沥青砂的主要原料。砂的来源有天然砂(山砂、河砂、海砂)和人工砂(即破碎岩石过程中形成的岩石碎屑)两种。天然砂的成本较低,可以就地取材,故使用较多。而人工砂的质量高，受自然条件的限制少，得到了越来越广泛的应用。

22. 破碎机一般可分为哪几种？如何选择？

根据破碎机械的工作原理、工艺特性和机器的结构特征，目前，在建筑行业中使用的破碎机可分为以下几种类型。

(1) 颚式破碎机。其主要工作部件由固定颚板和活动颚板组成，活动颚板对固定颚板做周期性的往复运动，物料在两颚板之间被压碎。适用于粗、中碎硬质材料或中硬质物料。

(2) 圆锥式破碎机。工作部分为同向正置的两个圆锥体，外锥体是固定的，内锥体被安装在偏心轴套内，由立轴 5 带动作偏心回转。物料在两锥体之间受到压力和弯曲力的作用而被破碎。适用于粗、中、细碎硬质物料或中硬质材料。

(3) 辊式破碎机。工作部分由两个作相对旋转的辊筒组成，物料在摩擦力的作用下，进入两辊之间被挤压破碎。适用于中、细碎中硬质物料和软质物料。

(4) 锤式破碎机。锤子自由悬挂在转盘上，并被其带动快速旋转，物料被锤子所击碎。适用于中、细碎中硬质物料。

(5) 反击式破碎机。物料被高速旋转的转子上刚性固定的打击板击碎，并撞击到反击板上而进一步被破碎。适用中、细碎硬质和中硬物料。

(6) 轮碾机。物料在旋转的碾盘上被圆柱形碾轮所压碎和磨碎，同时还有混合作用。耐火材料厂多用轮碾机粉碎原料。

(7) 立式冲击破碎机。物料受高速旋转的转子和上固定板锤的冲击和挤压作用而破碎成粗料和细粒，并且撞击到衬板上进一步破碎。适用于中、细碎硬质、中硬的软质和脆性物料。

(8) 笼式破碎机。笼式破碎机又称笼形磨，它是利用两个高速相对回转的笼子对物料进行冲击粉碎的。适合于细碎、粗磨脆性和软质物料。

23. 制砂机械主要有哪几类？

砂的粒度范围为 6~0.075mm。目前通常采用的制砂机械包括棒磨机、反击式破碎机、立轴式破碎机和旋盘破碎机四种。

24. 筛分机械按其结构可分为哪几类？

筛分机械按其结构主要可以分为如下几类，见表 12-4。

表 12-4　　　筛分机械的分类

类　型	运动轨迹	最大给粒粒度 /mm	筛孔尺寸 /mm	用　途
固定格筛	静止	1000	25～300	预先筛分
圆筒筛	圆筒轴向旋转	300	5～60	矿石分级、脱泥
圆振动筛	圆、椭圆	400	3～100	分级、脱介
直线振动筛	直线 准直线	300	3～80 0.5～13	分级、脱水、脱介
等厚筛	直线、圆	300	3～60	矿物分级
滚轴筛	筛轴绕轴向旋转	200	25～50	预先分级，大块矿物筛分脱介
共振筛	直线	300	0.5～80	分级、脱水、脱介
概率筛	直线 圆、椭圆	100	10～60	矿物分级
摇动筛	近似直线	50	13～500.5	分级、脱水、脱泥等
高频振动筛	直线 圆、椭圆	2	0.1～1 20～50(目)	细粒物料分级、回收
电磁振动筛	直线			细料物料分级

25. 振动筛筛面可分为哪几种？

筛面是振动筛的重要工作部件。为了顺利实现筛分过程，要求筛面有足够的强度，最大的开孔率，筛孔应不易堵塞，同时适合于被筛物料的性质、料度及筛分工艺。

筛面的种类很多，常见的有棒条筛面、板状筛面、编织筛面、条缝筛面和非金属筛面等。

26. 制砂的立轴式破碎机有哪几种类型？

立轴式破碎机的主要类型有立轴锤式破碎机、立轴反击式破碎机、立轴复合式破碎机和立轴冲击式破碎机四种。

27. 振动筛有哪几种类别？

根据筛箱的运动轨迹区分，振动筛可分为圆运动振动筛和直线运动振动筛两大类。圆运动振动筛包括单轴惯性振动筛、自定中心、振动筛和重型振动筛。直线运动振动筛包括双轴惯性振动筛（直线振动筛）和共振筛。

28. 原材料开采及加工工程量清单项目应怎样设置？

（1）原料开采及加工工程工程量清单的项目编码、项目名称、计量单位、工程量计算规则及主要工作内容，应按表 12-5 的规定执行。

表 12-5　　　　原料开采及加工工程（编码 500113）

项目编码	项目名称	项目主要特征	计量单位	工程量计算规则	主要工作内容	一般适用范围
500113001 ×××	黏性土料	1. 土料特性 2. 改善土料特性的措施 3. 开采条件 4. 运距	m³	按招标设计文件要求的有效成品料体积计量	1. 清除植被 2. 开采运输 3. 改善土料特性 4. 堆存 5. 弃料处理	防渗心（斜）墙等的填筑土料
500113002 ×××	天然砂料	1. 天然级配 2. 开采条件 3. 开采、加工、运输流程 4. 成品料级配 5. 运距	t (m³)	按招标设计文件要求的有效成品料质量（体积）计量	1. 清除覆盖层 2. 原料开采运输 3. 筛分、清洗 4. 级配平衡及破碎 5. 成品运输、分类堆存 6. 弃料处理	混凝土、砂浆的骨料，反滤料、垫层料等
500113003 ×××	天然卵石料					
500113004 ×××	人工砂料	1. 岩石级别 2. 开采、加工、运输流程 3. 成品料级配 4. 运距			1. 清除覆盖层 2. 钻孔爆破 3. 安全处理 4. 解小、清理 5. 原料装、运、卸 6. 破碎、筛分、清洗 7. 成品运输、分类堆存 8. 弃料处理	
500113005 ×××	人工碎石料					

(续)

项目编码	项目名称	项目主要特征	计量单位	工程量计算规则	主要工作内容	一般适用范围
500113006 ×××	块(堆)石料	1. 岩石级别 2. 石料规格 3. 钻爆特性 4. 运距	m^3	按招标设计文件要求的有效成品料体积[条(料)石料按清料方]计量	1. 清除覆盖层 2. 钻孔、爆破 3. 安全处理 4. 解小、清面 5. 原料装、运、卸 6. 成品运输、堆存 7. 弃料处理	
500113007 ×××	条(料)石料				1. 清除覆盖层 2. 人工开采 3. 清凿 4. 成品运输、堆存 5. 弃料处理	
500113008 ×××	混凝土半成品料	1. 强度等级及配合比 2. 级配、拌制要求 3. 入仓温度 4. 运距	m^3	按招标设计文件要求的混凝土拌和系统出机口的混凝土体积计量	配料、拌和	各类混凝土
500113009 ×××	其他原料开采及加工工程					

(2)原料开采及加工工程工程量清单项目的工程量计算规则：

1)黏性土料按招标设计文件要求的有效成品料体积计量。料场查勘及试验费用，清除植被层与弃料处理费用，开采、运输、加工、堆存过程中的操作损耗等所发生的费用，应摊入有效工程量的工程单价中。

2)天然砂石料、人工砂石料，按招标设计文件要求的有效成品料质量(体积)计量。料场查勘及试验费用，清除覆盖层与弃料处理费用，开采、运输、加工、堆存过程中的操作损耗等所发生的费用，应摊入有效工程量的工程单价中。

3)采挖、堆料区域的边坡、地面和弃料场的整治费用，按招标设计文件要求计算。

4)混凝土半成品料按招标设计文件要求的混凝土拌和系统出机口的混凝土体积计量。

第十三章
·其他工程·

1. 袋装土石围堰定额工作内容有哪些?

袋装土石围堰的工作内容包括装土(石)、封包、堆筑、拆除、清理。

2. 钢板桩围堰定额工作内容有哪些?

钢板桩围堰的工作内容包括制作搭拆板桩支撑、工作平台、打桩、拔桩。

3. 围堰水下混凝土定额工作内容有哪些?

(1)麻袋混凝土:配料、拌和、装麻状、运送、潜水沉放等。

(2)水下封底混凝土:配料、拌和、导管浇注、水下检查等。

4. 公路基础定额工作内容有哪些?

公路基础的定额工作内容包括挖路槽、培路肩、基础材料的铺压等。适用于路面底层。

5. 公路路面定额工作内容有哪些?

(1)公路路面的预算工作内容包括以下几点:

1)天然砂砾石:铺料、洒水、碾压、铺保护层。

2)泥结碎石:铺料、制浆、灌浆、碾压、铺磨耗层及保护层。

3)沥青碎石:沥青加热、洒布、铺料、碾压、铺保护层。

4)沥青混凝土:沥青及骨料加热、配料、拌和、运输、摊铺碾压等。

5)水泥混凝土:模板制安、混凝土配料、拌和、运输、浇筑、振捣、养护等。

(2)公路路面的概算工作内容包括以下几点:

1)泥结碎石:铺料、制浆、灌浆、碾压、铺磨耗层及保护层。

2)沥青碎石:沥青加热、洒布、铺料、碾压、铺保护层。

3)沥青混凝土:沥青及骨料加热、配料、拌和、运输、摊铺碾压等。

4)水泥混凝土:模板制安、混凝土配料、拌和、运输、浇筑、振捣、养护等。

6. 铁路铺设定额工作内容有哪些?

铁路铺设的工作内容包括平整路基、铺道渣、钉钢轨、检查修整、组合试运行等。

7. 铁道移设定额工作内容有哪些?

铁道移设的工作内容包括旧轨拆除、修整配套、铺碎石、钉钢轨、检查修整、组合试运行等。

8. 铁道拆除定额工作内容有哪些?

铁道拆除的工作内容包括旧轨拆除、材料堆码及清理。

9. 管道铺设定额工作内容有哪些?

管道铺设的工作内容包括钢管铺设、附件制安、完工拆除。适用于施工临时风、水管道。

10. 管道移设定额工作内容有哪些?

管道移设的工作内容包括旧管拆除、修整配套、钢管铺设、附件制安。

11. 卷扬机道铺设定额工作内容有哪些?

卷扬机道铺设的工作内容包括安放枕轨、铺设钢轨、检查修整、组合试运行等。

12. 卷扬机道拆除定额工作内容有哪些?

卷扬机道的工作内容包括旧轨拆除、材料堆码及清理。

13. 照明线路工程定额工作内容有哪些?

(1)架设:挖坑、立杆、横担组装、线路架设、灯具安装、完工拆除。
(2)移设:旧线拆除、挖坑、立杆、修整配套旧线、横担组装、线路架设。

14. 通信线路工程定额工作内容有哪些?

(1)立杆:挖坑、立杆、拉线组装、完工拆除。
(2)架线:横担组装、线路架设。
(3)移设:旧线拆除、修整配套、挖坑立杆、横担组装、线路架设。

15. 临时房屋工程定额工作内容有哪些?

平整场地(厚度 0.2m 以内)、基础、地坪、内外墙、门窗、屋架、屋面及室内照明工程。

16. 塑料薄膜、土工膜、复合柔毡、土工布铺设定额计量单位是怎样的?

塑料薄膜、土工膜、复合柔毡、土工布铺设定额,仅指这些防渗(反滤)材料本身的铺设,不包括上面的保护(覆盖)层和下面的垫层砌筑。其定额计量单位 $100m^2$ 是指设计有效防渗面积。

17. 如何计算临时工程定额材料数量?

临时工程定额中的材料数量,均系备料量,未考虑周转回收。周转及回收量可按该临时工程使用时间参照表 13-1 所列材料使用寿命及残值进行计算。

表 13-1　　　　　临时工程材料使用寿命及残值表

材料名称	使用寿命	残值(%)	材料名称	使用寿命	残值(%)
钢板桩	6 年	5	钢管(脚手架用)	10 年	10
钢轨	12 年	10	阀门	10 年	5
钢丝绳(吊桥用)	10 年	5	卡扣件(脚手架用)	50 次	10
钢管(风水管道用)	8 年	10	导线	10 年	10

18. 水利水电工程中其他工程补充定额说明有哪些?

(1)管道工程定额适用于长距离输水管道的埋地铺设,不适用于室内、厂(坝)区内的管道铺设(安装),也不适用于电站、泵站的压力钢管及出水管的安装。

(2)定额计量单位为管道铺设成品长度,管道铺设计量单位为 1km;顶管工程计量单位为 10m。

(3)管道铺设按管道埋设编制。定额管材每节长度是综合取定的,实际不同时,不做调整。

(4)材料消耗定额"(　)"内数字根据设计选用的品种、规格按未计价装置性材料计算。

(5)管道工程定额包括阀门安装,不包括阀门本体价值,阀门根据设计数量按设备计算。

(6)钢管道的防腐处理费用包含在管材单价中,设计要求的必须在现场进行的特殊防腐措施费用另行计算。

19. 什么是围堰?

围堰是一种用于围护修建水工建筑的基坑,保证施工能在干地上顺利进行的临时性挡水建筑物。

20. 围堰如何分类?

(1)按围堰的材料可分为:
1)土石围堰;
2)混凝土围堰;
3)钢板桩格型围堰;
4)木笼围堰;
5)草土围堰等。

(2)按围堰与水流方向的相对位置可分为:
1)大致与水流方向垂直的横向围堰;
2)大致与水流方向平行的纵向围堰。

(3)按照堰与坝轴线的相对位置可分为上游围堰和下游围堰。

(4)按照过流期间基坑是否允许淹没可分为过水围堰和不过水围堰。

21. 围堰的防冲刷措施有哪些?

当河床是由可冲性覆盖层或软弱破碎岩石所组成时,必须对围堰坡脚及其附近河床进行防护。工程实践中采用的护脚措施主要有抛石、沉排及混凝土块柔性排三种。

22. 钢板桩格型围堰的适用范围是什么?

钢板桩格型围堰是由一系列彼此相接的格体组成的重力式挡水建筑物。格体是由土石和钢板桩组成的联合结构。按格体平面形状可分为圆形、鼓形和花瓣形,这种围堰可在岩基或非岩基上修建。

常用板桩宽度为400mm,板桩两端为锁口,彼此通过锁口相连。格体高度受到钢板桩锁口允许拉力限制,圆筒形格体高度不超过14~20m,

鼓形和花瓣形格体高度略大。钢板桩格型围堰可在岩基或非岩基上修建。在砂卵石地基中,当有大量漂砾或弧石时,板桩易破裂和卷曲,不宜采用钢板桩格型围堰。

23. 如何确定围堰的高度?

围堰高度是根据不同的导流泄水建筑物在达到设计规定的过水能力时,上下游河床的水面高程另加预留的安全超高来确定的。安全超高值对于不过水围堰一般为 0.7~1.0m,对于过水围堰一般为 0.5m。

24. 草袋围堰、混凝土围堰及土石围堰分别适用于哪些工程?

(1)草袋围堰:围堰的双面或单面叠放盛装土料的草袋或者编织袋,中间夹填黏性土或在迎水面叠放装土草袋,背水面回填土石,这种围堰适用于施工期较短的小型水利工程的施工。

(2)混凝土围堰:它常用于岩基上修建的水利枢纽工程,其特点是挡水水头高,底宽小,抗冲能力大,堰顶可溢流,尤其是在分段围堰法导流施工中,用混凝土浇筑的纵向围堰可以两面挡水,而且可与永久建筑物相结合作为坝体或闸室体的一部分。一般在山区河流水位变幅较大而且又采用全段围堰法施工时,上游的横向围堰可以采用混凝土拱形围堰。

(3)土石围堰:具有抗冲能力大、施工方便、能充分利用开挖料、可在流速较大的水下堆筑等优点。土石围堰是用土石混合堆筑而成的,适用于施工期较长的大、中型水利工程。

25. 如何计算围堰工程量?

围堰工程分别采用立方米和延长米计量。用立方米计算的围堰工程按围堰施工断面乘以围堰中心的长度。以延长米计算的围堰工程按围堰中心线的长度计算。

26. 如何计算水下混凝土工程量?

(1)按施工图纸和监理人指示的范围,以浇筑前后的水下地形测量剖面进行计量。

(2)图纸无法表明的工程量,可按实际灌注到指定位置所发生的工程量计量。

27. 如何确定水下混凝土的单价?

水下混凝土的单价包括水泥、骨料、外加剂和粉煤灰等材料的供应和水下混凝土的拌和、运输、灌注、质量检查和验收所需的人工、材料及使用设备和辅助设施,以及为确定正常损耗量所进行试验的一切费用。

28. 如何计算打桩工程工程量?

打桩工程的工程量计算公式如下:

$$打桩工程量 = 设计全长 \times 截面面积 \times 打桩根数$$

式中　设计全长——一根桩从桩平顶至桩尖底的全长(m);
　　　截面面积——根桩横截面的两个边长的乘积(m^2)。

29. 如何确定路面的坡度?

路面面层表面应具有一定横向坡度,以利排水。除超高路段外,路面横断面通常做成中间拱起的形状,称为路拱。平整度和水稳性较好、透水性也小的路面面层,可采用较小的路拱坡度;反之,则应采用较大的路拱坡度。各种不同面层类型路面的路拱坡度可按表13-2规定选用。

表13-2　　　　　　　　　路拱坡度

路面面层类型	路拱坡度(%)
水泥混凝土、沥青混凝土	1~2
其他沥青面层	1.5~2.5
半整齐石块	2~3
碎(砾)石等粒料	2.5~3.5
碎石土、砂砾土等	3~4

注:1. 表中路拱坡度,对抛物线形或双曲线形路拱是指平均坡度;对直线形路拱中间插入圆弧者是指靠近路边的直线段坡度。
　　2. 路面较窄,干旱和积雪地区及设有较大纵坡的路段可取低值;反之,宜取高值。

30. 路基工程工程量计算应注意哪些问题?

路基工程包括填筑路堤、开挖路堑、路堤夯实、原地面压实、挖树根、挖台阶、铲草皮、清除地表腐殖土和淤泥、换填土壤等。

工程量计算时应注意以下问题:

(1)原地面夯实时,因压实引起原地面下沉而需回填的数量,应计算列入预算。根据经验系数,一般按 0.1~0.2m^3 的下沉量计算。

(2)使用路基工程定额时,应以施工方数量为准,不按断面方数量计算。断面方＝挖方＋填方。

(3)规范规定路堤预留沉落量为:路堤高度小于20m时,按平均堤高的0～2.5％加高;高度大于20m时,除按设计加宽外,按平均堤高的0～1.5％加高,但坡脚位置不变。预留沉落而增加的数量,应列入预算。

(4)石方工程被用作填料时,要考虑开挖涨余率,一般按15％计算。涨余部分只增加运输部分的费用。

(5)在铁路征地范围以外取土时,如果有恢复耕种的要求,应考虑地表熟土的堆存、运返、摊铺和整平等工作的费用。

(6)基底需要处理时,应计列水田、池塘的排水、疏干、挖除淤泥;为饱和粉细砂、泥沼地等进行换填时,应计列换填料的数量及其他加固措施的费用。

31. 板式梁可分为哪几种？各适用于哪些工程？

板式梁可分为实体式和空心式两种。

实体式:自重大,一般用于小于8m跨径的桥梁。

空心式:自重轻,跨径可达25m的桥梁。

32. 箱形梁的适用范围是什么？

箱形梁是一种封闭或组合式薄壁箱形截面的梁。箱形梁受力较好,自重轻,适用于大跨径的悬臂梁或连续梁,可现场悬臂绕制和个别制作后拼装。

33. 桥梁基础可分为哪几种？

按构造和施工方法不同,桥梁基础类型可分为:明挖基础、桩基础、沉井基础、沉箱基础和管柱基础。

34. 不同桥梁基础适用于哪些不同地区？

(1)明挖基础,由块石或混凝土砌筑而成的大块实体基础,其埋置深度可较其他类型的基础浅,故为浅基础。适用于浅层土较坚实,且水流冲刷不严重的浅水地区。

(2)桩基础,由许多根打入或沉入土中的桩和连接桩顶的承台所构成的基础。外力通过承台分配到各桩头,再通过桩身及桩端把力传递到周围土及桩端深层土中,故属于深基础。桩基础用于土质深厚处。

(3)沉井基础,一般是在墩位处先浇成井筒结构,然后在井孔内挖土,使其依靠自重下沉至设计标高,再用混凝土打底。并用低等级混凝土或碎石混凝土填心,顶部加封顶盖。此种基础常用于墩台和深基础,并可分为混凝土沉井(实体式)和钢筋混凝土沉井(含实体式、箱体式两种)。在工程实施中常采用筑岛沉井和浮运沉井两种方法进行施工。

35. 如何确定桥梁的跨径?

净跨径对于梁式桥是设计洪水位上相邻两个桥墩(或桥台)之间的净距,对于拱式桥是每孔拱跨两个拱脚截面最低点之间的水平距离。

总跨径是多孔桥梁中各孔净跨径的总和,也称桥梁孔径。它反映了桥下宣泄洪水的能力。

计算跨径对于具有支座的桥梁,是指桥跨结构相邻两个支座中心之间的距离,对于拱式桥,是相邻拱脚截面形心点之间的水平距离。

36. 如何确定桥梁的全长?

桥梁全长是桥梁两端两个桥台的侧墙或八字墙后端点之间的距离。

37. 如何确定桥梁的高度?

桥梁高度是指桥面与低水位之间的高差。

桥下净空高度是设计洪水位或计算通航水位至桥跨结构最下缘之间的距离。

桥梁建筑高度是桥上行车路面标高至桥跨结构最下缘之间的距离。

38. 桥梁工程工程量计算规则有哪些?

(1)现浇混凝土、预制混凝土、构件安装的工程量为构筑物或预制构件的实际体积,不包括其中空心部分的体积,钢筋混凝土项目工程量不扣除钢筋所占体积。

(2)构件安装定额中在括号内所列的构件体积数量,表示安装时需备制的构件数量。

(3)钢筋工程量为钢筋的设计重量,定额中已计入施工操作损耗。施工中钢筋固接所需的搭接长度的数量本定额中未计入,应在钢筋的设计重量内计算。

39. 地下管线交叉时如何处理?

地下管线相互交叉时,一般应符合以下要求:
(1)煤气管、石油管在其他管的上面。
(2)给水管在排水管上面。
(3)电缆在热力管线下面。
(4)氧气管除在乙炔管的下面外,应在其他管道的上面。
(5)热力管在给排水管道上面。
(6)含有毒介质及腐蚀性的污水管线,应在其他管线的下面,其垂直距离应不小于0.5m。

40. 如何确定水塔脚手架的高度?

水塔脚手架是以座、按塔高来套用定额的,其高度是以设计水塔室外地坪至塔顶的全高,每座水塔只计算一次脚手架费,其他装修工程利用该脚手架施工,不另外计算脚手架费用。

41. 如何计算水塔基础工程量?

水塔基础一般多为圆形满堂式、环形台阶式或独立式(仅用于"支架式水塔"),其工程量按图示尺寸以"立方米"计算,其计算公式如下:

(1)圆形满堂式:

$$V = \pi R^2 H$$

式中　V——基础体积(m^3);
　　　R——半径(m);
　　　H——基础厚度(m)。

(2)圆环式:

$$V = \pi (R^2 - r^2) H$$

式中　V——基础体积(m^3);
　　　R——大圆半径(m);
　　　r——小圆半径(m);
　　　H——基础厚度(m)。

42. 如何计算通信工程工程量?

通信线路工程主要以"m"为计量单位,由于安装环境的不同,定额中按10m、100m、1km为单位计算。线路安装定额工作内容中,已包括水平运输和垂直运输(场内运输)内容,其工程量中不应再另外计列。

43. 如何计算照明线路中配线工程量?

(1)管内空线工程量计算:照明和动力线以不同导线截面分档,按"单线延长米"作为计量单位。照明线路导线截面超过6mm² 时,按动力线路穿线套定额。

管内穿线长度计算:管内穿线长=(配管长度+导线预留长度)×同截面导线根数。

(2)槽板配线,以"线路延长米"为计量单位计算工程量。

(3)塑料护套线配线,以"单根线路延长米"为计量单位计算工程量。

44. 如何计算照明线路中配管工程量?

配管工程以"延长米"为计量单位,延长米中不扣除管路中的接线箱盒、灯头盒及开关盒所占长度。

所配管材为未计价材料,计算方法为:配管延长米按设计图所示水平长度及垂直长度计算。其中水平长度可按施工平面布置图所示尺寸或按建筑物平面墙和柱轴线尺寸进行计算。

45. 水利水电工程临时工程项目主要包括哪些内容?

临时工程项目主要包括施工导流工程、交通工程、房屋建筑工程、场外供电线路工程及其他大型临时工程等。

(1)施工导流工程。包括导流明渠、导流洞、土石围堰工程、混凝土围堰工程、蓄水期下游供水工程、金属结构制作及安装等。

(2)交通工程。包括为工程建设服务的临时铁路、公路、桥梁、码头、施工支洞、架空索道、施工通航建筑、施工过木、通航整治等工程项目。

(3)房屋建筑工程。包括为工程建设服务的施工仓库和办公生活及文化福利建筑两部分。

(4)场外供电线路工程包括35kV及以上等级的输变电工程。

(5)其他大型临时工程。指除施工导流、施工交通、施工房屋建筑、35kV及以上等级的场外供电线路,对外通信、缆机平台及施工排水(指大型河道治理)七项工程以外的大型临时工程。

46. 如何计算复合土工薄膜中织物的厚度?

复合土工薄膜中织物的厚度计算公式如下:

$$T_g = \frac{K_m}{2T_m K_p} \left(\frac{h}{\sin\beta}\right)^2$$

式中 K_m、K_p——薄膜和织物平面的渗透系数(m/s);

T_m、T_g——薄膜和织物的厚度(m);

h——水深(m);

β——复合土工薄膜铺设角度(°)。

47. 如何计算草皮铺种工程量?

草皮铺种工程量,按不同草皮铺种形式(散铺、满铺、植生带、播种),以草皮铺种面积计算,计算单位:10m²。

48. 水利水电工程其他建筑工程工程量清单项目应怎样设置?

(1)其他建筑工程工程量清单的项目编码、项目名称、计量单位、工程量计算规则及主要工作内容,应按表13-3的规定执行。

表13-3 其他建筑工程(编码500114)

项目编码	项目名称	项目主要特征	计量单位	工程量计算规则	主要工作内容	一般适用范围
500114001×××	其他永久建筑工程			按招标设计要求计量		
500114002×××	其他临时建筑工程					

(2)土方开挖工程至原料开采及加工工程未涵盖的其他建筑工程项目,如厂房装修工程,水土保持、环境保护工程中的林草工程等,按其他建筑工程编码。

(3)其他建筑工程可按项为单位计量。

第十四章

·水利水电设备安装工程·

1. 如何计算水轮机安装概算定额工程量?

水轮机安装以"台"为计量单位,按水轮机主机(含金属蜗壳)自重选用。主要工作内容如下:

(1)水轮机主机埋设件和本体安装。
(2)水轮机配套供应的管路和部件安装。
(3)透平油过滤、油化验和注油。
(4)水轮机与水轮发电机的联轴调整。

2. 如何计算调速系统概算定额工程量?

调速系统包括调速器和油压装置安装,按工作压力为 2.5MPa 拟定。工作压力 4MPa 时,定额乘以 1.1 系数;工作压力为 6MPa 时,定额乘以 1.2 系数。

(1)调速器。
1)调速器安装以"台"为计量单位,按调速器型号选用。
2)主要工作内容,包括基础、本体、复原机构、调速轴、事故配压阀、管路等清扫、安装以及调速系统调整、试验。
3)电液调速器安装,可套用相同配压阀的定额并乘以 1.1 系数。

(2)油压装置。
1)油压装置安装以"套"为计量单位,按油压装置型号选用。
2)主要工作内容,包括集油槽、压油槽、漏油槽、油泵、管道及辅助设备等安装,以及设备定量油的滤油、充油工作。
3)油压启闭机和蝴蝶阀操作机构单独配置的油压装置安装,可套用相应定额并乘以 1.1 系数。

3. 如何计算水轮发电机概算定额工程量?

水轮发电机安装以"台"为计量单位,按水轮发电机及与其配套装置的励磁设备的全套设备自重选用。主要工作内容如下:

(1)基础埋设。
(2)发电机主机和辅机安装。
(3)发电机配套供应的管路和部件安装。
(4)磁极、转子、定子等干燥工作。
(5)发电机与水轮机联轴前后的检查调整。
(6)电气调整、试验。

4. 如何计算水泵安装概算定额工程量?

(1)水泵安装定额以"台"为计量单位,按全套设备自重选用。

(2)定额适用于混流式、轴流式、贯流式等泵型的竖轴或横轴水泵的安装,按转轮叶片为半调节方式考虑。如采用全调节方式,人工应乘以1.05系数。

(3)主要工作内容:

1)埋设部分(包括冲淤真空阀、泵座等部件)的预埋,与混凝土流道联接的吊座、人孔及止水等部分的埋件安装;

2)本体(包括全部泵体组件、支承件、止水密封件、调速叶片)安装以及顶车系统等随机供应的附件、器具、测试仪表、管路附件的安装;

3)水泵与电动机的联轴调整。

5. 如何计算电动机安装概算定额工程量?

电动机安装定额以"台"为计量单位,按全套设备自重选用。主要工作内容如下:

(1)基础埋设。
(2)电动机及其配套供应的部件安装。
(3)电动机与水泵联轴前后的检查调整。
(4)电气调整、试验。

6. 如何计算进水阀安装概算定额工程量?

(1)进水阀安装包括蝴蝶阀和其他进水阀安装。设备安装采用桥式起重机吊装施工,如采用其他机具吊装施工时,其人工定额乘1.2系数。

(2)蝴蝶阀定额以"台"为计量单位,按蝴蝶阀直径选用。

(3)其他进水阀包括球阀和针形阀、楔形阀,以及安装在压力钢管上或作用于水轮机关闭止水直径大于600mm的各式阀门。

(4)其他进水阀以设备质量"t"为计量单位,包括阀壳、阀体、操作机构及附件等全套设备的质量。

(5)使用球阀安装定额时应根据球阀设备自重按表14-1系数进行调整。

表 14-1　　　　　　　　球阀设备自重调整系数

球阀自重/t	≤10	11~12	13~14	15~16	17~18	19~20	>20
调整系数	1.00	0.95	0.90	0.85	0.80	0.75	0.65

(6)蝴蝶阀操作机构如单独配置有油压装置时,其油压装置安装可套用《水利水电设备安装工程概算定额》第一章第7节相应定额并乘以1.1系数。

(7)进水阀安装定额所列桥式起重机未注明其规格,使用时可按各电厂配置的桥式起重机规格计算。

7. 如何计算水力机械辅助设备安装概算定额工程量?

(1)水力机械辅助设备包括全厂油、水、压气系统和机修设备的安装。

油、水、压气系统指全厂透平油、绝缘油、技术供水、水力测量、设备消防、设备检修排水、渗漏排水、低压压气和高压压气等系统。

机修设备指为满足本电站机电设备检修要求所配置的各类机床和电焊设备。

(2)水力机械辅助设备定额包括水力机械辅助设备的所有机、泵、表计和容器等全部设备安装,以"项"为计量单位,按系统名称选用。

8. 如何计算水力机械辅助设备的管路概算定额工程量?

(1)管路包括全厂油、水、压气系统管路及机组管路的管子、管子附件和阀门的安装。

管子附件包括弯头、三通、渐变管、法兰、螺栓、接头、支吊架和起重吊环(表14-2)。

(2)管路定额以"t"为计量单位,按管子本体自重计算工程量(表14-3、表14-4)。定额中包括管子、管子附件和阀门的全部安装工作,按系统名称选用。

表 14-2　　　　　　　　　　　水力机械管路材料用量　　　　　　　　　　　　t

项目	管子/kg	管子附件/kg	阀门/kg
水力机械管路	1030	321	231

注：管子附件包括弯头、三通、渐变管、法兰、螺栓、接头、支吊架和起重环等

表 14-3　　　　　　　　　水力机械不同材质管子质量比例

项目	材质比例(%)				
	无缝钢管	镀锌钢管	普通钢管	紫铜管等	合计
油系统	15		83	2	100
水系统	10	5	85		100
压气系统	10	10	78	2	100

表 14-4　　　　　　　　　　水力机械管子平均内径　　　　　　　　　　　mm

项目	单机容量/MW		
	≤25	≤100	>100
油系统	50	60	90
水系统	100	150	200
压气系统	40	55	85

9. 发电电压设备安装概算定额内容有哪些？

发电电压设备定额包括发电机中性点设备、发电机定子主引出线至主变压器低压套管间的电气设备、分支线电气设备，以及随发电机供应的电流互感器和电压互感器等设备的安装。主要工作内容如下：

(1)基础埋设。

(2)设备本体及附件的安装、调整、试验和接地。

(3)设备支架制作、安装和接地。

(4)穿通板、间隔板及其框架的制作、安装和接地。

10. 控制保护系统安装概算定额内容有哪些？

控制保护系统定额包括发电厂和变电站各种控制屏(台)、继电器屏、保护屏、表计屏和其他二次屏(台)等安装。主要工作内容包括：

(1)基础埋设。

(2)设备本体及附件的安装、调整、试验和接地。
(3)安装过程中补充的少量元件、器具配装和少数改配线。
(4)端子箱制作及安装。

11. 计算机监控系统安装概算定额内容有哪些?

计算机监控系统定额包括发电厂和变电站计算机监控屏(台)、继电器屏、保护屏和其他二次屏(台)等安装。主要工作内容同控制保护系统安装。

12. 直流系统安装概算定额内容有哪些?

直流系统定额包括蓄电池、充电设备、浮充电设备和直流屏等安装。主要工作内容包括:
(1)基础埋设。
(2)设备本体安装、调整、试验和接地。
(3)蓄电池注酸、充电和放电。
(4)母线和绝缘子安装、母线支架和穿墙板制作及安装。

13. 厂用电系统概算定额内容有哪些?

厂用电系统定额包括厂用电和厂坝区用电系统所用的电力变压器、高低压开关柜(屏)和照明屏盘等设备安装。主要工作内容包括:
(1)基础埋设。
(2)设备本体及附件安装、调整、试验和接地。
(3)设备的油过滤、油化验和注油。
(4)高低压开关柜(屏)上配套母线、母线过桥和绝缘子等安装。

14. 电气试验设备概算定额内容有哪些?

电气试验设备定额包括全厂电气试验设备的安装、调整、试验和动力用电设施的安装。

15. 电缆概算定额内容有哪些?

电缆定额包括全厂控制电缆和电力电缆安装二项,以"km"为计量单位。主要工作内容包括:
(1)电缆敷设和耐压试验。
(2)电缆头制作及安装和与设备的连接。

(3)电缆管制作及安装。

电缆定额未包括电缆、电缆管等装置性材料用量。

16. 母线概算定额内容有哪些？

母线定额包括发电电压主母线、所有分支母线,以及发电机中性点母线的制作及安装。主要工作内容包括:

(1)基础埋设。

(2)母线和伸缩节头的制作及安装。

(3)支持绝缘子和穿墙套管的安装和接地。

(4)母线绝缘耐压试验。

17. 接地装置概算定额内容有哪些？

接地装置定额适用于全厂接地或其他独立接地系统的制作及安装,以"t"为计量单位。主要工作内容包括:

(1)接地干线和支线敷设。

(2)接地极和避雷针的制作及安装。

(3)接地电阻测量。

接地装置定额不包括设备接地和避雷塔架的制作安装以及接地极、接地母线和避雷针等本身钢材,也不包括挖填土石方工作。

18. 保护网概算定额内容有哪些？

保护网定额以保护网面积"$100m^2$"为计量单位,按外框尺寸计算。主要工作内容包括:

(1)基础埋设。

(2)网门和门框架制作及安装。

(3)金属网安装。

(4)隔磁材料装设。

19. 铁构件概算定额内容有哪些？

(1)铁构件定额以"t"为计量单位。

(2)铁构件定额适用于电缆(母线)桥架钢支架的制作安装,应根据设计资料计算其装置性材料用量,或参见表14-5~表14-9。

当电缆(母线)桥架钢支架购自成品时,只能按铁构件安装定额子目计算。

(3)主要工作内容包括铁构件制作,基础埋设、构件就位、组装、焊接,安装和刷漆等。

表 14-5　　电缆装置性材料用量

项目		电缆/m	电缆管/kg	铁构件/kg
控制电缆		1015	96	380
电力电缆	≤1kV	1010	282	370
	≤10kV	1010	384	370

注:电缆管按镀锌钢管计算。

表 14-6　　铝母线装置性材料用量

项目	单位	带形铝母线		槽形铝母线	
		≤800mm²	>800mm²	2(200×90×12)	2(250×115×12.5)
铝母线	m	102.3	102.3	102.3	102.3
绝缘子 ZA-6T	个	101			
ZPD-10	个			101	
ZD-20F	个		102		103
伸缩节 MS-80×6	只			4(32)	
MS-100×10	只	4	4		
MS-120×12	只				4(32)
穿墙套管	个	3	3	3	3

注:带形铝母线的绝缘子按每相1片,槽形铝母线的绝缘子按每相8片。

表 14-7　　接地装置性材料用量

项目	镀锌型钢/kg	钢管/kg	钢板/kg
接地装置	820	210	20

表 14-8　　保护网装置性材料用量

项目	金属网/m²	型钢/kg
保护网	110	1530

表 14-9　　　　　　　　　母线安装铁构件用量

项目	单位	铁构件(kg)
带形铝母线 ≤800mm²	单相 100m	1650
＞800mm²	单相 100m	1340
槽形铝母线 ≤2(150×65×7)	单相 100m	3900
≤2(200×90×12)	单相 100m	4020
≤2(250×115×12.5)	单相 100m	4390
封闭母线 680×5/450×8	单相 100m	640
850×7/350×12	单相 100m	950
1000×8/450×8	单相 100m	1810

20. 电力变压器概算定额内容有哪些？

电力变压器定额以"台"为计量单位，按电力变压器额定电压等级和容量选用，适用于各式电力变压器安装。主要工作内容包括：

(1) 变压器本体及附件安装。
(2) 变压器干燥。
(3) 变压器油过滤、油化验和注油。
(4) 系统电气调整、试验。

变压器如采用强迫油循环水冷却方式时，其水冷却器至变压器本身之间的油、水管路安装应另按水力机械辅助设备安装有关定额计算。

变压器如需铺设轨道，可按起重设备安装中轨道安装定额计算。

21. 断路器概算定额内容有哪些？

断路器定额包括油断路器、空气断路器和六氟化硫断路器安装，以"组"为计量单位。主要工作内容包括：

(1) 基础埋设。
(2) 断路器本体及附件安装。
(3) 绝缘油过滤、注油。
(4) 电气调整、试验。

22. 高压电气设备概算定额内容有哪些？

高压电气设备定额包括隔离开关、互感器、避雷器、高频阻波器、耦合电容器和结合滤波器等设备安装。主要工作内容包括：

(1)基础埋设。

(2)设备本体及附件安装。

(3)电气调整、试验。

23. 一次拉线概算定额内容有哪些？

一次拉线定额包括钢芯铝绞线、铝管型母线和钢管型母线的安装，以导线三相长度"100m"为计量单位。适用于主变压器高压侧至变电站出线架、变电站内母线、母线引下线、设备之间的连接线等一次拉线的安装（表14-10）。主要工作内容包括：

(1)金具及绝缘子安装。

(2)变电站母线、母线引下线、设备连接线和架空地线等架设。

(3)母线系统调整、试验。

定额未包括导线、绝缘子。

表14-10　　　　　开关站一次拉线装置性材料用量

项目	单位	35kV				110kV			
		≤240mm²		≤400mm²		≤240mm²		≤400mm²	
		型号	数量	型号	数量	型号	数量	型号	数量
钢芯铝绞线*	m	LGJQ-240	3×112	LGJQ-400	3×112	LGJQ-240	3×112	LGJQ-400	3×112
绝缘子	个	XP-7	77	XP-7	77	XP-7	115	XP-7	115
耐张线夹	套	NY-240	39	NY-400Q	39	NY-240	26	NY-400Q	26
固定金具	套	MRJ-300/200	77	MRJ-400/200	77	MRJ-300/200	76	MRJ-400/200	76

项目	单位	220kV				330kV		500kV	
		≤240mm²		≤400mm²		≤2×1400mm²		≤2×1400mm²	
		型号	数量	型号	数量	型号	数量	型号	数量
钢芯铝绞线	m	LGJQ-400	3×112	LGJQ-600	3×112	LGJQT-1400	3×2×112	LGJQT-1400	3×2×112
绝缘子	个	XP-7	154	XP-7	154	XP-16	450	XP-16	634
耐张线夹	套	NY-400Q	21	NY-600Q	21	NY-1400	21	NY-1400	21
固定金具	套	MRJ-400/200	76	MRJ-400/200	76				
间隔棒	套					SJ-51-400	102	SJ-51-400	51
均压环	套					FJP-330-NB	21	JL2-1060×660	11
屏蔽环	套							PL2-1060×660	21

* 钢芯铝绞线用量包括软母线及跳线。

24. 载波通信设备概算定额内容有哪些？

(1)载波通信设备定额包括载波设备和电源设备安装。电源设备不分电力线路电压等级。

(2)主要工作内容包括设备及器具的安装、调整、试验。高频阻波器、高压耦合电容器安装已包括在高压电气设备安装定额内。

25. 生产调度通信设备概算定额内容有哪些？

(1)生产调度通信设备定额按调度电话总机容量选用。

(2)主要工作内容包括调度电话总机、电话分机、电源设备、配线架和试验仪表等设备的安装、调整、试验，以及分机线路敷设和管理埋设等。

26. 生产管理通信设备概算定额内容有哪些？

(1)生产管理通信设备定额以程控通信设备安装拟定，按程控电话交换机容量选用。

(2)主要工作内容包括程控交换机、电话分机、配线设备等安装以及总机房内电话线的安装。不包括电源设备及防雷接地的安装。

27. 微波通信设备概算定额内容有哪些？

(1)微波通信设备定额包括微波设备和铁塔站天线安装，但不包括铁塔站本身的安装。

(2)主要工作内容：

1)微波设备。包括微波机、电视解调盘、监测机、交流稳压器等设备安装，接线及核对。

2)铁塔站天线。包括吊装就位、固定及对好俯仰角。

28. 卫星通信设备概算定额内容有哪些？

(1)卫星通信设备定额按地球站天线直径长度选用。

(2)主要工作内容包括天线座架、天线主副反射面等安装、调整、试验；驱动及附属设备安装、调整、试验；地球站设备的站内环测、验证测试、连通测试。

29. 光纤通信设备概算定额内容有哪些？

光纤通信设备定额包括光端机、电端机设备安装及调测，光端机框架、端机机架安装,远端监测设备中心站安装及调测,以及光中继段测试。

通信设备安装定额未列入设备基础型钢、通信线、电缆、埋设管材和绝缘子。

30. 竖轴混流式水轮机安装预算定额内容有哪些?

(1)埋设部分,包括吸出管、座环(含基础环)、蜗壳、护壁及其他埋设件的安装。

(2)本体部分,包括底环、迷宫环、顶盖、导水叶及辅助设备、接力器、调速环、主轴、转轮、导轴承、水车室辅助设备、随机到货的管路和器具等安装以及与发电机联轴调整。

(3)竖轴混流式水轮机安装不包括分瓣转轮、座环的现场组焊工作。

31. 轴流式水轮机安装预算定额内容有哪些?

(1)轴流式水轮机安装工作内容包括:

1)埋设部分,包括辅助埋件、吸出管、转轮室、基础环、固定导叶、座环、护壁、蜗壳上下钢衬板及其他埋件安装。

2)本体部分,包括转轮安装平台及托架、转轮、底环、导水叶及其辅助设备、顶盖(含顶环)、接力器、调速环、主轴、导轴承、水车室辅助设备、随机到货的管路和器具等安装以及与发电机联轴调整。

(2)埋设部分均按混凝土蜗壳拟定,如采用钢板焊接蜗壳时,埋设部分安装定额乘以 2.0 系数(埋设部分安装费占整个安装费的 57%),如采用部分衬板时,可再乘以衬板面积与蜗壳面积之比。

(3)按转桨式水轮机拟定,调桨式、定桨式水轮机套用本节同吨位定额子目时,本体部分乘以 0.9 系数(本体部分安装费占整个安装费的 43%),埋设部分不变。

32. 冲击式水轮机安装预算定额内容有哪些?

冲击式水轮机安装工作内容包括垫板、螺栓和埋件、机座及固定部分、上下弯管及针阀、转轮及转动部分、随机到货的管路和附件等安装以及与发电机联轴调整。适用于双轮或单轮冲击式水轮机安装。

33. 横轴混流式水轮机安装预算定额内容有哪些?

(1)横轴混流式水轮机安装工作内容包括垫板、螺栓和埋件、机座及固定部分、转轮、飞轮及转动部分、随机到货的管路和附件等安装以及与发电机联轴调整。

（2）横轴混流式水轮机安装按整体蜗壳拟定，安装费内只包括进口端一对法兰的安装、蜗壳与蝴蝶阀间的联接端应另套用压力钢管安装定额。

34. 贯流式（灯泡式）水轮机安装预算定额内容有哪些？

（1）贯流式（灯泡式）水轮机安装工作内容包括埋设部分和本体部分。

1）埋设部分，包括辅机埋件、吸出管、管形座、排水管路及其他埋件安装。

2）本体部分，包括压力侧和吸出侧导水部分、导水机构、接力器、调速环、主轴、转轮、导轴承、轴承供油及其辅助设备、随机到货的管路和器具等安装以及与发电机联轴调整。

（2）贯流式（灯泡式）水轮机安装按双调节式水轮机拟定。

35. 调速系统安装预算定额内容有哪些？

调速器安装工作内容包括基础、本体、复原机构、调速轴、事故配压阀、管路等清扫安装以及调速系统调整试验。

36. 水轮发电机安装预算定额内容有哪些？

（1）水轮发电机安装定额以"台"为计量单位，按全套设备自重选用子目。工作内容包括：

1）基础埋设、定子、转子、励磁装置、永磁发电机、机架、导轴承、推力轴承、空气冷却器、随设备到货的管路及其他部件安装。

2）轴承用油的滤油、注油工作。

3）磁板、转子、定子等的干燥工作。

4）联轴前后的机组轴线检查调整工作。

（2）水轮发电机安装定额不包括：

1）电气调整试验工作，但定子发热试验及线圈耐压试验的配合工作已包括在水轮发电机安装工作内容中。

2）转子组装场地基础埋设部件的埋设工作（如固定主轴用的基础螺栓、转子组装平台埋件等），应按设计另列项目。

3）定子现场组焊、叠装、整体下线及铁损试验等工作。

4）转子中心体在现场的组焊工作。

(3)水轮发电机安装按桥式起重机吊装施工,其台时单价可按电站实际选用规格计算。

(4)发电机/电动机安装,适用于抽水蓄能电站的可逆式发电机安装。

37. 大型水泵安装预算定额内容有哪些?

(1)埋设部分,包括冲淤、真空阀、泵座、人孔、止水部分及与混凝土流道联接部分的埋件安装。

(2)本体部分,包括全部泵体组合件、支承件、止水密封件、调速、调叶片以及顶车系统等随机附件、器具、仪表、管路附件的安装。

38. 进水阀安装预算定额内容有哪些?

蝴蝶阀安装工作内容包括活门组装、阀件安装、伸缩节安装焊接(不包括凑合节)、操作机构安装(操作柜、接力器、漏油槽及油泵电动机)、辅助设备安装(旁通阀、旁通管、空气阀)、操作管路配装(不包括系统主干管路)及调整试验。

蝴蝶阀安装以"台"为计量单位。

39. 水力机械辅助设备安装预算定额内容有哪些?

(1)辅助设备安装,包括机座及基础螺栓安装、机体分解清扫安装、电动机就位安装联轴、附件安装、单机试运转。

(2)管路安装,包括管路的煨弯切割,弯头、三通、异径管的制作安装,法兰的焊接安装,阀门、表计等器具安装,管路安装、试压、涂漆,管路支架及管卡子的制作安装。

40. 发电电压设备安装预算定额内容有哪些?

发电电压设备安装包括发电机中性点设备、发电机定子主引出线至主变压器低压套管间电气设备及分支线的电气设备安装,并包括间隔(穿通)板的制作安装。设备安装工作内容包括搬运、开箱检查、基础埋设、设备本体、附件及操作机构的安装、调整、接线、刷漆、滤油、注油、接地连接及配合试验。

定额不包括互感器、断路器的端子箱制作安装及设备构(框、支)架的制作安装。

有操作机构的设备安装,按一段式编制,如增加一段按另加"延长轴配置增加"定额计算。

消弧线圈的安装,可套用同等级同容量的电力变压器安装定额。

间隔(穿通)板制作安装,包括领料、搬运、平直下料、钻孔、焊接组装、安装固定、刷漆及接地等工作内容。

41. 控制保护系统安装预算定额内容有哪些？

(1)控制保护系统安装包括控制保护屏(台)、端子箱、电器仪表、小母线、屏边(门)安装。

(2)控制保护屏(台)柜安装。

1)工作内容包括搬运、开箱检查、安装固定、二次配线、对线、接线、交送试验的器具、电器、表计及继电器等附件的拆装,端子及端子板安装,盘内整理、编号、写表签框、接地及配合试验。

2)控制保护屏(台)柜安装定额中控制保护屏系指发电厂控制、保护、弱电控制、返回励磁、温度巡检、直接控制、充电屏等。

(3)端子箱、电器仪表、小母线安装,包括领料、搬运、平直、下料、钻孔、焊接、刷漆、基础埋设、安装固定、接线、对线、编号、写表签框及接地等内容。

(4)不包括的工作内容：

1)二次喷漆及喷字。

2)电器具设备干燥。

3)设备基础槽钢、角钢的制作。

4)焊压接线端子。

5)端子排外部接线。

(5)未计价材料,包括小母线、支持器、紧固件、基础型钢及地脚螺栓。

42. 直流系统安装预算定额内容有哪些？

直流系统安装包括蓄电池支架、穿通板组合、绝缘子、圆母线、蓄电池本体及蓄电池充放电等的安装。工作内容包括：

(1)蓄电池支架安装,包括检查、搬运、刷耐酸漆、装玻璃垫、瓷柱和支柱,不包括支架的制作及干燥,应按成品价计列。

(2)穿通板组合安装,包括框架、铅垫、穿通板组合安装、装瓷套管和铜螺栓、刷耐酸漆。

(3)绝缘子、圆母线安装,包括母线平直、煨弯、焊接头、镀锡、安装固定、刷耐酸漆。

(4)蓄电池本体安装,包括开箱检查、清洗、组合安装、焊接接线、注电解液、盖玻璃板。

(5)蓄电池充放电定额,包括直流回路检查、初充电、放电再充电、测试、调整及记录技术数据。

蓄电池充放电定额中的容器、电极板、盖隔板、连接铅条、焊接条、紧固螺栓、螺母、垫圈均按设备随带附件考虑。

弱电如在以上电压等级抽头时,安装费不另计。

未计价材料,包括穿通板、穿墙套管、母线、绝缘子、电缆、电解液等。

43. 电缆安装预算定额内容有哪些?

(1)电缆安装包括电缆管制作安装、电缆敷设、电缆头制作安装等内容。

(2)电缆管制作安装,包括领料、搬运、煨管配制、安装固定、接地、临时封堵、刷漆等。电缆管敷设是按不同地点、位置及各种方法综合拟定的,使用时(除另有注明外)均不做调整。

(3)电缆架制作安装,包括领料、搬运、下料、放样做模具、组装焊接、油漆、基础埋设、安装、补漆等。

(4)电缆敷设,包括领料、搬运、外表及绝缘检查、放电缆、锯割、封头、固定、整理、刷漆、挂电缆牌等。穿管敷设还包括管子清扫。电缆敷设是按不同地点、位置及各种方法综合拟定的,使用时(除另有注明外)均不做调整。

37芯以下控制电缆敷设套用 $35mm^2$ 以下电力电缆敷设定额。

电缆敷设均按铝芯电缆考虑,如铜芯电缆敷设按相应截面定额的人工和机械乘以1.4系数。

电缆敷设定额中均未考虑波形增加长度及预留等富余长度,该长度应按基本长度计算。

电缆安装定额不包括电缆的防火工程,应另行考虑。

(5)电缆头制作安装,指10kV及以下电力电缆和控制电缆终端接头及中间接头制作安装。包括电缆检查、定位、量尺寸、锯割、剥切、焊接地线、套绝缘管、缠涂(包缠)绝缘层、压接线端子、装外壳(终端盒或手套)、配料、清理、安装固定等工作内容。

电缆头制作安装均按铝芯电缆考虑,如铜芯电缆电缆头制作安装按相应定额乘以1.2系数。

未计价材料,包括电缆终端盒和中间接头联接盒等。

44. 母线制作安装预算定额内容有哪些?

(1)母线制作安装包括户内支持绝缘子、穿墙套管、母线、母线伸缩节(补偿器)等制作安装。

(2)工作内容:

1)户内支持绝缘子、穿墙套管安装,包括搬运、开箱检查、钻孔、安装固定、刷漆、接地、配合试验。不包括固定支持绝缘子及穿墙套管的金属结构件制作安装,应另套有关定额。

未计价材料,包括绝缘子、穿墙套管。

2)铝母线(带形、槽形、封闭母线)制作安装,包括搬运、平直、下料、煨弯、钻孔、焊接、母线连接、安装固定、上夹具、接头、刷分相漆。

母线在高于10m的竖井内安装时,人工定额乘以1.8系数。

带形铜母线安装,按相应人工定额乘以1.4系数。

未计价材料为母线。

3)母线伸缩节(补偿器)安装,包括钻孔、锉面、挂锡、安装。伸缩节本身按成品考虑。以每相一个接头为计量单位。

45. 接地装置制作安装预算定额内容有哪些?

(1)接地装置制作安装包括接地极的制作安装,接地母线敷设等。

(2)工作内容:

1)接地极的制作安装,包括领料、搬运、接地极加工制作、打入地下及与接地母线连接。

2)接地母线敷设,包括搬运、母线平直、煨弯、接地卡子、制作、打眼、埋卡子、敷设、固定、焊接及刷黑漆等。

(3)接地装置制作安装定额不包括:

1)接地沟开挖、回填、夯实。

2)接地系统电阻测试。

46. 保护网、铁构件制作安装预算定额内容有哪些?

(1)保护网。

1)工作内容,包括领料、搬运、平直、下料、加工制作、组装、焊接固定、隔磁材料安装、刷漆、接地。

2)保护网定额不包括支持保护网网框外的钢构架,其制作安装另套用相应定额。

3)保护网定额以"m^2"为计量单位。

未计价材料,包括金属网、网框架用的型钢及基础钢材。

(2)铁构件。

1)铁构件定额适用于电气设备及装置安装所需钢支架基础的制作安装,也适用于电缆架、电缆桥钢支架的制作安装。

2)工作内容,包括领料、搬运、平直、划线、下料、钻孔、组装、焊接、安装、刷漆。

3)铁构件定额以"t"为计量单位。

47. 电力变压器安装预算定额内容有哪些?

(1)工作内容:

1)本体及附件的搬运,开箱检查。

2)变压器干燥,包括电源设施、加温设施、保温设施、滤油设备及真空设备等工具、器材的搬运、安装及拆除、干燥维护、循环滤油、抽真空、测试记录、结尾。

3)吊芯(罩)检查,包括工具、器具准备及搬运,油柱密封试验、放油、吊芯(罩)、检查、回芯(罩)、上盖、注油。

4)安装固定,包括本体就位固定、套管安装、散热器及油枕清洗、安装,风扇电动机解体、检查、安装、接地、试运转,其他附件安装,补充注油,整体密封试验,接地,强迫油循环,水冷却器基础埋设、安装、调试。

5)变压器中性点设备基础埋设、安装调试、接地。

6)变压器本体及附件内的变压器油过滤、注油。

7)配合电气调试。

(2)电力变压器安装定额不包括:

1)变压器干燥棚、滤油棚的搭拆工作。

2) 瓦斯继电器的解体检查及试验(属变压器系统调整试验)。

3) 变压器用强迫油循环水冷却方式时,水冷却器至变压器本身之间的油、水管路安装应另套系统管路安装定额。

4) 电力变压器安装亦适用于自耦式电力变压器、带负荷调压变压器的安装。

48. 断路器安装预算定额内容有哪些?

断路器安装包括多油断路器、少油断路器、空气断路器、六氟化硫断路器安装。工作内容包括:

(1) 本体及附件的搬运、开箱检查。

(2) 基础埋设、清理,型钢、垫铁、压板的加工、配制、安装及地脚螺栓的埋设。

(3) 本体及附件安装,包括解体、检查、组合安装及调整固定。

(4) 空气断路器的阀门清理、检查,配管和焊接、动作调整。

(5) 配合电器试验,绝缘油过滤、注油,接地及刷分相漆。

如用气动操作机构,供气管路应另套系统管路安装定额。

未计价材料,包括设备基础用钢板、型钢等。

49. 隔离开关安装预算定额内容有哪些?

(1) 工作内容:

1) 本体及附件的搬运、开箱检查。

2) 基础埋设、地脚螺栓埋设,型钢、垫铁及压板的加工、配制和安装。

3) 本体及附件安装,包括安装、固定、调整、拉杆及其附件的配制安装,操作机构、连锁装置及信号接点的检查、清理和安装。

4) 配合电气试验,接地,刷分相漆。

(2) 安装高度超过 6m 时,不论单相或三相均套用同一安装高度超过 6m 的定额。

(3) 气动操作的隔离开关至操作箱之前的供气管路安装,应套用系统管路安装定额。

(4) 负荷开关可套用同电压等级的隔离开关安装定额。

未计价材料,包括设备基础用钢板、型钢、拉杆、操作钢管等。

50. 互感器、避雷器、熔断器安装预算定额内容有哪些？

（1）工作内容包括搬运、开箱、表面检查、安装固定、互感器放油、吊芯检查、注油、基础埋设及止动器的制作安装，避雷器的基础铁件制作安装，地脚螺栓埋设、放电记录器安装，接地、刷分相漆、场地清理及配合电气试验。

铁构架制作、安装另套本定额相应定额子目。

（2）电容式电压互感器安装，套用相应电压互感器安装有关定额乘以1.2系数。

未计价材料，包括设备基础用钢板、型钢等。

51. 一次拉线安装预算定额内容有哪些？

（1）工作内容：

1）高频阻波器、耦合电容器、支持绝缘子、悬式绝缘子等安装，包括搬运、检查、基础埋设及本体安装固定。

2）一次拉线，包括金具、软母线、绝缘子的搬运、检查、绝缘子与金具组合，测量线长度及下料，导线与线夹的连接、导线接头连接（压接法、爆接法）、悬挂、紧固、弛度调整，还包括设备端子及设备线夹或端子压接管的锉面、挂锡及连接。

3）铝、钢管型母线安装，包括支持绝缘子的安装，铝、钢管的平直、下料、煨弯、焊接、安装固定、刷分相漆，钢管母线还包括钢管纵向开槽及接触面镀铜。

4）管型母线伸缩接头安装，不包括在一次拉线及其他设备安装定额内，应另套定额相应定额子目。

（2）一次拉线绝缘子为双串者，不论每串片数多少，均按双串子目计算。

（3）一次拉线包括软母线、设备引线、引下线及跳线。

（4）架空地线按一次拉线定额乘0.7系数。

未计价材料，包括设备基础用钢材、各式绝缘子、钢芯铝绞线（铝线、铜线、镀锌钢绞线）、铝管、钢管及铜管等。

52. 其他设备安装预算定额内容包括哪些？

（1）滤波器及单相闸刀安装，见通信设备安装。

(2)高压组合电器系由隔离开关(G)、电流互感器(L)、电压互感器(J)和电缆头(D)等元件组成(如 GL-220、GJ-220、DGL-220、DGJ-220、DG-220、GDGL-220、GDG-220、DGL-330、DG-330、GL-330 等),其安装费按以下方法计算:

1)二元件组成的组合电器,其安装费为该二元件安装费之和乘以 0.8 系数。

2)三元件组成的组合电器,其安装费为该三元件安装费之和乘以 0.7 系数。

3)四元件组成的组合电器,其安装费为该四元件安装费之和乘以 0.65 系数。

4)五元件组成的组合电器,其安装费为该五元件安装费之和乘以 0.60 系数。

53. 载波通信设备安装预算定额内容有哪些?

载波机的配套装置,包括高频阻波器、高压耦合电容器、结合滤波器、单相户外式接地闸刀、高频同轴电缆。配套装置的数量和载波器的台数相同。

工作内容包括设备器材检查、清扫、搬运、安装、调试及完工清理。

高频阻波器和高压耦合电容器安装已包括在一次拉线及其他安装定额内。

未计价材料,包括通信线、电缆、埋设管材、瓷瓶和设备基础所用的钢材。

54. 生产调度通信设备安装预算定额内容有哪些?

生产调度通信设备安装工作内容包括调度电话总机、电话分机、电源设备、配线架、分线盒、铃流发生器、电话机保安器等设备的安装、调试、分机线路敷设、管路埋设等。

未计价材料,包括设备基础型钢、通信线、电缆、埋设管材、出线瓷瓶。

55. 生产管理通信设备安装预算定额内容有哪些?

(1)生产管理通信设备安装以自动电话交换机总容量编列子目(表 14-11)。

表 14-11　　　　　　　　　生产管理通信(台)

材料名称	单位	程控交换机容量(门)				
		90	200	400	600	800
角钢	kg	20.4	20.4	25.5	30.6	34.6
背板 U 形抱箍	付	12.1	24.2	68.7	68.7	127
分线箱 20 对	个	2.0	5.0	16	20	30
分线箱 30 对	个	2.0	4.0	10	14	20
分线箱 100 对	个	2.0	3.0	8.0	10	13
话机出线盒	个	90	200	400	600	800
分线设备背板	块	6.1	12.1	34.3	34.3	63.6
横担	条	6.0	12.0	34.1	34.1	63.1
地线夹板	付	12.1	24.2	68.7	68.7	127
地线棒	根	12.1	24.2	68.7	68.7	127
四钉桌形卡胶盒	套				36.4	44.4
电力线卡簧	只				40.4	48.4
电力线、信号线支架	套				20.2	24.2

(2)程控通信设备的工作内容,包括程控机及配套电话机安装,分线盒、接线盒及总机房电话线安装。不包括电源设备及防雷接地的安装。

未计价材料,包括通信线、电缆、埋设管材、瓷瓶和设备基础用钢材。

56. 微波通信设备安装预算定额内容有哪些?

(1)设备安装,包括搬运、开箱检查,微波机、电视解调盘、监测机及交流稳压器安装,接线及核对等工作内容。

(2)天线安装,包括搬运、吊装就位、固定及对俯仰角等内容,但不包括铁塔站本身安装。

未计价材料,包括通信线、电缆、埋设管材、瓷瓶和设备基础用钢材。

57. 卫星通信设备安装预算定额内容有哪些?

(1)设备安装,包括天线座架、天线主副反射面、驱动及附属设备安装调试,天馈线系统调试,地球站设备的站内环测、验证测试及连通测试等工作内容。

(2)不包括电源设备及防雷接地安装。

58. 水轮发电机组系统调整预算定额内容有哪些？

(1)工作内容，包括机组本体、机组引出口至主变压器低压侧和发电电压母线及中性点等范围内的一次设备（如断路器、隔离开关、互感器、避雷器、消弧线圈、引出口母线或电缆等），隶属于机组本体专用的控制、保护、测量及信号等二次设备和回路（如测量仪表、继电保护、励磁系统、调速系统、信号系统、同期回路等），以及机组专用和机旁动力电源供电装置（如机房盘）等的调整试验工作。

(2)水轮发电机组系统定额不包括备用励磁系统、全厂合用同期装置及机组启动试运转期间的调试（包括在联合试运转费内）。

(3)水轮发电机组系统按机组单机容量选用子目。

59. 电力变压器系统调整预算定额内容有哪些？

(1)工作内容包括变压器本体、高低压侧断路器、隔离开关、互感器、避雷器、冷却装置、继电保护和测量仪表等一次回路（母线或电缆）和二次回路的调整试验，还包括变压器的油耐压试验和空载投入试验。

(2)电力变压器系统定额不包括避雷器、消弧线圈、接地装置、馈电线路及母线系统的调整试验工作。

(3)如有"带负荷调压装置"调试时，定额乘以 1.12 系数。

(4)单相变压器如带一台备用变压器时，定额乘以 1.2 系数。

(5)电气调整定额系根据双卷变压器编制，如遇三卷变压器则按同容量定额乘以 1.2 系数。

60. 门式起重机概算定额内容有哪些？

门式起重机定额以"台"为计量单位，按门式起重机自重选用。主要工作内容包括：

(1)门机机架安装。

(2)行走机构安装。

(3)起重机械安装。

(4)操作室、梯子栏杆、行程限制器及其他附件安装。

(5)电气设备安装和调整。

(6)空载和负荷试验。

61. 油压启闭机概算定额内容有哪些？

油压启闭机定额以"台"为计量单位，按油压启闭机自重选用。主要工作内容包括：

(1)基础埋设。
(2)设备本体安装。
(3)附属设备及管路安装。
(4)油系统设备安装及油过滤(不包括系统油管的安装和设备用油)。
(5)电气设备安装和调整。
(6)机械调整及耐压试验。
(7)与闸门连接及启闭试验。

62. 卷扬式启闭机概算定额内容有哪些？

卷扬式启闭机定额以"台"为计量单位，按卷扬式启闭机自重选用，适用于单节点或双节点的卷扬式启闭机安装。螺杆式启闭机安装可套用与设备自重相等的定额子目。

卷扬式启闭机定额按固定式启闭机拟定，如为台车式时乘以 1.2 系数。主要工作内容包括：

(1)基础埋设。
(2)设备本体及附件安装。
(3)电气设备安装和调整。
(4)与闸门连接及启闭试验。

63. 电梯概算定额内容有哪些？

电梯定额以"台"为计量单位，按电梯提升高度选用。适用于拦河坝和厂房的电梯安装。主要工作内容包括：

(1)基础埋设。
(2)设备本体及轨道等附件安装。
(3)升降机械及传动装置安装。
(4)电气设备安装和调整。
(5)整体调整和试运转。

电梯定额系按载重量 5t 及以内的自动客货两用电梯拟定，载重量超过 5t 的电梯安装，乘以 1.2 系数。

64. 轨道概算定额内容有哪些？

轨道定额以"双10m"（即轨道两侧各10m）为计量单位，按轨道型号选用，适用于起重机和变压器等所用轨道的安装。主要工作内容：

(1) 基础埋设。
(2) 轨道校正、安装。
(3) 附件安装。

弧形轨道安装，人工及机械各乘以1.3系数。

轨道定额未包括钢轨、垫板、型钢及螺栓等装置性材料用量。

65. 滑触线概算定额内容有哪些？

滑触线定额以"三相10m"为计量单位，按起重机自重选用，适用于移动式起重机设备的滑触线安装。主要工作内容包括：

(1) 基础埋设。
(2) 支架及绝缘子安装。
(3) 滑触线及附件校正安装。
(4) 连接电缆及轨道接地。
(5) 辅助母线安装。

滑触线定额未包括型钢、螺栓、绝缘子等装置性材料用量。

如需安装辅助母线时，应根据设计资料计算其装置性材料用量。

66. 平板焊接闸门概算定额内容是什么？

(1) 平板焊接闸门定额适用于台车、定轮、压合木支承形式及其他支承形式的整体、分段焊接及分段拼装的平面闸门安装。

(2) 工作内容：

1) 闸门拼装焊接、焊缝透视检查及处理。
2) 闸门主行走支承装置安装。
3) 止水装置安装。
4) 侧反支承行走轮安装。
5) 闸门在门槽内组合连接。
6) 闸门吊杆及其他附件安装。
7) 闸门锁锭安装。
8) 闸门吊装试验。

(3)带充水装置的平板闸门(包括其充水装置)安装,定额乘以1.05系数;滑动式闸门(压合木式闸门除外)安装,定额乘以0.93系数。

67. 弧形闸门概算定额内容有哪些?

(1)弧形闸门定额按潜孔式和露顶式的桁架式弧形闸门综合拟定。

(2)工作内容:

1)闸门支座安装。

2)支臂组合安装。

3)桁架组合安装。

4)面板支承梁及面板安装焊接。

5)止水装置安装。

6)侧导轮及其他附件安装。

7)闸门焊缝透视检查及处理。

8)闸门吊装试验。

(3)实腹梁式弧形闸门安装,定额乘以0.8系数;拱形闸门安装,定额乘以1.26系数;洞内安装弧形闸门,人工和机械定额各乘以1.2系数。

68. 单扇、双扇船闸闸门概算定额内容有哪些?

(1)单扇、双扇船闸闸门定额适用于水利枢纽的船闸闸门安装。

(2)工作内容:

1)闸门门叶组合焊接安装和焊缝透视检查及处理。

2)底枢装置及顶枢装置安装。

3)闸门行走支承装置组合安装。

4)止水装置安装。

5)闸门附件安装。

6)闸门启闭试验。

69. 闸门埋设件概算定额内容有哪些?

(1)闸门埋设件定额适用于各种型式闸门的埋设件安装。

(2)工作内容:

1)基础埋设。

2)主轨、反轨、侧轨、底槛、门楣、弧门支座、胸墙、水封座板、护角、侧导板、锁锭及其他埋设件等安装。

(3)闸门埋设件定额按垂直安装拟定,如在倾斜位置≥10°安装时,人工定额乘以1.2系数。

70. 拦污栅概算定额内容有哪些?

(1)拦污栅定额包括拦污栅栅体及栅槽的安装。

(2)主要工作内容:

1)栅体安装包括栅体、吊杆及附件安装。

2)栅槽安装包括栅槽校正及安装。

(3)大型水利枢纽的拦污栅,若底梁、顶梁、边柱,采用闸门支承型式的,其栅体安装可套用与自重相等的平板闸门安装定额,栅槽则套用闸门埋设件安装定额。

71. 闸门压重物概算定额内容有哪些?

(1)闸门压重物定额适用于铸铁、混凝土及其他种类的闸门压重物安装。

(2)工作内容包括闸门压重物及其附件安装。

(3)如压重物需装入闸门实腹梁格内时,安装定额乘以1.2系数。

(4)闸门压重物定额不包括闸门压重物本身的材料及制作。

72. 小型金属结构构件概算定额内容有哪些?

(1)小型金属结构构件定额适用于1t及以下的小型金属结构构件的安装。

(2)主要工作内容,包括基础埋设、构件就位、找正、固定,安装和刷漆等。

(3)小型金属结构构件定额不包括小型金属结构构件本身的材料及制作。

73. 压力钢管制作及安装概算定额内容有哪些?

(1)压力钢管制作及安装以压力钢管质量"t"为计量单位,按压力钢管直径和壁厚选用。计算压力钢管工程量时应包括钢管本体、加劲环和支承环的质量。

(2)一般钢管制作、安装定额已按直管、弯管、渐变管和伸缩节等综合考虑,使用时均不做调整。

叉管制作、安装定额仅适用于叉管段中叉管及方渐变管管节部分。叉管段中其他管节部分(如直管、弯管)仍应按一般钢管制作、安装定额计算。

(3)压力钢管制作及安装定额包括制作安装过程中所需临时支承及固定钢管临时拉筋的制作及安装。

(4)压力钢管制作及安装定额包括工地加工厂至安装现场的运输、装卸工作,使用时不做调整。

(5)压力钢管制作及安装定额未包括钢管本体、加劲环、支承环本身的钢材,也未包括钢管热处理和特殊涂装。

(6)主要工作内容:

1)压力钢管制作:

①钢管制作、透视检查及处理。

②钢管内外除锈、刷漆和涂浆。

③加劲环和拉筋制作。

④灌浆孔丝堵和补强板制作、开灌浆孔、焊补强板。

⑤支架制作。

2)压力钢管安装:

①钢管安装、透视检查及处理。

②支架和拉筋安装。

③灌浆孔封堵。

④清扫、刷漆。

74. 桥式起重机安装预算定额内容有哪些?

(1)工作内容:

1)设备各部件清点、检查。

2)大车架及行走机构安装。

3)小车架及运行机构安装。

4)起重机构安装。

5)操作室、梯子栏杆、行程限制器及其他附件安装。

6)电气设备安装和调整。

7)空载和负荷试验(不包括负荷器材本身)。

(2) 桥式起重机安装以"台"为计量单位，按桥式起重机主钩起重能力选用子目。

(3) 有关桥式起重机的跨度、整体或分段到货、单小车或双小车负荷试验方式等问题均已包括在定额内，使用时一律不做调整。

(4) 桥式起重机安装不包括轨道和滑触线安装、负荷试验物的制作和运输。

(5) 转子起吊如使用平衡梁时，桥式起重机的安装按主钩起重能力加平衡梁质量之和选用子目，平衡梁的安装不再单列。

75. 门式起重机安装预算定额内容有哪些？

(1) 工作内容：
1) 设备各部件清点、检查。
2) 门机机架安装。
3) 行走机构安装。
4) 起重卷扬机构安装。
5) 操作室和梯子栏杆安装。
6) 行程限制器及其他附件安装。
7) 电气设备安装和调整。
8) 空载和负荷试验（不包括负荷器材本身）。

(2) 门式起重机安装以"台"为计量单位，按门式起重机自重选用子目。适用于水利工程永久设备的门式起重机安装。

(3) 门式起重机安装不包括门式起重机行走轨道的安装、负荷试验物的制作和运输。

76. 油压启闭机安装预算定额内容有哪些？

(1) 工作内容：
1) 设备部件清点、检查。
2) 埋设件及基础框架安装。
3) 设备本体安装。
4) 辅助设备及管路安装。
5) 油系统设备安装及油过滤。
6) 电气设备安装和调整。

7)机械调整及耐压试验。

8)与闸门连接及启闭试验。

(2)油压启闭机安装以"台"为计量单位,按油压启闭机自重选用子目。

(3)油压启闭机安装不包括系统油管的安装和设备用油。

77. 卷扬式启闭机安装预算定额工作内容有哪些?

(1)工作内容:

1)设备清点、检查。

2)基础埋设。

3)本体及附件安装。

4)电气设备安装和调整。

5)与闸门连接及启闭试验。

(2)卷扬式启闭机安装以"台"为计量单位,按启闭机自重选用子目,适用于固定式或台车式、单节点和双节点卷扬式的闸门启闭机安装。

(3)卷扬式启闭机安装系按固定卷扬式启闭机拟定,如为台车式时安装定额乘以1.2系数,单节点和双节点不做调整。

(4)卷扬式启闭机安装不包括轨道安装。

(5)卷扬式启闭机安装亦适用于螺杆式启闭机安装。

78. 电梯安装预算定额内容有哪些?

(1)工作内容:

1)设备清点、检查。

2)基础埋设。

3)本体及轨道附件等安装。

4)升降机械及传动装置安装。

5)电气设备安装和调整。

6)整体调整和试运转。

(2)电梯安装以"台"为计量单位,按升降高度选用子目。适用于水利工程中电梯设备的安装。

(3)电梯安装系以载重量5t及以内的自动客货两用电梯拟定,超过5t的大型电梯,安装定额可乘以1.2系数。

79. 轨道安装预算定额内容有哪些？

(1) 工作内容：
1) 基础埋设。
2) 轨道校正安装。
3) 附件安装。

(2) 轨道安装以"双 10m"(即单根轨道两侧各 10m)为计量单位，按轨道型号选用定额。

(3) 轨道安装适用于水利工程起重设备、变压器设备等所用轨道的安装。

(4) 轨道安装不包括大车阻进器安装。阻进器的安装可套用小型金属结构构件安装定额。

(5) 安装弧形轨道时，人工、机械定额乘以 1.2 系数。

未计价材料，包括轨道及主要附件。

80. 滑触线安装预算定额内容有哪些？

(1) 工作内容：
1) 基础埋设。
2) 支架及绝缘子安装。
3) 滑触线及附件校正安装。
4) 连接电缆及轨道接零。
5) 辅助母线安装。

(2) 滑触线安装以"三相 10m"为计量单位，按起重机质量选用子目。适用于水利工程各类移动式起重机设备滑触线的安装。

未计价材料，包括滑触线、辅助母线及主要附件。

81. 平板焊接闸门预算定额内容有哪些？

(1) 工作内容：
1) 闸门拼装焊接、焊缝透视检查及处理(包括预拼装)。
2) 闸门主行走支承装置(定轮、台车或压合木滑道)安装。
3) 止水装置安装。
4) 侧反支承行走轮安装。

5)闸门在门槽内组合连接。
6)闸门吊杆及其他附件安装。
7)闸门锁锭安装。
8)闸门吊装试验。
(2)平板焊接闸门不包括下列工作内容：
1)闸门充水装置安装；
2)闸门压重物安装；
3)闸门埋设件安装；
4)闸门起吊平衡梁安装(包括在闸门起重设备安装定额中)。
(3)适用范围：台车、定轮、压合木支承形式及其他支承型式的整体、分段焊接及分段拼接的平板闸门安装。
(4)带充水装置的平板闸门(包括充水装置的安装)安装定额乘以1.05系数。
(5)平板焊接闸门按定轮和台车式平板闸门拟定，如系滑动式闸门安装，安装定额乘以0.93系数(压合木式除外)。

82. 弧形闸门预算定额内容有哪些？

(1)闸门支座安装。
(2)支臂组合安装。
(3)桁架组合安装。
(4)面板支承梁及面板安装焊接。
(5)止水装置安装。
(6)侧导轮及其他附件安装。
(7)闸门焊缝透视检验及处理。
(8)闸门吊装试验。

83. 单、双扇船闸闸门预算定额内容有哪些？

(1)工作内容：
1)闸门门叶组合焊接安装(包括上横梁、下横梁、门轴柱、接合柱等)及焊缝透视检查处理。
2)底枢装置及顶枢装置安装。
3)闸门行走支承装置组合安装。

4)止水装置安装。
5)闸门附件安装。
6)闸门启闭试验。
(2)适用范围:单、双扇船闸闸门安装。

84. 拦污栅安装预算定额内容有哪些?

(1)工作内容:
1)栅体安装,包括现场搬运、就位、吊入栅槽、吊杆及附件安装。
2)栅槽安装,包括现场搬运、就位、校正吊装和固定。
(2)大型电站的拦污栅,若底梁、顶梁、边柱采用闸门支承型式的,栅体应按自重套用相同支承型式的平板门门体安装定额,栅槽则套用闸门埋件安装定额。

85. 闸门埋设件工作内容有哪些?

(1)闸门堆设件的工作内容包括:
1)基础螺栓及锚钩埋设。
2)主轨、反轨、侧轨、底槛、门楣、弧门支座、胸墙、水封座板、护角、侧导板、锁锭及其他埋件等安装。
(2)闸门埋设件定额按垂直位置安装拟定,如在倾斜位置(≥10°)安装时,人工定额乘以1.2系数。
(3)闸门储藏室的埋件安装,安装定额乘以0.8系数。

86. 容器安装预算定额内容有哪些?

容器安装工作内容,包括基础埋设、检查、清扫、就位、找正、固定、脚手、油漆、与管道联结等一切常规内容。
容器安装适用于油桶、气桶等一切容器安装。

87. 小型金属构件安装预算定额内容有哪些?

(1)小型金属结构构件安装适用于1t及以下的小型金属结构构件安装。
(2)工作内容,包括基础埋设、清洗检查、找正固定、打洞抹灰等一切常规内容。

第十四章 水利水电设备安装工程

88. 压力钢管制作及安装预算定额内容有哪些?

(1)压力钢管制作及安装包括钢管制作、安装、运输。

(2)压力钢管制作及安装以质量"t"为计量单位,按钢管直径和壁厚选用子目。包括钢管本体和加劲环支承等全部构件质量。

(3)压力钢管制作及安装包括施工临时设施的摊销和安装过程中所需临时支承及固定钢管的拉筋制作和安装。

(4)压力钢管制作及安装定额以直管为计算依据,其他形状的钢管分别乘以表14-12系数。

表 14-12　　　　　　　　定额系数

序号	项目	人工费	材料费	机械费
1	弯管制作安装	1.5	1.2	1.2
2	渐变管制作	1.5	1.2	1.5
3	渐变管及方管安装	1.2		
4	≥15°斜管安装	1.15		
5	≥25°斜管安装	1.3		
6	垂直管安装	1.2		
7	凑合节安装	2.0	2.0	2.0
8	伸缩节安装	4.0	2.0	2.0
9	堵头(闷头)制作	3.0	3.0	3.0
10	方变圆或叉管制作	2.5	1.5	1.5
11	方变圆或叉管安装	3.0	2.0	2.0
12	方管制作	1.2	1.2	1.2

未计价材料,包括钢管本体、加劲环、支承环等。

89. 钢管制作预算定额内容有哪些?

(1)钢板场内搬运、划线、割切坡口、修边、卷板、修弧对圆、焊接、焊缝扣铲、透视检验处理、钢管场内搬运及堆放等。

(2)钢管内外除锈、刷漆、涂浆。

(3)加劲环制作、对装、焊接及拉筋制作。

(4)灌浆孔丝堵和补强板制作及开灌浆孔、焊铺补强板等。

(5)钢管内临时钢支撑制作及安装(包括本身材料价值)。

(6)支架制作。

90. 钢管安装预算定额内容有哪些?

(1)工作内容:

1)场地清理、测量、安装点线等准备和结尾工作。

2)钢管对接、环缝焊接、透视检查处理等。

3)支架及拉筋安装。

4)支撑及施工脚手架拆除运出。

5)灌浆孔封堵。

6)焊疤铲除。

7)清扫刷漆。

(2)安装斜度<15°时,直接使用定额;安装斜度≥15°时按不同斜度分别乘表14-12系数。

(3)闷头安装可套用压力钢管同直径同厚度直管安装定额。

91. 钢管运输预算定额内容有哪些?

(1)钢管运输适用于钢管安装现场和工地运输。

(2)工地运输指隧洞或坝体压力钢管道以外的工地运输,运距按钢管成品堆放场至隧洞或坝体钢管道口间的距离计算。本定额基本运距为1km,不足1km按1km计算,超过的以每增运1km累计。

(3)现场运输指隧洞内或坝体内的管道运输,运距按钢管道的平均长度计算。定额基本运距为200m,不足200m不减,超过200m时以每增运50m累计。

(4)倒运指钢管运输过程中,需要变更运输工具或运输方式而增加的装卸工作或转换机械的费用。

(5)钢管运输按洞内、洞外、钢管斜度、运输方式和运输工具等条件综合拟定,使用时不做调整。

92. 设备工地运输预算定额内容有哪些?

(1)设备工地运输适用于水利工程机电设备及金属结构设备自工地设备库(或堆放场)至安装现场的运输。

(2)运输系机械运输的综合定额,在使用时不论采取哪种运输设备均不做调整。

(3)工作内容,包括准备、设备绑扎、库内拖运、装车、固定、运输、卸车及空回等。

93. 机电设备安装工程工程量清单项目应怎样设置?

机电设备安装工程工程量清单的项目编码、项目名称、计量单位、工程量计算规则及主要工作内容,应按表14-13的规定执行。

表14-13　　　　　机电设备安装工程(编码500201)

项目编码	项目名称	项目主要特征	计量单位	工程量计算规则	主要工作内容	一般适用范围
500201001 ×××	水轮机设备安装	1. 型号、规格 2. 外形尺寸 3. 质量	套	按招标设计图示的数量计量	1. 主机埋件和本体安装 2. 配套管路和部件安装 3. 调试	新建、扩建、改建、加固的水利机电设备安装工程
500201002 ×××	水泵—水轮机设备安装					
500201003 ×××	大型泵站水泵设备安装				1. 真空破坏阀、泵座、人孔及止水埋件安装 2. 泵体组合件及支撑件安装 3. 止水密封件安装 4. 仪器、仪表、管路附件安装 5. 调试	
500201004 ×××	调速器及油压装置设备安装				1. 基础、本体、反馈机构、事故配压阀、管路等安装 2. 集油槽、压油槽、漏油槽安装 3. 油泵、管道及辅助设备安装 4. 设备滤油、充油 5. 调试	

(续一)

项目编码	项目名称	项目主要特征	计量单位	工程量计算规则	主要工作内容	一般适用范围
500201005×××	发电机设备安装		套	按招标设计图示的数量计量	1. 基础埋设 2. 机组及辅助设备安装 3. 配套管路及部件安装 4. 定子、转子安装及干燥 5. 发电机(发电机—电动机)与水轮机(水泵—水轮机)联轴前后的检查 6. 调试	新建、扩建、改建、加固的水利机电设备安装工程
500201006×××	发电机—电动机设备安装	1. 型号、规格 2. 外形尺寸 3. 重量				
500201007×××	大型泵站电动机设备安装				1. 电动机基础埋设 2. 定子、转子安装 3. 附件安装 4. 电动机干燥 5. 调试	
500201008×××	励磁系统设备安装	1. 型号、规格 2. 电气参数 3. 重量			1. 基础安装 2. 设备本体安装 3. 调试	
500201009×××	主阀设备安装	1. 型号、规格 2. 直径 3. 重量			1. 阀体安装 2. 操作机构及管路安装 3. 附属设备安装 4. 调试	
500201010×××	桥式起重机设备安装	1. 型号、规格 2. 外形尺寸 3. 重量	台	按招标设计图示的数量计量	1. 大车架及运行机构安装 2. 小车架及运行机构安装 3. 起重机构安装 4. 操作室、梯子、栏杆、行程限器及其他附件安装 5. 电气设备安装 6. 调试	新建、扩建、改建、加固的水利机电设备安装工程
500201011×××	轨道安装	1. 型号、规格 2. 单米重量	双10m	按招标设计图示尺寸计算的有效长度计量	1. 基础埋设 2. 轨道校正、安装 3. 附件制作安装	
500201012×××	滑触线安装	1. 电压等级 2. 电流等级	三相10m		1. 基础埋设 2. 支架及绝缘子安装 3. 滑触线及附件校正、安装 4. 连接电缆及轨道接地 5. 辅助母线安装	

第十四章 水利水电设备安装工程

(续二)

项目编码	项目名称	项目主要特征	计量单位	工程量计算规则	主要工作内容	一般适用范围
500201013×××	水力机械辅助设备安装	1. 型号、规格 2. 输送介质 3. 材质 4. 连接方式 5. 压力等级	项	按招标设计图示的数量计量	1. 基础埋设 2. 设备本体及附件安装 3. 配套电动机安装 4. 管路、阀门和表计等安装 5. 调试	新建、扩建、改建、加固的水利机电设备安装工程
500201014×××	发电电压设备安装					
500201015×××	发电机—电动机静止变频启动装置(SFC)安装	1. 型号、规格 2. 电压等级 3. 重量	套		1. 基础埋设 2. 设备本体及附件安装 3. 接地 4. 调试	
500201016×××	厂用电系统设备安装	1. 型号、规格 2. 电压等级 3. 重量			1. 基础埋设 2. 设备安装 3. 接地 4. 调试	
500201017×××	照明系统安装	1. 型号、规格 2. 电压等级	项		1. 照明器具安装 2. 埋管及布线 3. 绝缘测试	
500201018×××	电缆安装及敷设	1. 型号、规格 2. 电压等级 3. 单根长度 4. 电缆头类型	m(km)	按招标设计图示尺寸计算的有效长度计量	1. 电缆敷设和耐压试验 2. 电缆头制作及安装和与设备的连接	新建、扩建、改建、加固的水利机电设备安装工程
500201019×××	发电电压母线安装	1. 型号、规格 2. 电压等级 3. 单根长度	100m/单相		1. 基础埋设 2. 支架安装 3. 母线和支持绝缘子安装 4. 微正压装置安装 5. 调试	
500201020×××	接地装置安装	1. 型号、规格 2. 材质 3. 连接方式	m(t)	按招标设计图示尺寸计算的有效长度或重量计量	1. 接地干线和支线敷设 2. 接地极和避雷针制作及安装 3. 接地电阻测量	
500201021×××	主变压器设备安装	1. 型号、规格 2. 外形尺寸 3. 电压等级、容量 4. 重量	台	按招标设计图示的数量计量	1. 设备本体及附件安装 2. 设备干燥 3. 变压器油过滤、油化验和注油 4. 调试	

(续三)

项目编码	项目名称	项目主要特征	计量单位	工程量计算规则	主要工作内容	一般适用范围
500201022×××	高压电气设备安装	1. 型号、规格 2. 电压等级 3. 绝缘介质 4. 重量	项	按招标设计图示的数量计量	1. 基础埋设 2. 设备本体及附件安装 3. 六氟化硫(SF_6)充气和测试 4. 调试	新建、扩建、改建、加固的水利机电设备安装工程
500201023×××	一次拉线安装	1. 型号、规格 2. 电压等级、容量	100m/三相	按招标设计图示尺寸计算的有效长度计量	1. 金具及绝缘子安装 2. 变电站母线、母线引下线、设备连接线和架空地线等架设 3. 调试	
500201024×××	控制、保护、测量及信号系统设备安装	1. 系统结构 2. 设备配置 3. 功能	套	按招标设计图示的数量计量	1. 基础埋设 2. 设备本体和附件安装 3. 接地 4. 调试	
500201025×××	计算机监控系统设备安装					
500201026×××	直流系统设备安装	1. 型号、规格 2. 类型			1. 基础埋设 2. 设备本体安装 3. 蓄电池充电和放电 4. 接地 5. 调试	
500201027×××	工业电视系统设备安装	1. 系统结构 2. 设备配置 3. 功能				
500201028×××	通信系统设备安装				1. 基础埋设 2. 设备本体及附件安装 3. 接地 4. 调试	
500201029×××	电工试验室设备安装	1. 型号、规格 2. 电压等级、容量				

(续四)

项目编码	项目名称	项目主要特征	计量单位	工程量计算规则	主要工作内容	一般适用范围
500201030×××	消防系统设备安装	1. 型号、规格 2. 介质 3. 压力等级 4. 连接方式	套	按招标设计图示的数量计量	1. 灭火系统安装 2. 管道支架制作、安装 3. 火灾自动报警系统安装 4. 消防系统装置调试及模拟试验	新建、扩建、改建、加固的水利机电设备安装工程
500201031×××	通风、空调、采暖及其监控设备安装	1. 系统结构 2. 设备配置 3. 功能	项		1. 基础埋设 2. 设备支架制作及安装 3. 设备本体及附件安装 4. 通风管制作及安装 5. 电动机及电气安装 6. 调试	
500201032×××	机修设备安装	1. 型号、规格 2. 外形尺寸 3. 重量	项	按招标设计图示的数量计量	1. 基础埋设 2. 设备本体及附件安装 3. 调试	新建、扩建、改建、加固的水利机电设备安装工程
500201033×××	电梯设备安装	1. 型号、规格 2. 提升高度 3. 载重量 4. 重量	部		1. 基础埋设 2. 设备本体及附件安装 3. 升降机械及传动装置安装 4. 电气设备安装 5. 调试	
500201034×××	其他机电设备安装工程					

94. 金属结构设备安装工程工程量清单项目应怎样设置？

金属结构设备安装工程工程量清单的项目编码、项目名称、计量单位、工程量计算规则及主要工作内容,应按表 14-14 的规定执行。

表 14-14　　　　金属结构设备安装工程(编码 500202)

项目编码	项目名称	项目主要特征	计量单位	工程量计算规则	主要工作内容	一般适用范围
500202001 ×××	门式起重机设备安装	1. 型号、规格 2. 跨度 3. 起质量 4. 质量	台	按招标设计图示的数量计量	1. 门机机架安装 2. 行走机构安装 3. 起重机构安装 4. 操作室、梯子、栏杆、行程限制器及其他附件安装 5. 电气设备安装 6. 调试	新建、扩建、改建、加固的水利金属结构设备安装工程
500202002 ×××	油压启闭机设备安装	1. 型号、规格 2. 质量	台		1. 基础埋设 2. 设备本体安装 3. 附属设备和管路安装 4. 油系统设备安装及油过滤 5. 电气设备安装 6. 与闸门连接 7. 调试	
500202003 ×××	卷扬式启闭机设备安装	1. 型号、规格 2. 质量	台		1. 基础埋设 2. 设备本体及附件安装 3. 电气设备安装 4. 与闸门连接 5. 调试	
500202004 ×××	升船机设备安装	1. 形式 2. 型号、规格 3. 外形尺寸 4. 质量	项		1. 埋件安装 2. 升船机轨道安装 3. 升船机承船箱安装 4. 升船机升降机构或卷扬机安装 5. 升船机电气及控制设备和液压设备安装 6. 平衡重安装 7. 调试	
500202005 ×××	闸门设备安装	1. 形式 2. 外形尺寸 3. 材质 4. 板厚 5. 防腐要求 6. 质量	t		1. 闸门焊缝透视检查及处理 2. 闸门本体及支撑装置安装 3. 止水装置安装 4. 闸门附件安装 5. 调试	

（续）

项目编码	项目名称	项目主要特征	计量单位	工程量计算规则	主要工作内容	一般适用范围
500202006 ×××	拦污栅设备安装	1. 外形尺寸 2. 材质 3. 防腐要求 4. 质量	t	按招标设计图示尺寸计算的有效质量计量	1. 栅体、吊杆及附件安装 2. 栅槽校正及安装	新建、扩建、改建、加固的水利金属结构设备安装工程
500202007 ×××	一期埋件安装		t(kg)		1. 插筋、锚板安装 2. 钢衬安装 3. 预埋件安装	
500202008 ×××	压力钢管安装	1. 外形尺寸 2. 管径 3. 板厚 4. 材质 5. 防腐要求 6. 质量	t		1. 钢管安装、焊缝质量检查及处理 2. 支架、拉筋、伸缩节及岔管安装 3. 埋管灌浆孔封堵 4. 水压试验 5. 清扫除锈、喷涂防腐	
500202009 ×××	其他金属结构设备安装工程		t			

95. 安全监测设备采购及安装工程量清单项目应怎样设置？

（1）安全监测设备采购及安装工程工程量清单的项目编码、项目名称、计量单位、工程量计算规则及主要工作内容，应按表 14-15 的规定执行。

表 14-15　　　安全监测设备采购及安装工程（编码 500203）

项目编码	项目名称	项目主要特征	计量单位	工程量计算规则	主要工作内容	一般适用范围
500203001 ×××	工程变形监测控制网设备采购及安装	型号、规格	套（台、支、个等）	按招标设计图示的数量计量	1. 设备采购 2. 检验、率定 3. 安装、埋设	水工建筑物
500203002 ×××	变形监测设备采购及安装					

(续)

项目编码	项目名称	项目主要特征	计量单位	工程量计算规则	主要工作内容	一般适用范围
500203003 ×××	应力、应变及温度监测设备采购及安装	型号、规格	套(台、支、个等)	按招标设计图示的数量计量	1. 设备采购 2. 检验、率定 3. 安装、埋设	水工建筑物
500203004 ×××	渗流监测设备采购及安装					
500203005 ×××	环境量监测设备采购及安装					
500203006 ×××	水力学监测设备采购及安装					
500203007 ×××	结构振动监测设备采购及安装					
500203008 ×××	结构强振监测设备采购及安装					
500203009 ×××	其他专项监测设备采购及安装					
500203010 ×××	工程安全监测自动化采集系统设备采购及安装					
500203011 ×××	工程安全监测信息管理系统设备采购及安装					
500203012 ×××	特殊监测设备采购及安装					
500203013 ×××	施工期观测、设备维护、资料整理分析		项	按招标文件规定的项目计量	1. 设备维护 2. 巡视检查 3. 资料记录、整理 4. 建模、建库 5. 资料分析、安全评价	

第十五章
·水利水电工程招投标·

1. 招标投标管理机构的任务有哪些?

(1)贯彻实施国家和省市有关建设工程招标投标的法律、法规、方针、政策,制定施工招标实施办法。

(2)申批招标申请书,进行招标项目的登记。

(3)负责招标投标信息的发布。

(4)核准招标文件(不包括施工图)及标底。

(5)核查投标企业资格。

(6)审核招标投标咨询服务单位、招标工作小组和评标工作小组的资格。

(7)仲裁决评中的分歧。

(8)会同有关部门处理招标投标中的违法行为。

2. 招标的决策性工作有哪些?

(1)确定工程项目的发包范围,即决定建设项目全过程统包,还是分阶段发包,或者单项工程发包、分部工程发包、专业工程发包等。

(2)确定承包方式和承包内容,即决定采用总价合同、单价合同或成本加酬金合同以及全部包工包料、部分包工包料或包工不包料等。

(3)选择发包方式,即根据有关规定和发包项目的具体情况,决定采用公开招标、邀请招标、两步招标、议标或比价等不同发包方式。

(4)确定标底(或无标底)。

(5)决标并签订合同或协议。

3. 招标的日常事务主要有哪些内容?

(1)发布招标及资格预审通告或邀请投标函。

(2)编制和发送招标文件。

(3)编制标底。

(4)审查投标者资格。

(5)组织勘察现场和解答投标单位提出的问题。
(6)接受并妥善保管投标单位的投标文件。
(7)开标、审核标书并组织评标。
(8)谈判签订合同或协议。

4. 招标工作机构通常由哪些人员组成？

(1)决策人员：即上级主管部门的代表或业主或业主的授权代表。

(2)专业技术人员：包括建筑师、结构、设备、工艺等工程师，造价师，以及精通法律及商务业务的人员等。

(3)助理人员：即负责日常事务处理的秘书、资料、绘图等工作的人员。

5. 我国的招标工作机构主要有哪几种形式？

(1)由业主自行筹建的工作班子负责与招标有关的全部工作。其中的工作人员，是业主从各部门临时抽调或从外面临时聘请的，因而工作机构具有临时性、非专业化的特点，不利于提高招标工作水平。

(2)由政府主管部门设立"招标工作领导小组"之类的机构，负责招标工作。在推行招标投标制的开始阶段，这种行政方式，有利于打开工作局面。但政府部门过多干涉建设单位（业主）的招标活动，毕竟存在许多弊端。

(3)业主委托咨询机构，代自己负责承办招标工作的技术性、事务性工作，但决策最终由业主作出。专业咨询机构的服务质量好、效率高，并且与自行组建招标机构相比，业主可节约开支。现在社会上有许多监理单位、咨询机构、总承包公司等可接受这种委托。

进行国际公开招标，需要有专门的机构和人员对招标活动进行组织的管理，以保障招标工作的法律性、科学性、经济性和有效性。世界各国的招标机构设置不同，大致上可分为两种类型，即官方招标机构或民间招标咨询公司。

6. 哪些工程必须进行招标？

工程建设招标可以是全过程招标，其工作内容可包括可行性研究、勘察设计、物资供应、建筑安装施工、乃至使用后的维修；也可是阶段性建设任务的招标，如勘察设计、项目施工；可以是整个项目发包，也可是单项工程发包；在施工阶段，还可依承包内容的不同，分为包工包料、包工部分包料、包工不包料。进行工程招标，业主必须根据工程项目的特点，结合自身的管理能力，确定工程的招标范围。

根据《招标投标法》的规定，在中华人民共和国境内进行的下列工程项目必须进行招标：

(1)大型基础设施、公用事业等关系社会公共利益、公众安全的项目。
(2)全部或者部分使用国有资金或者国家融资的项目。
(3)使用国际组织或者外国政府贷款、援助资金的项目。

7. 哪些工程可以不进行招标？

按照《招标投标法》和有关规定，属于下列情形之一的，经县级以上地方人民政府建设行政主管部门批准，可以不进行招标：

(1)涉及国家安全、国家秘密的工程。
(2)抢险救灾工程。
(3)利用扶贫资金实行以工代赈、需要使用农民工等特殊情况。
(4)建筑造型有特殊要求的设计。
(5)采用特定专利技术、专有技术进行设计或施工。
(6)停建或者缓建后恢复建设的单位工程，且承包人未发生变更的。
(7)施工企业自建自用的工程，且施工企业资质等级符合工程要求的。
(8)在建工程追加的附属小型工程或者主体加层工程，且承包人未发生变更的。
(9)法律、法规、规章规定的其他情形。

8. 什么是公开招标？

公开招标是指招标人在指定的报刊、电子网络或其他媒体上发布招标公告，吸引众多的投标人参加投标竞争，招标人从中择优选择中标单位的招标方式。公开招标是一种无限制的竞争方式，按竞争程度又可以分为国际竞争性招标和国内竞争性招标。

这种招标方式可为所有的承包商提供一个平等竞争的机会，业主有较大的选择余地，有利于降低工程造价，提高工程质量和缩短工期，但由于参与竞争的承包商可能很多，增加了资格预审和评标的工作量。但有可能出现故意压低投标报价的投机承包商以低价挤掉对报价严肃认真而报价较高的承包商。因此采用此种招标方式时,业主要加强资格预审,认真评标。

9. 什么是邀请招标?

邀请招标也称选择性招标或有限竞争投标,是指招标人以投标邀请书的方式邀请特定的法人或者其他组织投标(不少于3家)。邀请招标的优点在于:经过选择的投标单位在施工经验、技术力量、经济和信誉上都比较可靠,因而一般能保证进度和质量要求。此外,参加投标的承包商数量少,因而招标时间相对缩短,招标费用也较少。

由于邀请招标在价格、竞争的公平方面仍存在一些不足之处,因此《招标投标法》规定,国家重点项目和省、自治区、直辖市的地方重点项目不宜进行公开招标的,经过批准后可以进行邀请招标。

10. 公开招标和邀请招标在程序上有什么区别?

(1)招标信息的发布方式不同。公开招标是利用招标公告发布招标信息,而邀请招标则是采用向三家以上具备实施能力的投标人发出投标邀请书,请他们参与投标竞争。

(2)对投标人资格预审的时间不同。进行公开招标时,由于投标响应者较多,为了保证投标人具备相应的实施能力,以及缩短评标时间,突出投标的竞争性,通常设置资格预审程序。而邀请招标由于竞争范围小,且招标人对邀请对象的能力有所了解,不需要再进行资格预审,但评标阶段还要对各投标人的资格和能力进行审查和比较,通常称为"资格后审"。

(3)邀请的对象不同。邀请招标邀请的是特定的法人或者其他组织,而公开招标则是向不特定的法人或者其他组织邀请投标。

11. 如何选择工程项目的招标方式?

采用何种形式招标应在招标准备阶段进行认真研究,主要分析哪些项目对投标人有吸引力,可以在市场中展开竞争。对于明显可以展开竞争的项目,应首先考虑采用打破地域和行业界限的公开招标。

为了符合市场经济要求和规范招标人的行为,我国《建筑法》规定,依法必须进行施工招标的工程,全部使用国有资金投资或者国有资金投资占控股或主导地位的,应当公开招标。《招标投标法》进一步明确规定:"国务院发展计划部门确定的国家重点和省、自治区、直辖市人民政府确定的地方重点项目不适宜公开招标的,经国务院发展计划部门或者省、自治区、直辖市人民政府批准,可以进行邀请招标。"采用邀请招标方式时,招标人应当向三个以上具备承担该工程施工能力、资信良好的施工企业发出投标邀请书。

采用邀请招标的项目一般属于以下几种情况之一:
(1)涉及保密的工程项目。
(2)专业性要求较强的工程,一般施工企业缺少技术、设备和经验,采用公开招标响应者较少。
(3)工程量较小,合同额不高的施工项目,对实力较强的施工企业缺少吸引力。
(4)地点分散且属于劳动密集型的施工项目,对外地域的施工企业缺少吸引力。
(5)工期要求紧迫的施工项目,没有时间进行公开招标。
(6)其他采用公开招标所花费的时间和费用与招标人最终可能获得的好处不相适应的施工项目。

12. 工程项目招标程序是怎样的?

依法必须进行施工招标的工程,一般应遵循下列程序:
(1)招标单位自行办理招标事宜的,应当建立专门的招标工作机构。
(2)招标单位在发布招标公告或发出投标邀请书的5天前,向工程所在地县级以上地方人民政府建设行政主管部门备案。
(3)准备招标文件和标底,报建设行政主管部门审核或备案。
(4)发布招标公告或发出投标邀请书。
(5)投标单位申请投标。
(6)招标单位审查申请投标单位的资格,并将审查结果通知申请投标单位。
(7)向合格的投标单位分发招标文件。
(8)组织投标单位踏勘现场,召开答疑会,解答投标单位就招标文件提出的问题。
(9)建立评标组织,制定评标、定标办法。
(10)召开开标会,当场开标。
(11)组织评标,决定中标单位。

(12)发出中标和未中标通知书,收回发给未中标单位的图纸和技术资料,退还投标保证金或保函。

(13)招标单位与中标单位签订施工承包合同。

13. 招标公告包括哪些内容?

公开招标的投标机会必须通过公开广告的途径予以通告,使所有的合格的投标者都有同等的机会了解投标要求,以形成尽可能广泛的竞争局面。世界银行贷款项目采用国际竞争性招标,要求招标广告送交世界银行,免费安排在联合国出版的《发展商务报》上刊登,送交世界银行的时间,最迟不应晚于招标文件将向投标人公开发售前60天。

我国规定,依法应当公开招标的工程,必须在主管部门指定的媒介上发布招标公告。招标公告的发布应当充分公开,任何单位和个人不得非法限制招标公告的发布地点和发布范围。指定媒介发布依法必须发布的招标公告,不得收取费用。

招标公告的内容主要包括:

(1)招标人名称、地址、联系人姓名、电话,委托代理机构进行招标的,还应注明该机构的名称和地址。

(2)工程情况简介,包括项目名称、建筑规模、工程地点、结构类型、装修标准、质量要求、工期要求。

(3)承包方式,材料、设备供应方式。

(4)对投标人资质的要求及应提供的有关文件。

(5)招标日程安排。

(6)招标文件的获取办法,包括发售招标文件的地点、文件的售价及开始和截止出售的时间。

(7)其他要说明的问题。依法实行邀请招标的工程项目,应由招标人或其委托的招标代理机构向拟邀请的投标人发送投标邀请书。邀请书的内容与招标公告大同小异。

14. 什么是招标资格预审?

资格预审,是指招标人在招标开始前或者开始初期,由招标人对申请参加投标人进行资格审查。认定合格后的潜在投标人,得以参加投标。一般来说,对于大中型建设项目、"交钥匙"项目和技术复杂的项目,资格预审程序是必不可少的。

15. 资格预审有哪些作用？

（1）招标人可以通过资格预审程序了解潜在投标人的资信情况。

（2）资格预审可以降低招标人的采购成本，提高招标工作的效率。

（3）通过资格预审，招标人可以了解到潜在的投标人对项目的招标有多大兴趣。如果潜在的投标人兴趣大大低于招标人的预料，招标人可以修改招标条款，以吸引更多的投标人参加投标。

（4）资格预审可吸引实力雄厚的承包商或者供应商进行投标。而通过资格预审程序，不合格的承包商或者供应商便会被筛选掉。这样，真正有实力的承包商和供应商也愿意参加合格的投标人之间的竞争。

16. 资格预审有哪几种？

资格预审可分为定期资格预审和临时资格预审。

（1）定期资格预审，是指在固定的时间内集中进行全面的资格预审。大多数国家的政府采购使用定期资格预审的办法。审查合格者被资格审查机构列入资格审查合格者名单。

（2）临时资格预审，是指招标人在招标开始之前或者开始之初，由招标人对申请参加投标的潜在投标人进行资质条件、业绩、信誉、技术、资金等方面的情况进行资格审查。

17. 资格预审的程序是怎样的？

资格预审主要包括以下三个程序：一是资格预审公告；二是编制、发出资格预审文件；三是对投标人资格的审查和确定合格者名单。

18. 什么是资格预审公告？

资格预审公告是指招标人向潜在的投标人发出的参加资格预审的广泛邀请。该公告可以在购买资格预审文件前一周内至少刊登两次，也可以考虑通过规定的其他媒介发出资格预审公告。

19. 资格预审文件由哪几部分组成？

资格预审公告后，招标人向申请参加资格预审的申请人发放或者出售资格预审查文件。资格预审文件通常由资格预审须知和资格预审表两部分组成。

(1) 资格预审须知内容一般为：比招标广告更详细的工程概况说明；资格预审的强制性条件；发包的工作范围；申请人应提供的有关证明和材料；当为国际工程招标时，对通过资格预审的国内投标者的优惠以及指导申请人正确填写资格预审表的有关说明等。

(2) 资格预审表，是招标单位根据发包工作内容特点，需要对投标单位资质条件、实施能力、技术水平、商业信誉等方面的情况加以全面了解，以应答式表格形式给出的调查文件。资格预审表中开列的内容应能反映投标单位的综合素质。

只要投标申请人通过了资格预审就说明他具备承担发包工作的资质和能力，凡资格预审中评定过的条件在评标的过程中就不再重新加以评定，因此资格预审文件中的审查内容要完整、全面，避免不具备条件的投标人承担项目的建设任务。

20. 如何评审资格预审文件？

对各申请投标人填报的资格预审文件评定，大多采用加权打分法。

(1) 依据工程项目特点和发包工作的性质，划分出评审的几大方面，如资质条件、人员能力、设备和技术能力、财务状况、工程经验、企业信誉等，并分别给予不同的权重。

(2) 对各方面再细划分评定内容和分项打分标准。

(3) 按照规定的原则和方法逐个对资格预审文件进行评定和打分，确定各投标人的综合素质得分。为了避免出现投标人在资格预审表中出现言过其实的情况，在有必要时还可辅以对其已实施过的工程现场调查。

(4) 确定投标人短名单。依据投标申请人的得分排序，以及预定的邀请投标人数目，从高分向低分录取。此时还需注意，若某一投标人的总分排在前几名之内，但某一方面的得分偏低较多，招标单位应适当考虑若他一旦中标后，实施过程中会有哪些风险，最终再确定他是否有资格进入短名单之内。对短名单之内的投标单位，招标单位分别发出投标邀请书，并请他们确认投标意向。如果某一通过资格预审单位又决定不再参加投标，招标单位应以得分排序的下一名投标单位递补。对没有通过资格预审的单位，招标单位也应发出相应通知，他们就无权再参加投标竞争。

21. 资格复审的目的是什么？

资格复审，是为了使招标人能够确定投标人在资格预审时提交的资格材料是否仍然有效和准确。如果发现承包商和供应商有不轨行为,比如做假账、违约或者作弊,采购人可以中止或者取消承包商或者供应商的资格。

22. 项目招标时勘察现场主要包括哪些内容？

招标单位组织投标单位勘察现场的目的在于了解工程场地和周围环境情况,以获取投标单位认为有必要的信息。勘察现场一般安排在投标预备会的前1~2天。

投标单位在勘察现场中如有疑问问题,应在投标预备会前以书面形式向招标单位提出,但应给招标单位留有解答时间。

勘察现场主要涉及如下内容：
(1)施工现场是否达到招标文件规定的条件。
(2)施工现场的地理位置、地形和地貌。
(3)施工现场的地质、土质、地下水位、水文等情况。
(4)施工现场气候条件,如气温、湿度、风力、年雨雪量等。
(5)现场环境,如交通、饮水、污水排放、生活用电、通信等。
(6)工程在施工现场的位置与布置。
(7)临时用地、临时设施搭建等。

23. 什么是标前会议？

标前会议,是指在投标截止日期以前,按招标文件中规定的时间和地点,召开的解答投标人质疑的会议,又称交底会。在标前会议上,招标单位负责人除了向投标人介绍工程概况外,还可对招标文件中的某些内容加以修改(但须报请招标投标管理机构核准)或予以补充说明,并口头解答投标人书面提出的各种问题,以及会议上即席提出的有关问题。会议结束后,招标单位应将其口头解答的会议记录加以整理,用书面补充通知(又称"补遗")的形式发给每一位投标人。补充文件作为招标文件的组成部分,具有同等的法律效力。补充文件应在投标截止日期前一段时间发出,以便让投标者有时间作出反应。

24. 标前会议主要议程是怎样的？

(1)介绍参加会议单位和主要人员。
(2)介绍问题解答人。

(3)解答投标单位提出的问题。

(4)通知有关事项。在有的招标中,对于既不参加现场勘查,又不前往参加标前会议的投标人,可以认为他已中途退出,因而取消投标的资格。

25. 什么是开标？开标程序是怎样的？

开标,是指招标人将所有投标人的投标文件启封揭晓。我国《招标投标法》规定,开标应当在招标通告中约定的地点,招标文件确定的提交投标文件截止时间的同一时间公开进行。开标由招标人主持,邀请所有投标人参加。开标时,要当众宣读投标人名称、投标价格、有无撤标情况以及招标单位认为其他合适的内容。

开标一般应按照下列程序进行：

(1)主持人宣布开标会议开始,介绍参加开标会议的单位、人员名单及工程项目的有关情况。

(2)请投标单位代表确认投标文件的密封性。

(3)宣布公证、唱标、记录人员名单和招标文件规定的评标原则、定标办法。

(4)宣读投标单位的名称、投标报价、工期、质量目标、主要材料用量、投标担保或保函以及投标文件的修改、撤回等情况,并做当场记录。

(5)与会的投标单位法定代表人或者其代理人在记录上签字,确认开标结果。

26. 评标机构须符合哪些要求？

《招标投标法》规定,评标由招标人依法组建的评标委员会负责。依法必须招标的项目,评标委员会由招标人的代表和有关技术、经济等方面的专家组成,成员人数为5人以上的单数,其中,技术、经济等方面的专家不得少于成员总数的2/3。

技术、经济等专家应当从事相关领域工作满8年且具有高级职称或具有同等专业水平,由招标人从国务院有关部门或省、自治区、直辖市人民政府有关部门提供的专家名册或者招标代理机构的专家库内的相关专业的专家名单中确定；一般招标项目可以采取随机抽取方式,特殊招标项目可以由招标人直接确定。与投标人有利害关系的人不得进入相关项目的评标委员会,已经进入的应当更换。评标委员会成员的名单在中标结果确定前应当保密。

27. 什么是评标的保密性?

按照我国《招标投标法》,招标人应当采取必要措施,保证评标在严格保密的情况下进行。所谓评标的严格保密,是指评标在封闭状态下进行,评标委员会在评标过程中有关检查、评审和授标的建议等情况均不得向投标人或与该程序无关的人员透露。

由于招标文件中对评标的标准和方法进行了规定,列明了价格因素和价格因素之外的评标因素及其量化计算方法,因此,所谓评标保密,并不是在这些标准和方法之外另搞一套标准和方法进行评审和比较,而是这个评审过程是招标人及其评标委员会的独立活动,有权对整个过程保密,以免投标人及其他有关人员知晓其中的某些意见、看法或决定,而想方设法干扰评标活动的进行,也可以制止评标委员会成员对外泄漏和沟通有关情况,造成评标不公。

28. 评标的原则是什么?

评标只对有效投标进行评审。在建设工程中,评标应遵循:
(1)平等竞争,机会均等。
(2)客观公正,科学合理。
(3)实事求是,择优定标。

29. 评标中应注意哪些问题?

(1)标价合理。当前一般是以标底价格为中准价,采用接近标底的价格的报价为合理标价。如果采用低的报价中标者,应弄清下列情况:一是是否采用了先进技术确实可以降低造价,或有自己的廉价建材采购基地,能保证得到低于市场价的建筑材料,或是在管理上有什么独到的方法;二是了解企业是否出于竞争的长远考虑,在一些非主要工程上让利承包,以便提高企业知名度和占领市场,为今后在竞争中获利打下基础。

(2)工期适当。国家规定的建设工程工期定额是建设工期参考标准,对于盲目追求缩短工期的现象要认真分析,是否经济合理。要求提前工期,必须要有可靠的技术措施和经济保证。要注意分析投标企业是否为了中标而迎合业主无原则要求缩短工期的情况。

(3)要注意尊重业主的自主权。在社会主义市场经济的条件下,特别是在建设项目实行业主负责制的情况下,业主不仅是工程项目的建设者,是投资的使用者,而且也是资金的偿还者。评标组织是业主的参谋,要对业主负责,业主要根据评标组织的评标建议做出决策,这是理所当然的。但是评标组织要防止来自行政主管部门和招标管理部门的干扰。政府行政部门,招投标管理部门应尊重业主的自主权,不应参加评标决标的具体工作,主要从宏观上监督和保证评标决标工作公正、科学、合理、合法,为招投标市场的公平竞争创造一个良好的环境。

(4)注意研究科学的评标方法。评标组织要依据本工程特点,研究科学的评标方法,保证评标不"走过场",防止假评暗定等不正之风。

30. 评标报告由哪几部分组成?

评标结束后,评标小组应写出评标报告,提出中标单位的建议,交业主或其主管部门审核。评标报告一般由下列内容组成:

(1)招标情况。主要包括工程说明、招标过程等。

(2)开标情况。主要有开标时间、地点、参加开标会议人员、唱标情况等。

(3)评标情况。主要包括评标委员会的组成及评标委员会人员名单、评标工作的依据及评标内容等。

(4)推荐意见。

(5)附件。主要包括评标委员会人员名单;投标单位资格审查情况表;投标文件符合情况鉴定表;投标报价评比报价表;投标文件质询澄清的问题等。

31. 什么是投标报价?

投标报价是指承包商计算、确定和报送招标工程投标总价格的活动。业主把承包商的报价作为主要标准来选择中标者,同时也是业主和承包商就工程标价进行承包合同谈判的基础,直接关系到承包商投标的成败。报价是进行工程投标的核心。报价过高会失去承包机会,而报价过低虽然得了标,但会给工程带来亏本的风险。因此,标价过高或过低都不可取,如何做出合适的投标报价,是投标者能否中标的最关键的问题。

32. 工程投标报价的依据有哪些?

(1)设计图纸。
(2)工程量清单。
(3)合同条件,尤其是有关工期、支付条件、外汇比例的规定。
(4)有关法规。
(5)拟采用的施工方案、进度计划。
(6)施工规范和施工说明书。
(7)工程材料、设备的价格及运费。
(8)劳务工资标准。
(9)当地生活物资价格水平。
此外,还应考虑各种有关间接费用。

33. 投标报价的基础准备工作有哪些?

明确了报价范围和报价的内容要求,应进一步进行下列工作,为报价奠定坚实的基础。

(1)熟悉施工方案,了解本单位在投标项目上的工期和进度安排,准备采用的施工方法和主要机械设备,以及现场临时设施等。

(2)核算工程量,通常可对招标文件中的工程量清单进行重点抽查。抽查的方法,可选工程数量多、对总造价影响大的项目,按设计图纸和工程量计算规则计算,将计算结果与工程量清单所列数值核对。

(3)选用工、料、机械消耗定额,国内工程投标报价,原规定以造价管理部门统一制定的概预算定额为依据。工程数量核算基本无误之后,即可根据分部分项工程的内容选用相应的工、料、机械消耗定额,作为确定直接费的依据。不过,在社会主义市场经济体制下,从理论上讲,建筑业企业投标可以自主报价,不一定受统一定额的制约,才有利于技术进步和促进竞争。随着改革的深入和现代企业制度的建立,某些历史悠久的建筑业大型企业,利用自己的信息资源和人力资源优势,编制反映自身技术和经营管理水平的消耗定额(企业内部定额),作为提高竞争能力的重要手段之一,在投标报价中取代统一定额,是难以避免的发展趋势。

(4)确定分部分项工程单价,这是和选用或制定消耗定额紧密相连的工作。改革开放以来,我国投标报价的指导原则从所谓"定额量,指导价"

取代计划经济体制下的统一定额与单价,逐步发展到试行"定额量,市场价,竞争费",即按统一的计算方法计算工程量,按统一的定额确定工、料、机械消耗水平;造价管理部门根据市场变化情况发布价格信息,作为确定工、料、机械单价的依据;造价管理部门发布的费率则作为投标单位报价的参考,具体的费率水平可由投标单位根据自身的情况自主确定,以提高竞争力。这就向国际通行的按统一方法计算工程量,投标单位自主确定消耗定额、单价和费率的报价方法接近了一步。适应市场开放、价格千变万化的新形势,作为投标报价基础的分部分项单价,必然要求反映人工、材料、机械费用的市场价格动态,因此,单价的确定就成为投标报价的重要课题。做好这项工作,应由企业的劳动工资、器材供应和机械设备管理等部门与定额、预算部门密切配合,随时掌握市场价格动态,编制并及时修订人工、材料、构配件和机械台班单价表,供投标报价时选用。

(5)确定措施费、间接费率和利润率。通常,前两项以直接工程费或人工费为基础,利润率则以直接费与间接费之和为基础,分别确定一个适当的百分数。根据企业自身的技术和经营管理水平,并考虑投标竞争的形势,可以有适当的伸缩余地。

完成这些基础工作之后,经过报价决策分析,做出报价决策,即可编制报价单。为了满足报价决策的要求,熟练的报价人员可运用某些报价技巧。

34. 单价在投标报价中的作用是什么?

单价是投标价格决定的重要因素,关系到投标的成败。在投标前对每个单项工程进行价格分析很有必要。

一个工程可以分为若干个单项工程,而每一个单项工程中又包含许多项目。单价分析也可称为单价分解,就是对工程量表中所列项目的单价如何分析、计算和确定。或者说是研究如何计算不同项目的直接费和分摊其间接费、上级企业管理费、利润和风险费之后得出项目的单价。

有的招标文件要求投标者必须报送部分项目的单价分析表,而一般的招标文件不要求报单价分析。但投标者在投标时,除对于很有经验的、有把握的项目以外,必须对工程量大的、对工程成本起决定作用的、没有经验的和特殊的项目进行单价分析,以使投标报价建立在可靠的基础上。

35. 工程项目投标报价单价分析的步骤和方法有哪些？

工程项目投标报价单价分析的步骤和方法主要有：

(1)列出单价分析表。单价分析通常列表进行，将每个单项工程和每个单项工程中的所有项目分门别类，一一列出，制成表格。列表时要特别注意应包括施工设备、劳务、管理、材料、安装、维护、保险、利润、税金、政策性文件规定及合同包含的所有风险、责任等各项应有费用，不能遗漏或重复列项，投标人没有列出或填写的项目，招标人将不予支付，并认为此项费用已包括在其他项目之中了。

(2)对每项费用进行计算。按照投标报价的费用组成，分别对直接费、间接费、利润和税金的每项费用进行计算。

36. 如何计算投标报价中直接工程费？

直接工程费 A_1 属不可变费用，是按定额套出来的。它具体包括：人工费 A_{1-1}、材料费 A_{1-2}、施工机械使用费 A_{1-3}。人工费 A_{1-1}，有时分为普工、技工和工长三项，有时也可不分。根据人工定额求出完成此项目工程量所需的总工时数，乘以每工时的单价即可得到人工费总计。材料费 A_{1-2}，根据技术规范和施工要求，可以确定所需材料品种及材料消耗定额，再根据每一种材料的单价求出每种材料的总价及全部材料的总价。施工机械使用费 A_{1-3}，列出所需的各种机械，并参照本公司的施工机械使用定额求出总的机械台时数；再分别乘以机械台时单价，得出每种机械的总价和全部施工机械的总价。

$$A_1 = A_{1-1} + A_{1-2} + A_{1-3}$$

37. 如何计算投标报价中的措施费和间接费？

措施费 A_2、间接费 B，属可变费用，它们的费用内容、开支水平因工程规模、技术难易、施工场地、工期长短及企业资质等级等条件而异，一般应由投标人根据工程情况自行确定报价，实践中也可由各地区、各部门依工程规模大小、技术难易程度、工期长短等划分不同工程类型，以编制年度市场价格水平，分别制定具有上下限幅度的指导性费率（即费用比率系数），供投标人编制投标报价时参考。

措施费、间接费的费用比率系数（费率）是一个很重要的数值。对国内招标工程，政府有关部门常常对此做了规定，投标人编制投标报价时可以直接以此作参考。而对国际招标工程,则通常没有规定,这就需要由承包商自己根据实际情况确定。

土建工程措施费的费用比率系数,通过一个工程全部措施费项目总和与所有单项工程直接工程费总和之比求得;间接费的费用比率系数,通过一个工程全部间接费项目总和与所有单项工程的直接费总和之比得出。安装工程措施费、间接费的费用比率系数,分别通过一个工程全部直接费、间接费的项目总和,与所有单项工程的人工费总和之比得出。比如土建工程措施、间接费比率系数分别为:

$$\text{措施费比率系数 } a = \frac{\text{工程全部措施费项目总和} \sum A_2}{\text{所有单项工程直接工程费总和} \sum A_1}$$

$$\text{间接费比率系数 } b = \frac{\text{工程全部间接费项目总和} \sum B}{\text{所有单项工程直接费总和} \sum A}$$

$$\text{措施费 } A_2 = A_1 a$$

$$\text{间接费 } B = Ab$$

$$\text{工程总成本 } W = A + B = (1+b)A$$

安装工程措施费、间接费和工程总成本,也可依上述方法计算出来。

38. 如何计算投标报价中的利润?

利润 $C = Wc$,c 为利润率。按国家有关规定,建筑安装工程的利润可按不同投资来源或工程类别,分别制定差别利润率。利润计算基数:对土建工程,以直接费与间接费之和为基数计算,其中单独承包装饰工程的以人工费为基数计算;对安装工程,以人工费为基数计算。利润率的变化很大,应根据公司本身的管理水平、承包市场、地区、对手、工程难易程度等许多因素来确定。

39. 如何计算投标报价中的税金?

税金(D)包括营业税、城市维护建设税及教育费附加。按直接费、间接费、计划利润三项之和为基数计算。

$$\text{每个项目的单价 } U = (W + C + D) / \text{该项目的工程量}$$

40. 投标报价决策的工作内容有哪些?

报价决策就是确定投标报价的总水平。这是投标胜负的关键环节,通常由投标工作班子的决策人在主要参谋人员的协助下作出决策。

报价决策的工作内容：

(1) 首先是计算基础标价，即根据工程量清单和报价项目单价表，进行初步测算，其间可能对某些项目的单价作必要的调整，形成基础标价。

(2) 其次作风险预测和盈亏分析，即充分估计施工过程中的各种有关因素和可能出现的风险，预测对工程造价的影响程度。

(3) 第三步测算可能的最高标价和最低标价，也就是测定基础标价可以上下浮动的界限，使决策人心中有数，避免凭主观愿望盲目压价或加大保险系数。

(4) 完成这些工作以后，决策人就可以靠自己的经验和智慧，做出报价决策。然后，方可编制正式报价单。

41. 如何计算基础标价、最低标价和最高标价？

基础标价、可能的最低标价和最高标价可分别按下式计算：

$$基础标价 = \sum 报价项目 \times 单价$$

$$最低标价 = 基础标价 - (预期盈利 \times 修正系数)$$

$$最高标价 = 基础标价 + (风险损失 \times 修正系数)$$

考虑到在一般情况下，无论各种盈利因素或者风险损失，很少有可能在一个工程上百分之百地出现，所以应加一修正系数，这个系数凭经验一般取 $0.5 \sim 0.7$。

42. 什么是投标？投标有哪些作用？

投标，是指承建单位依据有关规定和招标单位拟定的招标文件参与竞争，并按照招标文件的要求，在规定的时间内向招标人填报投标书，并争取中标，与建设工程项目法人单位达成协议的经济法律活动。

投标是建筑企业取得工程施工合同的主要途径，投标文件就是对业主发出的要约的承诺。投标人一旦提交了投标文件，就必须在招标文件规定的期限内信守其承诺，不得随意退出投标竞争。因为投标是一种法律行为，投标人必须承担中途反悔撤出的经济和法律责任。

投标又是建筑企业经营决策的重要组成部分，它是一种针对招标的工程项目，力求实现投标活动最优化的活动。投标决策有两个关键优化目标：一是关于参加哪个招标项目的决策；二是投标的项目确定后，为何争取中标，以取得合理的效益。

43. 在招投标竞争中业主主要从哪几个方面选择承包商？

为了在投标竞争中获胜,建筑施工企业应设置投标工作机构,平时掌握市场动态信息,积累有关资料;遇有招标工程项目,则办理参加投标手续,研究投标报价策略,编制和递送投标文件,以及参加定标前后的谈判等。直至定标后签订合同协议。

在工程承包招标投标竞争中,对于业主来说,招标就是择优。由于工程的性质和业主的评价标准的不同,择优可能有不同的侧重面,但一般包含如下四个主要方面:

(1)较低的价格。承包商投标报价的高低,直接影响业主的投资效益,在满足招标实质要求的前提下,报价往往是决定承包商能否中标的关键。

(2)优良的质量。建筑产品具有投资额度大、使用周期长等特点,建筑质量直接关系到业主的生命财产安全、建筑产品的使用价值的大小,因而质量问题是业主在招标中关注的焦点。

(3)较短的工期。在市场经济条件下,速度与效益成正比,施工工期直接影响业主在产品使用中的经济效益。在同等报价、质量水平下,承包商施工工期的长短,往往会成为决定能否中标的主要矛盾,特别是工期要求急的特殊工程。

(4)先进的技术。科学技术是第一生产力,承包商的技术水平是其生产能力的标志,也是实现较低的价格、优良的质量和较短的工期的基础与前提。

业主通过招标,从众多的投标者中进行评选,既要从其突出的侧重面进行衡量,又要综合考虑上述四个方面的因素,最后确定中标者。

44. 研究招标文件的重点包括哪几方面？

资格预审合格,取得了招标文件,即进入投标实战的准备阶段。首要的准备工作是仔细认真地研究招标文件,充分了解其内容和要求,以便安排投标工作的部署,并发现应提请招标单位予以澄清的疑点。研究招标文件的着重点,通常注意以下几方面:

(1)研究工程综合说明,借以获得对工程全貌的轮廓性了解。

(2)熟悉并详细研究设计图纸和规范(技术说明),目的在于弄清工程的技术细节和具体要求,使制定施工方案和报价有确切的依据。为此,要详细了解设计规定的各部位做法和对材料品种规格的要求;对整个建筑物及其各部件的尺寸,各种图纸之间的关系(建筑图与结构图、平面、立面与剖面图,设备图与建筑图、结构图的关系等)都要吃透,发现不清楚或互相矛盾之处,要提请招标单位解释或订正。

(3)研究合同主要条款,明确中标后应承担的义务和责任及应享有的权利,重点是承包方式、开竣工时间及工期奖罚、材料供应及价款结算办法、预付款的支付和工程款结算办法、工程变更及停工、窝工损失处理办法等。对于国际招标的工程项目,还应研究支付工程款所用的货币种类、不同货币所占比例及汇率。因这些因素或者关系到施工方案的安排,或者关系到资金的周转,最终都会反映在标价上,所以都须认真研究,以利于减少或避免风险。

(4)熟悉投标须知,明确了解在投标过程中,投标单位应在什么时间做什么事和不允许做什么事,目的在于提高效率,避免造成废标,徒劳无功。

全面研究了招标文件,对工程本身和招标单位的要求有了基本的了解之后,投标单位才便于制定自己的投标工作计划,以争取中标为目标,有秩序地开展工作。

45. 影响投标决策的主观因素有哪些?

在投标竞争中,投标信息是一种非常宝贵的资源,正确、全面、可靠的信息,对于投标决策起着至关重要的作用。投标信息包括影响投标决策的各种主观因素和客观因素,主要有以下几点:

(1)企业技术方面的实力。即投标者是否拥有各类专业技术人才、熟练工人、技术装备以及类似工程经验,来解决工程施工中所遇到的技术难题。

(2)企业经济方面的实力。包括垫付资金的能力、购买项目所需新的大型机械设备的能力、支付施工用款的周转资金的多少、支付各种担保费用以及办理纳税和保险的能力等。

(3)管理水平。管理水平是指是否拥有足够的管理人才、运转灵活的组织机构、各种完备的规章制度、完善的质量和进度保证体系等。

(4)社会信誉。企业拥有良好的社会信誉,是获取承包合同的重要因素,而社会信誉的建立不是一朝一夕的事,要靠平时的保质、按期完成工程项目来逐步建立。

46. 影响投标决策的客观因素有哪些?

(1)业主和监理工程师的情况。指业主的合法地位、支付能力及履约信誉情况;监理工程师处理问题的公正性、合理性、是否易于合作等。

(2)项目的社会环境。主要是国家的政治经济形势,建筑市场是否繁荣,竞争激烈程度,与建筑市场或该项目有关的国家的政策、法令、法规、税收制度以及银行贷款利率等方面的情况。

(3)项目的自然条件。指项目所在地及其气候、水文、地质等对项目进展和费用有影响的一些因素。

(4)项目的社会经济条件。包括交通运输、原材料及构配件供应、水电供应、工程款的支付、劳动力的供应等各方面条件。

(5)竞争环境。竞争对手的数量,其实力与自身实力的对比,对方可能采取的竞争策略等。

(6)工程项目的难易程度。如工程的质量要求、施工工艺难度的高低,是否采用了新结构、新材料,是否有特种结构施工,以及工期的紧迫程度等。

47. 什么是风险标?

风险标是指明知工程承包难度大、风险大,且技术、设备、资金上都有未解决的问题,但由于队伍窝工,或因为工程盈利丰厚,或为了开拓新技术领域而决定参加投标,同时设法解决存在的问题,即为风险标。投标后,如果问题解决得好,可取得较好的经济效益;可锻炼出一支好的施工队伍,使企业更上一层楼。否则,企业的信誉、利益就会因此受到损害,严重者将导致企业严重亏损甚至破产。因此,投风险标必须审慎从事。

48. 什么是保险标?

保险标是指对可以预见的情况从技术、设备、资金等重大问题都有了解决的对策之后再投标,谓之保险标。企业经济实力较弱,经不起失误的打击,则往往投保险标。当前,我国施工企业多数都愿意投保险标,特别是在国际工程承包市场上去投保险标。

49. 什么是盈利标？

如果招标工程既是本企业的强项，又是竞争对手的弱项；或建设单位意向明确；或本企业任务饱满，利润丰厚，才考虑让企业超负荷运转，此种情况下的投标，称投盈利标。

50. 什么是保本标？

当企业无后继工程，或已出现部分窝工，必须争取投标中标。但招标的工程项目对于本企业又无优势可言，竞争对手又是"强手如林"的局面，此时，宜投保本标，至多投薄利标，称为保本标。

51. 什么是亏损标？

亏损标是一种非常手段，一般是在下列情况下采用，即：本企业已大量窝工，严重亏损，若中标后至少可以使部分人工、机械运转、减少亏损；或者为在对手林立的竞争中夺得头标，不惜血本压低标价；或是为了在本企业一统天下的地盘里，为挤垮企图插足的竞争对手；或为打入新市场，取得拓宽市场的立足点而压低标价。以上这些，虽然是不正常的，但在激烈的投标竞争中有时也这样做。

52. 投标决策的主要内容包括哪几方面？

决策是指为实现一定的目标，运用科学的方法，在若干可行方案中寻找满意的行动方案的过程。

投标决策即是寻找满意的投标方案的过程。其内容主要包括如下三个方面：

(1) 针对项目招标决定是投标或是不投标。一定时期内，企业可能同时面临多个项目的投标机会，受施工能力所限，企业不可能实践所有的投标机会，而应在多个项目中进行选择；就某一具体项目而言，从效益的角度看有盈利标、保本标和亏损标，企业需根据项目特点和企业现实状况决定采取何种投标方式，以实现企业的既定目标，诸如：获取盈利，占领市场，树立企业新形象等。

(2) 倘若去投标，决定投什么性质的标。按性质划分，投标有风险标和保险标。从经济学的角度看，某项事业的收益水平与其风险程度成正比，企业需在高风险的可能的高收益与低风险的低收益之间进行抉择。

(3)投标中企业需制定如何采取扬长避短的策略与技巧,达到战胜竞争对手的目的。投标决策是投标活动的首要环节,科学的投标决策是承包商战胜竞争对手,并取得较好的经济效益与社会效益的前提。

53. 投标过程一般需要完成哪些工作?

投标过程是指从填写资格预审调查表开始,到将正式投标文件送交业主为止所进行的全部工作。这一阶段工作量很大,时间紧迫,一般需要完成下列各项工作:

(1)填写资格预审调查表,申报资格预审。

(2)购买招标文件(当资格预审通过后)。

(3)组织投标班子。

(4)进行投标前调查与现场考察。

(5)选择咨询单位及雇用代理人。

(6)分析招标文件,校核工程量,编制施工规划。

(7)工程估价,确定利润方针,计算和确定报价。

(8)编制投标文件。

(9)办理投标保函。

(10)递送投标文件。

54. 申报资格预审时应注意哪些事项?

(1)应注意资格预审有关资料的积累工作。资料随时存入计算机内,并予整理,以备填写资格预审表格之用。公司的过去业绩最好与公司介绍印成精美图册。此外,每竣工一项工程,宜请该工程业主和有关单位开具证明工程质量良好等的鉴定信,作为业绩的有力证明。如有各种奖状或 ISO9000 认证证书等,应备有彩色照及复印件。总之,资格预审所需资料应平时有目的地积累,不能临时拼凑,而达不到业主要求,失去投标机会。

(2)填表时宜重点突出。除满足资格预审要求外,还应能适当地反映出本企业的技术管理水平、财务能力和施工经验。

(3)在本企业拟发展经营业务的地区,平时注意收集信息,发现可投标的项目,并做好资格预审的预备。当认为本公司某些方面难以满足投标要求,则应考虑与适当的其他施工企业,组成联营公司来参加资格预审。

(4)资格预审表格呈交后,应注意信息跟踪工作,发现不足之处,及时补送资料。只要参加一个工程招标的资格预审,就要全力以赴,力争通过预审,成为可以投标的合格投标人。

55. 承包商现场考察的目的是什么?

现场考察主要指的是去工地现场进行考察,招标单位一般在招标文件中要注明现场考察的时间和地点,在文件发出后就应安排投标者进行现场考察的准备工作。

施工现场考察是投标者必须经过的投标程序。按照国际惯例,投标者提出的报价单一般被认为是在现场考察的基础上编制报价的。一旦报价单提出之后,投标者就无权因为现场考察不周、情况了解不细或因素考虑不全面而提出修改投标、调整报价或提出补偿等要求。

现场考察既是投标者的权利又是他的职责。因此,投标者在报价以前必须认真地进行施工现场考察,全面地、仔细地调查了解工地及其周围的政治、经济、地理等情况。

在去现场考察之前,应先仔细地研究招标文件,特别是文件中的工作范围、专用条款,以及设计图纸和说明,然后拟定出调研提纲,确定重点要解决的问题,做到事先有准备,因有时业主只组织投标者进行一次工地现场考察。

现场考察均由投标者自费进行。如果是国际工程,业主应协助办理现场考察人员出入项目所在国境签证和居留许可证。

56. 现场考察包括哪几方面内容?

(1)自然地理条件。主要指施工现场的地理位置、地形、地貌、用地范围;气象、水文情况;地质情况;地震及设防烈度,洪水、台风及其他自然灾害情况等。

(2)市场情况。主要指建筑材料、施工机械设备、燃料、动力和生活用品的供应状况、价格水平与变动趋势;劳务市场状况;银行利率和外汇汇率等情况。

(3)施工条件。主要包括:施工场地四周情况,临时设施、生活营地如何安排;供排水、供电、道路条件、通讯设施现状;引接或新修供排水线路、电源、通讯线路和道路的可能性和最近的线路与距离;附近现有建筑工程情况;环境对施工的限制等。

(4)其他条件。主要指交通运输条件,如运输方式、运输工具与运费;编制报价的有关规定;工地现场附近的治安情况等。

(5)业主情况。主要指业主的资信情况,包括资金来源与支付能力;履约情况、业主信誉等。

(6)竞争对手情况。主要指竞争对手的数量、资质等级、社会信誉、类似工程的施工经验及各竞争对手在承揽该项目竞争中的优势与劣势等。

57. 为什么要对招标文件中的工程量进行复核?

招标文件中通常都附有工程量表,投标者应该根据图纸仔细核算工程量,检查是否有漏项或工程量是否正确。如果发现错误,则应通知招标者要求更正。招标者则一般是在标前会议上或以招标补充文件的形式予以答复。作为投标者,未经招标者的同意,招标文件不得任意修改或补充,因为这样会使业主在评标时失去统一性和可比性。

当工程量清单有错误,尤其是对投标者不利的情况,而投标者在标书递交之前又未获通知予以更正时,则投标者可在投标书中附上声明函件,指出工程量中的漏项或其中的工程量错误,施工结算时按实际完成量计算;如果是在施工合同签订后才发现工程量清单有错误,招标者一般不允许中标者与业主协商变更合同(包括补充合同)。

有时招标文件中没有工程量清单,而仅有招标用图纸,需要投标者根据设计图纸自行计算工程量,投标者则可根据自己的习惯或招标文件中给定的工程量标制方法,分项列出工程量表。

工程量的大小是投标报价的最直接依据。复核工程量的准确程度,将在如下两个方面影响承包商的经营行为:其一是根据复核后的工程量与招标文件提供的工程量之间的差距,而考虑相应的投标策略,决定报价尺度;其二是根据工程量的大小采取合适的施工方法,选择适用、经济的施工机具设备、投入适量的劳动力人数等。

58. 复核工程量时应注意哪些问题?

为确保复核工程量准确,在计算中应注意以下方面:

(1)正确划分分部分项工程项目,与当地现价定额项目一致。

(2)按一定顺序进行,避免漏算或重算。

(3)以工程设计图纸为依据。

(4)结合已定的施工方案或施工方法。

(5)进行认真复核与检查。在核算完全部工程量表中的细目后,投标者应按大项分类汇总主要工程总量,以便获得对这个工程项目施工规模的全面和清楚的概念,并用以研究采用合适的施工方法,选择适用和经济的施工机具设备。

59. 编制施工规划的目的是什么？

(1)招标单位通过规划可以具体了解投标人的施工技术和管理水平以及机械装备、材料、人才的情况,使其对所投的标有信心,认为可靠。

当前某些大城市和大型工程的招标文件中规定:投标文件全部计算机打印,施工进度计划要用网络计划电算绘图,否则不予接受。这也是考验投标人水平的一个手段。

(2)投标人通过施工规划可以改进施工方案、施工方法与施工机械的选用,甚至出奇制胜,降低报价、缩短工期而中标。

60. 施工规划应包括哪些内容？

施工规划的内容,一般包括施工方案和施工方法、施工进度计划、施工机械、材料、设备和劳动力计划,以及临时生产、生活设施。制定施工规划的依据是设计图纸,规范,经复核的工程量,招标文件要求的开工、竣工日期以及对市场材料、机械设备、劳力价格的调查。编制的原则是在保证工期和工程质量的前提下,如何使成本最低,利润最大。

(1)选择和确定施工方法。根据工程类型,研究可以采用的施工方法。对于一般的土方工程、混凝土工程、房建工程、灌溉工程等比较简单的工程,可结合已有施工机械及工人技术水平来选定施工方法,努力做到节省开支,加快进度。

(2)选择施工设备和施工设施,一般与研究施工方法同时进行。在工程估价过程中还要不断进行施工设备和施工设施的比较,利用旧设备还是采购新设备,在国内采购还是在国外采购,须对设备的型号、配套、数量(包括使用数量和备用数量)进行比较,还应研究哪些类型的机械可以采用租赁办法,对于特殊的、专用的设备折旧率须进行单独考虑,订货设备清单中还应考虑辅助和修配用机械以及备用零件,尤其是订购外国机械时应特别注意这一点。

(3)编制施工进度计划。编制施工进度计划应紧密结合施工方法和施工设备。施工进度计划中应提出各时段应完成的工程量及限定日期。施工进度计划是采用网络进度计划还是线条进度计划,根据招标文件要求而定。目前国内大型工程招标多要求用电算方法绘制网络计划,这也体现了21世纪对建筑施工管理的新要求。

61. 投标文件的内容有哪几项?

(1)投标书。招标文件中通常有规定的格式投标书,投标者只需按规定的格式填写必要的数据和签字即可,以表明投标者对各项基本保证的确认:

1)确认投标者完全愿意按招标文件中的规定承担工程施工、建成、移交和维修等任务,并写明自己的总报价金额。

2)确认投标者接受的开工日期和整个施工期限。

3)确认在本投标被接受后,愿意提供履约保证金(或银行保函),其金额符合招标文件规定等。

(2)有报价的工程量表。一般要求在招标文件所附的工程量表原件上填写单价和总价,每页均有小计,并有最后的汇总价。工程量表的每一数字均需认真校核,并签字确认。

(3)业主可能要求递交的文件。如施工方案,特殊材料的样本和技术说明等。

(4)银行出具的投标保函。须按招标文件中所附的格式由业主同意的银行开出。

(5)原招标文件的合同条件、技术规范和图纸。如果招标文件有要求,则应按要求在某些招标文件的每页上签字并交回业主。这些签字表明投标商已阅读过,并承认了这些文件。

62. 编制投标文件应注意哪些问题?

(1)投标文件中必须采用招标文件规定的文件表格格式。填写表格时应根据招标文件的要求。否则在评标时就认为放弃此项要求。重要的项目或数字,如质量等级、价格、工期等如未填写,将作为无效或作废的投标文件处理。

(2)所编制的投标文件"正本"只有一份,"副本"则按招标文件前附表要求的份数提供。正本与副本不一致,以正本为准。

(3)投标文件应打印清楚、整洁、美观。所有投标文件均应由投标人的法定代表人签署,加盖印章及法人单位公章。

(4)对报价数据应核对,消除算术计算错误。对各分项、分部工程的报价及报价的单方造价、全员劳动生产率,单位工程一般用料和用工指标,人工费和材料费等的比例是否正常等应根据现有指标和企业内部数据进行宏观审核,防止出现大的错误和漏项。

(5)全套投标文件应当没有涂改和行间插字。如投标人造成涂改或行间插字,则所有这些地方均应由投标文件签字人签字并加盖印章。

(6)如招标文件规定投标保证金为合同总价的某一百分比时,投标人不宜过早开具投标保函,以防泄漏自己一方的报价。

(7)编制投标文件过程中,必须考虑开标后如果进入评标对象时,在评标过程中应采取的对策。

63. 什么是投标文件的投递？投递要求有哪些？

递送投标文件也称递标,是指投标商在规定的投标截止日期之前,将准备妥的所有投标文件密封递送到招标单位的行为。

所有的投标文件必须经反复校核,审查并签字盖章,特别是投标授权书要由具有法人地位的公司总经理或董事长签署、盖章;投标保函在保证银行行长签字盖章后,还要由投标人签字确认。然后按投标须知要求,认真细致地分装密封包装起来,由投标人亲自在截标之前送交招标的收标单位;或者通过邮寄递交。邮寄递交要考虑路途的时间,并且注意投标文件的完整性,一次递交,以防因迟交或文件不完整而作废。

有许多工程项目的截止收标时间和开标时间几乎同时进行,交标后立即组织当场开标。迟交的标书即宣布为无效。因此,不论采用什么方法送交标书,一定要保证准时送达。对于已送出的标书若发现有错误要修改,可致函、发紧急电报或电传通知招标单位,修改或撤销投标书的通知不得迟于招标文件规定的截标时间。总而言之,要避免因为细节的疏忽与技术上的缺陷使投标文件失效或无利中标。

至于招标者,在收到投标商的投标文件后,应签收或通知投标商已收到其投标文件,并记录收到日期和时间;同时,在收到投标文件到开标之前,所有投标文件均不得启封,并应采取措施确保投标文件的安全。

64. 投标提问应注意哪些问题?

招标文件中一般都明确规定,不允许投标者对招标文件的各项要求进行随意取舍、修改或提出保留。但是在投标过程中,投标者对招标文件反复深入地进行研究后,往往会发现很多问题,这些问题大体可分为三类:

第一类是对投标者有利的,可以在投标时加以利用或在以后提出索赔要求的,这类问题投标者一般在投标时是不提的;

第二类是发现的错误明显对投标者不利的,如总价包干合同工程项目漏项或是工程量偏少,这类问题投标者应及时向业主提出质疑,要求业主更正;

第三类问题是投标者企图通过修改某些招标文件的条款或是希望补充某些规定,以使自己在合同实施时能处于主动地位的问题。

上述问题在准备投标文件时应单独写成一份备忘录提要。但这份备忘录提要不能附在投标文件中提交,只能自己保存。第三类问题留待合同谈判时使用,也就是说,当该投标使业主感兴趣,业主邀请投标者谈判时,再把这些问题根据当事情况,一个一个地拿出来谈判,并将谈判结果写入合同协议书的备忘录中。

总之,在投标阶段除第二类问题外,一般少提问题,以免影响中标。

第十六章

投资估算、施工图预算和施工预算

1. 什么是投资估算？

水利水电工程投资估算，是指在项目建议书阶段、可行性研究阶段对工程造价的预测，它是设计文件的重要组成部分，是按照国家和主管部门规定的编制方法，估算指标、概算指标或类似工程的预（决）算资料、各项取费标准，现行的人工、材料、设备价格，以及工程具体条件编制的技术经济文件。

2. 投资估算有哪些作用？

由于投资决策过程可进一步划分为规划阶段、项目建议书阶段、可行性研究阶段、编制设计任务书等四个阶段，所以投资估算工作也相应分为四个阶段。不同阶段所具备的条件和掌握的资料不同，因此投资估算的准确程度不同，进而每个阶段投资估算所起的作用也不同。总的来说，投资估算是前期各个阶段工作中，作为论证拟建项目经济是否合理的重要文件。它具有下列作用：

(1) 它是国家决定拟定建设项目是否继续进行研究的依据。

(2) 它是国家审批项目建议书的依据。

(3) 它是国家批准设计任务书的重要依据。

(4) 它是国家编制中长期规划，保持合理比例和投资结构的重要依据。

3. 投资估算的内容有哪些？

投资估算可根据《水利水电工程可行性研究报告编制规程》的有关规定，对初步设计概算规定中部分内容进行适当简化、合并和调整。

投资估算按照 2002 年水利部《水利水电工程设计概（估）算编制规定》的办法编制其内容包括编制说明、投资估算表，投资估算附表和附件组成。

(1) 编制说明。编制说明包括工程概论和投资主要指标。

1) 工程概况包括河系、兴建地点、对外交通条件、水库淹没耕地及移民人数、工程规模、工程效益、工程布置形式、主体建筑工程量、主要材料用量、施工总工期和工程从开工至开始发挥效益工期、施工总工日和高峰人数等。

2)投资主要指标为:工程静态总投资和总投资,工程从开工至开始发挥效益静态投资,单位千瓦静态投资和投资,单位电量静态投资和投资,年物价上涨指数,价差预备费额度和占总投资百分率,工程施工期贷款利息和利率等。

(2)投资估算表(与概算基本相同)包括:①总投资表;②建筑工程估算表;③设备及安装工程估算表;④分年度投资表。

(3)投资估算附表包括:①建筑工程单价汇总表;②安装工程单价汇总表;③主要材料预算价格汇总表;④次要材料预算价格汇总表;⑤施工机械台班费汇总表;⑥主要工程量汇总表;⑦主要材料量汇总表;⑧工时数量汇总表;⑨建设及施工征地数量汇总表。

(4)附件材料包括:①人工预算单价计算表;②主要材料运输费用计算表;③主要材料预算价格表;④混凝土材料单价计算表;⑤建筑工程单价表;⑥安装工程单价表;⑦资金流量计算表;⑧主要技术经济指标表。

4. 投资估算的编制依据有哪些?

(1)经批准的项目建议书投资估算文件。

(2)水利部《水利水电工程可行性研究报告编制规程》。

(3)水利部《水利工程设计概(估)算编制规定》。

(4)水利部《水利建筑工程概算定额》、《水利水电设备安装工程概算定额》、《水利水电工程施工机械台时费定额》。

(5)可行性研究报告提供的工程规模、工程等级、主要工程项目的工程量等资料。

(6)投资估算指标、概算指标。

(7)建设项目中的有关资金筹措的方式、实施计划、贷款利息、对建设投资的要求等。

(8)工程所在地的人工工资标准、材料供应价格、运输条件、运费标准及地方性材料储备量等资料。

(9)当地政府有关征地、拆迁、安置、补偿标准等文件或通知。

(10)编制可行性研究报告的委托书、合同或协议。

5. 水利水电建筑工程投资估算如何编制?

建筑工程由主体建筑工程、交通工程、房屋建筑工程和其他建筑工程组成。

(1)主体建筑工程投资的计算方法,采用主体建筑工程的工程量乘以相应单价。一般均采用概算定额编制投资估算单价,并要乘以扩大系数,现行规定扩大系数为 1.10。

(2)交通工程的投资,按设计交通工程量乘以公里及延长米指标计算。铁道工程可根据地形、地区经济状况,按每公里造价指标估算。

(3)投资估算编制方法与概算定额编制方法基本相同。

(4)其他建筑工程是指除主体建筑工程和交通工程外的永久性建筑物,采用占主体建筑工程投资的百分率估算其投资。

6. 水利水电机电安装工程投资估算如何编制?

机电设备及安装工程由主要机电设备及安装工程和其他机电设备及安装工程两项组成。

(1)主要机电设备及安装工程。主要设备及安装工程投资包括设备出厂价、运杂费和安装费。

(2)其他机电设备及安装工程。初步设计概算采用定额编制建安工程单价,而估算则采用综合性更强的投资估算指标编制建安工程单价。

估算指标的项目划分比概算定额的项目划分粗,估算指标的分项一般是概算定额中若干个分项的综合,并在此基础上综合扩大。因此,如采用概算定额编制估算的工程单价,考虑投资工作深度和精度,应乘以 1.1 扩大系数。

由于可行性研究阶段的设计深度较初步设计浅,对有些问题的研究还不够深入,为了避免估算的总投资失控,故在编制投资估算时考虑的预留额度较初步设计概算要大,估算为 10%,概算为 5%~6%,以占主要机电设备及安装工程投资的百分率来估算其投资。

7. 水利水电施工临时工程投资估算如何编制?

施工临时工程估算编制方法及计算标准与概算定额编制方法相同。

(1)导流工程。采用工程量乘以单价计算,其他难以估量的项目,可按计算出的导流投资的 10% 增列。

(2)施工交通工程。参照主体建筑工程中交通工程的方法编制。

(3)房屋建筑工程。按估算编制办法的有关规定估算。

(4)施工供电工程。依据设计电压等级、线路架设要求和长度,参考表 16-1 指标计算。

表 16-1　　　　　施工场地供电线路估算指标　　　(单位:万元/km)

地　区	电压等级	
	110kV	220kV
平原	4.5~5.5	7.0~9.0
丘陵	5.5~6.0	9.0~11.0
山岭	6.0~7.0	11.0~13.0

(5)其他施工临时工程。一般可按工程项目一至四部分的建安工作量的百分率计算,枢纽工程和引水工程取 3.0%~4.0%,河道工程取 0.5%~1.0%。

8. 什么是施工图预算?

施工图预算是指在施工图纸设计完成后,设计单位根据施工图纸计算的工程量、施工组织设计和现行的水利建筑工程预算定额、单位估价表及各项费用的取费标准、基础单价、国家及地方有关规定,进行编制的反映单位工程或单项工程建设费用的经济文件。施工图预算应在已批准的初步设计概算控制下进行编制。

9. 施工图预算有哪些作用?

(1)施工图预算是确定单位工程造价的依据。预算比主要起控制造价作用的概算更为具体和详细,因而可以起确定造价的作用。

(2)施工图预算是签订工程承包合同,实行投资包干和办理工程价款结算的依据。

因预算确定的投资较概算准确,故对于不进行招投标的特殊或紧急工程项目,常采用预算包干。按照规定程序,经过工程量增减,价差调整后的预算可以作为结算依据。

(3)施工图预算是施工企业内部进行经济核算和考核工程成本的依

据。施工图预算确定的工程造价,是工程项目的预算成本,其与实际成本的差额即为施工利润,是企业利润总额的主要组成部分。这就促使施工企业必须加强经济核算,提高经济管理水平,以降低成本,提高经济效益。

(4)施工图预算是进一步考核设计经济合理性的依据。施工图预算的成果因更详尽和切合实际,可以进一步作为考核设计方案技术先进性和经济合理程度的依据。施工图预算也是编制固定资产的依据。

10. 施工图预算编制的内容有哪些?

施工图预算有单位工程预算、单项工程预算和建设项目总预算。

(1)单位工程预算是根据施工图设计文件、现行预算定额、单位估价表、费用标准以及人工、材料、机械台班(时)等预算价格资料,以一定方法编制单位工程的施工图预算。

(2)汇总所有各单位工程施工图预算,成为单项工程施工图预算。

(3)汇总所有各单项工程施工图预算,便是一个建设项目建筑安装工程的总预算。

11. 施工图预算的编制依据有哪些?

(1)已批准的施工图设计及其说明书。经审定的施工图纸、说明书和有关技术资料,特别是施工图纸是计算工程量和进行预算列项的主要依据。

(2)现行的水利水电工程预算定额、工程所在地的有关补充规定、地方政府公布的关于基本建设其他各项费用的取费标准等。

现行的预算定额(或单位估价表)是编制预算时确定分项工程单价,计算工程量直接费,确定人工、材料和机械等实物消耗量的主要依据。

(3)工程所在地人工预算单价和材料预算单价的计算资料。

(4)现行水利水电工程机械台班(时)费用定额及有关部门公布的其他与机械有关的费用取费标准。

(5)施工组织设计或施工方案。施工组织设计是确定单位工程进度计划,施工方法或主要技术措施,以及施工现场平面布置等内容的文件。

(6)工程量计算规则。

12. 施工图预算的编制程序是怎样的？

(1)收集资料。收集资料是指收集与编制施工图预算有关的资料，如会审通过的施工图设计资料，初步设计概算，修正概算，施工组织设计，现行与本工程相一致的预算定额，各类费用取费标准，人工、材料、机械价格资料，施工地区的水文、地质情况资料。

(2)熟悉施工图设计资料。全面熟悉施工图设计资料，了解设计意图，掌握工程全貌是准确、迅速地编制施工预算的关键。

(3)熟悉施工组织设计。施工组织设计是指导拟建工程施工准备、施工各现场空间布置的技术文件，同时施工组织设计亦是设计文件的组成部分之一。根据施工组织设计提供的施工现场平面布置、料场、堆场、仓库位置、资源供应及运输方式、施工进度计划、施工方案等资料才能准确地计算人工、材料、机械台班单价及工程数量，正确地选用相应的定额项目，从而确定反映客观实际的工程造价。

(4)了解施工现场情况。施工现场情况主要包括：施工现场的工程地质和水文地质情况；现场内需拆迁处理和清理的构造物情况；水、电、路情况；施工现场的平面位置、各种材料、生活资源的供应等情况。这些资料对于准确、完整地编制施工图预算有着重要的作用。

(5)计算工程量。工程量的计算是一项既简单又繁杂，并且是十分关键的工作。由于建筑实体的多样性和预算定额条件的相对性，为了在各种条件下保证定额的正确性，各专业、各分部分项工程都视定额制定条件的不同，对其相应项目的工程量作了具体规定。在计算工程量时，必须严格按工程量规则执行。

(6)明确预算项目划分。水利水电工程预算的编制必须严格按预算项目表的序列及内容进行划分。

(7)编制预算文件。预算文件是设计文件的组成部分，由封面、目录、编制说明及全部预算计算表格组成。

13. 如何用预算单价法编制施工图预算？

用预算单价法编制施工图预算，是根据地区统一单位估价表中的各分项工程的预算单价，乘以相应的各分项工程的工程量，汇总得到单位工程的直接费(即定额直接费),再以直接费为基础计算其他直接费、现场经费、间接费、利润和税金等其他费用,即可得到单位工程预算价格。因各地区单位估价表和有关政策不同,因此,有些工程费的计取程序和方法也有不同,计算时应根据当地的具体要求执行。

14. 如何用实物单价法编制施工图预算?

用实物单价法编制施工图预算与用预算单价法编制施工图预算的方法步骤相似,所不同的是实物单价法是先用计算出的各分项工程量分别套用预算定额或预算实物量定额中的人工、材料、机械台班消耗量,将各分项工程的人工、材料、机械的消耗量相加汇总得出单位工程所需的各种人工、材料、机械总的消耗量,然后分别乘以当地现行的人工、材料、机械的实际单价,得出单位工程的人工费、材料费、机械费,汇总得出直接费,再以直接费为基础计算其他直接费、现场经费、间接费、利润和税金等其他费用,各项费用之和为单位工程预算价格。由此可以看出,用实行单价法编制施工图预算与用预算单价法编制施工图预算的本质区别就在于直接费的确定方法不同。

15. 如何用综合单价法编制施工图预算?

综合单价法是将建筑工程预算费用中的一部分费用进行综合,形成分项综合单价。由于地区的差别,有的地区综合价格中综合了直接费和间接费,有的地区综合价格中综合了直接费、间接费和利润。如采用清单计价方法,其综合单价则可能综合了单位工程量清单项目所需的人工费、材料费、机械使用费、管理费、利润、税金等各项费用(也称完全单价法)。

16. 施工图预算与设计概算有哪些不同?

施工图预算与设计概算的项目划分、编制程序、费用构成、计算方法都基本相同。施工图预算较概算编制要精细,具体表现在以下几个方面:

(1)主体工程。施工图预算与设计概算都采用工程量乘单价的方法计算投资,但深度不同。

设计概算根据概算定额和初步设计工程量编制,其三级项目经综合扩大,概括性强,而施工图预算则依据预算定额和施工图设计工程量编制,其三级项目较为详细。

(2)非主体工程。设计概算中的非主体工程以及主体工程中的细部结构采用综合指标(如道路以元/km)或百分率乘以二级项目工程量的方法估算投资,而施工图预算则均要求按三级项目工程单价的方法计算投资。

(3)造价文件的结构。设计概算是初步设计报告的组成部分,在初步设计阶段一次完成,完整地反映整个建设项目所需要的投资;施工图预算则不同,由于施工图设计工作量大、历时长,大多以满足施工为前提陆续出图,因此,施工图预算通常以单项工程为单位,陆续编制,各单项工程单独成册,最后汇总成总预算。

17. 什么是施工预算?

施工预算是施工企业内部根据施工图纸、施工措施及施工定额编制的唯一能够确定建筑安装工程在施工过程中所需要控制的人工、材料、施工机械台班(时)消耗限额的数据文件。一般来说,这个消耗的限额不能超过施工图预算所限定的数额,这样企业的经营才能收到效益。

18. 施工预算有哪些作用?

(1)施工预算是编制施工作业计划的依据。施工作业计划是施工企业计划管理的中心环节,也是计划管理的基础和具体化。编制施工作业计划,必须依据施工预算计算的单位工程或分部分项工程的工程量、构配件、劳力等进行有计划管理。

(2)施工预算是施工单位向施工班组签发施工任务单和限额领料的依据。施工任务单是把施工作业计划落实到班组的计划文件,也是记录班组完成任务情况和结算班组工人工资的凭证。

(3)施工预算是计算超额奖和计算计件工资、实行按劳分配的依据。施工预算是企业进行劳动力调配、物资技术供应、组织队伍生产、下达施工任务单和限额领料单、控制成本开支、进行成本分析和班组经济核算以及"二算"对比的依据。施工预算和建筑安装工程预算之间的差额反映了企业个别劳动量与社会劳动量之间的差别,能体现降低工程成本计划的要求。

施工预算所确定的人工、材料、机械使用量与工程量的关系是衡量工人劳动成果、计算应得报酬的依据。它把工人的劳动成果与劳动报酬联系起来,很好地体现了多劳多得、少劳少得的按劳分配原则。

(4)施工预算是施工企业进行经济活动分析的依据。进行经济活动分析是企业加强经营管理、提高经济效益的有效手段,经济活动分析主要是应用施工预算的人工、材料和机械台班数量等与实际消耗量对比,同时与施工图预算的人工、材料和机械台班数量进行对比,分析超支、节约的原因,改进操作技术和管理手段,有效地控制施工中的消耗、节约开支。

施工企业进行施工管理的"三算"是施工预算、施工图预算和竣工结算。

19. 施工预算的编制依据有哪些?

(1)施工图纸。施工图纸和说明书必须是经过建设单位、设计单位和施工单位会审通过的,不能采用未经会审通过的图纸。

(2)施工定额及补充定额。包括全国建筑安装工程统一劳动定额和各部、各地区颁发的专业施工定额。凡是施工定额可以参照使用的,应参考施工定额编制施工预算中的人工、材料及机械使用费。在缺乏施工定额作为依据的情况下,可按有关规定自行编排补充定额。施工定额是编制施工预算的基础,也是施工预算与施工图预算的主要差别之一。

(3)施工组织设计或施工方案。由施工单位编制详细的施工组织设计,据以确定应采取的施工方法、进度以及所需的人工、材料和施工机械,作为编制施工预算的基础。

(4)有关的手册、资料。例如,建筑材料手册,人工、材料、机械台班费用标准等。

20. 施工预算的编制步骤是怎样的?

编制施工预算,首先应熟悉设计图纸及施工定额,对施工单位的人员、劳力、施工技术等有大致了解;对工程的现场情况,施工方式、方法要比较清楚;对施工定额的内容、所包括的范围应了解。在计算工程量时所采用的计算单位要与定额的计量单位相适应。具备施工预算所需的资料,并已熟悉了基础资料和施工定额的内容后,就可以按以下步骤编制施工预算:

(1)计算工程实物量。凡能够利用施工图预算的工程量,可不必再计算,但工程项目、名称和单位一定要符合施工定额。工程量的计算方法可参考本书有关章节的内容。工程量要仔细核对无误后,根据施工定额的内容和要求,按工程项目的划分逐项汇总。

(2)套用的施工定额必须与施工图纸的内容相一致。分项工程的名称、规格、计量单位必须与施工定额所列内容相一致,逐项计算分部分项工程所需人工、材料、机械台班使用量。

(3)工料分析和汇总。按照工程的分项名称顺序,套用施工定额的单位人工、材料、机械台班消耗量,逐一计算出各个工程项目的人工、材料和机械台班的用工用料量,把同类项目工料相加并汇总,形成完整的分部分项工料汇总表。

(4)编写编制说明。主要内容有:编制依据,包括采用的图纸名称及编号,采用的施工定额、施工组织设计或施工方案;遗留项目或暂估项目的原因和存在的问题以及处理的办法等。施工预算有专门的表格可用。

21. 施工图预算与施工预算有何区别?

施工图预算与施工预算的区别,见表 16-2。

表 16-2　　　　　　施工图预算和施工预算的区别

序号	项目	施工图预算	施工预算
1	编制时间不同	施工图设计阶段	施工阶段
2	依据的定额不同	预算定额	施工定额
3	用途不同	(1)编制施工计划的依据; (2)用来签订承包合同; (3)工程价款结算的依据; (4)进行经济核算和考核成本	(1)施工企业内部管理的依据; (2)下达施工任务和限额领料的依据; (3)劳动力、施工机械调配的依据; (4)进行成本分析和班组经济核算的依据
4	编制单位不同	设计单位编制	施工单位编制
5	投资额不同	<概算 >施工预算	<施工图预算
6	预备费大小不同	基本预备费率为 3%～5%	不列预备费或按合同列部分预备费

22. 水利工程概算由哪几部分构成？

水利工程概算由工程部分、移民和环境两部分构成。其具体划分如图 16-1 所示。

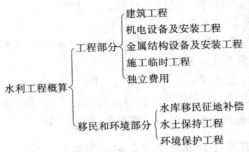

图 16-1 水利工程概算划分

注：移民和环境部分划分的各级项目执行《水利工程建设征地移民补偿投资概（估）算编制规定》、《水利工程环境保护设计概（估）算编制规定》和《水土保持工程概（估）算编制规定》。

23. 概算文件的编制程序是怎样的？

(1)准备工作。
(2)设计研究、收集资料。
(3)编写概（估）算编制大纲。
(4)计算基础单价。
(5)划分工程项目、计算工程量。
(6)套用定额计算工程单价。
(7)编制工程概算。

24. 水利水电工程设计概算编制有哪几种方法？

建筑工程概算编制的方法一般有单价法、指标法及百分率法三种形式，其中以单价法为主。

25. 如何编制设备及安装工程概算？

设备购置概算包括设备原价和设备运杂费。通用设备原价根据设备型号、规格、材质和数量按设计当年制造厂的销售价逐项计算，非标准设备原价根据设备类别、材质、结构的复杂程度和设备质量，以设计当年制造厂的销售现价进行计算。

设备运杂费一般按设备原价的百分率计算,即:

设备运杂费=设备原价×运杂费率

设备安装工程概算可按以下几种方法计算:

(1)按占设备原价的百分比计算,即

设备安装工程概算=设备原价×设备安装费率(%)

设备安装费费率一般 3%~7%。

(2)按每 1t 设备安装概算价格计算,即

设备安装工程概算=设备吨位×每 1 吨设备安装费

(3)按台、座、m、m^3 为单位计算安装概算。

26. 概算文件正件部分由哪些内容组成?

概算文件正件部分包括编制说明和工程部分概算两部分。

(1)编制说明。

1)工程概况。流域、河系、兴建地点、对外交通条件、工程规模、工程效益、工程布置型式、主体建筑工程量、主要材料用量、施工总工期、施工总工时、施工平均人数和高峰人数、资金筹措情况和投资比例等。

2)投资主要指标。工程总投资和静态总投资,年度价格指数,基本预备费率,建设期融资额度、利率和利息等。

3)编制原则和依据。

①概算编制原则和依据。

②人工预算单价,主要材料,施工用电、水、风,砂石料等基础单价的计算依据。

③主要设备价格的编制依据。

④费用计算标准及依据。

⑤工程资金筹措方案。

4)概算编制中其他应说明的问题。

5)主要技术经济指标表。

6)工程概算总表。

(2)工程部分概算表。

1)概算表。

①总概算表。

②建筑工程概算表。
③机电设备及安装工程概算表。
④金属结构设备及安装工程概算表。
⑤施工临时工程概算表。
⑥独立费用概算表。
⑦分年度投资表。
⑧资金流量表。
2)概算附表。
①建筑工程单价汇总表。
②安装工程单价汇总表。
③主要材料预算价格汇总表。
④次要材料预算价格汇总表。
⑤施工机械台时费汇总表。
⑥主要工程量汇总表。
⑦主要材料量汇总表。
⑧工时数量汇总表。
⑨建设及施工场地征用数量汇总表。

27. 概算文件附件部分由哪些内容组成？

(1)人工预算单价计算表。
(2)主要材料运输费用计算表。
(3)主要材料预算价格计算表。
(4)施工用电价格计算书。
(5)施工用水价格计算书。
(6)施工用风价格计算书。
(7)补充定额计算书。
(8)补充施工机械台时费计算书。
(9)砂石料单价计算书。
(10)混凝土材料单价计算表。
(11)建筑工程单价表。
(12)安装工程单价表。
(13)主要设备运杂费率计算书。

(14)临时房屋建筑工程投资计算书。

(15)独立费用计算书(按独立项目分项计算)。

(16)分年度投资表。

(17)资金流量计算表。

(18)价差预备费计算表。

(19)建设期融资利息计算书。

(20)计算人工、材料、设备预算价格和费用依据的有关文件、询价报价资料及其他。

注:概算正件及附件均应单独成册并随初步设计文件报审。

28. 如何编制水利水电主体建筑工程概算?

(1)主体建筑工程概算按设计工程量乘以工程单价进行编制。

(2)主体建筑工程量应根据《水利工程设计工程量计算规则》,按项目划分要求,计算到三级项目。

(3)当设计对混凝土施工有温控要求时,应根据温控措施设计,计算温控措施费用;也可以经过分析确定指标后,按建筑物混凝土土方量进行计算。

(4)细部结构工程。参照水工建筑工程细部结构指标表确定,见表16-3。

表16-3 水工建筑工程细部结构指标表

项目名称	混凝土重力坝、重力拱坝、宽缝重力坝、支墩坝	混凝土双曲拱坝	土坝、堆石坝	水闸	冲砂闸、泄洪闸
单位	元/m³(坝体方)	元/m³(坝体方)	元/m³(坝体方)	元/m³(混凝土)	元/m³(混凝土)
综合指标	11.9	12.6	0.84	35	30.8
项目名称	进水口进水塔	溢洪道	隧洞	竖井、调压井	高压管道
单位	元/m³(混凝土)	元/m³(混凝土)	元/m³(混凝土)	元/m³(混凝土)	元/m³(混凝土)
综合指标	14	13.3	11.2	14	3.0

(续)

项目名称	地面厂房	地下厂房	地面升压变电站	地下升压变电站	船闸	明渠（衬砌）
单位	元/m³（混凝土）	元/m³（混凝土）	元/m³（混凝土）	元/m³（混凝土）	元/m³（混凝土）	元/m³（混凝土）
综合指标	27.3	42	24.5	15.4	21.7	6.2

注：表中综合指标包括多孔混凝土排水管、廊道木模制作与安装、止水工程、伸缩缝工程、接缝灌浆管路、冷却水管路、栏杆、路面工程、照明工程、爬梯、通气管道、坝基渗水处理、排水工程、排水渗井钻孔及反滤料、坝坡踏步、孔洞钢盖板、厂房内上下水工程、防潮层、建筑钢材及其他细部结构工程。

29. 如何编制水利水电交通工程概算？

交通工程投资按设计工程量乘以单价进行计算，也可根据工程所在地区造价指标或有关实际资料，采用扩大单位指标编制。

30. 如何编制水利水电房屋建筑工程概算？

水利工程的永久房屋建筑面积，用于生产和管理办公的部分，由设计单位按有关规定，结合工程规模确定；用于生活文化福利建筑工程的部分，在考虑国家现行房改政策的情况下，按主体建筑工程投资的百分率计算：

（1）枢纽工程

　　　　　　　50000 万元≥投资　　　　　　 1.5%～2.0%
　　　　　100000 万元≥投资＞50000 万元　 1.1%～1.5%
　　　　　　　100000 万元＜投资　　　　　　 0.8%～1.1%

注：在每档中，投资小或工程位置偏远者取大值；反之，取小值。

（2）引水及河道工程　　　　　　　　　　　　0.5%～0.8%

室外工程投资，一般按房屋建筑工程投资的 10%～15% 计算。

31. 如何编制水利水电工程供电线路工程概算？

供电线路工程根据设计的电压等级、线路架设长度及所需配备的变配电设施要求，采用工程所在地区造价指标或有关实际资料计算。

32. 如何编制水利水电工程其他建筑工程概算？

内外部观测工程按建筑工程属性处理。内外部观测工程项目投资应

按设计资料计算。如无设计资料时,可根据坝型或其他工程型式,按照主体建筑工程投资的百分率计算:

当地材料坝	0.9%~1.1%
混凝土坝	1.1%~1.3%
引水式电站(引水建筑物)	1.1%~1.3%
堤防工程	0.2%~0.3%

动力线路、照明线路、通信线路等工程投资按设计工程量乘以单价或采用扩大单位指标编制。

其余各项按设计要求分析计算。

33. 如何计算水利水电土石方开挖工程量?

土石方开挖工程量应按岩土分级别计算,并将明挖、暗挖分开。明挖宜分一般、坑槽、基础、坡面等;暗挖宜分平洞、斜井、竖井和地下厂房等。

34. 如何计算水利水电工程土石方填筑工程量?

(1)土石方填筑工程量应根据建筑物设计断面中不同部位不同填筑材料的设计要求分别计算,以建筑物实体方计量。

(2)砌筑工程量应按不同砌筑材料、砌筑方式(干砌、浆砌等)和砌筑部位分别计算,以建筑物砌体方计量。

35. 如何计算疏浚与吹(填)工程量?

(1)疏浚工程量的计算,宜按设计水下方计量,开挖过程中的超挖及回淤量不应计入。

(2)吹填工程量计算,除考虑吹填区填筑量,还应考虑吹填土层固结沉降、吹填区地基沉降和施工期泥沙流失等因素。计量单位为水下方。

36. 如何计算土工合成材料工程量?

土工合成材料工程量宜按设计铺设面积或长度计算,不应计入材料搭接及各种型式嵌固的用量。

37. 如何计算混凝土工程量?

混凝土工程量计算应以成品实体方计量,并应符合下列规定:

(1)项目建议书阶段混凝土工程量宜按工程各建筑物分项、分强度、分级配计算。可行性研究和初步设计阶段混凝土工程量应根据设计图纸分部位、分强度、分级配计算。

(2)碾压混凝土宜提出工法,沥青混凝土宜提出开级配或密级配。

(3)钢筋混凝土的钢筋可按含钢率或含钢量计算。混凝土结构中的钢衬工程量应单独列出。

38. 如何计算混凝土立模面积?

混凝土立模面积应根据建筑物结构体形、施工分缝要求和使用模板的类型计算。

39. 如何计算钻孔灌浆工程量?

(1)基础固结灌浆与帷幕灌浆工程量,自起灌基面算起,钻孔长度自实际孔顶高程算起。基础帷幕灌浆采用孔口封闭的,还应计算灌注孔口管的工程量,根据不同孔口管长度以孔为单位计算。地下工程的固结灌浆,其钻孔和灌浆工程量根据设计要求以长度计。

(2)回填灌浆工程量按设计的回填接触面积计算。

(3)接触灌浆和接缝灌浆的工程量,按设计所需面积计算。

40. 如何计算混凝土地下连续墙成槽和混凝土浇筑工程量?

混凝土地下连续墙的成槽和混凝土浇筑工程量应分别计算,并应符合下列规定:

(1)成槽工程量按不同墙厚、孔深和地层以面积计算。

(2)混凝土浇筑工程量,按不同墙厚和地层以成墙面积计算。

41. 如何计算锚固工程量?

(1)锚杆支护工程量,按锚杆类型、长度、直径和支护部位及相应岩石级别以根数计算。

(2)预应力锚索的工程量按不同预应力等级、长度、型式及锚固对象以束计算。

42. 如何计算喷射混凝土工程量?

喷混凝土工程量应按喷射厚度、部位及有无钢筋以体积计,回弹量不应计入。喷浆工程量应根据喷射对象以面积计。

43. 如何计算混凝土灌注桩钻孔和灌筑混凝土工程量?

混凝土灌注桩钻孔和灌筑混凝土工程量应分别计算,并应符合下列规定：
(1)钻孔工程量按不同地层类别以钻孔长度计。
(2)灌筑混凝土工程量按不同桩径以桩长度计。

44. 如何计算枢纽工程对外公路工程量？

枢纽工程对外公路工程量，项目建议书和可行性研究阶段可根据1:50000～1:10000的地形图按设计推荐（或选定）的线路，分公路等级以长度计算工程量。初步设计阶段应根据不小于1:5000的地形图按设计确定的公路等级提出长度或具体工程量。

场内永久公路中主要交通道路，项目建议书和可行性研究阶段应根据1:10000～1:5000的施工总平面布置图按设计确定的公路等级以长度计算工程量。初步设计阶段应根据1:5000～1:2000的施工总平面布置图，按设计要求提出长度或具体工程量。

引(供)水、灌溉等工程的永久公路工程量可参照上述要求计算。

桥梁、涵洞按工程等级分别计算，提出延米或具体工程量。

永久供电线路工程量，按电压等级、回路数以长度计算。

45. 如何计算水利水电工程设备及安装工程量？

(1)水工建筑物的各种钢闸门和拦污栅工程量以吨计，项目建议书可按已建工程类比确定；可行性研究阶段可根据初选方案确定的类型和主要尺寸计算；初步设计阶段应根据选定方案的设计尺寸和参数计算。

各种闸门和拦污栅的埋件工程量计算均应与其主设备工程量计算精度一致。

(2)启闭设备工程量计算，宜与闸门和拦污栅工程量计算精度相适应，并分别列出设备质量(吨)和数量(台、套)。

(3)压力钢管工程量应按钢管型式(一般、叉管)、直径和壁厚分别计算，以吨为计量单位，不应计入钢管制作与安装的操作损耗量。

46. 如何计算水利水电施工临时工程量？

(1)施工导流工程工程量计算要求与永久水工建筑物计算要求相同，其中永久与临时结合的部分应计入永久工程量中，阶段系数按施工临时工程计取。

(2)施工支洞工程量应按永久水工建筑物工程量计算要求进行计算，

阶段系数按施工临时工程计取。

（3）大型施工设施及施工机械布置所需土建工程量，按永久建筑物的要求计算工程量，阶段系数按施工临时工程计取。

（4）施工临时公路的工程量可根据相应设计阶段施工总平面布置图或设计提出的运输线路分等级计算公路长度或具体工程量。

（5）施工供电线路工程量可按设计的线路走向、电压等级和回路数计算。

47. 水利水电工程人工预算单价由哪些费用组成？

人工预算单价是指生产工人单位时间的工资及其他各项费用之和，人工预算单价由基本工资、辅助工资及工资附加费组成。

（1）基本工资。基本工资是指发放给生产工人的基本工资。生产工人的基本工资应执行岗位工资和技能工资制度。根据有关部门制定的《全民所有制大中型建筑安装企业的岗位技能工资试行方案》中，按岗位工资、技能工资和年龄工资（按职工工作年限确定的工资）计算的。工人岗位工资标准设8个岗次。技能工资分初级工、中级工、高级工、技师和高级技师五类工资标准分33档。

（2）辅助工资。生产工人辅助工资是指生产工人年有效施工天数以外非作业天数的工资，包括职工学习、培训期间的工资，调动工作、探亲、休假期间的工资，因气候影响的停工工资，女工哺乳时间的工资，病假在六个月以内的工资及产、婚、丧假期的工资。

（3）工资附加费。工资附加费是指按国家规定计算的职工福利基金、工会经费、养老保险费、医疗保险费、工伤保险费、职工失业保险基金、住房公积金。

48. 如何计算人工预算单价中基本工资？

基本工资（元/工日）＝基本工资标准（元/月）×地区工资系数
　　　　　　　×12月÷年应工作天数×1.068

49. 如何计算人工预算单价中辅助工资？

（1）地区津贴（元/工日）＝津贴标准（元/月）×12月÷年应工作天数
　　　　　　　×1.068

（2）施工津贴（元/工日）＝津贴标准（元/天）×365天×95％÷年应工

作天数×1.068

(3) 夜餐津贴(元/工日)=(中班津贴标准+夜班津贴标准)÷2×(20%～30%)

(4) 节日加班津贴(元/工日)=基本工资(元/工日)×3×10÷年应工作天数×5%

注:1. 1.068 为年应工作天数内非工作天数的工资系数。
  2. 计算夜餐津贴时,式中百分数,枢纽工程取 30%,引水及河道工程取 20%。

50. 如何计算人工预算单价中工资附加费?

(1) 职工福利基础(元/工日)=[基本工资(元/工日)+辅助工资(元/工日)]×费率标准(%)

(2) 工会经费(元/工日)=[基本工资(元/工日)+辅助工资(元/工日)]×费率标准(%)

(3) 养老保险费(元/工日)=[基本工资(元/工日)+辅助工资(元/工日)]×费率标准(%)

(4) 医疗保险费(元/工日)=[基本工资(元/工日)+辅助工资(元/工日)]×费率标准(%)

(5) 工伤保险费(元/工日)=[基本工资(元/工日)+辅助工资(元/工日)]×费率标准(%)

(6) 职工失业保险基金(元/工日)=[基本工资(元/工日)+辅助工资(元/工日)]×费率标准(%)

(7) 住房公积金(元/工日)=[基本工资(元/工日)+辅助工资(元/工日)]×费率标准(%)

51. 如何计算人工工日预算单价?

人工工日预算单价(元/工日)=基本工资+辅助工资+工资附加费

52. 如何计算人工工时预算单价?

人工工时预算单价(元/工时)=人工工日预算单价(元/工日)÷日工作时间(工时/工日)

53. 人工预算单价计价标准中的有效工作时间是多少?

年应工作天数:251 工日;日工作时间:8 工时/工日。

54. 如何计算主要材料预算价格？

对于用量多、影响工程投资大的主要材料，如钢材、木材、水泥、粉煤灰、油料、火工产品、电缆及母线等，一般需编制材料预算价格。计算公式为：

材料预算价格＝（材料原价＋包装费＋运杂费）×（1＋采购及保管费率）＋运输保险费

其中，材料原价按工程所在地区就近大的物资供应公司、材料交易中心的市场成交价或设计选定的生产厂家的出厂价计算。

在确定原价时，凡同一种材料因来源地、交货地、供货单位、生产厂家不同，而有几种价格（原价）时，根据不同来源地供货数量比例，采取加权平均的方法确定其综合原价。

材料运杂费是指材料自来源地运至工地仓库或指定堆放地点所发生的全部费用。含外埠中转运输过程中所发生的一切费用和过境过桥费用，包括调车和驳船费、装卸费、运输费及附加工作费等。

同一品种的材料有若干个来源地，应采用加权平均的方法计算材料运杂费，计算公式如下：

加权平均运杂费 $= (K_1 T_1 + K_2 T_2 + \cdots + K_n T_n)/(K_1 + K_2 + \cdots + K_n)$

式中　$K_1, K_2, \cdots, K_n$——各不同供应点的供应量或各不同使用地点的需求量；

　　　$T_1, T_2, \cdots, T_n$——各不同运距的运费。

另外，在运杂费中需要考虑为了便于材料运输和保护而发生的包装费。材料包装费用有两种情况：一种情况是包装费已计入材料原价中，此种情况不再计算包装费，如袋装水泥，水泥纸袋已包括在水泥原价中；另一种情况是材料原价中未包含装费，如需包装时包装费则应计入材料价格内。

采购及保管费是指材料供应部门（包括工地仓库及其以上各级材料主管部门）在组织采购、供应和保管材料过程中所需的各项费用，包含采购费、仓储费、工地管理费和仓储损耗。按材料运到工地仓库价格（不包括运输保险费）的3％计算。

运输保险费是指向保险公司交纳的货物保险费，按工程所在省、自治区、直辖市交通部门现行规定计算。

55. 如何计算其他材料预算价格？

其他材料预算价格可参考工程所在地区的工业与民用建筑安装工程材料预算价格或信息价格。

56. 施工机械台班单价由哪些费用组成？

施工机械台班单价由七项费用组成，包括折旧费、大修理费、经常修理费、安拆费及场外运费、燃料动力费、人工费及车船使用税等。

57. 如何计算折旧费？

折旧费是指机械在规定的寿命期（使用年限或耐用总台班）内，陆续收回其原值的费用及支付贷款利息的费用，其计算公式如下：

$$台班折旧费 = \frac{机械预算价格 \times (1-残值率) \times 贷款利息系数}{耐用总台班}$$

58. 国产机械出厂价格的收集途径有哪些？

(1) 全国施工机械展销会上各厂家的订货合同价。
(2) 全国有关机械生产厂家函询或面询的价格。
(3) 组织有关大中型施工企业提供当前购入机械的账面实际价格。
(4) 水利部价格信息网络中的本期价格。

对于少量无法取到实际价格的机械，可用同类机械或相近机械的价格采用内插法和比例法取定。

59. 如何计算进口机械预算价格？

进口机械预算价格是由进口机械到岸完税价格（即包括机械出厂价格和到达我国口岸之前的运费、保险费等一切费用）加上关税、外贸部门手续费、银行财务费以及由口岸运至使用单位机械管理部门验收入库的全部费用，其计算公式为：

$$进口运输机械预算价格 = [到岸价格 \times (1+关税税率+增值税税率)] \times (1+购置附加费率+外贸部门手续费率+银行财务费率+国内一次运杂费率)$$

60. 如何确定残值率？

残值率指施工机械报废时其回收的残余价值占机械原值（即机械预

算价格)的比率,《全国统一施工机械台班费用定额》根据有关规定,结合施工机械残值回收实际情况,将各类施工机械的残值率确定如下:

(1) 运输机械　　　　　　　　2%
(2) 特大型机械　　　　　　　　3%
(3) 中、小型机械　　　　　　　4%
(4) 掘进机械　　　　　　　　　5%

61. 如何计算台班折旧费中的贷款利息系数?

为补偿企业贷款购置机械设备所支付的利息,从而合理反映资金的时间价值,以大于1的贷款利息系数,将贷款利息(单利)分摊在台班折旧费中,其计算公式为:

$$贷款利息系数 = 1 + \frac{(n+1)}{2}i$$

式中　n——机械的折旧年限;

　　　i——设备更新贷款年利率。

折旧年限是指国家规定的各类固定资产计提折旧的年限。

设备更新贷款年利率是以定额编制当年的银行贷款年利率为准。

62. 如何计算机械耐用总台班?

耐用总台班是指机械在正常施工作业条件下,从投入使用起到报废日,按规定应达到的使用总台班数。

机械耐用总台班即机械使用寿命,一般可分为机械技术使用寿命、经济使用寿命和合理使用寿命。

《全国统一施工机械台班费定额》中的耐用总台班是以经济使用寿命为基础,并依据国家有关固定折旧年限规定,结合施工机械工作对象和环境以及年能达到的工作台班确定。

机械耐用总台班的计算公式为:

耐用总台班＝折旧年限×年工作台班＝大修间隔台班×大修周期

年工作台班是根据有关部门对各类主要机械最近三年的统计资料分析确定。

大修间隔台班是指机械自投入使用起至第一次大修止或自上一次大修后投入使用起至下一次大修止,应达到的使用台班数。

大修周期是指机械正常的施工作业条件下,将其寿命期(即耐用总台

班)按规定的大修理次数划分为若干个周期,其计算公式:

$$大修周期 = 寿命期大修理次数 + 1$$

63. 如何计算台班大修理费?

修理费指机械设备按规定的大修间隔台班进行必要的大修,以恢复机械正常功能所需的全部费用。台班大修理费则是机械寿命期内全部大修理费之和在台班费用中的分摊额,其计算公式:

$$台班大修理费 = \frac{一次大修理费 \times 寿命期内大修理次数}{耐用总台班}$$

(1)一次大修理费。指机械设备按规定的大修理范围和修理工作内容,进行一次全面修理所需消耗的工时、配件、辅助材料、油燃料以及送修运输等全部费用。

(2)寿命期内大修理次数。指机械设备为恢复原机功能按规定在使用期限内需要进行的大修理次数。

64. 如何计算经常修理费?

经常修理费指机械设备除大修理以外必须进行的各级保养(包括一、二、三级保养)以及临时故障排除和机械停置期间的维护保养等所需各项费用;为保障机械正常运转所需替换设备、随机工具附具的摊销及维护费用;机械运转及日常保养所需润滑、擦拭材料费用。机械寿命期内上述各项费用之和分摊到台班费中,即为台班经常修理费,其计算公式为:

$$台班经常修理费 = \frac{\sum\left(\begin{array}{c}各级保养\\(一次)费用\end{array} \times \begin{array}{c}寿命期各级\\保养总次数\end{array}\right) + \begin{array}{c}机械临时故障\\排除费及机\\械停置期间\\维护保养费\end{array}}{耐用总台班} +$$

$$替换设备台班摊销费 + 工具附具台班摊销费 + 例保辅料费$$

为简化计算,也可采用下列公式:

$$台班经常修理费 = 台班大修费 \times K$$

$$K = \frac{机械台班经常修理费}{机械台班大修理费}$$

(1)各级保养(一次)费用。分别指机械在各个使用周期内为保证机械处于完好状况,必须按规定的各级保养间隔周期、保养范围和内容进行的一、二、三级保养或定期保养所消耗的工时、配件、辅料、油燃料等费用。

(2)寿命期各级保养总次数。分别指一、二、三级保养或定期保养在寿命期内各个使用周期中保养次数之和。

(3)机械临时故障排除费用、机械停置期间维护保养费。指机械除规定的大修理及各级保养以外,临时故障所需费用以及机械在工作日以外的保养维护所需润滑擦拭材料费,可按各级保养(不包括例保辅料费)费用之和的±3%计算,即

$$\text{机械临时故障排除费及机械停置期间维护保养费} = \sum \left(\text{各级保养一次费用} \times \text{寿命期各级保养总次数} \right) \times 3\%$$

(4)替换设备及工具附具台班摊销费。指轮胎、电缆、蓄电池、运输皮带、钢丝绳、胶皮管、履带板等消耗性设备和按规定随机配备的全套工具附具的台班摊销费用,其计算公式:

$$\text{替换设备及工具附具台班摊销费} = \sum [(\text{各类替换设备数量} \times \text{单价} \div \text{耐用台班}) + (\text{各类随机工具附具数量} \times \text{单价} \div \text{耐用台班})]$$

(5)例保辅料费。即机械日常保养所需润滑擦拭材料的费用。

65. 如何计算台班安拆费及场外运输费?

安拆费是指机械在施工现场进行安装、拆卸所需的人工、材料、机械费及试运转费,以及安装所需要的辅助设施的费用;场外运费是指机械整体或分件自停放场地运至施工现场所发生的费用,包括机械的装卸、运输、辅助材料费和机械在现场使用期需回基地大修理的运费。

定额安拆费及场外运输费,均分别按不同机械、型号、质量、外形体积,不同的安拆和运输方法测算其工、料、机械的耗用量综合计算取定,除地下工程机械外,均按年平均4次运输,运距平均25km以内考虑。但金属切削加工机械,由于该类机械安装在固定的车间内,无须经常安拆运输,所以不能计算安拆费及场外运输费。特大型机械的安拆费及场外运输费,由于其费用较大,应单独编制每安拆一次或运输一次的费用定额。

安拆费及场外运输费的计算公式如下:

$$\text{台班安拆费} = \frac{\text{机械一次安拆费} \times \text{年平均安拆次数}}{\text{年工作台班}} + \text{台班辅助设施摊销费}$$

$$\text{台班辅助设施摊销费} = \frac{\text{辅助设施一次费用} \times (1 - \text{残值率})}{\text{辅助设施使用台班}}$$

$$台班场外运费 = \frac{\left(\begin{matrix}一次运输\\及装卸费\end{matrix} + \begin{matrix}辅助材料\\一次摊销费\end{matrix} + \begin{matrix}一次\\架线费\end{matrix}\right) \times \begin{matrix}年平均场外\\运输次数\end{matrix}}{年工作台班}$$

66. 如何计算燃料动力费？

燃料动力费指机械设备在运转施工作业中所耗用的固体燃料（煤炭、木材）、液体燃料（汽油、柴油）、电力、水和风力等费用。

燃料动力消耗量的确定可采取以下几种方法：

(1) 实测方法。即通过对常用机械，在正常的工作条件下，8h 工作时间内，经仪表计量所测得的燃料动力消耗量，加上必要的损耗后的数量。以耗油量为例，一般包括如下内容：①正常施工作业时间耗油量；②准备与结束时间的耗油量，包括加水、加油、发动、升温、就位及作业结束离开现场等；③附加休息时间的耗油量，包括中途加油、施工交底、中间检验、交接班等；④不可避免的空转时间的耗油量；⑤工作前准备和结束后清理保养时间即无油耗时间。

以上各项油耗（V）之和与时间（t）之和的比值即为台时耗油量，即

$$台时耗油量 = \frac{V_1 + V_2 + V_3 + \cdots + V_n}{t_1 + t_2 + t_3 + \cdots + t_n}$$

台时耗油时间 = 8h － 无油耗时间

台时耗油量 = 台时耗油量 × 8(h) × 0.8

(2) 现行定额燃料动力消耗量平均法。根据全国统一安装工程机械台班费定额及各省、市、自治区、国务院有关部门预算定额相同机械的消耗量取其平均值。

(3) 调查数据平均法。根据历年统计资料的相同机械燃料动力消耗量取其平均值。

为了准确地确定施工机械台班燃料动力的消耗量，在实际工作中，往往将三种办法结合起来，以取得各种数据，然后取其平均值，其计算公式如下：

$$台班燃料动力消耗量 = \frac{(实测数 \times 4 + 定额平均值 + 调查平均值)}{6}$$

《全国统一施工机械台班费用定额》的燃料动力消耗量就是采取这种方法确定的。

$$台班燃料动力费 = 台班燃料动力消耗量 \times 各省、市、自治区规定的相应单价$$

67. 如何计算机械台班费中的人工费？

施工机械台班费中的人工费指机上司机、司炉和其他操作人员的工作日工资以及上述人员在机械规定的年工作台班以外的基本工资和工资性质的津贴(年工作台班以外机上人员工资指机械保管所支出的工资,以"增加系数表示")。

工作台班以外机上人员人工费用,以增加机上人员的工日数形式列入定额,按下列公式计算：

$$台班人工费 = 定额机上人工工日 \times 日工资单价$$

$$定额机上人工工日 = 机上定员工日 \times (1 + 增加工日系数)$$

$$增加工日系数 = (年日历天数 - 规定节假公休日 - 辅助工资中年非工作日 - 机械年工作台班) \div 机械年工作台班$$

增加工日系数取定 0.25。

68. 如何计算养路费及车船使用税？

养路费及车船使用税指按照国家有关规定应交纳的运输机械养路费和车船使用税,按各省、自治区、直辖市规定标准计算后列入定额,其计算公式为：

$$台班养路费及车船使用税 = \frac{载重量(或核定吨位)}{年工作台班} \times \left[养路费(元/吨 \cdot 月) \times 12 + 车船使用税(元/吨 \cdot 年) \right]$$

核定吨位：运输车辆按载重量计算；汽车吊、轮胎吊、装载机按自重计算。

69. 施工用电、风、水预算价格费用由哪几部分组成？

(1)基本价。用施工组织设计所配置的供风或供水机械台班总费用除以台班总产风量或总产水量计算。

(2)损耗摊销费。计算风价时指由空气压缩机至用风现场的固定供风管道送风过程中发生风量损耗的摊销费用；计算水价时指施工用水在储存、输送、处理过程中的水量损失的摊销费用。

(3)维修摊销费。对风价计算是指摊入风价的供风管道的维护修理费用;对水价计算是指算摊入水价的贮水池、供水管道等供水设施的维护修理费用。

70. 如何计算施工用电价格?

施工用电价格由基本电价、电能损耗摊销费和供电设施维修摊销费组成,根据施工组织设计确定的供电方式以及不同电源的电量所占比例,按国家或工程所在省、自治区、直辖市规定的电网电价和规定的加价进行计算。

电价计算公式:

电网供电价格=基本电价÷(1-高压输电线路损耗率)÷(1-35kV以下变配电设备及配电线路损耗率)+供电设施维修摊销费(变配电设备除外)

$$\text{柴油发电机供电价格（自设水泵供冷却水）} = \frac{\text{柴油发电机组（台）时总费用}+\text{水泵组（台）时总费用}}{\text{柴油发电机额定容量之和} \times K} \div (1-\text{厂用电率}) \div (1-\text{变配电设备及配电线路损耗率})+\text{供电设施维修摊销费}$$

柴油发电机供电如采用循环冷却水,不用水泵,电价计算公式为:

$$\text{柴油发电机供电价格} = \frac{\text{柴油发电机组（台）时总费用}}{\text{柴油发电机额定容量之和} \times K} \div (1-\text{厂用电率}) \div (1-\text{变配电设备及配电线路损耗率})+\text{单位循环冷却水费}+\text{供电设施维修摊销费}$$

式中 K——发电机出力系数,一般取 0.8~0.85;

厂用电率取 4%~6%;

高压输电线路损耗率取 4%~6%;

变配电设备及配电线路损耗率取 5%~8%;

供电设施维修摊销费取 0.02~0.03 元/(kW·h);

单位循环冷却水费取 0.03~0.05 元/(kW·h)。

71. 如何计算施工用水价格?

施工用水价格由基本水价、供水损耗和供水设施维修摊销费组成,根据施工组织设计所配置的供水系统设备组(台)时总费用和组(台)时总有效供水量计算。水价计算公式：

$$\text{施工用水价格} = \frac{\text{水泵组（台）时总费用}}{\text{水泵额定容量之和} \times K} \div (1-\text{供水损耗率}) + \text{供水设施维修摊销费}$$

式中 K——能量利用系数，取 0.75～0.85；

　　供水损耗率取 8%～12%；

　　供水设施维修摊销费取 0.02～0.03 元/m³。

注：1. 施工用水为多级提水并中间有分流时，要逐级计算水价。

　　2. 施工用水有循环用水时，水价要根据施工组织设计的供水工艺流程计算。

72. 如何计算施工用风价格？

施工用风价格由基本风价、供风损耗和供风设施维修摊销费组成，根据施工组织设计所配置的空气压缩机系统设备组（台）时总费用和组（台）时总有效供风量计算。

风价计算公式：

$$\text{施工用风价格} = \frac{\text{空气压缩机组（台）时总费用} + \text{水泵组（台）时总费用}}{\text{空气压缩机额定容量之和} \times 60 \text{分钟} \times K} \div$$

$$(1-\text{供风损耗率}) + \text{供风设施维修摊销费}$$

空气压缩机系统如采用循环冷却水，不用水泵，则风价计算公式为：

$$\text{施工用风价格} = \frac{\text{空气压缩机组（台）时总费用}}{\text{空气压缩机额定容量之和} \times 60 \text{分钟} \times K} \div$$

$$(1-\text{供风损耗率}) + \text{单位循环冷却水费} +$$

$$\text{供风设施维修摊销费}$$

式中 K——能量利用系数，取 0.70～0.85。

　　供风损耗率取 8%～12%；

　　单位循环冷却水费 0.005 元/m³；

　　供风设施维修摊销费 0.002～0.003 元/m³。

73. 如何计算水利水电工程砂石料单价？

水利工程砂石料由承包商自行采备时，砂石料单价应根据料源情况、开采条件和工艺流程计算，并计入直接工程费、间接费、企业利润及税金。

砂、碎石（砾石）、块石、料石等预算价格控制在 70 元/m³ 左右，超过部分计取税金后列入相应部分之后。

74. 如何计算水利水电工程混凝土材料单价？

根据设计确定的不同工程部位的混凝土强度等级、级配和龄期，分别计算出每立方米混凝土材料单价，计入相应的混凝土工程概算单价内。其混凝土配合比的各项材料用量，应根据工程试验提供的资料计算，若无试验资料时，也可参照《水利建筑工程概算定额》附录混凝土材料配合表计算。

第十七章
·工程价款结算与竣工决算·

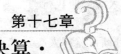

1. 什么是结算工程量?

《水利水电工程施工合同和招标文件示范文本》(简称《合同范本》)中《工程量清单》开列的工程量是合同的估算工程量,不是承包人为履行合同应当完成的和用于结算的工程量。结算的工程量应是承包人实际完成的并按合同有关计量规定计量的工程量。

《合同范本》中《工程量清单》的工程量是招标时按设计图纸和有关计量规定估算的工程量,不需要很精确,编制清单时可按计算数量取整。用于工程价款支付的工程量应为承包人实际完成后进行量测计算并按合同规定进行计量的工程量。

2. 已完成工程量如何计量?

(1)承包人应按合同规定的计量办法,按月对已完成的质量合格的工程进行准确计量,并在每月末随同月付款申请单,按《合同范本》中《工程量清单》的项目分项向监理人提交完成工程量月报表和有关计量资料。

每月月末承包人向监理人提交月付款申请单时,应同时提交完成工程量月报表,其计量周期可视具体工程和财务报表制度由监理人与承包人商定,一般可定在上月 26 日至本月 25 日。若工程项目较多,监理人与承包人协商后亦可先由承包人向监理人提交完成工程量月报表,经监理人核实同意后,返回给承包人,再由承包人据此提交月付款申请单。

(2)监理人对承包人提交的工程量月报表进行复核,以确定当月完成的工程量,有疑问时,可以要求承包人派员与监理人共同复核,并可要求承包人按规定进行抽样复测,此时,承包人应指派代表协助监理人进行复核并按监理人的要求提供补充的计量资料。

(3)若承包人未按监理人的要求派代表参加复核,则监理人复核修正的工程量应被视为承包人实际完成的准确工程量。

(4)监理人认为有必要时,可要求与承包人联合进行测量计量,承包人应遵照执行。

(5)承包人完成了《合同范本》中《工程量清单》每个项目的全部工程量后,监理人应要求承包人派员共同对每个项目的历次计量报表进行汇总和通过测量核实该项目的最终结算工程量,并可要求承包人提供补充计量资料,以确定该项目最后一次进度付款的准确工程量。如承包人未按监理人的要求派员参加,则监理人最终核实的工程量应被视为该项目完成的准确工程量。

3. 钢材如何计量?

(1)凡以重量计量的材料,应由承包人合格的称量人员使用经国家计量监督部门检验合格的称量器,在规定的地点进行称量。

(2)钢材的计量应按施工图纸所示的净值计量。钢筋应按监理人批准的钢筋下料表,以直径和长度计算,不计入钢筋损耗和架设定位的附加钢筋量;预应力钢绞线、预应力钢筋和预应力钢丝的工程量,按锚固长度与工作长度之和计算重量;钢板和型钢钢材按制成件的成型净尺寸和使用钢材规格的标准单位重量计算其工程量,不计其下料损耗量和施工安装等所需的附加钢材用量。施工附加量均不单独计量,而应包括在有关钢筋、钢材和预应力钢材等各自的单价中。

4. 结构物面积如何计量?

结构物面积的计量,应按施工图纸所示结构物尺寸线或监理人指示在现场实际量测的结构物净尺寸线进行计算。

5. 结构物体积如何计量?

(1)结构物体积计量的计算,应按施工图纸所示轮廓线内的实际工程量或按监理人指示在现场量测的净尺寸线进行计算。经监理人批准,大体积混凝土中所设体积小于 $0.1m^3$ 的孔洞、排水管、预埋管和凹槽等工程量不予扣除,按施工图纸和指示要求对临时孔洞进行回填的工程量不重复计量。

(2)混凝土工程量的计算,应按监理人签认的已完工程的净尺寸计算;土石方填筑工程量的计量,应按完工验收时实测的工程量进行最终计量。

6. 如何确定结构物的长度？

所有以延米计量的结构物，除施工图纸另有规定，应按平行于结构物位置的纵向轴线或基础方向的长度计算。

7. 如何确定工程结算的计量单位？

应以国家法定的计量单位为基本依据，并以计量支付便捷的原则予以确定。

8. 什么是承包项目总价？

总价承包项目（如各项临时工程和专项试验等）在《工程量清单》中仅是该项目的总价，为了使承包人能及时地得到进度付款，也为了在评标时评审该项目报价的合理性以及为了发包人安排资金计划的需要，通常要求承包人投标时提交总价承包项目的所属子项和分阶段需支付的金额的初步分解表。签订协议书后的28天内还需提交详细的项目分解表，经监理人批准后，作为总价承包项目计量和支付的依据。

9. 什么是工程价款按月结算？

实行旬末或月中预支，月终结算，竣工后清算的方法。跨年度竣工的工程，在年终进行工程盘点，办理年度结算。我国现行建筑安装工程价款结算中，相当一部分是实行这种按月结算。

10. 什么是工程价款竣工后一次结算？

建设项目或单项工程全部建筑安装工程建设期在12个月以内，或者工程承包合同价值在100万元以下的，可以实行工程价款每月月中预支，竣工后一次结算。

11. 什么是工程价款分段结算？

即当年开工，当年不能竣工的单项工程或单位工程按照工程形象进度，划分不同阶段进行结算。分段结算可以按月预支工程款。分段的划分标准，由各部门、自治区、直辖市、计划单列市规定。

12. 什么是目标结款？

即在工程合同中，将承包工程的内容分解成不同的控制界面，以业主验收控制界面作为支付工程价款的前提条件。也就是说，将合同中的工程内容分解成不同的验收单元,当承包商完成单元工程内容并经业主(或其委托人)验收后,业主支付构成单元工程内容的工程价款。

目标结款方式下,承包商要想获得工程价款,必须按照合同约定的质量标准完成界面内的工程内容;要想尽早获得工程价款,承包商必须充分发挥自己组织实施能力,在保证质量前提下,加快施工进度。这意味着承包商拖延工期时,则业主推迟付款,增加承包商的财务费用、运营成本,降低承包商的收益,客观上使承包商因延迟工期而遭受损失。同样,当承包商积极组织施工,提前完成控制界面内的工程内容,则承包商可提前获得工程价款,增加承包收益,客观上承包商因提前工期而增加了有效利润。同时,因承包商在界面内质量达不到合同约定的标准而业主不予验收,承包商也会因此而遭受损失。可见,目标结款方式实质上是运用合同手段、财务手段对工程的完成进行主动控制。

目标结款方式中,对控制界面的设定应明确描述,便于量化和质量控制,同时要适应项目资金的供应周期和支付频率。

13. 如何编制工程价款结算账单?

施工企业在采用按月结算工程价款方式时,要先取得各月实际完成的工程数量,并按照工程预算定额中的工程直接费预算单价、间接费用定额和合同中采用利税率,计算出已完工程造价。实际完成的工程数量,由施工单位根据有关资料计算,并编制"已完工程月报表",然后按照发包单位编制"已完工程月报表",将各个发包单位的本月已完工程造价汇总反映。再根据"已完工程月报表"编制"工程价款结算账单",与"已完工程月报表"一起,分送发包单位和经办银行,据以办理结算。

施工企业在采用分段结算工程价款方式时,要在合同中规定工程部位完工的月份,根据已完工程部位的工程数量计算已完工程造价,按发包单位编制"已完工程月报表"和"工程价款结算账单"。

对于工期较短、能在年度内竣工的单项工程或小型建设项目,可在工程竣工后编制"工程价款结算账单",按合同中工程造价一次结算。

"工程价款结算账单"是办理工程价款结算的依据。工程价款结算账单中所列应收工程款应与随同附送的"已完工程月报表"中的工程造价相符,"工程价款结算账单"除了列明应收工程款外,还应列明应扣预收工程款、预收备料款、发包单位供给材料价款等应扣款项、算出本月实收工程款。

为了保证工程按期收尾竣工,工程在施工期间,不论工程长短,其结算工程款,一般不得超过承包工程价值的95%,结算双方可以在5%的幅度内协商确定尾款比例,并在工程承包合同中订明。施工企业如已向发包单位出具履约保函或有其他保证的,可以不留工程尾款。

14. 什么是工程预付款?

工程预付款是发包人为了帮助承包人解决资金周转困难的一种无息贷款,主要供承包人为添置本合同工程施工设备以及承包人需要预先垫支的部分费用。按合同规定,工程预付款需在以后的进度付款中扣还。

15.《合同范本》中对工程预付款有哪些规定?

(1)工程预付款的总金额应不低于合同价格的10%,分两次支付给承包人。第一次预付款的金额应不低于工程预付款总金额的40%。工程预付款总金额的额度和分次付款比例在专用合同条款中规定。工程预付款专用于《合同范本》工程。

(2)第一次预付款应在协议书签订后21天内,由承包人向发包人提交了经发包人认可的工程预付款保函,并经监理人出具付款证书报送发包人批准后予以支付。工程预付款保函在预付款被发包人扣回前一直有效,担保金额为本次预付款金额,但可根据以后预付款扣回的金额相应递减。

(3)第二次预付款需待承包人主要设备进入工地后,其估算价值已达到本次预付款金额时,由承包人提出书面申请,经监理人核实后出具付款证书报送发包人,发包人收到监理人出具的付款证书后14天内支付给承包人。

(4)工程预付款的限额,各地区、各部门的规定不完全相同,主要是保证施工所需材料和构件的正常储备。一般根据施工工期、建安工程量、主要材料和构件费用所占建安工程量的比例以及材料储备周期等因素经测算来确定。

其计算公式:

$$工程预付款数额 = \frac{工程总价 \times 材料比重(\%)}{年度施工天数} \times 材料储备定额天数$$

$$工程预付款比率 = \frac{工程预付款数额}{工程总价} \times 100\%$$

式中,年度施工天数按 365 天日历天计算;材料储备定额天数由当地材料供应的在途天数、加工天数、整理天数、供应间隔天数、保险天数等因素决定。

(5)工程预付款由发包人从月进度付款中扣回。在合同累计完成金额达到专用合同条款规定的数额时开始扣款,直至合同累计完成金额达到专用合同条款规定的数额时全部扣清。在每次进度付款时,累计扣回的金额按下列公式计算:

$$R = \frac{A}{(F_2 - F_1)S}(C - F_1 S)$$

式中 R——每次进度付款中累计扣回的金额;
   A——工程预付款总金额;
   S——合同价格;
   C——合同累计完成金额;
   F_1——按专用合同条款规定开始扣款时合同累计完成金额达到合同价格的比例;
   F_2——按专用合同条款规定全部扣清时合同累计完成金额达到合同价格的比例。

上述合同累计完成金额均指价格调整前未扣保留金的金额。

16. 工程材料预付款有哪些规定?

(1)专用合同条款中规定的工程主要材料到达工地并满足以下条件后,承包人可向监理人提交材料预付款支付申请单,要求给予材料预付款。

1)材料的质量和储存条件符合《合同范本》中《技术条款》的要求;
2)材料已到达工地,并经承包人和监理人共同验点入库;
3)承包人应按监理人的要求提交了材料的订货单、收据或价格证明文件。

(2)预付款金额为经监理人审核后的实际材料价的 90%,在月进度付款中支付。

(3)预付款从付款月后的 6 个月内在月进度付款中每月按该预付款

金额的 1/6 平均扣还。

上述材料不宜大宗采购后在工地仓库存放过久,应尽快用于工程,以免材料变质和锈蚀。由于形成工程后,承包人即可从发包人处得到工程付款,故本款按材料使用的大致周期规定该预付款从付款月后 6 个月内扣清。

若工程施工合同中包含有价值较高的、由承包人负责采购的工程设备时,发包人还应支付工程设备预付款,此时,应在专用合同条款中另做补充规定。

17. 工程进度款由哪几部分组成?如何计算?

(1)合同中规定的初始收入,即建造承包商与客户在双方签订的合同中最初商定的合同总金额,它构成了合同收入的基本内容。

(2)因合同变更、索赔、奖励等构成的收入,这部分收入并不构成合同双方在签订合同时已在合同中商定的合同总金额,而是在执行合同过程中由于合同变更、索赔、奖励等原因而形成的追加收入。

施工企业在结算工程价款时,应计算已完工程的工程价款。由于合同中的工程造价,是施工企业在工程投标时中标的标函中的标价,它往往在施工图预算的工程预算价值上下浮动。因此已完工程的工程价款,不能根据施工图预算中的工程预算价值计算,只能根据合同中的工程造价计算。为了简化计算手续,可先计算合同工程造价与工程预算成本的比率,再根据这个比率乘以已完工程预算成本,算得已完工程价款。其计算公式如下:

$$\frac{\text{某项工程已}}{\text{完工程价款}} = \frac{\text{该项工程已完}}{\text{工程预算成本}} \times \frac{\text{该项工程合同造价}}{\text{该项工程预算成本}}$$

式中,该项工程预算成本为该项工程施工图预算中的总预算成本,该项工程已完工程预算成本是根据实际完成工程量和相应的预算(直接费)单价和间接费用定额算得的预算成本。如预算中间接费用定额包括管理费用和财务费用,要先将间接费用定额中的管理费用和财务费用调整出来。

如某项工程的预算成本为 954000 元,合同造价为 1192500 元,当月已完工程预算成本为 122960 元,则:

$$\text{当月已完工程价款} = 122960 \times \frac{1192500}{954000} = 153700(\text{元})$$

至于合同变更收入,包括因发包单位改变合同规定的工程内容或因合同规定的施工条件变动等原因,调整工程造价而形成的工程结算收入。

18. 如何确认工程进度款工程量?

(1)承包方应按约定时间,向工程师提交已完工程量的报告。工程师接到报告后7天内按设计图纸核实已完工程量(以下称计量),并在计量前24h通知承包方,承包方为计量提供便利条件并派人参加。承包方不参加计量,发包方自行进行,计量结果有效,作为工程价款支付的依据。

(2)工程师收到承包方报告后7天内未进行计量,从第8天起,承包方报告中开列的工程量即视为已被确认,作为工程价款支付的依据。工程师不按约定时间通知承包方,使承包方不能参加计量,计量结果无效。

(3)工程师对承包方超出设计图纸范围和(或)因自身原因造成返工的工程量,不予计量。

19. 工程价格的计价方法有哪些?

单价的计算方法,主要根据由发包人和承包人事先约定的工程价格的计价方法决定。目前,我国工程价格的计价方法可以分为工料单价和综合单价两种方法。

工料单价法是指单位工程分部分项的单价为直接成本单价,按现行计价定额的人工、材料、机械的消耗量及其预算价格确定,其他直接成本、间接成本、利润、税金等按现行计算方法计算。

综合单价法是指单位工程分部分项工程量的单价是全部费用单价,既包括直接成本,也包括间接成本、利润、税金等一切费用。

二者在选择时,既可采取可调价格的方式,即工程价格在实施期间可随价格变化而调整,也可采取固定价格的方式,即工程价格在实施期间不因价格变化而调整,在工程价格中已考虑价格风险因素并在合同中明确了固定价格所包括的内容和范围。实践中,采用较多的是可调工料单价法和固定综合单价法。

20. 可调工料单价法和固定综合单价法有何异同?

可调工料单价法和固定综合单价法在分项编号、项目名称、计量单位、工程量计算方面是一致的,都可按照国家或地区的单位工程分部分项进行划分、排列,包含了统一的工作内容,使用统一的计量单位和工程量计算规则。所不同的是,可调工料单价法将工、料、机再配上预算价作为直接成本单价,其他直接成本、间接成本、利润、税金分别计算。因为价格是可调的,其材料等费用在竣工结算时按工程造价管理机构公布的竣工调价系数或按主材计算差价或主材用抽料法计算,次要材料按系数计算差价而进行调整;固定综合单价法是包含了风险费用在内的全费用单价,故不受时间价值的影响。由于两种计价方法的不同,因此工程进度款的计算方法也不同。

21. 工程进度款的计算步骤是怎样的?

当采用可调工料单价法计算工程进度款时,在确定已完工程量后,可按以下步骤计算工程进度款:

(1)根据已完工程量的项目名称、分项编号、单价得出合价。
(2)将本月所完全部项目合价相加,得出直接费小计。
(3)按规定计算措施费、间接费、利润。
(4)按规定计算主材差价或差价系数。
(5)按规定计算税金。
(6)累计本月应收工程进度款。

22. 工程月进度款申请包括哪些内容?

承包人应在每月末按监理人规定的格式提交月进度付款申请单(一式4份),并附有规定的完成工程量月报表。该申请单应包括以下内容:

(1)已完成的《工程量清单》中的工程项目及其他项目的应付金额。
(2)经监理人签认的当月计日工支付凭证标明的应付金额。
(3)按规定的工程材料预付款金额。
(4)根据规定的价格调整金额。
(5)根据合同规定承包人应有权得到的其他金额。
(6)扣除按规定应由发包人扣还的工程预付款和工程材料预付款金额。
(7)扣除按规定应由发包人扣留的保留金金额。
(8)扣除按合同规定应由承包人付给发包人的其他金额。

大中型水利水电工程的主体工程施工工期较长,为了使承包人能及时得到工程价款,解决其资金周转的困难,一般均采用按月结算支付工程价款的办法。结合月进度付款对工程进度和质量进行定期检查和控制是监理人监理工程实施的一项有效措施。

上述第(5)和(8)项所指的其他金额系包括变更及以往付款中的差错和质量复查不合格等原因引起的工程价款调整。

23. 如何支付工程进度款?

(1)工程进度款的支付时间不应超过监理人收到月进度付款申请单后 28 天。若不按期支付,则应从逾期第一天起按专用合同条款中规定的逾期付款违约金扣付给承包人。

(2)符合规定范围的合同价款的调整,工程变更调整的合同价款及其他条款中约定的追加合同价款,应与工程款(进度款)同期调整支付。

(3)发包方超过约定的支付时间不支付工程款(进度款),承包方可向发包方发出要求付款通知,发包方收到承包方通知后仍不能按要求付款,可与承包方协商签订延期付款协议,经承包方同意后可延期支付。协议须明确延期支付时间和从发包方计量结果确认后第 15 天起计算应付款的贷款利息。

(4)发包方不按合同约定支付工程款(进度款),双方又未达成延期付款协议,导致施工无法进行,承包方可停止施工,由发包方承担违约责任。

(5)工程进度款支付时,要考虑工程保修金的预留,以及在施工过程中发生的安全施工方面的费用、专利技术及特殊工艺涉及的费用、文物和地下障碍物涉及的费用。

24. 工程价款结算的保留金有哪些规定?

保留金主要用于承包人履行属于其自身责任的工程缺陷修补,为监理人有效监督承包人圆满完成缺陷修补工作提供资金保证。保留金总额一般可为合同价格的 2.5%~5%,从第一个月开始在给承包人的月进度付款中(不包括预付款和价格调整金额)扣留 5%~10%,直至扣款总金额达到规定的保留金总额为止。

(1)监理人应从第一个月开始,在给承包人的月进度付款中扣留按专用合同条款规定百分比的金额作为保留金(其计算额度不包括预付款和价格调整金额),直至扣留的保留金总额达到专用合同条款规定的数额为止。

(2)在签发本合同工程移交证书后 14 天内,由监理人出具保留金付款证书,发包人将保留金总额的一半支付给承包人。

(3)在单位工程验收并签发移交证书后,将其相应的保留金总额的一半在月进度付款中支付给承包人。

(4)监理人在本合同全部工程的保修期满时,出具为支付剩余保留金的付款证书。发包人应在收到上述付款证书后 14 天内将剩余的保留金支付给承包人。若保修期满时尚需承包人完成剩余工作,则监理人有权在付款证书中扣留与剩余工作所需金额相应的保留金余额。

25. 工程价款完工结算有哪些规定?

(1)在本合同工程移交证书颁发后的 28 天内,承包人应按监理人批准的格式提交一份完工付款申请单(一式 4 份),并附有下述内容的详细证明文件。

1)至移交证书注明的完工日期止,根据合同所累计完成的全部工程价款金额。

2)承包人认为根据合同应支付给它的追加金额和其他金额。

(2)监理人应在收到承包人提交的完工付款申请单后的 28 天内完成复核,并与承包人协商修改后,在完工付款申请单上签字和出具完工付款证书报送发包人审批。发包人应在收到上述完工付款证书后的 42 天内审批后支付给承包人。

26. 工程价款最终结清有哪些规定?

(1)承包人在收到按规定颁发的保修责任终止证书后的 28 天内,按监理人批准的格式向监理人提交一份最终付款申请单(一式 4 份),该申请单应包括以下内容,并附有关的证明文件。

1)按合同规定已经完成的全部工程价款金额;

2)按合同规定应付给承包人的追加金额;

3)承包人认为应付给他的其他金额。

(2)若监理人对最终付款申请单中的某些内容有异议时,有权要求承包人进行修改和提供补充资料,直至监理人同意后,由承包人再次提交经修改后的最终付款申请单。

27. 什么是工程价款结清单？

承包人向监理人提交最终付款申请单的同时，应向发包人提交一份结清单，并将结清单的副本提交监理人。该结清单应证实最终付款申请单的总金额是根据合同规定应付给承包人的全部款项的最终结算金额。但结清单只在承包人收到退还履约担保证件和发包人已向承包人付清监理人出具的最终付款证书中应付的金额后才生效。

28. 最终付款证书说明应包括哪些内容？

监理人收到经其同意的最终付款申请单和结清单副本后的14天内，出具一份最终付款证书报送发包人审批。最终付款证书应说明：

(1) 按合同规定和其他情况应最终支付给承包人的合同总金额。
(2) 发包人已支付的所有金额以及发包人有权得到的全部金额。

发包人审查最终付款证书后，若确认还应向承包人付款，则应在收到该证书后的42天内支付给承包人。若确认承包人应向发包人付款，则发包人应通知承包人，承包人应在收到通知后的42天内付还给发包人。不论是发包人或承包人，若不按期支付，均应按规定的办法将逾期付款违约金加付给对方。

若发包人和承包人未能就最终付款取得一致意见，且在短期内难以解决，监理人应将双方已同意的部分出具临时付款证书报送发包人审批后支付。对于未取得一致的付款内容，合同双方仍可继续进行协商，亦可提交争议调解组调解解决。发包人不能因双方尚有不一致的付款内容而搁置已取得同意部分的支付。若应由承包人向发包人付款，承包人亦应将已取得同意的部分付还发包人。

29. 什么是工程竣工结算？其作用是什么？

工程竣工结算，是指施工企业按照合同规定的内容全部完成所承包的工程，并经建设单位及有关部门验收点交，符合合同要求之后，施工企业与建设单位之间办理的工程财务结算，通常通过编制竣工结算书来办理。

竣工结算意味着承发包双方经济关系的最后结束，因此承发包双方的财务往来必须结清，结算应根据工程竣工结算和"工程价款结算账单"进行，前者是施工单位根据合同造价，工程变更增减项目概预算和其他经济签证所编制的确定工程最终造价的经济文件,表示向建设单位应收的全部工程价款,后者是表示承包单位已向建设单位收进的工程款,其中包括建设单位供应的器材(填报时必须将未付给建设单位的材料价款减除)。以上两者必须由施工单位在工程竣工验收点交后编制,送建设单位审查无误并征得建设银行审查同意后,由承发包单位共同办理工程竣工结算手续,才能进行工程结算。

办理竣工结算的主要作用如下:

(1)企业所承包工程的最终造价被确定,建设单位与施工单位的经济合同关系完结。

(2)企业所承包工程的收入被确定,企业以此为据可进行考核工程成本及经济核算。

(3)企业所承包的建筑安装工程量和工程实物量被核准承认,所提供的结算资料可作为建设单位编报竣工决算的基础资料依据。

(4)可作为进行同类工程经济分析、编制概算定额、概算指标的基础资料。

30. 工程竣工结算资料主要包括哪些内容?

(1)施工单位与建设单位签订的工程合同或双方协议书。

(2)预算定额、材料价格,基础单价及其他费用标准。

(3)施工图纸、设计变更通知书、现场变更签证及现场记录。

(4)工程竣工报告及工程竣工验收单。

(5)施工图预算及施工预算。

(6)其他有关资料。

31. 工程竣工结算书编制依据有哪些?

(1)工程承包合同或施工协议书。

(2)工程竣工报告及工程竣工验收单。

(3)本地区现行的概预算定额,材料预算价格,费用定额及有关文件规定、解释说明等。

(4)经建设单位及有关部门审核批准的原工程概预算及增减概预算。

(5)施工图、设计变更图、技术洽商及现场施工记录。

(6)在工程实施过程中发生的概预算价差价凭据,以及合同、协议书中有关条文规定需持凭据进行结算的原始凭证。

(7) 其他有关资料。

32. 工程竣工结算编制要求有哪些？

(1) 工程结算一般经过发包人或有关单位验收合格且点交后方可进行。

(2) 工程结算应以施工发承包合同为基础，按合同约定的工程价款调整方式对原合同价款进行调整。

(3) 工程结算应核查设计变更、工程洽商等工程资料的合法性、有效性、真实性和完整性。对有疑义的工程实体项目，应视现场条件和实际需要核查隐蔽工程。

(4) 建设项目由多个单项工程或单位工程构成的，应按建设项目划分标准的规定，将各单项工程或单位工程竣工结算汇总，编制相应的工程结算书，并撰写编制说明。

(5) 实行分阶段结算的工程，应将各阶段工程结算汇总，编制工程结算书，并撰写编制说明。

(6) 实行专业分包结算的工程，应将各专业分包结算汇总在相应的单位工程或单项工程结算内，并撰写编制说明。

(7) 工程结算编制应采用书面形式，有电子文本要求的应一并报送与书面形式内容一致的电子版本。

(8) 工程结算应严格按工程结算编制程序进行编制，做到程序化、规范化，结算资料必须完整。

33. 竣工结算文件由哪几部分组成？

工程结算文件一般由工程结算汇总表、单项工程结算汇总表、单位工程结算表和分部分项（措施、其他、零星）工程结算表及结算编制说明等组成。

34. 工程结算编制说明包括哪些内容？

工程结算编制说明可根据委托工程项目的实际情况，以单位工程、单项工程或建设项目为对象进行编制，并应说明以下内容：

(1) 工程概况。

(2) 编制范围。

(3)编制依据。
(4)编制方法。
(5)有关材料、设备、参数和费用说明。
(6)其他有关问题的说明。

35. 清单计价下工程结算包括哪些内容？

(1)工程项目的所有分部分项工程量,以及实施工程项目采用的措施项目工程量。

(2)为完成所有工程量并按规定计算的人工费、材料费和设备费、机械费、间接费、利润和税金。

(3)分部分项和措施项目以外的其他项目所需计算的各项费用。

(4)设计变更或工程变更费用。

(5)索赔费用。

(6)合同约定的其他费用。

36. 定额计价下工程结算包括哪些内容？

(1)套用定额的分部分项工程量、措施项目工程量和其他项目。

(2)以及为完成所有工程量和其他项目并按规定计算的人工费、材料费和设备费、机械费、间接费、利润和税金。

(3)设计变更或工程变更费用。

(4)索赔费用。

(5)合同约定的其他费用。

37. 工程结算编制按发承包合同类型不同应采用哪些方法？

(1)采用总价合同的,应在合同价基础上对设计变更、工程洽商以及工程索赔等合同约定可以调整的内容进行调整。

(2)采用单价合同的,应计算或核定竣工图或施工图以内的各个分部分项工程量,依据合同约定的方式确定分部分项工程项目价格,并对设计变更、工程洽商、施工措施以及工程索赔等内容进行调整。

(3)采用成本加酬金合同的,应依据合同约定的方法计算各个分部分项工程以及设计变更、工程洽商、施工措施等内容的工程成本,并计算酬金及有关税费。

38. 工程结算时工程单价调整应遵循哪些原则？

(1) 合同中已有适用于变更工程、新增工程单价的，按已有的单价结算。

(2) 合同中有类似变更工程、新增工程单价的，可以参照类似单价作为结算依据。

(3) 合同中没有适用或类似变更工程、新增工程单价的，结算编制受托人可商洽承包人或发包人提出适当的价格，经对方确认后作为结算依据。

39. 竣工结算时综合单价法和工料单价法如何使用？

工程结算编制中涉及的工程单价应按合同要求分别采用综合单价或工料单价。工程量清单计价的工程项目应采用综合单价；定额计价的工程项目可采用工料单价。

(1) 综合单价。把分部分项工程单价综合成全费用单价，其内容包括直接费（直接工程费和措施费）、间接费、利润和税金，经综合计算后生成。各分项工程量乘以综合单价的合价汇总后，生成工程结算价。

(2) 工料单价。把分部分项工程量乘以单价形成直接工程费，加上按规定标准计算的措施费，构成直接费。直接工程费由人工、材料、机械的消耗量及其相应价格确定。直接费汇总后另计算间接费、利润、税金，生成工程结算价。

40. 工程结算审查文件由哪几部分组成？

工程结算审查文件一般由封面、工程结算审查报告、结算审定签署表、工程结算审查汇总对比表、单项工程结算审查汇总对比表、单位工程结算审查汇总对比表、分部分项（措施、其他、零星）工程结算审查对比表以及结算内容审查说明等组成。

(1) 工程结算审查报告可根据该委托工程项目的实际情况，以单位工程、单项工程或建设项目为对象进行编制，予以说明审查范围、审查原则、审查依据、审查方法、审查程序、审查结果、主要问题等。

(2) 结算审定签署表。当结算审查委托人与建设单位不一致时，按工程造价咨询合同要求或结算审查委托人的要求，确定是否增加建设单位在结算审定签署表上签字盖章。

(3)结算内容审查说明包括主要工程子目调整的说明,工程数量增减变化较大的说明,子目单价、材料、设备、参数和费用有重大变化的说明及其他有关问题的说明。

41. 工程结算审查依据有哪些？

(1)工程结算审查委托合同和完整、有效的工程结算文件。

(2)国家有关法律、法规、规章制度和相关的司法解释。

(3)国务院建设行政主管部门以及各省、自治区、直辖市和有关部门发布的工程造价计价标准、计价办法、有关规定及相关解释。

(4)施工发承包合同、专业分包合同及补充合同,有关材料、设备采购合同;招投标文件,包括招标答疑文件、投标承诺、中标报价书及其组成内容。

(5)工程竣工图或施工图、施工图会审记录,经批准的施工组织设计,以及设计变更、工程洽商和相关会议纪要。

(6)经批准的开、竣工报告或停、复工报告。

(7)水利工程工程量清单计价规范或工程预算定额、费用定额及价格信息、调价规定等。

42. 工程结算审查有哪些要求？

(1)严禁采取抽样审查、重点审查、分析对比审查和经验审查的方法,避免审查疏漏现象发生。

(2)应审查结算文件和与结算有关的资料的完整性和符合性。

(3)按施工发承包合同约定的计价标准或计价方法进行审查。

(4)对合同未作约定或约定不明的,可参照签订合同时当地建设行政主管部门发布的计价标准进行审查。

(5)对工程结算内多计、重列的项目应予以扣减;对少计、漏项的项目应予以调整。

(6)对工程结算与设计图纸或事实不符的内容,应在掌握工程事实和真实情况的基础上进行调整。工程造价咨询单位在工程结算审查时发现的工程结算与设计图纸或与事实不符的内容应约请各方履行完善的确认手续。

(7)对由总承包人分包的工程结算,其内容与总承包合同主要条款不相符的,应按总承包合同约定的原则进行审查。

(8)工程结算审查文件应采用书面形式,有电子文本要求的应采用与书面形式内容一致的电子版本。

(9)结算审查的编制人、校对人和审核人不得由同一人担任。

(10)结算审查受托人与被审查项目的发承包双方有利害关系,可能影响公正的,应予以回避。

43. 工程结算审查方法有哪些?

(1)工程结算的审查应依据施工发承包合同约定的结算方法进行,根据施工发承包合同类型,采用不同的审查方法。

1)采用总价合同的,应在合同价的基础上对设计变更、工程洽商以及工程索赔等合同约定可以调整的内容进行审查;

2)采用单价合同的,应审查施工图以内的各个分部分项工程量,依据合同约定的方式审查分部分项工程价格,并对设计变更、工程洽商、工程索赔等调整内容进行审查;

3)采用成本加酬金合同的,应依据合同约定的方法审查各个分部分项工程以及设计变更、工程洽商等内容的工程成本,并审查酬金及有关税费的取定。

(2)除非已有约定,对已被列入审查范围的内容,结算应采用全面审查的方法。

(3)对法院、仲裁或承发包双方同意共同委托的未确定计价方法的工程结算审查或鉴定,结算审查受托人可根据事实和国家法律、法规和建设行政主管部门的有关规定,独立选择鉴定或审查适用的计价方法。

44. 什么是工程竣工决算?

竣工决算是指在竣工验收交付使用阶段,由建设单位编制的建设项目从筹建到竣工投产或使用全过程实际支出费用的经济文件。基本建设项目完建后,在竣工验收前,应及时办理竣工决算,大中型项目必须在3个月内,小型项目必须在1个月内编制完毕上报。

通过竣工决算,一方面能够正确反映建设工程的实际造价和投资结果;另一方面可以通过竣工决算与概算、预算的对比分析,考核投资控制的工作成效,总结经验教训,积累技术经济方面的基础资料,提高未来建设工程的投资效益。

45. 工程竣工决算的作用有哪些？

（1）竣工决算是综合、全面地反映竣工项目建设成果及财务情况的总结性文件，它采用货币指标、实物数量、建设工期和种种技术经济指标综合、全面地反映建设项目自开始建设到竣工为止的全部建设成果和财物状况。

（2）竣工决算是办理交付使用资产的依据，也是竣工验收报告的重要组成部分。建设单位与使用单位在办理交付资产的验收交接手续时，通过竣工决算反映了交付使用资产的全部价值，包括固定资产、流动资产、无形资产和递延资产的价值。同时，它还详细提供了交付使用资产的名称、规格、数量、型号和价值等明细资料，是使用单位确定各项新增资产价值并登记入账的依据。

（3）竣工决算是分析和检查设计概算的执行情况，考核投资效果的依据。

竣工决算反映了竣工项目计划、实际的建设规模、建设工期以及设计和实际的生产能力，反映了概算总投资和实际的建设成本，同时还反映了所达到的主要技术经济指标。通过对这些指标计划数、概算数与实际数进行对比分析，不仅可以全面掌握建设项目计划和概算执行情况，而且可以考核建设项目投资效果，为今后制订基建计划、降低建设成本、提高投资效果提供必要的资料。

46. 竣工决算编制依据有哪些？

竣工财务决算的编制依据应包括以下几个方面：
（1）国家有关法律法规。
（2）经批准的设计文件、项目概（预）算。
（3）主管部门下达的年度投资计划、基本建设支出预算。
（4）经主管部门批复的年度基本建设财务决算。
（5）项目合同（协议）。
（6）会计核算及财务管理资料。
（7）工程价款结算、物资消耗等有关资料。
（8）其他有关项目的管理文件。

47. 竣工决算的编制要求有哪些？

（1）水利基本建设项目应按《水利工程基本建设项目竣工财务决算报告编制规程》规定的内容、格式编制竣工财务决算。除对非工程类项目可根据项目实际情况适当简化外，不得改变《水利工程基本建设项目竣工财务决算报告编制规程》规定的格式，不得减少应编报的内容。

（2）项目法人应从项目筹建起，指定专人负责竣工财务决算的编制工作，并与项目建设进度相适应。竣工财务决算的编制人员应保持相对稳定。

（3）建设项目包括两个或两个以上独立概算的单项工程的，单项工程竣工并交付使用时，应编制单项工程竣工财务决算。建设项目是大中型项目而单项工程是小型的，应按大中型项目编制内容编制单项工程竣工财务决算；整个建设项目全部竣工后，还应汇总编制该项目的竣工财务决算。

（4）建设项目符合国家规定的竣工验收条件，若尚有少量未完工程及竣工验收等费用，可预计纳入竣工财务决算。预计未完工程及竣工验收等费用，大中型项目须控制在总概算的 3% 以内，小型项目须控制在 5% 以内。项目竣工验收时，项目法人应将未完工程及费用的详细情况提交项目竣工验收委员会确认。

48. 竣工财务决算由哪几部分组成？

（1）竣工财务决算封面及目录。
（2）竣工工程的平面示意图及主体工程照片。
（3）竣工财务决算说明书。
（4）竣工财务决算报表。

49. 竣工财务决算报告说明书包括哪些内容？

竣工财务决算说明书应包括反映竣工项目建设过程、建设成果的书面文件。其主要内容应包括：

（1）项目概况。主要包括项目建设缘由、历史沿革、项目设计、建设过程等情况。

（2）概（预）算及计划执行情况。概（预）算批复及调整、概（预）算执行、计划下达及执行等情况。

(3)投资来源。包括投资构成、资本结构、投资性质等。
(4)招(投)标及合同执行情况。
(5)投资包干以及包干节余、基建收入、基建结余资金的形成和分配等情况。
(6)移民及土地征用情况。
(7)财务管理方面情况。
(8)项目效益及主要技术经济指标的分析计算。
(9)存在的主要问题及其处理意见。
(10)其他需说明的问题。
(11)编表说明。

参 考 文 献

[1] 中华人民共和国水利部. GB 50501—2007 水利工程工程量清单计价规范[S]. 北京:中国计划出版社,2007.
[2] 中华人民共和国水利部. SL 328—2005 水利水电工程设计工程量计算规定[S]. 北京:中国水利水电出版社,2005.
[3] 荆东亮,荆国安. 水利建筑工程预算知识问答[M]. 北京:机械工业出版社,2003.
[4] 刘纯义,赵金铭. 水利工程工程量清单计价知识问答[M]. 北京:人民交通出版社,2009.
[5] 张玉明,李春生. 水利水电工程造价与清单报价[M]. 北京:中国水利水电出版社,2008.
[6] 葛鸿鹏. 水利水电工程造价指导[M]. 北京:化学工业出版社,2011.
[7] 徐凤永. 水利工程概预算[M]. 北京:中国水利水电出版社,2010.
[8] 王慧明. 水利水电工程概预算[M]. 郑州:黄河水利出版社,2008.
[9] 康喜梅. 水利水电工程计量与计价[M]. 北京:中国水利水电出版社,2010.
[10] 钟汉华. 水利水电工程造价[M]. 北京:高等教育出版社,2007.
[11] 梁建林. 水利水电工程造价与招投标[M]. 郑州:黄河水利出版社,2003.
[12] 徐学东,姬宝霖. 水利水电工程概预算[M]. 北京:中国水利水电出版社,2005.